ENGENHARIA
Eletromagnética

Preencha a **ficha de cadastro** no final deste livro
e receba gratuitamente informações
sobre os lançamentos e as promoções da Elsevier.

Consulte também nosso catálogo completo,
últimos lançamentos e serviços exclusivos no site
www.elsevier.com.br

José Roberto Cardoso

ENGENHARIA
Eletromagnética

© 2011, Elsevier Editora Ltda.

Todos os direitos reservados e protegidos pela Lei nº 9.610, de 19/02/1998.
Nenhuma parte deste livro, sem autorização prévia por escrito da editora, poderá ser reproduzida ou transmitida sejam quais forem os meios empregados: eletrônicos, mecânicos, fotográficos, gravação ou quaisquer outros.

Copidesque: Ivone Teixeira
Revisão: Marco Antônio Corrêa
Editoração Eletrônica: SBNIGRI Artes e Textos Ltda.

Elsevier Editora Ltda.
Conhecimento sem Fronteiras
Rua Sete de Setembro, 111 – 16º andar
20050-006 – Centro – Rio de Janeiro – RJ – Brasil

Rua Quintana, 753 – 8º andar
04569-011 – Brooklin – São Paulo – SP – Brasil

Serviço de Atendimento ao Cliente
0800-0265340
sac@elsevier.com.br

ISBN 978-85-352-3525-8

Nota: Muito zelo e técnica foram empregados na edição desta obra. No entanto, podem ocorrer erros de digitação, impressão ou dúvida conceitual. Em qualquer das hipóteses, solicitamos a comunicação ao nosso Serviço de Atendimento ao Cliente, para que possamos esclarecer ou encaminhar a questão.

Nem a editora nem o autor assumem qualquer responsabilidade por eventuais danos ou perdas a pessoas ou bens, originados do uso desta publicação.

CIP-Brasil. Catalogação na fonte.
Sindicato Nacional dos Editores de Livros, RJ

C26e Cardoso, José Roberto
        Engenharia eletromagnética/ José Roberto Cardoso. - Rio de Janeiro: Elsevier, 2011.

        Contém exercícios
        Inclui bibliografia
        ISBN 978-85-352-3525-8

        1. Engenharia elétrica. 2. Eletromagnetismo. I. Título.

09-3476.   CDU: 621.3

Dedicatória

Este livro é dedicado a todos que foram meus alunos.
Aprendi muito com eles.

José Roberto Cardoso

Apresentação

A teoria eletromagnética é possivelmente uma das disciplinas mais difíceis dos cursos de engenharia elétrica — observação referendada nas diversas discussões entre os coordenadores dos cursos de engenharia elétrica promovidas pelo Inep e dedicadas às análises dos resultados do antigo Exame Nacional de Cursos (Provão).

A dificuldade tem várias origens, desde a complexidade da matemática envolvida no desenvolvimento da teoria até a pouca familiaridade dos estudantes com os fenômenos do eletromagnetismo em sua vida corrente — embora esses fenômenos estejam muito presentes, não é feita a ligação. E experiências envolvendo a eletrização por atrito ou a bússola parecem curiosidades irrelevantes.

O professor José Roberto Cardoso optou, em sua obra, por um caminho diferente do seguido pela grande maioria dos textos em eletromagnetismo. Em lugar de um capítulo inicial tratando das ferramentas matemáticas, seguido de longos desenvolvimentos da eletrostática, depois da magnetostática e só depois chegando às equações de Maxwell e aos fenômenos de propagação, ele propõe começar a análise a partir das linhas de transmissão. Estas são conhecidas por todos e, em geral, os estudantes já avaliam sua importância para a vida moderna. Mas, em lugar de iniciar a discussão empregando as equações e derivadas parciais, ele parte do modelo de circuitos, normalmente já bem dominado pelos estudantes.

Nesse sentido, pode-se observar que o professor Cardoso — apoiado em sua grande experiência — segue a cronologia da história: embora a teoria de circuitos seja, em algum sentido, uma decorrência da teoria eletromagnética, sua origem, o enunciado das leis de Kirchhoff, em 1845, é anterior à codificação da teoria eletromagnética por Maxwell, em 1864.

Este livro acrescenta uma nova e valiosa opção aos professores de eletromagnetismo, pensada e elaborada para o público brasileiro.

Yaro Burian
Professor Titular
FEEC-Unicamp

Sumário

Capítulo 1   Linhas de Transmissão   1

1.1. Introdução 1

1.2. Por que começar por linhas de transmissão 2

1.3. Parâmetros na linha de transmissão 2

      1.3.1. Equação para tensões 3

      1.3.2. Equações para correntes 4

1.4. Linha de transmissão sem perdas 4

      1.4.1. Primeira solução da equação de onda 6

      1.4.2. Parâmetros concentrados *versus* parâmetros distribuídos 9

      1.4.3. Segunda solução da equação de onda 12

1.4.4. Solução geral da equação de onda 13

1.5. Linha de transmissão com terminação resistiva 13

1.6. Diagrama de treliças 21

      1.6.1. Desenhando o diagrama das treliças 21

      1.6.2. Sistema TDR (*Time-Domain Reflectometry*) 30

1.7. Associação de linhas de transmissão 32

      1.7.1. Associação em cascata 32

      1.7.2. Associação radial 38

1.8. Terminações indutivas e capacitivas 41

      1.8.1. Terminação indutiva 41

      1.8.2. Terminação capacitiva 43

1.9. Linha de transmissão com terminação não linear 50

1.10. Modelo da LT com perdas 53

      1.10.1. Análise física de $V_+(x,t) = e^{-ax} f(t - \dfrac{x}{v})$ 56

      1.10.2. Análise da corrente na LT 57

      1.10.3. Solução geral das equações de onda de tensão e de corrente 59

1.11. O método de Bergeron 60

1.12. Exercícios propostos 64

Capítulo 2   Linhas de Transmissão em Regime Permanente Senoidal   77

2.1.	Introdução	77
2.2.	Equações para linhas sem perdas	78
	2.2.1. Primeira solução da equação de onda complexa	79
	2.2.2. Segunda solução da equação de onda complexa	82
	2.2.3. Solução geral da equação de onda complexa	83
2.3.	Aplicação a um sistema de transmissão	84
	2.3.1. Tensão e corrente em um ponto qualquer da linha	84
	2.3.2. Impedância em um ponto qualquer da linha	85
	2.3.3. Potência ativa e reativa em um ponto qualquer da linha	86
	2.3.4. Linha de transmissão em curto-circuito	86
	2.3.5. Linha de transmissão em circuito aberto	90
	2.3.6. Terminação por impedância qualquer — diagrama de pedal	93
2.4.	A carta de Smith	100
	2.4.1. Normalização da impedância em um ponto da linha	100
	2.4.2 Desenhando a carta de Smith	101
	2.4.3. Algumas propriedades adicionais da carta de Smith	112
	2.4.4. Casamento de impedância	112
	2.4.5. As linhas de transmissão de energia	115
2.5.	Exercícios propostos	121

Capítulo 3   Fundamentos do Eletromagnetismo   129

3.1.	Fontes de campo eletromagnético	130
	3.1.1. Distribuição volumétrica de cargas elétricas	130
	3.1.2. Distribuição superficial de cargas elétricas	131
	3.1.3. Distribuição linear de cargas elétricas	132
	3.1.4. Cargas elétricas discretas	133
	3.1.5. Vetor densidade de corrente	133
	3.1.6. Vetor densidade superficial de corrente	136
	3.1.7. Exercício Resolvido 1	137
	3.1.8. Exercício Resolvido 2	138
	3.1.9. Exercício Resolvido 3	139
	3.1.10. Exercício Resolvido 4	140
	3.1.11. Exercício Resolvido 5	140
3.2.	Vetores de campo	141
	3.2.1. O vetor campo elétrico	142
	3.2.2. O vetor campo magnético	142
	3.2.3. O vetor deslocamento	143
	3.2.4. O vetor intensidade magnética	144
	3.2.5. O vetor polarização elétrica	146
	3.2.6. O vetor magnetização	148
3.3.	Grandezas associadas aos vetores de campo	151
	3.3.1. Diferença de potencial entre dois pontos	151
	3.3.2. Fluxo magnético sobre uma superfície	154
	3.3.3. Fluxo magnético concatenado	155
	3.3.4. Força eletromotriz	156
	3.3.5. Força magneto-motriz	159

3.4. Relações constitutivas	159
3.5. Exercícios propostos	161

Capítulo 4   As Equações de Maxwell — **169**

4.1. Quem era esse homem	169
4.2. A primeira equação de Maxwell	169
4.3. A segunda equação de Maxwell	177
4.3.1. A corrente de deslocamento	177
4.3.2. Corrente total sobre uma superfície	180
4.4. A terceira equação de Maxwell	181
4.4.1. Divergente de um campo vetorial	181
4.4.2. Teorema de Gauss ou do divergente	183
4.5. A quarta equação de Maxwell	184
4.6. A equação da continuidade	185
4.7. Onde estamos?	187
4.8. Um pouco de história	187
4.9. Condições de fronteira	202
4.9.1. Componentes normais do campo magnético e do vetor intensidade magnética	203
4.9.2. Componentes normais do vetor deslocamento e do campo elétrico	204
4.9.3. Componentes normais do vetor densidade de corrente	205
4.9.4. Componentes tangenciais do vetor intensidade magnética	206
4.9.5. Componentes tangenciais do campo elétrico	207
4.10. Fluxo de energia no eletromagnetismo	211
4.11. Exercícios propostos	223

Capítulo 5   Ondas Eletromagnéticas — **229**

5.1. A propagação eletromagnética	229
5.2. A propagação em meios sem perdas	229
5.3. A onda transversoeletromagnética	237
5.4. Análise física do comportamento dos campos	240
5.5. O espectro eletromagnético	243
5.6. Polarização da onda	245
5.6.1. Exercício Resolvido 1	248
5.6.2. Exercício Resolvido 2	249
5.7. A potência elétrica transmitida	250
5.7.1. Exercício Resolvido 3	251
5.7.2. Exercício Resolvido 4	251
5.7.3. Exercício Resolvido 5	252
5.8. Incidência normal em condutores	253
5.8.1. Exercício Resolvido 6	257
5.8.2. Exercício Resolvido 7	258
5.9. Incidência normal em dielétricos	259
5.9.1. Exercício Resolvido 8	262
5.9.2. Impedância de onda	265
5.9.3. Fluxo de potência eletromagnética	265
5.10. Incidência normal em vários dielétricos	267
5.10.1. Exercício Resolvido 9	271

5.11   Ondas planas em meios com perdas 272
     5.11.1. Permissividade elétrica complexa 276
     5.11.2. Classificação dos materiais 278
     5.11.3. Exercício Resolvido 10 282
     5.11.4. Exercício Resolvido 11 284
     5.11.5. Aplicações biológicas 286
     5.11.6. Exercício Resolvido 12 286
5.12   Exercícios propostos 287

Capítulo 6   Campo Magnético   293

6.1.   Introdução 293
6.2.   Algumas propriedades magnéticas da matéria 294
6.3.   Circuito magnético 295
6.4.   Estruturas magnéticas lineares 298
6.5.   Entreferros em estruturas magnéticas 304
6.6.   Materiais ferromagnéticos 307
6.7.   Estruturas com materiais ferromagnéticos 312
6.8.   Excitação com correntes variáveis no tempo 320
6.9.   Circuito elétrico equivalente 323
6.10. Circuitos magneticamente acoplados 333
6.11. Energia armazenada no campo magnético em função das indutâncias próprias e mútuas ... 338
     6.11.1. O condutor singelo 339
     6.11.2. Linha de transmissão de cabos paralelos 342
     6.11.3. Mútua indutância entre duas linhas 345
6.12. Transformador ideal 346
6.13. Balanço de energia em sistemas eletromecânicos 351
     6.13.1. Sistema eletromagnético multiexcitado 352
6.14. As equações de Maxwell para meios em movimento 354
6.15. Exercícios propostos 357

Capítulo 7   Campo Elétrico   365

7.1.   Introdução 365
7.2.   A eletrostática 368
7.3.   As Equações de Poisson e Laplace 369
7.4.   Capacitância 378
7.5.   Energia em sistemas eletrostáticos 384
7.6.   Forças e conjugados em sistemas eletrostáticos 388
     7.6.1. Tensão constante 389
     7.6.2. Carga constante 390
7.7.   O campo elétrico na matéria 401
     7.7.1. Campo elétrico na presença de condutores maciços 401
     7.7.2. Campo elétrico na superfície do condutor maciço 402
     7.7.3. Campo elétrico em placas condutoras 403
     7.7.4. A blindagem com cavidades condutoras 403
7.8.   O equacionamento do dipolo elétrico 410
7.9.   O método das imagens 412
7.10. A eletro quase estática 416

7.11. A eletrocinética 416
7.12. A resistência elétrica 417
7.13. As equações de Laplace e Poisson da eletrocinética 418
7.14. A condutividade elétrica 419
7.15. Exercícios propostos 436

Capítulo 8   Métodos Numéricos no Eletromagnetismo   443

8.1. Introdução 443
8.2. O método das diferenças finitas 443
8.3. O método dos elementos finitos 447

Anexo   Notação Complexa de Grandezas Senoidais   467

1. Grandezas variáveis senoidalmente no tempo 467
2. Função $y(t)$ expandida no campo complexo 468
3. Operador , parte real de [.] 468
4. Identidade de Euler 468
5. Equações diferenciais 469

Linhas de Transmissão

1.1. Introdução

Uma das primeiras imagens que guardo da infância é a da construção de uma linha de transmissão em um terreno que ficava nos fundos da minha casa. A montagem da torre fascinava a todos, como se fosse um quebra-cabeças; ficávamos horas observando os operários completando cada parte daquele complexo. O ponto alto dos trabalhos foi o lançamento dos cabos, no qual um grande trator puxava os condutores até o ponto certo de tração.

Pairava uma grande dúvida na cabeça de todos que moravam naquela região: qual a utilidade daquela construção, que não fosse apenas a destruição de um pequeno campo de futebol onde fazíamos nossos campeonatos diários?

Passei então a fazer coleções de linhas de transmissão. Sempre que encontrava alguma, tentava comparar com aquela que havia sido construída no fundo de casa e anotava em uma pequena caderneta sua localização. Um dia me cansei e perdi a caderneta. Se isso não tivesse acontecido, talvez hoje ela pudesse servir como base para cadastramento das linhas de transmissão do estado de São Paulo.

É no mínimo interessante escrever um capítulo sobre o tema, praticamente 40 anos depois de ter consciência da finalidade de uma linha de transmissão.

Após longo tempo, fiquei sabendo que aquela linha de transmissão fazia a conexão entre uma usina hidrelétrica e uma subestação localizada nas proximidades da cidade. A subestação recebia energia elétrica da usina, que, por sua vez, a transmitia para aquela região, onde finalmente era consumida.

É interessante que a construção daquela linha de transmissão foi a responsável, no futuro, pelo meu interesse nesse tema, me motivando a fazer um curso de engenharia elétrica.

No curso de engenharia, tomei conhecimento de outros tipos de linhas de transmissão além daquelas de transmissão de energia elétrica, como, por exemplo, as linhas telefônicas, as trilhas de um circuito impresso, alguns dispositivos de micro-ondas, redes de computadores etc.

Basicamente, podemos classificar as linhas de transmissão em dois tipos:
- **linhas de transmissão de energia:** transportam grande quantidade de energia elétrica a longas distâncias,[1] com tensões elevadas e baixa frequência;
- **linhas de transmissão de sinais:** transportam pequena quantidade de energia elétrica, normalmente a pequenas distâncias, com tensões muito baixas e alta frequência.

A Figura 1.1 mostra diferentes tipos de linhas de transmissão, comumente utilizados nos sistemas de transmissão de energia e transmissão de sinais.

---

1 O conceito de distância coberta por linha de transmissão será discutido em detalhes nos próximos itens.

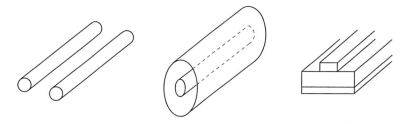

Figura 1.1: Diferentes tipos de linhas de transmissão.

1.2. Por que começar por linhas de transmissão

Os textos clássicos de eletromagnetismo reservam a discussão das linhas de transmissão para os capítulos finais do livro. Esse procedimento era justificado pelas estruturas curriculares do passado, nas quais as disciplinas Circuitos Elétricos e Eletromagnetismo eram ministradas, simultaneamente, no quinto e no sexto semestres dos cursos de engenharia elétrica e tratadas como disciplinas de formação profissional básica, frequentemente desprovidas de aplicações práticas industriais.

A evolução da engenharia elétrica na última década exigiu mudanças nas estruturas curriculares, de modo que a disciplina Circuitos Elétricos passou a ser ministrada no terceiro e quarto semestres dos cursos de engenharia elétrica, colocando o estudante em contato, mais precocemente, com os princípios fundamentais do curso.

A formação em Circuitos Elétricos, por sua vez, agrega novos anseios dos estudantes sobre a engenharia elétrica e, por essa razão, a disciplina Eletromagnetismo precisou ser revista, deixando sua característica de formação profissional básica e assumindo uma característica de disciplina de formação profissional geral.

O início do curso de Eletromagnetismo discutindo as linhas de transmissão é, a nosso ver, uma continuação natural da disciplina Circuitos Elétricos, na medida em que naquela disciplina o estudante toma conhecimento do tratamento dos problemas da engenharia elétrica através da análise a parâmetros concentrados e, através do conhecimento das técnicas de análise das linhas de transmissão, o estudante toma um primeiro contato com as análises de engenharia que exigem um tratamento a parâmetros distribuídos. Esse conceito será fundamental quando forem discutidas as equações de Maxwell, nas quais o conceito de distribuição de campos elétricos e magnéticos é aplicado em sua plenitude.

Os estudos das linhas de transmissão, por sua vez, possibilitam apresentar ao estudante problemas práticos da engenharia elétrica moderna, visto que problemas de redes de computadores, interferências eletromagnéticas etc. fazem parte do dia a dia das discussões atuais envolvendo essa temática. Entendemos, portanto, que a apresentação das técnicas de análise das linhas de transmissão atuará como uma ferramenta poderosa de motivação acadêmica.

1.3. Parâmetros na linha de transmissão

Os fenômenos eletromagnéticos presentes nas linhas de transmissão são modelados por elementos de circuitos associados a cada um desses fenômenos, com valores normalizados em unidade de comprimento.

Assim, temos:

R: resistência ôhmica da LT por unidade de comprimento (Ω/m);

L: indústria própria da LT por unidade de comprimento (H/m);

C: capacitância própria da LT por unidade de comprimento (F/m);

G: condutância de isolação da LT por unidade de comprimento (S/m).

A cada parâmetro temos associado um fenômeno físico característico das linhas de transmissão, de modo que R é tal que a potência nela dissipada é numericamente igual à potência elétrica dissipada por efeito Joule por unidade de comprimento de linha e depende da geometria do condutor e da condutividade do material condutor; L é tal que a queda de tensão entre seus terminais é numericamente igual à força eletromotriz induzida pelo fluxo magnético produzido pela corrente por unidade de comprimento e depende da geometria dos condutores e da permeabilidade magnética do meio que os envolve; C é tal que a corrente que flui entre seus terminais é numericamente igual à corrente de deslocamento por unidade de comprimento que flui entre os condutores da linha e depende da geometria e da permissividade elétrica do meio que os envolve; finalmente G é tal que a corrente que flui entre seus terminais é numericamente igual à corrente de condução por unidade de comprimento que flui através do material isolante existente entre os condutores, grandeza que depende da geometria dos condutores da linha e da condutividade do isolante que os separa.

A Figura 1.2 mostra o circuito equivalente de um trecho elementar da linha de transmissão.

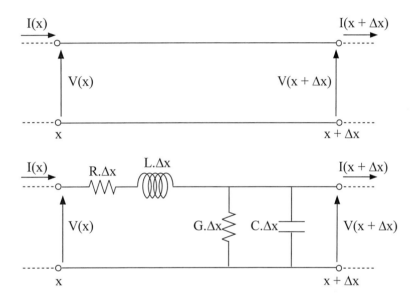

Figura 1.2: Circuito equivalente para trecho elementar de uma linha de transmissão.

Sejam $V(x)$, $V(x + \Delta x)$ e $I(x)$, $I(x + \Delta x)$ as tensões e as correntes de entrada e saída, respectivamente, do trecho elementar de comprimento Δx, localizado em uma posição x qualquer da linha de transmissão. Podemos escrever as seguintes equações.

1.3.1. Equação para tensões

Aplicar a lei de Kirchoff para tensões ao circuito da Figura 1.2 resulta em:

$$V(x + \Delta x) = V(x) - R\Delta x \cdot I(x) - L\Delta x \cdot \frac{\partial I(x)}{\partial t}$$

ou, ainda,

$$\frac{V(x + \Delta x) - V(x)}{\Delta x} = -R \cdot I(x) - L \frac{\partial I(x)}{\partial t}$$

O circuito equivalente a parâmetros concentrados da Figura 1.2 só representa com precisão o trecho de comprimento Δx da linha de transmissão se esse segmento for suficientemente pequeno. Assim sendo, no limite para $\Delta x \to 0$ obtém-se:

$$\frac{\partial V(x)}{\partial x} = - (R + L\frac{\partial}{\partial t}) \cdot I(x) \tag{1.1}$$

1.3.2. Equações para correntes

Aplicando a lei de Kirchoff para as correntes ao circuito da Figura 1.2, resulta:

$$I(x + \Delta x) = I(x) - G\Delta x \cdot V(x + \Delta x) - C\Delta x \cdot \frac{\partial V(x + \Delta x)}{\partial t}$$

ou, ainda,

$$\frac{I(x + \Delta x) - I(x)}{\Delta x} = -G\Delta x - C\frac{\partial V(x)}{\partial t}\Delta x (...)$$

No limite para $\Delta x \to 0$ obtemos:

$$\frac{\partial I(x)}{\partial x} = - (G + C\frac{\partial}{\partial t}) \cdot V(x) \tag{1.2}$$

As Equações 1.1 e 1.2 são similares às equações representativas de vários fenômenos físicos, em particular as equações de Maxwell, que descrevem os comportamentos dos campos elétricos e magnéticos. Para os fenômenos acústicos em fluidos, por exemplo, substituímos tensão por pressão e corrente por velocidade.

1.4. Linha de transmissão sem perdas

Na maioria das aplicações de ordem prática, as considerações das perdas presentes nas linhas de transmissão levam apenas a complexidades na solução das equações características sem agregar, no entanto, uma precisão adicional importante na análise do problema. Por essa razão, o modelo de linha de transmissão sem perdas, no qual $R = G = 0$, é suficiente para a análise dos principais fenômenos de interesse para a engenharia elétrica.

Entende-se por linha de transmissão sem perdas aquela na qual seus condutores são condutores ideais, isto é, de resistência nula (R = 0), e o dielétrico é um dielétrico ideal, isto é, de condutividade nula (G = 0). Considerando então essas hipóteses, as Equações 1.1 e 1.2 são reescritas como segue:

$$\frac{\partial V(x)}{\partial x} = -L\frac{\partial I(x)}{\partial t} \tag{1.3}$$

$$\frac{\partial I(x)}{\partial x} = -C\frac{\partial V(x)}{\partial t} \tag{1.4}$$

Derivando a Equação 1.3, membro a membro em relação a x, resulta:

$$\frac{\partial^2 V(x)}{\partial x^2} = -L\frac{\partial^2 I(x)}{\partial x \partial t} \tag{1.5}$$

Derivando a Equação 1.4, membro a membro em relação a t, resulta:

$$\frac{\partial^2 I(x)}{\partial x \partial t} = -C\frac{\partial^2 V(x)}{\partial t^2} \tag{1.6}$$

Substituindo a Equação 1.6 na Equação 1.5, obtém-se:

$$\frac{\partial^2 V(x)}{\partial x^2} = -LC \frac{\partial^2 V(x)}{\partial t^2} \tag{1.7}$$

Derivando a Equação 1.3 em relação a *t* e a Equação 1.4 em relação a *x* e fazendo a devida manipulação matemática, obtemos também:

$$\frac{\partial^2 I(x)}{\partial x^2} = -LC \frac{\partial^2 I(x)}{\partial t^2} \tag{1.8}$$

As Equações 1.7 e 1.8 são idênticas e frequentemente denominadas *equações do telegrafista* ou *equações de onda* ou, ainda, mais modernamente, *equações do surfista*. Claro está que, se uma função é solução da Equação 1.7, ela será também solução da Equação 1.8.

Podemos escrever a Equação 1.7 como segue:

$$\frac{\partial^2 V(x)}{\partial x^2} = \frac{1}{v^2} \frac{\partial^2 V(x)}{\partial t^2} \tag{1.9}$$

Na qual

$$v = \frac{1}{\sqrt{L \cdot C}} \tag{1.10}$$

Como veremos a seguir, a constante *v* tem dimensão de velocidade, ou seja, *m/s*, e expressa a velocidade pela qual se propaga uma perturbação na eletricidade. Essa grandeza, apesar de estar representada na Equação 1.10 como função da indutância própria e da capacitância própria da linha de transmissão por unidade de comprimento, na realidade é função única e exclusiva das propriedades magnéticas e elétricas do meio dielétrico que separa os condutores.

Será demonstrada, nos capítulos seguintes, a relação:

$$LC = \mu \in$$

na qual μ e ∈ são a permeabilidade magnética e a permissividade elétrica do meio dielétrico, respectivamente.

Nos casos em que o meio dielétrico que separa os condutores é o ar, como ocorre, por exemplo, nas grandes linhas de transmissão de energia, temos: $\mu_0 = 4\pi 10^{-7} (H/m), \in = \in_0 = \frac{10^{-9}}{36\pi}(F/m)$, resultado $v = c = 3.10^8$ (*m/s*), que é a velocidade da luz no ar.

A Tabela 1.1 mostra as velocidades de propagação das perturbações elétricas em diversos meios dielétricos.

Tabela 1.1: Velocidade de Propagação

Material	Velocidade de propagação (20°C, 3 GHz e cm/ns)
Ar	30
Vidro	3 a 15
Mica	12,9

Porcelana	10 a 13
Quartzo (SiO_2)	15,4
Alumina(Al_2O_3)	10,1
Poliestireno	20
Teflon	20,7
Madeira	27,2
Água destilada	3,43
Gelo puro	16,8
Solo seco	18,8

Observa-se, portanto, que a velocidade de propagação das perturbações na eletricidade é extremamente rápida. Mesmo nos casos em que o meio que separa os condutores não é o ar, a velocidade de propagação das perturbações é da ordem de grandeza da velocidade da luz no vácuo.

1.4.1. Primeira solução da equação de onda

Uma solução possível da equação de onda (1.9) é dada por:

$$V_+ = f(t - \frac{x}{v}) \tag{1.11}$$

Isso pode ser verificado por simples inspeção, substituindo V_+ na Equação 1.9. Lembre-se que a derivada f' de $f(t - \frac{x}{v})$ possui o mesmo argumento que a função original; aplicando a regra da cadeia, obtém-se:

$$\frac{\partial V_+}{\partial x} = \frac{-1}{v} f'$$

e, consequentemente:

$$\frac{\partial^2 V_+}{\partial x^2} = \frac{1}{v^2} f''$$

e

$$\frac{\partial^2 V_+}{\partial t^2} = f''$$

logo,

$$\frac{\partial^2 V_+}{\partial x^2} = \frac{1}{v^2} \frac{\partial^2 V_+}{\partial t^2}$$

Isso confirma nossa afirmação de que a função é a solução da equação de onda de tensão (1.9).

A função $f(t - \frac{x}{v})$ é uma função que depende da forma de onda de excitação, determinada pelo gerador, pela carga e pelas características da linha, como veremos nos próximos itens.

A análise física da Equação 1.11 mostrará um comportamento muito interessante da linha de transmissão. Notemos, inicialmente, que V_+ é uma função de duas variáveis, x e t. Se quisermos representar graficamente V_+ em função apenas de x, deveremos especificar o instante de tempo t.

A Figura 1.3 mostra uma função $V_+(x, t_1)$ em função de x no instante de tempo específico $t = t_1$.

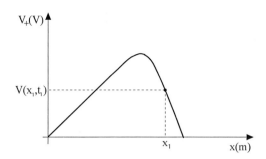

Figura 1.3: Análise física de V_+.

O ponto qualquer indicado sobre a curva representa o valor da função V_+ no instante t_1 e na posição x_1, isto é:

$$V_+(x_1,t_1) = f(t_1 - \frac{x_1}{v})$$

Vamos agora determinar a posição x_2 no instante $t_2 > t_1$ tal que:

$$V_+(x_2,t_2) = V_+(x_1,t_1)$$

ou, ainda,

$$f(t_1 - \frac{x_1}{v}) = f(t_2 - \frac{x_2}{v})$$

Para que essa condição seja satisfeita, os argumentos de $V_+(x_2,t_2)$ e $V_+(x_1,t_1)$ devem ser idênticos, isto é:

$$t_1 - \frac{x_1}{v} = t_2 - \frac{x_2}{v}$$

ou, ainda,

$$x_2 - x_1 = v(t_2 - t_1)$$

Esse resultado nos mostra que existe uma posição $x_2 > x_1$ (pois $t_2 > t_1$) na qual o valor da função V_+ assume o mesmo valor calculado na posição x_1 e no instante t_1.

Como o ponto analisado foi um ponto qualquer da curva, o mesmo procedimento pode ser aplicado a todos os pontos da referida curva, de modo que a função $V_+(x,t_2)$ pode ser obtida a partir da função $V_+(x,t_1)$ pelo simples deslocamento desta, no sentido positivo de x, de um valor igual a $v(t_2 - t_1)$.

Pelo exposto, verifica-se que a função $V_+(x,t)$ é a representação matemática de uma onda de tensão que se propaga no sentido $x > 0$, com velocidade:

$$v = \frac{1}{\sqrt{LC}} \, (m/s)$$

O mesmo procedimento aplicado na análise da solução da equação de onda de tensão poderia ser aplicado à equação de onda de corrente, na medida em que as equações diferenciais que descrevem o comportamento dessas grandezas são idênticas. Dessa forma, conclui-se, também, que uma solução possível para a Equação 1.8 consiste em uma onda de corrente que se desloca no sentido dos $x > 0$, com a mesma velocidade v, isto é, uma solução do tipo:

$$I_+ = h\left(t - \frac{x}{v}\right) \tag{1.12}$$

A relação entre V_+ e I_+ é obtida a partir da Equação 1.4 como segue:

$$\frac{\partial I_+}{\partial x} = -C\frac{\partial V_+}{\partial t}$$

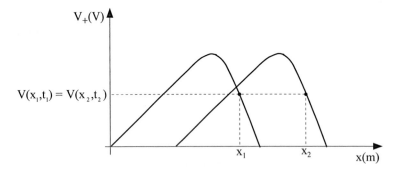

Figura 1.4: Propagação de uma onda de tensão.

Substituindo por suas funções, obtém-se:

$$\left(\frac{-1}{v}\right)h' = -Cf'$$

Integrando ambos os membros, podemos escrever:

$$\frac{f}{h} = \frac{1}{C \cdot v}$$

ou, ainda:

$$\frac{V_+}{I_+} = Z_0 \tag{1.13}$$

na qual:

$$Z_0 = \sqrt{\frac{L}{C}}\,[\Omega]$$

Essa impedância é denominada impedância característica da linha de transmissão. Esse parâmetro é função da geometria dos condutores da linha e das propriedades magnéticas e elétricas do meio que os envolve, e é, ainda, de fundamental importância para o desempenho da linha de transmissão.

Tabela 1.2: Parâmetros de algumas linhas de transmissão

	Coaxial	Dois condutores
$L(\mu H/m)$	$0{,}2 \cdot \ln\left(\dfrac{b}{a}\right)$	$0{,}4 \cdot \ln\left(\dfrac{d}{a}\right)$
$C(pF/m)$	$\dfrac{55{,}6}{\ln\left(\dfrac{b}{a}\right)}$	$\dfrac{55{,}6}{\ln\left(\dfrac{b}{a}\right)}$
$Z_0(\Omega)$	$60 \cdot \ln\left(\dfrac{b}{a}\right)$	$120 \cdot \cosh^{-1}\left(\dfrac{d}{2a}\right)$

A Tabela 1.2, juntamente com a Figura 1.5, apresenta os parâmetros L, C e Z_0 de dois tipos de linhas de transmissão muito utilizados, o cabo coaxial e a linha com dois condutores em paralelo, com seus condutores, em ambos os casos, isolados pelo ar.

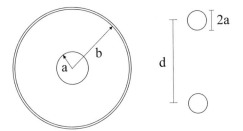

Figura 1.5: Parâmetros para a Tabela 1.2.

1.4.2. Parâmetros concentrados *versus* parâmetros distribuídos

A Figura 1.6 mostra um circuito elétrico no qual temos um gerador com resistência interna R_G, alimentando uma carga resistiva R_L. A força eletromotriz (f.e.m.) E do gerador é um degrau de tensão. A conexão entre o gerador e a carga é realizada pelos condutores AB.

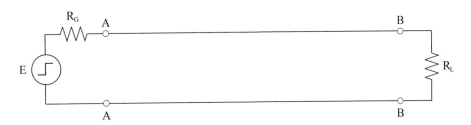

Figura 1.6: Circuito elétrico.

Vamos agora discutir sobre quais condições devemos tratar os condutores AB com as técnicas de análise de uma linha de transmissão.

■ **Tempo de subida *versus* tempo de trânsito**

A Figura 1.7 mostra um *zoom* da forma de onda da f.e.m. do gerador, para destacar o conceito de que um degrau de tensão possui um tempo de subida diferente de zero.

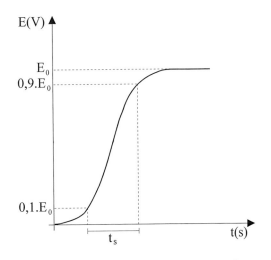

Figura 1.7: Tempo de subida do gerador.

Entende-se por tempo de subida t_s o tempo decorrido entre a variação da tensão de saída de 10% a 90% do seu valor final. O degrau de tensão do gerador representado na Figura 1.6 começa a transmitir o sinal de tensão do gerador para a carga, isto é, uma onda de tensão parte do terminal *A* em direção ao terminal *B*, com velocidade de propagação dada pela Equação 1.10. Como essa velocidade é da ordem de grandeza da velocidade da luz (para condutores imersos no ar essa velocidade de propagação é a própria velocidade da luz), o tempo decorrido para a onda de tensão viajar do gerador até a carga, também denominado tempo de trânsito $\tau = \dfrac{l}{v}$, (no qual *l* é a distância entre o gerador e a carga, e *v* é a velocidade de propagação da perturbação), é reduzido e pode ser compatível ao tempo de subida do degrau de tensão.

A prática da engenharia mostra que se $t_s \gg 6\,\tau$, a técnica de análise de circuitos baseada em parâmetros concentrados é adequada para o bom entendimento do problema, isto é, podemos considerar que uma variação qualquer observada no gerador é imediatamente sentida na carga e vice-versa. Em outras palavras, a conexão entre os terminais *A* e *B* é tratada como um condutor ideal, de resistência nula, que coloca em curto-circuito os terminais *A* e *B*. Por outro lado, se $t_s \ll 2{,}5\,\tau$, a aplicação, pura e simples, das técnicas de análise de circuitos elétricos leva a resultados totalmente diferentes daquele obtido aplicando as técnicas de análise das linhas de transmissão. Nos casos de $2{,}5\,\tau < t_s < 6\,\tau$, há um compromisso entre a simplicidade da solução e a precisão requerida.

■ Período *versus* tempo de trânsito

A transmissão de energia elétrica através da utilização de fontes de tensão senoidal consiste na maior aplicação da engenharia elétrica, sobretudo nos casos da transmissão de grande quantidade de energia das usinas de geração de energia elétrica para os grandes centros consumidores. Não é essa, no entanto, a única aplicação em que a excitação senoidal é utilizada, pois vários outros meios de comunicação a fio lançam mão dessa técnica diante do fato de que é mais simples e previsível a análise do problema quando todas as grandezas variam senoidalmente no tempo. A Figura 1.8 mostra a representação de uma fonte de tensão, de resistência interna R_G, alimentando, através de uma linha de transmissão *AB* sem perdas, uma determinada carga em *B* que não está representada.

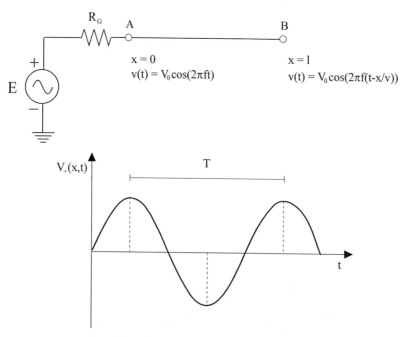

Figura 1.8: Período *versus* tempo de trânsito.

Em situações desse tipo, a função $V_+ = (t - \frac{x}{v})$ é uma função senoidal. Seja $V_+(t, 0) = V_0 \cos(2\pi ft)$ a tensão lançada, nos terminais do gerador, em direção à carga; em um ponto B da linha, distante l dos terminais do gerador, a tensão será, de acordo com a Equação 1.11:

$$V_+(t,l) = V_0 \cos\left[2\pi f(t - \frac{l}{v})\right]$$

ou, ainda:

$$V_+(t,l) = V_0 \cos(2\pi ft - \frac{2\pi\tau}{T})$$

A consideração do modelo de linhas de transmissão está diretamente relacionada com o atraso $\frac{2\pi\tau}{T}$ da tensão observado, à medida que caminhamos ao longo da linha.

Assim, se $\tau \ll 0{,}01\,T$, o atraso correspondente pode ser desprezado e o problema resolvido aplicando as técnicas a parâmetros concentrados. Por outro lado, se $0{,}01 < \tau < 0{,}1\,T$, uma solução de compromisso entre a complexidade da solução e a precisão requerida deve ser escolhida, com base na experiência do projetista. No entanto, se $\tau \gg 0{,}1\,T$, a solução a parâmetros distribuídos deve ser adotada.

■ Dimensão *versus* comprimento de onda

Quando as forças eletromotrizes das fontes de tensão ou corrente dos circuitos são grandezas variáveis senoidalmente no tempo, as dimensões do circuito podem ditar o tipo de análise a ser aplicada no seu estudo.

Para tal, o parâmetro de comparação das dimensões do circuito é o comprimento de onda (λ), que consiste na distância entre quaisquer dois pontos em posições correspondentes em sucessivas repetições. A Figura 1.9 mostra a definição desse parâmetro.

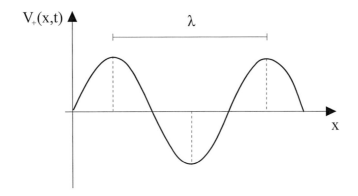

Figura 1.9: Comprimento de onda.

Para a função $V_+(t,x) = V_0 \cos(2\pi f(t - \frac{x}{v}))$, o comprimento de onda é tal que, para um mesmo instante, a diferença entre os argumentos em duas posições distintas é igual a 2π, isto é:

$$2\pi f\left(t - \frac{x_2}{v}\right) - 2\pi f\left(t - \frac{x_1}{v}\right) = 2\pi$$

$$f(x_1 - x_2) = v$$

$$f\lambda = v$$

11

A consideração do modelo de linhas de transmissão para a análise do circuito está diretamente relacionada à fração do comprimento de onda equivalente à maior dimensão do circuito D_{MAX}.

Assim, se $D_{MAX} \ll 0{,}01\lambda$, o problema é resolvido aplicando as técnicas a parâmetros concentrados. Por outro lado, se $0{,}01\lambda < D_{MAX} < 0{,}1\lambda$, uma solução de compromisso entre a complexidade da solução e a precisão requerida deve ser escolhida. No entanto, se $D_{MAX} \gg 0{,}1\lambda$, a solução a parâmetros distribuídos deve ser adotada.

1.4.3. Segunda solução da equação de onda

Uma outra solução possível da equação de onda (1.9) é dada por:

$$V_- = g(t + \frac{x}{v}) \tag{1.14}$$

Essa afirmação também pode ser verificada por inspeção, substituindo V_- na Equação 1.9. Lembre-se, novamente, que a derivada g' de $g(t + \frac{x}{v})$ possui o mesmo argumento que a função original, isto é, $g' = g'(t + \frac{x}{v})$. Aplicando a regra da cadeia, obtém-se:

$$\frac{\partial V_-}{\partial x} = \frac{1}{v} g'$$

e

$$\frac{\partial V_-}{\partial t} = g'$$

e, consequentemente:

$$\frac{\partial^2 V_-}{\partial x^2} = \frac{1}{v^2} g''$$

e

$$\frac{\partial^2 V_-}{\partial t^2} = g''$$

logo,

$$\frac{\partial^2 V_-}{\partial x^2} = \frac{1}{v^2} \frac{\partial^2 V_-}{\partial t^2}$$

Isso confirma nossa afirmação de que a função $g(t + \frac{x}{v})$ também é solução da equação de onda de tensão (1.9).

Uma análise física da Equação 1.14, de acordo com o mesmo procedimento do item 1.4.1, mostra-nos que a função $V_-(x,t)$ é a representação matemática de uma onda de tensão que se propaga no sentido $x < 0$, com a mesma velocidade:

$$v = \frac{1}{\sqrt{LC}} [m/s]$$

Concluímos também que, associada a essa onda de tensão que se propaga no sentido dos $x < 0$, existe uma onda de corrente que se propaga no mesmo sentido e com a mesma velocidade. De modo que podemos escrever:

$$I_- = k\left(t + \frac{x}{v}\right) \tag{1.15}$$

A relação entre V_- e I_- é obtida a partir da Equação 1.4 como segue:

$$\frac{\partial I_-}{\partial x} = -C \frac{\partial V_-}{\partial t}$$

Substituindo V_- e I_- por suas funções dadas por 1.14 e 1.15, obtém-se:

$$\frac{1}{v} k' = -C g'$$

Integrando ambos os membros, podemos escrever:

$$\frac{g}{k} = -\frac{1}{vC}$$

ou, ainda:

$$\frac{V_-}{I_-} = -\frac{1}{vC} = -Z_0 \qquad (1.16)$$

1.4.4. Solução geral da equação de onda

Uma propriedade fundamental das equações diferenciais afirma que, se duas funções são soluções de uma equação diferencial, então a soma dessas funções também é solução da referida equação diferencial.

Portanto, a função:

$$V(x,t) = V_+(x,t) + V_-(x,t) \qquad (1.17)$$

é a solução geral da equação de onda de tensões (1.9).

Aplicando o mesmo princípio à equação das correntes, a função:

$$I(x,t) = I_+(x,t) + I_-(x,t) \qquad (1.18)$$

é a solução geral da equação de onda das correntes (1.8).

As relações 1.16 e 1.13 continuam válidas.

1.5. Linha de transmissão com terminação resistiva

Várias situações práticas da engenharia elétrica, sobretudo aquelas encontradas nas trilhas de circuitos impressos de dispositivos que operam em altas frequências, são equivalentes a uma fonte de tensão alimentando uma carga resistiva, em que suas conexões se comportam tal como uma linha de transmissão. Situações muito próximas a essa também podem ser encontradas em análises de propagação de surtos de origem atmosférica, em estruturas metálicas de edifícios, razão pela qual julgamos de grande importância este item.

A Figura 1.10 mostra um circuito elétrico constituído por um gerador de corrente contínua de f.e.m. E e resistência interna R_G, alimentando uma carga resistiva R_L através de uma linha de transmissão de comprimento l, de impedância característica Z_0 e velocidade de propagação v.

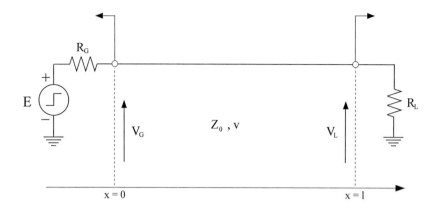

Figura 1.10: Linha de transmissão com terminação resistiva.

Vamos determinar o comportamento da tensão nos terminais do gerador, nos terminais da carga e em qualquer ponto da linha de transmissão, a partir do instante $t = 0$, momento no qual há o degrau de tensão.

Como discutido anteriormente, as soluções gerais das equações de tensão e da corrente em um ponto qualquer da linha são dadas por:

$$V(x,t) = V_+(x,t) + V_-(x,t)$$
$$I(x,t) = I_+(x,t) + I_-(x,t)$$

nas quais $V_+(x,t)$ e $I_+(x,t)$ são ondas de tensão e corrente, respectivamente, que se propagam no sentido dos $x > 0$ (do gerador para a carga), com a velocidade de propagação v, doravante denominadas ondas incidentes. Já $V_-(x,t)$ e $I_-(x,t)$ são ondas de tensão e corrente, respectivamente, que se propagam no sentido dos $x < 0$ com a mesma velocidade de propagação, denominadas ondas refletidas.

Antes de começarmos a aplicar a formulação matemática que nos levará a entender o comportamento da linha de transmissão nessas condições, convém entendermos o fenômeno físico associado.

O degrau de tensão no instante $t = 0$ é traduzido como uma perturbação introduzida no terminal inicial da linha, isto é, os elétrons situados no terminal $x = 0$ são acelerados, de forma semelhante a um impulso dado a um conjunto de bolas de bilhar alinhadas e separadas umas das outras. Essa perturbação é transmitida ao elétron seguinte, que por sua vez perturba o próximo, e assim por diante, numa reação em cadeia. Essa perturbação se propaga em direção à carga com a velocidade de propagação v, cuja intensidade depende das propriedades físicas do meio isolante que separa os condutores. Notemos que o elétron não se desloca a grandes distâncias, e sim que a perturbação é propagada a grande velocidade, de forma semelhante às ondas oriundas de uma pedra jogada em um lago calmo.

Por essa razão, do instante $t = 0_+$ até o instante $t = \tau = \dfrac{l}{v}$, que é o tempo necessário para a perturbação atingir o final da linha ou, mais simplesmente, tempo de trânsito, a perturbação é unidirecional, isto é, só temos as ondas incidentes de tensão e de corrente.

Portanto, em $t = 0_+$ temos $V_- = I_- = 0$, isto é, apenas V_+ e I_+ são diferentes de zero nesse instante. Como a relação entre V_+ e I_+ é tal que, $\dfrac{V_+}{I_+} = Z_0$, tudo se passa como se no instante $t = 0_+$ tivéssemos conectado nos terminais do gerador uma impedância igual à impedância característica da linha de transmissão, como mostrado na Figura 1.11.

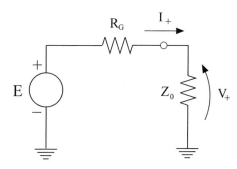

Figura 1.11: Impedância "vista" pelo gerador em $t = 0_+$.

Nessas condições, temos:

$$V_+ = \frac{Z_0}{Z_0 + R_G} E \qquad (1.19)$$

$$I_+ = \frac{E}{Z_0 + R_G} \qquad (1.20)$$

Essa tensão e essa corrente permanecerão constantes nos terminais do gerador até que uma nova perturbação as altere. Isso só ocorre decorrido o intervalo de tempo 2τ, tempo suficiente para que as ondas de tensão (V_-) e corrente refletidas (I_-) geradas na carga no instante $t = \tau$ alcancem novamente o gerador.

Decorrido um tempo de trânsito τ, as ondas de tensão incidentes V_+ e I_+ atingem a carga. Essas ondas serão perturbadas pela resistência de carga R_L, gerando ondas de tensão e corrente refletidas V_- e I_-, que viajarão em direção ao gerador, sobrepondo-se às ondas incidentes com a mesma velocidade de propagação destas últimas.

A razão dessa perturbação é simples, pois as ondas de tensão e corrente incidentes V_+ e I_+ viajam do gerador para a carga, em um meio de impedância característica Z_0 e mantendo a relação $\frac{V_+}{I_+} = Z_0$. No instante $t = \tau$, as ondas de tensão e corrente V_+ e I_+ encontram a resistência de carga R_L, diferente de Z_0, na qual a lei de Ohm deve ser obedecida, isto é, no instante $t = \tau$ a tensão na carga V_L deverá ser tal que $\frac{V_L}{I_L} = R_L$.

Consequentemente, serão geradas ondas de tensão e correntes de modo a ajustarem-se às condições de mudança de impedância. Assim, na carga em $t = \tau$, teremos:

$$V_L = V_+ + V_- \qquad (1.21)$$
$$I_L = I_+ + I_- \qquad (1.22)$$

Aplicando as relações conhecidas, obtém-se, a partir da Equação 1.22:

$$\frac{V_L}{R_L} = \frac{V_+}{Z_0} - \frac{V_-}{Z_0} \qquad (1.23)$$

A partir do sistema de Equações 1.21 e 1.23, podemos obter os valores de V_- e V_L em função de V_+, resultando:

$$\Gamma_L = \frac{V_-}{V_+} = \frac{R_L - Z_0}{R_L + Z_0} \quad (1.24)$$

$$\sigma_L = \frac{V_L}{V_+} = \frac{2 R_L}{R_L + Z_0} \quad (1.25)$$

O termo Γ_L representa a fração da onda de tensão incidente V_+ que é refletida e retorna ao gerador. Esse coeficiente é denominado *coeficiente de reflexão na carga*.

O termo σ_L representa a fração da onda de tensão incidente V_+ que é transmitida à carga. Esse coeficiente é denominado *coeficiente de transmissão na carga*.

Verifica-se, sempre, que $1 + \Gamma = \sigma$.

Resumindo, na carga em $t = \tau$, observamos as seguintes perturbações:
- a tensão na carga é alterada de zero para $\sigma_L V_+$;
- uma onda de tensão refletida de intensidade $\Gamma_L V_+$ é gerada na carga, a qual inicia sua viagem em direção ao gerador sobreposta à onda de tensão incidente V_+;
- a tensão nos terminais do gerador permanece inalterada, com seu valor igual a V_+, pois a onda de tensão refletida na carga em $t = \tau$ ainda não chegou a seus terminais.

A Figura 1.12 mostra graficamente o comportamento da tensão nos terminais do gerador e nos terminais da carga até o instante imediatamente após $t = \tau$.

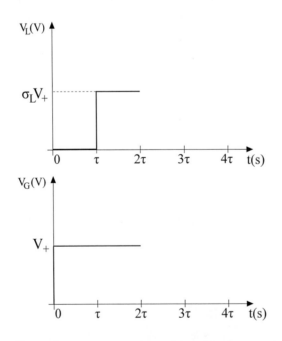

Figura 1.12: Comportamento de $V_G = V_G(t)$ e $V_L = V_L(t)$.

Em $t = 2\tau$, a onda de tensão refletida V_- (e também a de corrente I_-) chega no gerador causando nova perturbação na tensão em seus terminais.

A Figura 1.13 mostra a distribuição das tensões ao longo da linha de transmissão, imediatamente antes de a tensão refletida atingir o gerador.

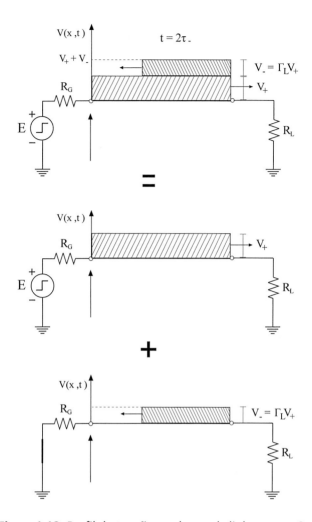

Figura 1.13: Perfil de tensões ao longo da linha em $t = 2\tau_-$.

Para avaliar a influência da chegada de V_- na tensão nos terminais do gerador no instante $t = 2\tau$, vamos aplicar o princípio da superposição, para separarmos as influências de V_+ e V_-.

No instante imediatamente anterior à chegada de V_-, a tensão nos terminais do gerador é:

$$V_G = V_+ = \frac{Z_0}{Z_0 + R_G} E$$

Com a chegada de V_-, a tensão no gerador será alterada para $V'_G = V_G + \Delta V_G$, com ΔV_G sendo uma grandeza a ser calculada em função de V_-.

A aplicação do princípio da superposição é realizada admitindo-se a linha de transmissão excitada, separadamente, pela onda de tensão incidente V_+ e pela onda de tensão refletida V_-. Notemos que a f.e.m. interna do gerador, quando avaliamos o efeito isolado de V_-, deve ser desativada, isto é, devemos impor, nesse caso, $E = 0$.

Assim, o cálculo de ΔV_G é obtido aplicando o mesmo procedimento utilizado no cálculo da tensão na carga no instante $t = \tau$, isto é, calculam-se os coeficientes de reflexão e de transmissão no gerador. Os cálculos desses coeficientes são realizados, de forma expedita, substituindo, nas expressões 1.24 e 1.25, R_L por R_G. Resultando:

$$\Gamma_G = \frac{V_{+NOVO}}{V_-} = \frac{R_G - Z_0}{R_G + Z_0} \qquad (1.26)$$

$$\sigma_G = \frac{\Delta V_G}{V_-} = \frac{2 R_G}{R_G + Z_0} \qquad (1.27)$$

Onde temos:
- V_{+novo}: nova onda de tensão incidente que é gerada em $t = 2\tau$ e que retorna, com a mesma velocidade, em direção à carga, sobreposta às anteriores;
- ΔV_G: variação da tensão nos terminais do gerador no instante $t = 2\tau$.

A Figura 1.14 mostra graficamente o comportamento da tensão no gerador e na carga até o instante imediatamente após o instante $t = 2\tau$.

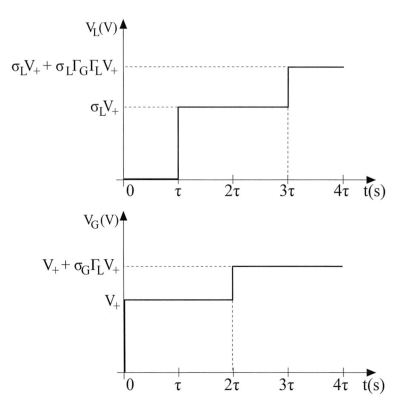

Figura 1.14: Comportamento de $V_G = V_G(t)$ e $V_L = V_L(t)$.

O transitório de energização da linha, nome dado a esse transitório, continua com a propagação de uma nova onda de tensão incidente V_{+novo} em direção à carga. Essa nova onda de tensão, ao chegar na carga em $t = 3\tau$, produzirá nova perturbação da tensão sobre R_L.

O cálculo da variação da tensão nos terminais da carga (V_L) é realizado aplicando-se, novamente, o princípio da superposição. Notemos que, pelo princípio da superposição, sempre temos a soma algébrica das tensões nos terminais da linha antes da chegada da perturbação, ou seja, no instante anterior, com as tensões produzidas pela ação isolada da onda que está chegando.

A Figura 1.15 mostra a nova onda de tensão incidente V_{+NOVO} chegando na carga no instante $t = 3\tau$.

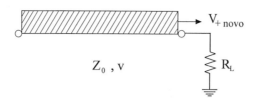

Figura 1.15: Circuito para análise do efeito de V_{+NOVO}.

Essa situação reproduz o que ocorreu no instante $t = \tau$, de modo que a avaliação da variação da tensão na carga ΔV_L é realizada seguindo-se um procedimento idêntico àquele feito para a obtenção de ΔV_G no instante $t = 2\tau$.

Consequentemente, teremos:

$$\Delta V_L = \sigma_L V_{+NOVO}$$

a qual deverá ser somada algebricamente à tensão anterior, resultando, portanto, em $t = 3\tau$, uma tensão na carga tal que:

$$V_{LNOVO} = V_L + \sigma_L V_{+NOVO}$$

ou, ainda:

$$V_{LNOVO} = V_L + \sigma_L \Gamma_G V_-$$

Substituindo V_L e V_- utilizando as Equações 1.24 e 1.25, obtém-se:

$$V_{LNOVO} = (\sigma_L + \sigma_L \Gamma_G \Gamma_L) V_+$$

Uma nova onda de tensão refletida é gerada na carga nesse instante e inicia seu retorno ao gerador. O valor dessa nova onda de tensão refletida é calculado de acordo com o procedimento utilizado no instante $t = \tau$, isto é:

$$V_{-NOVO} = \Gamma_L V_{+NOVO}$$

ou, ainda:

$$V_{-NOVO} = \Gamma_L^2 \Gamma_G V_+$$

A partir desse instante o processo é repetitivo, isto é, cada acréscimo de tensão é analisado separadamente, calculando-se a parcela da onda que é transmitida, calculada através do produto do coeficiente de transmissão pela amplitude da onda de tensão que está chegando e acrescentando seu valor ao valor da tensão calculada no instante anterior; em seguida calcula-se a nova onda de tensão refletida, obtida a partir do produto do coeficiente de reflexão pela amplitude da onda de tensão que está chegando, a qual será responsável pela variação da tensão no instante seguinte.

Com o decorrer do tempo ($t \to \infty$), demonstra-se, como veremos nos próximos itens, que os acréscimos das tensões no gerador e na carga tendem a zero, de modo que a tensão resultante converge para um valor final, denominada tensão em regime permanente. Da mesma forma, as ondas de tensão refletidas se extinguem em regime permanente.

A Figura 1.16 mostra o comportamento final da tensão no gerador e na carga.

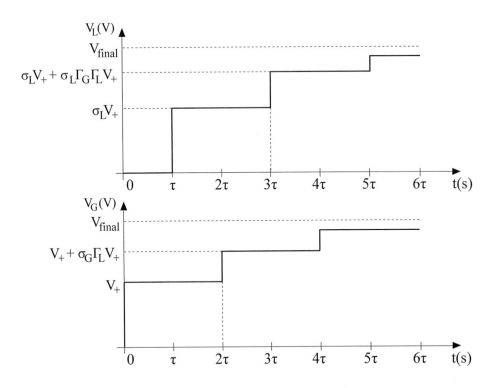

Figura 1.16: Comportamento de $V_G = V_G(t)$ e $V_L = V_L(t)$.

Nesse transitório de energização da linha de transmissão através de um gerador de corrente contínua, observa-se que, em regime permanente, os efeitos capacitivos e indutivos da linha não se apresentam, isto é, em regime permanente a indutância se comporta como um curto-circuito, e a capacitância se comporta como um circuito aberto, de modo que as tensões finais nos terminais do gerador e nos terminais da carga são idênticas e podem ser obtidas considerando-se que os condutores da linha de transmissão conectam diretamente os terminais do gerador aos terminais da carga através de uma resistência nula.

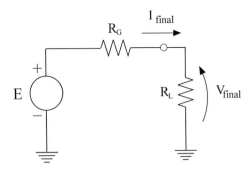

Figura 1.17: Linha de transmissão excitada por gerador de corrente contínua em regime permanente.

Nessa situação, o cálculo da tensão final no gerador e na carga é muito simples e resultará:

$$V_{FINAL} = V_G = V_L = \frac{R_L}{R_L + R_G} E$$

1.6. Diagrama de treliças

A avaliação do comportamento transitório da linha de transmissão excitada por um degrau de tensão, considerando separadamente as ondas de tensão incidentes e refletidas, conforme descrito no item anterior, é um trabalho fastidioso e pode levar a erros com facilidade.

Um procedimento gráfico e expedito, denominado *diagrama das treliças*, facilita em muito a manipulação do problema.

Na Figura 1.18 mostramos um diagrama esquemático da linha, no qual está indicado, na horizontal, o sistema de coordenadas com origem no gerador ($x = 0$) e o término na carga ($x = l$).

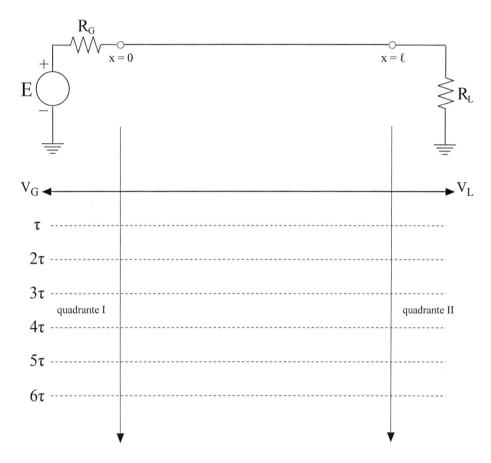

Figura 1.18: Construção inicial do diagrama das treliças.

Na vertical, dois eixos dos tempos estão desenhados, um no gerador e outro na carga, graduados em unidades de tempo de trânsito (τ). À esquerda do eixo dos tempos no gerador, desenhamos um eixo, calibrado em volts, o qual corresponderá à tensão do gerador (V_G). Portanto, o quadrante I, delimitado pelo eixo dos tempos e o eixo das tensões no gerador, abrigará o gráfico correspondente ao comportamento da tensão do gerador em função do tempo.

À direita do eixo dos tempos na carga, desenhamos outro eixo, calibrado em volts, o qual corresponderá à tensão na carga (V_L). Assim, o quadrante II delimitado pelo eixo dos tempos e o eixo das tensões na carga abrigará o gráfico indicativo do comportamento da tensão na carga em função do tempo.

1.6.1. Desenhando o diagrama das treliças

A Figura 1.19 mostra o diagrama das treliças para a linha de transmissão da Figura 1.10. Sua construção foi realizada de acordo com os seguintes passos:

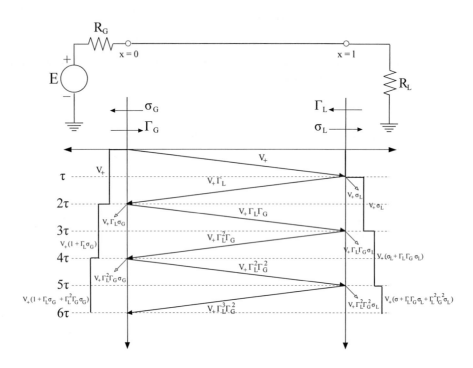

Figura 1.19: Diagrama das treliças para linha de transmissão excitada por degrau de tensão.

1. Calcule V_+ e t_{0+} a partir da Expressão 1.19, a qual vamos aqui repetir por conveniência:

$$V_+ = \frac{Z_0}{Z_0 + R_G} E \tag{1.28}$$

Note que V_+ é a tensão nos terminais do gerador no instante t_{0+} e deve ser indicada no gráfico do quadrante I, à esquerda do eixo dos tempos. Essa tensão permanecerá constante nos terminais do gerador por um intervalo de tempo correspondente a 2τ, intervalo de tempo este correspondente à ida da onda incidente e volta da onda refletida: V_-.

2. Calculam-se os coeficientes de transmissão e reflexão na carga e no gerador, conforme indicado nas Equações 1.24 a 1.27, anotando-os no diagrama das treliças como indicado.

3. A onda de tensão V_+ saindo do gerador no instante $t = 0$ chega na carga no instante $t = \tau$, num movimento uniforme. Anota-se a trajetória da onda incidente juntamente com o valor da tensão correspondente, como indicado.

4. No instante $t = \tau$, agora no eixo dos tempos da direita, calcule o acréscimo da tensão na carga, multiplicando a tensão que está chegando (V_+) pelo coeficiente de transmissão na carga (σ_L). Esse acréscimo deve ser somado à tensão anterior na carga, a qual antes de $t = \tau$ é nula. Indique esse valor no gráfico do quadrante II. Note que a tensão na carga do instante $t = 0$ até o instante $t = \tau_-$ é nula, pois a perturbação ainda está em trânsito, ou seja, ainda não chegou na carga. Da mesma forma que no passo 2, essa tensão permanecerá constante na carga por um intervalo de tempo correspondente a 2τ.

5. Ainda em $t = \tau$, calcule o valor da tensão refletida multiplicando a tensão que está chegando pelo coeficiente de reflexão na carga Γ_L. Essa tensão parte da carga em $t = \tau$ e chega no gerador em $t = 2\tau$,

num movimento uniforme. Anota-se a trajetória da onda refletida juntamente com o valor da tensão correspondente.

6. Em $t = 2\tau$, no eixo dos tempos do gerador, está chegando a tensão calculada no passo 5. Multiplica-se esta tensão pelo coeficiente de transmissão no gerador e adicione seu valor ao valor anterior, calculado no passo 1. Indique no gráfico a tensão resultante. Esta tensão resultante corresponde à tensão nos terminais do gerador no intervalo de tempo compreendido entre $t = 2\tau$ a $t = 4\tau$.

7. Ainda em $t = 2\tau$, calcule a nova tensão incidente multiplicando o valor da tensão que está chegando pelo coeficiente de reflexão no gerador (Γ_G). Essa nova tensão incidente sai do gerador em $t = 2\tau$ e chega na carga em $t = 3\tau$, segundo um movimento uniforme. Desenhe a trajetória dessa onda e anote o seu valor como indicado na seta que simboliza a onda de tensão indo novamente do gerador para a carga.

8. Em $t = 3\tau$, a nova tensão incidente chega na carga, e o procedimento para calcularmos o acréscimo da tensão na carga é o mesmo indicado no passo 2.

Esse procedimento de cálculo é simples e fácil de ser memorizado. Sua virtude consiste na forma do armazenamento das informações passadas, evitando esquecimentos na manipulação. A implementação computacional feita dessa forma é muito facilitada.

Se o leitor estiver familiarizado com os recursos de linguagem de programação, tente escrever um código que realize essa tarefa, pois tal exercício agregará um ganho sensível de conhecimento.

■ Exercício 1

A alimentação das composições de uma linha metroviária é realizada mediante um cabo, denominado catenária, instalado ao longo de todo o trajeto, no qual é conectado o terminal positivo de uma fonte de tensão contínua. O terminal negativo da fonte é conectado no próprio trilho de rolamento. Vamos analisar um caso de linha metroviária de 18 km, cuja impedância característica, para efeitos deste exercício, pode ser considerada igual a 400 Ω, e a velocidade de propagação é igual à da luz no vácuo, isto é, $3,10^8$ m/s. Uma das extremidades dessa linha é alimentada por uma fonte de tensão contínua de 3000 V, e a resistência interna é igual a 200 Ω. No outro extremo há um equipamento de sinalização, o qual pode ser considerado como uma resistência de 1.200 Ω. Determine o comportamento da tensão nos terminais da fonte, no equipamento de sinalização e no meio da linha, a partir do instante de fechamento do disjuntor de alimentação.

Solução

No instante $t = 0_+$, ou seja, imediatamente após o fechamento do disjuntor, a fonte "enxerga" a impedância característica da catenária; assim, temos as Figuras 1.20 e 1.21.

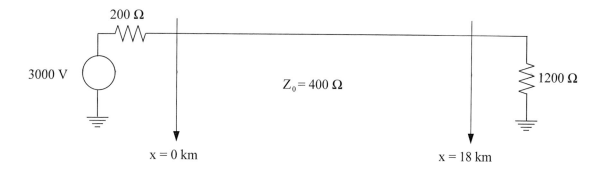

Figura 1.20: Linha metroviária.

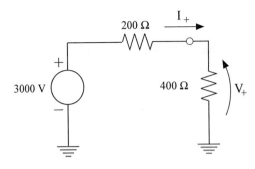

Figura 1.21: Circuito equivalente em t_{0+}.

Resulta, portanto:

$$V_+ = \frac{400}{400+200}3000 = 2000$$

Coeficiente de reflexão no gerador Γ_G

$$\Gamma_G = \frac{R_G - Z_0}{R_G + Z_0} = -0{,}3$$

Coeficiente de transmissão no gerador σ_G

$$\sigma_G = \frac{2R_G}{R_G + Z_0} = 0{,}67$$

Coeficiente de reflexão na carga Γ_L

$$\Gamma_L = \frac{R_L - Z_0}{R_L + Z_0} = 0{,}5$$

Coeficiente de transmissão na carga σ_L

$$\sigma_L = \frac{2R_L}{R_L + Z_0} = 1{,}5$$

Tempo de trânsito:

$$\tau = l/v = 18000/3.10^8 = 60\ \mu s$$

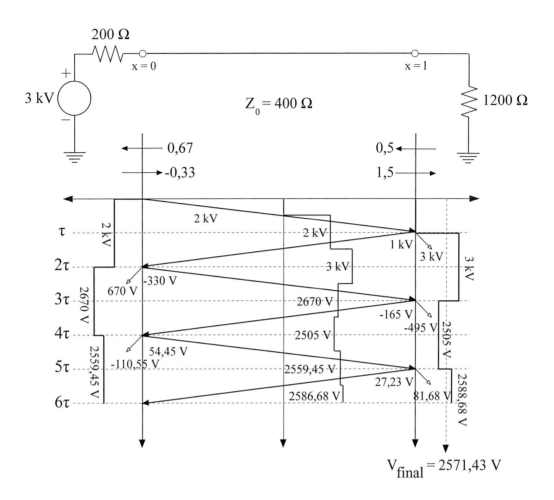

Figura 1.22: Diagrama das treliças — linha metroviária.

Convém, nesta etapa, mostrarmos os primeiros passos utilizados na construção do diagrama das treliças da Figura 1.22.

No instante $t = 0_+$ é gerada a onda de tensão incidente V_+, de amplitude 2.000 V, a qual se desloca em direção ao equipamento com a velocidade de propagação igual à da luz. Assim, no instante $t = \tau = 60\ \mu s$, essa onda de 2.000 V atinge o equipamento. A parcela correspondente ao produto do coeficiente de transmissão na carga ($\sigma_L = 1,5$) pela tensão incidente de 2.000 V, que resulta, nesse caso, igual a 3.000 V, é transmitida à carga.

Assim sendo, a tensão no equipamento, que era nula até esse instante, assume o valor de 3.000 V, em $t = \tau = 60\ \mu s$, permanecendo nesse valor por um intervalo de tempo igual a $2\tau = 120\ \mu s$ (tempo de ida e volta da onda de tensão), como mostrado no diagrama das treliças.

Ainda no instante $t = \tau = 60\ \mu s$, no qual a tensão na carga passa de zero para 3.000 V, é gerada uma onda de tensão refletida, cujo valor corresponde ao produto da tensão incidente de 2.000 V pelo coeficiente de reflexão na carga, $\Gamma_L = 0,5$, resultando, nesse caso, o valor de 1.000 V, como indicado na Figura 1.22. Essa tensão de 1.000 V, por sua vez, atinge o gerador no instante $t = 2\tau = 120\ \mu s$. A variação da tensão obtida do produto $\sigma_L = 0,67$ dessa tensão refletida de 1.000 V pelo coeficiente de transmissão no gerador corresponde ao acréscimo da tensão no gerador nesse instante e deve ser adicionada, algebricamente, à tensão anterior, de modo que, no instante $t = 2\tau = 120\ \mu s$, a nova tensão do gerador passa a ser $2.000 + 670 = 2.670$ V, como indicado no diagrama das treliças.

Novamente em $t = 2\tau = 120\ \mu s$ é gerada nova onda de tensão incidente, cuja amplitude é dada pelo produto da tensão refletida de 1.000 V pelo coeficiente de reflexão no gerador $\Gamma_L = -0,33$, resultando -330 V, os quais atingirão a carga no instante $t = 4\tau = 240\ \mu s$, produzindo efeito semelhante àquele relatado no instante $t = \tau$. A sequência desse procedimento é evidente e dispensa descrição maior. É importante, no entanto, que o leitor observe que, à medida que o tempo decorre, as variações das tensões, tanto na carga quanto no gerador, reduzem e convergem para um valor final.

A evolução da tensão no meio da linha é obtida de modo muito semelhante àquele utilizado para a obtenção da tensão no gerador ou na carga. Para isso, basta traçarmos um outro eixo dos tempos, paralelo aos anteriores, exatamente no meio da linha, como está indicado na Figura 1.22. O gráfico da tensão, na horizontal, é construído somando-se, algebricamente, as tensões que vão chegando nesse ponto com o decorrer do tempo. Essas tensões são aquelas indicadas no diagrama e que cortam o eixo dos tempos. Nesse caso, para $t = \tau/2$, chega no meio da linha a tensão de 2.000 V, correspondente à tensão incidente V_+; em $t = 3\tau/2$ chegam mais 1.000 V, correspondentes à tensão refletida na carga em $t = \tau$, elevando a tensão no meio da linha para 3.000 V. Esse procedimento se repete com o decorrer do tempo.

Comentário importante: Note que esse equipamento foi dimensionado para uma operação nominal com V_{FINAL} dada por:

$$V_{FINAL} = V_G = V_L = \frac{R_L}{R_L + R_G} E = 2571,0 V$$

Dessa maneira, durante o transitório de energização, a tensão em seus terminais pode atingir valores de 3.000 V, como pode ser observado no diagrama das treliças da Figura 1.22. Essa sobretensão de (aproximadamente) 17% da tensão nominal deve ser suportada pelo equipamento durante 120 μs, corresponde a 2τ.

■ Exercício 2

Dois circuitos integrados estão interligados por uma trilha de circuito de 6 pol de comprimento, o qual se comporta como uma linha de transmissão, com impedância característica igual a 50 Ω. O Thévenin equivalente da porta de saída pode ser modelado por uma fonte de tensão em degrau de amplitude 2 V em série com um resistor de 7 Ω. A porta de entrada, de impedância alta, pode ser aproximada por um resistor de 50 kΩ. O tempo de atraso (t_a) do sinal é de 200 ps/pol. Determine:

a: O comportamento da tensão nos terminais da porta de saída e da porta de entrada.

b: Uma possibilidade para a eliminação de ruídos na porta de entrada consiste em conectar na entrada da porta de entrada um resistor em paralelo. Admita, então, que um resistor de 50 Ω foi ali inserido e resolva novamente o item anterior.[2]

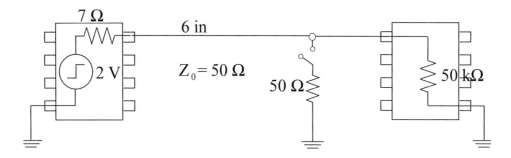

Figura 1.23: Circuitos integrados.

Solução

a: Observação inicial: entende-se por tempo de atraso (t_a) o tempo de trânsito de um sinal por unidade de comprimento da linha, isto é:

---

[2] Note que, sendo 50 kΩ >> 50 Ω, a carga se comporta como um circuito aberto.

$$t_a = \frac{\tau}{l} \tag{1.29}$$

Resulta então, para esse caso, um tempo de trânsito tal que:

$$\tau = t_a l = 200.6 = 1200\, ps$$

No instante $t = 0_+$, a tensão nos terminais do gerador que se propaga em direção à carga é dada por:

$$V_+ = \frac{50}{50 + 7} 2 = 1{,}75$$

Dadas as impedâncias de carga, da linha e do gerador, conseguimos calcular os coeficientes de reflexão e de transmissão. São eles:

Gerador: $\Gamma_G = -0{,}754$ e $\sigma_L = 0{,}67\ _G = 0{,}246$; carga: $\Gamma_L = 1; \sigma_L = 0{,}67\ _L = 2$

A Figura 1.24 mostra o diagrama das treliças para esse caso, o qual foi construído segundo procedimento idêntico ao discutido no exercício anterior.

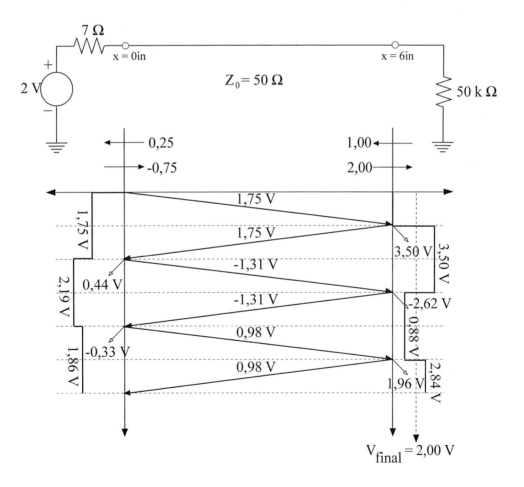

Figura 1.24: Diagrama das treliças — circuitos integrados.

b: No item b, é conectado em paralelo com a porta de entrada do CI um resistor de 50 Ω. Assim sendo, esse resistor em paralelo com a resistência equivalente da porta de entrada (50 $K\Omega$) resulta em uma resistência equivalente (praticamente) igual a 50 Ω), de modo que os novos coeficientes de transmissão e reflexão na carga resultam em:

Gerador: $\Gamma_G = -0{,}754$ e $\sigma_G = 0{,}246$; carga: $\Gamma_L = 0$; $\sigma_L = 1$

A Figura 1.25 mostra o diagrama das treliças, construído com os novos valores dos coeficientes de transmissão e reflexão na carga. É importante observar o efeito do transitório na linha *casada*, pois o regime permanente se estabelece de imediato, evitando *ruídos* e eventuais sobretensões.

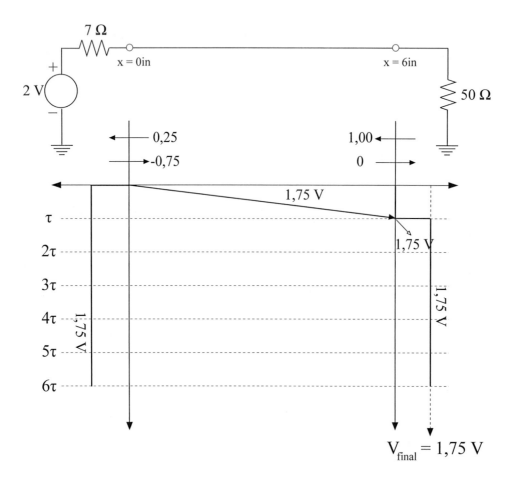

Figura 1.25: Diagrama das treliças — circuitos integrados (resistência em paralelo).

■ Exercício 3

Uma porta lógica de um circuito integrado pode ser representada por um pulso de amplitude 1 V e duração de 200 ps, como mostra a Figura 1.26, com impedância de saída igual a 900 Ω. O referido pulso alimenta uma carga de 25 Ω através de uma trilha de circuito impresso cuja impedância característica é igual a 100 Ω. Considere que a trilha se comporte como uma linha de transmissão sem perdas e seu comprimento seja tal que o tempo de trânsito resultante é igual a 400 ps. Desenhe a forma de onda da tensão resultante na saída da porta lógica e na carga.

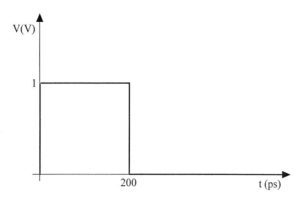

Figura 1.26: Pulso de amplitude 1 V, 200 os.

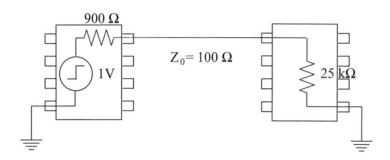

Figura 1.27: Conexão entre CIs.

Solução

Até o momento analisamos apenas transitórios em linhas de transmissão excitadas por degrau de tensão. No entanto, é frequente outro tipo de excitações, das quais o pulso retangular é um dos mais comuns, como no caso deste problema. A solução é facilitada quando decomposto o pulso de tensão na soma de dois degraus não simultâneos, como mostra a Figura 1.28.

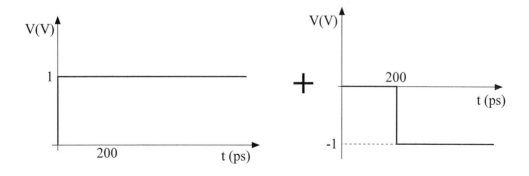

Figura 1.28: Decomposição do pulso de tensão.

Feito isto, traçamos, sobrepostos, os diagramas das treliças para cada um dos degraus isoladamente.

Para o degrau positivo temos $V_{+} = 0,1$ V, que parte da fonte em direção à carga no instante $t = 0_{+;}$ o diagrama das treliças para esse sinal está representado em traço mais escuro na Figura 1.29.

Para o degrau negativo, $V_+ = 0,1$ V, o qual parte da fonte no instante $t = \tau/2 = 200$ ps, o diagrama das treliças para esse sinal está representado em traço mais claro na Figura 1.29. A tensão resultante na fonte e na carga é a soma algébrica das tensões oriundas de cada sinal isoladamente.

1.6.2. Sistema TDR (*Time-Domain Reflectometry*)

Uma das mais interessantes experiências elaborada pelo prof. Luiz de Queiroz Orsini para o Laboratório de Eletricidade da Escola Politécnica da USP foi a experiência para determinação das características das linhas de transmissão. Não apenas as características das cargas, mas também alguns tipos de defeitos podem ser facilmente identificados utilizando essa técnica.

Nessa experiência, um gerador de sinais, cujo tempo de subida é extremamente rápido (tipicamente menor que 50 ps), trabalha em conjunto com um osciloscópio de elevado tempo de amostragem e altíssima impedância de entrada. Esse osciloscópio monitora, frequentemente, o sinal de saída do gerador, como mostrado na Figura 1.30. A impedância de saída normalmente é casada com a impedância característica da linha, de modo a evitar reflexões nos terminais do gerador. Quando isso não é possível, um resistor de alta qualidade e baixíssima indutância pode ser inserido em série com o gerador de sinais para efetuar esse casamento. Esse procedimento permite, portanto, determinar a impedância característica de uma linha de transmissão.

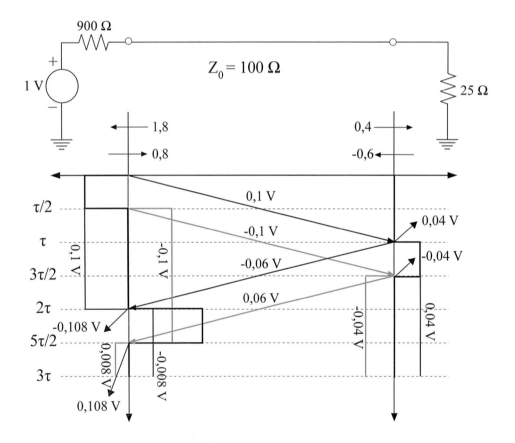

Figura 1.29: Diagrama das treliças.

Algumas dificuldades de interferência eletromagnética podem se apresentar nesse procedimento. A análise do sinal de saída, registrada no osciloscópio, permite caracterizar a linha de transmissão, como veremos a seguir. Um instrumento, em que o gerador de sinais e o osciloscópio estão integrados, é denominado sistema TDR, do inglês *Time-Domain Reflectometry*. Os usos mais frequentes do sistema TDR envolvem as medidas de impedâncias de terminações não conhecidas ou descontinuidade nas linhas, tais como capacitâncias de emendas de cabos enterrados ou indutâncias de cabos de interconexão de linhas.

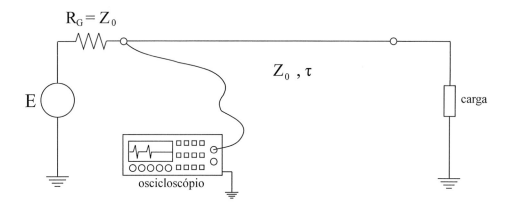

Figura 1.30: Sistema TDR.

■ Exercício 4

Um sistema TDR é conectado a uma linha de transmissão de impedância característica Z_0. Essa linha é terminada por uma impedância R_L. Três sinais foram registrados na saída da fonte para diferentes valores de R_L. Determine a resistência de carga R_L para cada caso.

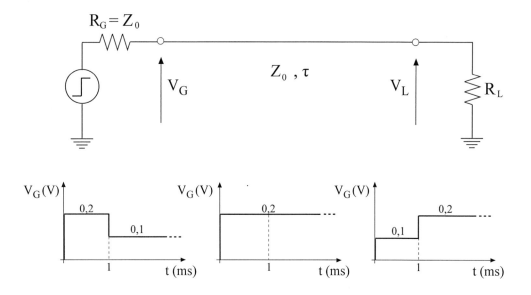

Figura 1.31: Registros do TDR para diferentes cargas.

Solução

Em $t = 0_+$, ou seja, imediatamente após a aplicação do degrau de tensão, temos:

$$V_+ = \frac{V_0}{2} = 0,2\,\text{V}$$

Logo,

$$V_0 = 0,4\,\text{V}$$

Em $t = 1$ ms, a tensão resultante nos terminais da fonte é 0,1 V. Essa tensão, por sua vez, é tal que:

$$V_G\,(t = 1\ ms) = V_+ + V_- = V_+\cdot(1+\Gamma_L)$$

Assim, para o primeiro caso obtém-se:

$$0,2 \cdot (1 + \Gamma_L)0 = 0,1$$
$$\Rightarrow \Gamma_L = -0,5$$

Lembrando que:

$$\Gamma_L = \frac{R_L - Z_0}{R_L + Z_0}$$

Resulta que:

$$R_L = \frac{Z_0}{3}$$

Deixamos para o leitor a determinação de R_L para os demais casos.

1.7. Associação de linhas de transmissão

1.7.1. Associação em cascata

As grandes linhas de transmissão de energia elétrica transportam a energia elétrica produzida pelas usinas geradoras até os grandes centros consumidores. Essas linhas, ao chegarem próximo às cidades, terminam em uma instalação denominada subestação de energia elétrica. Nessa subestação, a tensão é rebaixada, isto é, é reduzida de seu elevado valor utilizado na transmissão a grandes distâncias (extra alta tensão) para tensões menores (alta e média tensão) para distribuição na cidade.

Normalmente, uma linha de extra alta tensão chega na subestação e dela partem várias linhas menores de alta ou média tensão para os diversos pontos da cidade. Nos casos mais comuns, essas linhas consistem em linhas aéreas cujas impedâncias características são da ordem de 400 Ω. Ocorre, no entanto, sobretudo nos centros das cidades, que algumas linhas provenientes das subestações são subterrâneas, em face da impossibilidade de instalação de linhas aéreas de alta ou média tensão nos centros das cidades por questões de segurança, poluição visual e espaço disponível.

Esse é um caso típico de mudança de impedância característica, isto é, passa-se de uma linha aérea, cuja impedância característica é da ordem de 400 Ω, para uma linha subterrânea de impedância característica menor, podendo chegar a cerca de 150 Ω. Isso ocorre porque o dielétrico que separa os condutores não é mais o ar. Note que não só a impedância característica é alterada, mas também a velocidade de propagação da perturbação, a qual é reduzida, pois o dielétrico tem permissividade relativa maior do que a do ar.

A mudança do meio de propagação implica perturbação do sinal que chega na interligação, de modo que uma onda incidente chegando na interligação de duas linhas de impedâncias características diferentes produzirá uma tensão refletida para a linha portadora do sinal proveniente do gerador e transmitirá um sinal diferente daquele que chegou para a linha seguinte da cascata.

Tem particular interesse o que ocorre exatamente na interligação das linhas, pois é nesta região onde a emenda é efetuada que temos uma fonte potencial de problemas.

Esse fenômeno não ocorre apenas nas linhas de transmissão de energia. Temos exemplo disso também nas linhas de transmissão de sinal, como os cabos das antenas de televisão, os quais, em alguns casos, saem da antena através de dois cabos paralelos de impedância característica 300 Ω e próximo do aparelho é conectado um cabo coaxial, de impedância característica 50 Ω. O leitor poderá observar esse fenômeno ainda em vários outros equipamentos, como microcomputadores. Isso é facilmente identificável pela colocação na interligação da linha de um pequeno dispositivo, denominado "casador de impedância", cuja função discutiremos nos próximos itens.

A Figura 1.32 mostra esquematicamente duas linhas de transmissão em cascata, cada uma delas identificada por sua impedância característica, comprimento e velocidade de propagação. No início da linha 1 temos um gerador de degrau de tensão de resistência interna R_G e, no final da linha 2, uma carga de resistência R_L.

Vamos analisar o comportamento da tensão em um ponto qualquer das linhas, através do diagrama das treliças.

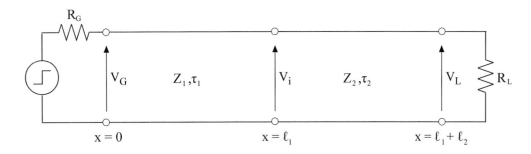

Figura 1.32: Linhas de transmissão em cascata.

No instante $t = 0_+$, a impedância "vista" pelo gerador é a impedância característica da linha 1, isto é Z_1, de modo que o circuito equivalente nesse instante é o mostrado na Figura 1.33.

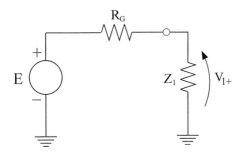

Figura 1.33: Circuito equivalente em $t = 0_+$.

Nesse instante, portanto, é gerada uma tensão incidente V_{1+}, que se dirige à interligação das linhas, dada por:

$$V_{1+} = \frac{Z_1}{R_G + Z_1} E$$

Após o intervalo de tempo $\tau_1 = l_1 / v_1$ a frente de onda de V_{1+} encontra a interligação e é por ela perturbada devido à mudança da impedância característica das linhas.

Para calcular o efeito dessa perturbação, utilizamos os coeficientes de transmissão e reflexão na interligação da linha 1 para a linha 2.

O cálculo desses coeficientes é realizado de forma similar ao cálculo dos mesmos coeficientes apresentados no item anterior, lembrando, no entanto, que a onda de tensão V_{1+} sai de uma linha de impedância característica Z_1 e encontra uma nova linha de impedância característica Z_2, como mostra a Figura 1.34.

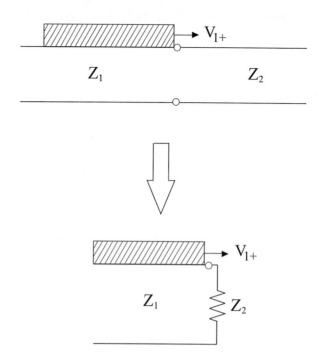

Figura 1.34: Efeito da mudança de impedância característica.

Consequentemente, calculamos os seguintes coeficientes.

Coeficiente de reflexão da linha 1 para a linha 2

$$\Gamma_{12} = \frac{Z_2 - Z_1}{Z_1 + Z_2} \tag{1.30}$$

Esse coeficiente é tal que a tensão:

$$V_{1-} = \Gamma_{12} V_{1+}$$

é refletida na interligação e retorna para o gerador.

Coeficiente de transmissão da linha 1 para a linha 2

$$\sigma_{12} = \frac{2 Z_2}{Z_1 + Z_2} \tag{1.31}$$

Esse coeficiente é tal que a tensão:

$$V_2 = \sigma_{12} V_{1+}$$

é a tensão transmitida para a linha 2, a qual se dirige para a carga.

No instante $t_2 = \tau_1 + \tau_2$, com $\tau_2 = l_2/v_2$, a tensão V_{2+} chegará na carga e será, novamente, por ela perturbada. Calculamos a nova tensão refletida e a tensão transmitida à carga de forma idêntica à do item anterior, ou seja:

Tensão refletida na linha 2

$$V_{2-} = \Gamma_L V_{2+}$$

O coeficiente de reflexão na carga é:

$$\Gamma_L = \frac{R_L - Z_2}{R_L + Z_2}$$

Tensão transmitida à carga

$$V_L = \sigma_L V_{2+}$$

O coeficiente de transmissão na carga é:

$$\sigma_L = \frac{2 R_L}{R_L + Z_2}$$

Note que nesse instante a tensão na carga, que era zero, passa ser igual a $V_L = \sigma_L V_{2+}$.

No instante $t_3 = \tau_1 + 2\tau_2$, a tensão refletida (V_{2-}) produzida na carga no instante anterior, atinge a interligação no sentido da linha 2 para a linha 1, produzindo efeitos semelhantes àqueles produzidos por V_{1+} quando atingiu a interligação no sentido da linha 1 para a linha 2, porém deve-se corrigir adequadamente os coeficientes de reflexão e transmissão na interligação. Assim sendo, calculamos os seguintes coeficientes:

Coeficiente de reflexão da linha 2 para a linha 1

$$\Gamma_{21} = \frac{Z_1 - Z_2}{Z_1 + Z_2} \tag{1.32}$$

Esse coeficiente é tal que a tensão obtida da sua multiplicação pela tensão que está chegando na interligação, proveniente da linha 2, resulta em uma nova tensão refletida que retornará para a carga, sobreposta à anterior.

Coeficiente de transmissão da linha 2 para a linha 1

$$\sigma_{21} = \frac{2Z_1}{Z_1 + Z_2} \tag{1.33}$$

Esse coeficiente é tal que a tensão obtida da sua multiplicação pela tensão que está chegando na interligação, proveniente da linha 2, resulta em uma nova tensão que é transmitida para a linha 1, a qual chegará no gerador no instante $t_4 = 2\tau_1 + 2\tau_2$. A solução desse problema, segundo tal procedimento, é tediosa e exige muita atenção para não se incorrer em erros. O exemplo a seguir, no qual é aplicado o diagrama das treliças, ilustra bem esse fenômeno e mostra a potencialidade dessa ferramenta.

■ Exercício 5

A Figura 1.35 mostra duas linhas em cascata, as quais fazem a conexão de um gerador de degrau de tensão de amplitude 300 V e resistência interna 100 Ω com uma carga de resistência 1.200 Ω. As impedâncias características e os respectivos tempos de trânsito estão indicados. Determinar, a partir do diagrama das treliças, o comportamento das tensões nos terminais do gerador, da carga e na interligação das linhas.

Solução

No instante $t = 0_+$, o gerador "enxerga", conectado aos seus terminais de saída, a impedância característica da linha 1, de modo que o circuito elétrico equivalente nesse instante é representado pela Figura 1.36.

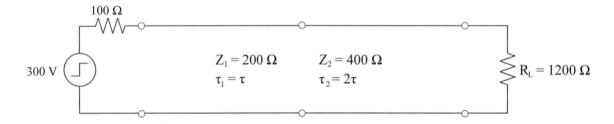

Figura 1.35: Linhas de transmissão em cascata.

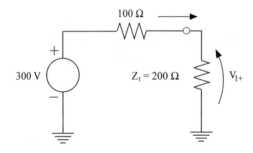

Figura 1.36: Circuito equivalente em $t = 0_+$.

Resulta, portanto:

$$V_{1+} = \frac{200}{200 + 100} 300 = 200 \text{ V}$$

O cálculo dos diversos coeficientes fornece os valores mostrados na Tabela 1.3.

Tabela 1.3: Cálculo dos coeficientes

Local	Coeficiente de transmissão (σ)	Coeficiente de reflexão (Γ)
Gerador	0,67	− 0,33
Interligação 1 → 2	1,33	0,33
Interligação 2 → 1	0,67	− 0,33
Carga → 2	1,50	0,50

A Figura 1.37 mostra o diagrama das treliças correspondentes.

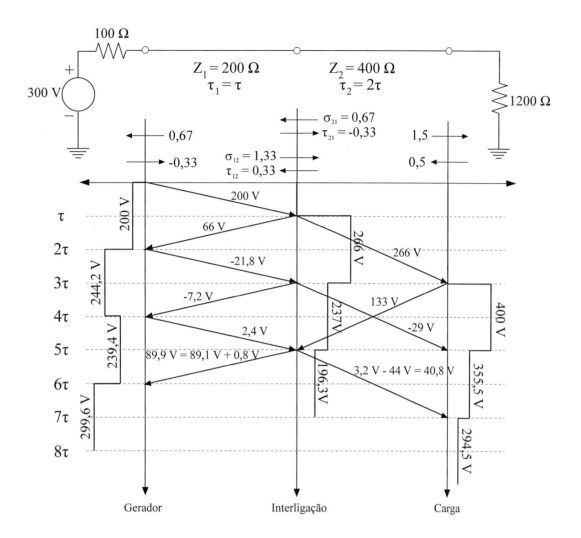

Figura 1.37: Diagrama das treliças para o Exercício 5.

Vamos detalhar os primeiros passos utilizados na obtenção desse diagrama das treliças.

A tensão $V_{1+} = 200$ V, gerada em $t = 0_+$, atinge a interligação no instante $t = \tau$. Ato contínuo, nesse instante ocorre uma perturbação devido à mudança de impedância característica. Assim, a parcela correspondente ao produto do coeficiente de transmissão na interligação no sentido da linha 1 para a linha 2 pela tensão incidente corresponde à tensão transmitida para a linha 2. No caso em questão, esse valor é dado pelo produto $1{,}33 \cdot 200 = 266$ V. Também nesse instante é gerada uma onda refletida, que retorna para o gerador, cuja amplitude é obtida pelo produto da tensão incidente na interligação pelo coeficiente de reflexão da linha 1 para a linha 2, isto é, $0{,}33 \cdot 200 = 6$ V. Essa onda de tensão refletida atingirá o gerador no instante $t = 2\tau$, como indicado no diagrama.

A tensão transmitida para a linha 2 (266 V) atinge a carga no instante $t = 3\tau$ (*Cuidado*: os tempos de trânsito são diferentes para cada linha!), impondo à carga a tensão correspondente ao produto do seu valor pelo coeficiente de transmissão na carga, isto é, $1{,}5 \cdot 266 = 400$ V. Observe que a tensão na carga, nesse instante, varia de 0 V a 400 V, como indicado no diagrama de treliças. Nesse mesmo instante, no entanto, é gerada uma tensão refletida, que retorna à interligação das linhas, cujo valor é dado pelo produto da tensão pelo coeficiente de reflexão na carga, isto é, $0{,}5 \cdot 266 = 133$ V.

A determinação da tensão no gerador segue o procedimento padrão discutido nos itens anteriores. É importante discutir apenas alguns detalhes quanto à determinação da tensão na interligação das treliças. Observe, no diagrama das treliças, que no instante $t = 5\tau$ duas ondas de tensão incidente estão chegando na interligação:

uma de 2,4 V proveniente da linha 1 e outra de 133 V proveniente da linha 2. Em uma situação desse tipo, as avaliações das contribuições para as tensões transmitidas e refletidas globais são feitas de forma independente, utilizando-se dos corretos coeficientes de transmissão e reflexão na interligação, e aplicando a superposição.

Assim, a tensão de 2,4 V, proveniente da linha 1, contribuirá com uma parcela da tensão total que transitará na linha 2 de 1,33 · 2,4 = 3,2 V e a tensão de 133 V contribuirá com uma parcela correspondente à tensão refletida para a linha 2 de –0,33 · 133 = –44 V, de modo que a tensão resultante que transitará pela linha 2 em direção à carga será 3,2 – 44 = –40,8 V.

Note também que aquelas mesmas tensões serão responsáveis por parcelas que comporão a tensão total que transitará pela linha 1, visto que a tensão de 2,4 V contribuirá com a parcela de 0,33 · 2.4 = 0,8 V, correspondente a uma tensão refletida, e a tensão de 133 V contribuirá com a parcela de 0,67 · 133 = 89,1 V, correspondente à tensão transmitida da linha 2 para a linha 1, resultando um total de 0,8 + 89,1 = 89,9 V transmitida pela linha 1.

Com relação à construção do gráfico correspondente à variação da tensão na interligação no tempo, seguimos procedimentos semelhantes àquele indicado para a construção dos gráficos dos respectivos comportamentos das tensões na carga e no gerador em função do tempo. Assim, na interligação no eixo vertical, indicamos o eixo dos tempos, e no eixo horizontal, o eixo da tensão. O gráfico da tensão é obtido partindo-se da origem no eixo dos tempos e acumulando os valores das tensões totais incidentes e refletidos na interligação no instante considerado. No exemplo em questão, note que no instante $t = \tau$, temos 200 V chegando e 66 V saindo na interligação, produzindo uma variação total da tensão nesse ponto de 200 + 66 = 266 V, como indicado no diagrama.

1.7.2. Associação radial

As linhas de transmissão também podem ser conectadas em uma configuração radial, como mostrada na Figura 1.38.

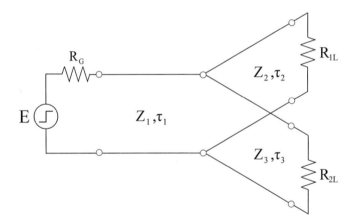

Figura 1.38: Linhas de transmissão radiais.

O procedimento para a solução de um problema de linhas de transmissão em uma configuração desse tipo é semelhante ao caso anterior. A particularidade consiste na elaboração de um diagrama das treliças para cada linha, com os seus devidos coeficientes de transmissão e reflexão. Apesar de diagramas independentes, o cálculo das tensões incidentes e refletidas em cada diagrama deve ser elaborado simultaneamente, pois as linhas têm o ponto comum da interligação. Atenção especial deve ser dada ao cálculo dos coeficientes de transmissão e reflexão na interligação porque, dependendo da origem da tensão incidente na interligação, a referida onda de tensão "enxergará" impedância resultante distinta nesse ponto.

Como exemplo, vejamos o que ocorre com uma onda de tensão proveniente da linha 1 que atinge a interligação. Nesse caso, a impedância "vista" por essa onda na interligação é dada pela associação em paralelo das impedâncias características das linhas 2 e 3, de modo que os coeficientes de transmissão e reflexão são dados por:

$$\sigma_{123} = \frac{2 Z_{23}}{Z_1 + Z_{23}} \quad (1.34)$$

$$\Gamma_{123} = \frac{Z_{23} - Z_1}{Z_1 + Z_{23}} \quad (1.35)$$

$$Z_{23} = \frac{Z_2 Z_3}{Z_2 + Z_3} \quad (1.36)$$

Para o caso de uma onda de tensão proveniente da linha 2, na interligação esta "enxergará" uma impedância equivalente à associação em paralelo das impedâncias características Z_1 e Z_2, de modo que os coeficientes de transmissão e reflexão serão dados por:

$$\sigma_{213} = \frac{2 Z_{13}}{Z_1 + Z_{13}} \quad (1.37)$$

$$\Gamma_{213} = \frac{Z_{13} - Z_1}{Z_1 + Z_{13}} \quad (1.38)$$

Onde:

$$Z_{13} = \frac{Z_1 Z_3}{Z_1 + Z_3} \quad (1.39)$$

Deixaremos a cargo do leitor a obtenção dos respectivos coeficientes para o caso de uma onda de tensão proveniente da linha 3.

■ Exercício 6

A Figura 1.39 mostra três linhas em conexão radial, todas com a mesma impedância característica de 100 Ω. O tempo de trânsito das três linhas são iguais e valem τ segundos. A linha 2 e a linha 3 são terminadas por uma carga resistiva de resistência 100 Ω. O sistema é alimentado por um gerador de degrau de tensão de amplitude 9 V e resistência interna 100 Ω. Determine, utilizando o diagrama das treliças, o comportamento da tensão nos terminais do gerador, na interligação e no final das linhas.

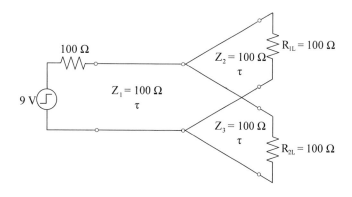

Figura 1.39: Linhas de transmissão radiais.

Solução

No instante $t = 0_+$, calculamos a tensão incidente na interligação segundo procedimento já discutido em itens anteriores, resultando $V_+ = 4{,}5$ V.

Essa tensão atinge a interligação no instante $t = \tau$, na qual "enxerga" uma impedância equivalente à associação em paralelo das impedâncias características das linhas 2 e 3, resultando $Z_{23} = 50\ \Omega$. Calculando os coeficientes na interligação, obtemos:

$$\sigma_{123} = \frac{2}{3}$$

$$\Gamma_{123} = \frac{-1}{3}$$

Nos terminais de ambas as linhas temos:

$$\sigma = 1$$
$$\Gamma = 0$$

Note que não há reflexão nesse caso, pois a impedância da carga e a impedância característica da linha são iguais, portanto as linhas estão casadas.

A Figura 1.40 mostra o diagrama das treliças para ambas as linhas.

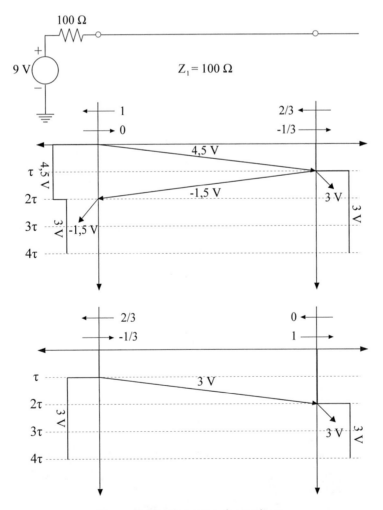

Figura 1.40: Diagrama das treliças.

Note que, neste exercício, o fato de as linhas estarem casadas facilita muito a solução do problema. No entanto, quando isso não ocorre, atenção maior deve ser dada ao problema, sobretudo com as tensões transmitidas para cada linha.

1.8. Terminações indutivas e capacitivas

As terminações de linhas de transmissão por indutores e capacitadores são encontradas com muita frequência na prática da engenharia de eletricidade. Nas aplicações especiais de transmissão de sinais a alta velocidade, como as encontradas nas aplicações computacionais modernas, muitas vezes não vemos a presença física do indutor ou do capacitor. No entanto, os efeitos das conexões, das trilhas de circuito impresso e dos condutores de conexão se assemelham ao comportamento desses elementos de circuito e devem ser considerados na avaliação do desempenho do sistema eletrônico, pois esses tipos de terminações são fontes causadoras de ruídos e distorções de sinais. As capacitâncias desses componentes podem variar entre 0,5 pF e 4 pF, enquanto as indutâncias podem variar entre 0,1 nH e 35 nH.

No casos das linhas de transmissão de energia, a presença física dos indutores e capacitores é mais facilmente identificável, pois é frequente a presença desses componentes nas subestações de energia, os quais são os responsáveis por uma operação correta do sistema de potência. No entanto, em situações em que a perturbação é extremamente rápida, outros componentes da subestação podem se comportar como indutores e capacitores. Como exemplo de perturbação rápida, citamos a queda de um raio nos condutores da linha, cujo tempo de subida da onda de tensão é da ordem de 1 μs. Em uma situação desse tipo, os efeitos capacitivos e indutivos dos barramentos (condutores maciços e grande seção transversal) das blindagens dos cabos, contatos de disjuntores presentes nas subestações e demais conexões precisam ser contemplados nos estudos.

1.8.1. Terminação indutiva

A figura 1.41 mostra uma linha de transmissão terminada por um indutor de indutância L.

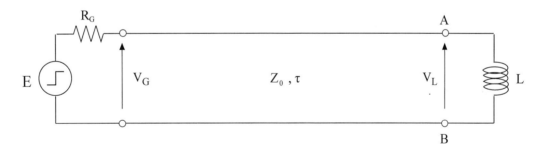

Figura 1.41: Terminação indutiva.

No instante $t = 0_+$, nos terminais da linha é gerada uma onda de tensão incidente $V_+ = \dfrac{Z_0}{R_G + Z_0} E$, que permanece constante durante o intervalo de tempo de 2τ, como já vimos nos casos anteriores.

Em $t = \tau$, essa onda de tensão V_+ atinge o indutor, sendo por ele perturbada. Para facilitar a análise do problema, vamos calcular o Thévenin equivalente visto pelos terminais A e B do indutor no instante $t = \tau$.

Segundo o teorema de Thévenin, a f.e.m. do gerador equivalente é a tensão nos terminais A e B em aberto, a qual resulta igual a $2V_+$ nesse instante, pois o coeficiente de transmissão nos terminais de uma linha em aberto é $\sigma = 2$, ao passo que a impedância instantânea vista de A e B é igual à impedância característica da linha Z_0. Assim sendo, o gerador de Thévenin equivalente à esquerda de A e B é dado pela Figura 1.42.

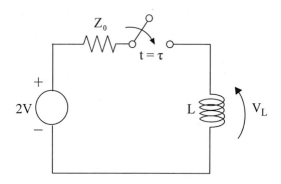

Figura 1.42: Thevénin equivalente da linha.

Com esse gerador conectado aos terminais do indutor L, sabemos, dos circuitos elétricos, que, devido ao fato de não ser possível uma variação instantânea da corrente na indutância, no instante inicial do transitório esta se comporta como um circuito aberto. Assim, a corrente no circuito é igual a zero quando a onda de tensão V_+ atinge a indutância, e vai aumentando, exponencialmente, com uma constante de tempo dada pela relação $T = L / Z_0$. O valor máximo dessa corrente corresponde à situação na qual a indutância se comporta como um curto-circuito, isto é: $I_{MAX} = 2V_+ / Z_0$.

O comportamento da tensão na indutância tem uma evolução inversa, na medida em que o valor máximo $2V_+$ ocorre no instante em que a tensão V_+ atinge o indutor, e vai tendendo a zero exponencialmente, com a mesma constante de tempo.

A Figura 1.43 mostra o comportamento da tensão e da corrente no indutor em função do tempo.

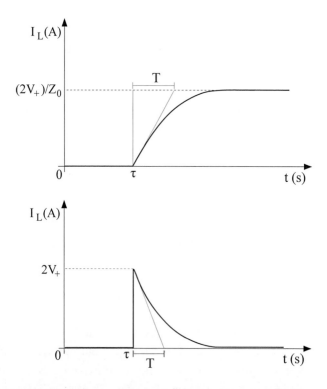

Figura 1.43: Linha com terminação indutiva: corrente e tensão.

A onda de tensão refletida, gerada na indutância, é facilmente obtida a partir da relação $V_- = V_L - V_+$. Como V_+ é uma constante, resulta uma tensão refletida com comportamento exponencial, idêntica à da carga, deslocada da referência daquele valor.

A Figura 1.44 mostra o comportamento da tensão refletida em função do tempo, gerada na indutância.

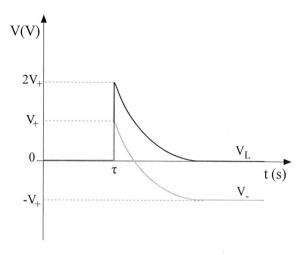

Figura 1.44: Tensão refletida.

Essa tensão refletida, que retorna para o gerador, é sobreposta à tensão incidente V_+ em cada ponto da linha. Assim, se quisermos conhecer o perfil da distribuição de tensão em um dado instante ao longo da linha, basta deslocarmos essa frente de onda para uma dada posição e construirmos a exponencial a partir dessa posição tomando o cuidado de multiplicar o eixo dos tempos da tensão refletida pela velocidade de propagação v.

A Figura 1.45 mostra o perfil da distribuição de tensões, em um dado instante, ao longo da linha.

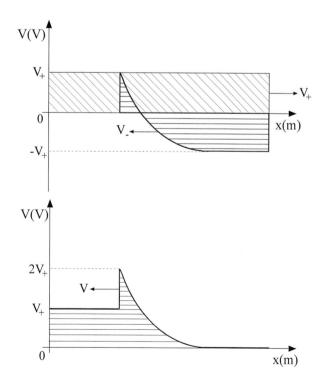

Figura 1.45: Perfil da distribuição de tensão ao longo da linha.

1.8.2. Terminação capacitiva

A Figura 1.46 mostra uma linha de transmissão terminada por um capacitor C.

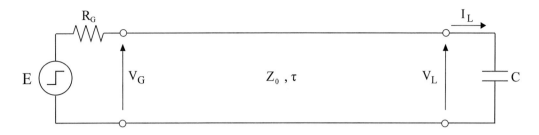

Figura 1.46: Terminação capacitiva.

Aplicando o gerador de Thevénin aos terminais do capacitor, sabemos, dos circuitos elétricos, que, devido ao fato de não ser possível uma variação instantânea da tensão no capacitor, no instante inicial do transitório, este se comporta como um curto-circuito. Assim, a tensão em seus terminais é igual a zero quando a onda de tensão V_+ o atinge e vai aumentando, exponencialmente, com uma constante de tempo dada pela relação $T = Z_0 \cdot C$. O valor máximo dessa tensão corresponde à situação na qual o capacitor se comporta como um circuito aberto, isto é, $V_{MAX} = 2V_+$.

O comportamento da corrente no capacitor tem uma evolução inversa, na medida em que o valor máximo $I_{MAX} = 2V_+ / Z_0$ ocorre no instante em que a tensão V_+ atinge o capacitor e vai tendendo a zero exponencialmente, com a mesma constante de tempo.

A Figura 1.47 mostra o comportamento da tensão e da corrente no capacitor em função do tempo.

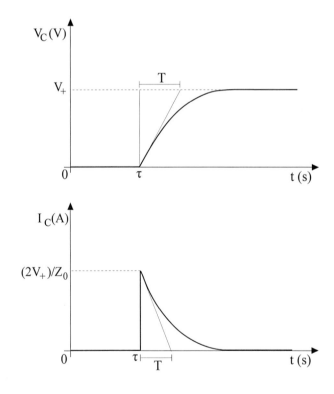

Figura 1.47: Linha com terminação capacitiva — corrente e tensão.

A onda de tensão refletida, gerada no capacitor, é também facilmente obtida a partir da relação $V_- = V_L - V_+$. Como V_+ é uma constante, resulta uma tensão refletida com comportamento exponencial, idêntica à da carga, deslocada da referência daquele valor.

A Figura 1.48 mostra o comportamento da tensão refletida em função do tempo, gerada no capacitor.

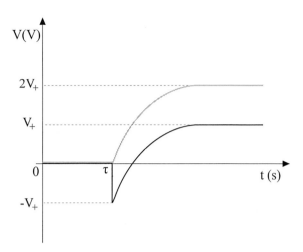

Figura 1.48: Tensão refletida.

Essa tensão refletida, que retorna para o gerador, é sobreposta à tensão incidente V_+ em cada ponto da linha. Assim, se quisermos conhecer o perfil da distribuição de tensão ao longo da linha em um dado instante, basta procedermos de forma idêntica à aplicada na indutância, isto é, deslocamos a frente de onda para uma posição desejada e construímos a exponencial a partir dessa posição, tomando o cuidado de multiplicar o eixo dos tempos da tensão refletida pela velocidade de propagação v.

A Figura 1.49 mostra o perfil da distribuição de tensão em um dado instante ao longo da linha.

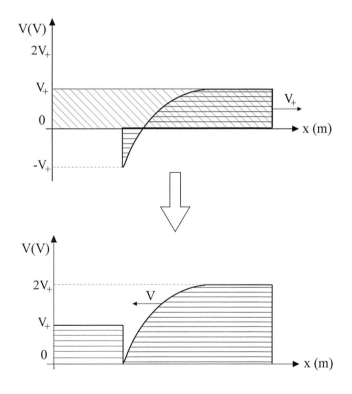

Figura 1.49: Perfil da distribuição de tensão ao longo da linha.

■ Exercício 7

Uma fonte de corrente contínua de f.e.m. 400 V e resistência interna 100 Ω alimenta um capacitor de capacitância igual a 6 nF. A linha de transmissão apresenta as seguintes características: impedância característica 300 Ω, comprimento 3 km e velocidade de propagação igual à da luz no vácuo ($c = 3.10^8$ m/s). Determine:

a: a tensão na carga em função do tempo;
b: a tensão refletida na carga em função do tempo;
c: a corrente na carga em função do tempo;
d: a distribuição de potencial ao longo da linha, no instante em que a frente de onda da tensão refletida está no meio dela.

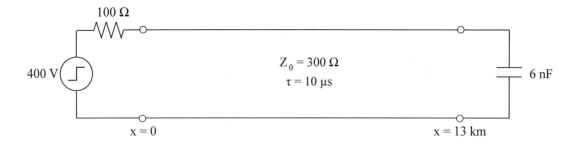

Figura 1.50: Linha terminada por capacitor.

Solução

Em $t = 0_+$ temos $V_+ = 300$ V, de modo que o Thevénin equivalente em $t = \tau$ no capacitor é o da Figura 1.51.

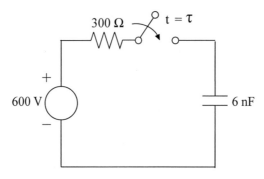

Figura 1.51: Thevénin equivalente em $t = \tau$ no capacitor.

a: A tensão no capacitor crescerá exponencialmente com a constante de tempo $T = CZ_0 = 1,8$ μs, como mostrado na Figura 1.52.

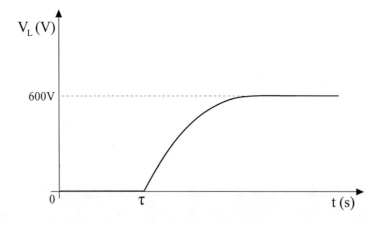

Figura 1.52: Tensão no capacitor.

b: A tensão refletida, obtida pela relação $V_- = V_L - V_+$, está representada na Figura 1.53.

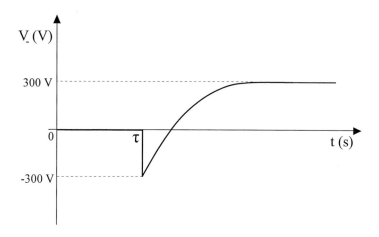

Figura 1.53: Forma de onda da tensão refletida.

c: A corrente no capacitor será dada pela Figura 1.54.

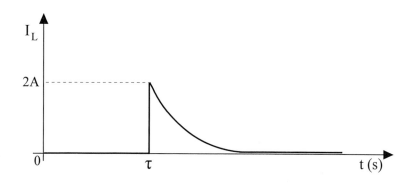

Figura 1.54: Forma de onda da corrente no capacitor.

d: A distribuição de potencial ao longo da linha, no instante em que a frente de onda da tensão refletida está no meio dela, é obtida deslocando a forma de onda da tensão refletida, sobreposta à tensão incidente, mudando a escala de tempo pela posição, com deslocamento $T_d = c \cdot T = 540\ m$, como mostra a Figura 1.55.

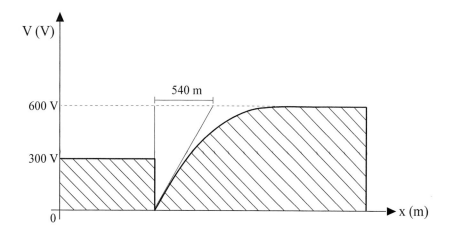

Figura 1.55: Distribuição de potencial ao longo da linha.

47

■ Exercício 8

Resolver novamente o problema anterior admitindo que a carga é agora um indutor de indutância 600 μH.

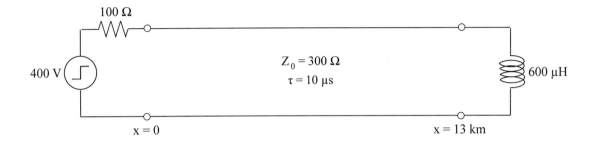

Figura 1.56: Linha terminada por indutor.

Solução

O Thevénin equivalente em $t = \tau$ no indutor é dado pela Figura 1.57.

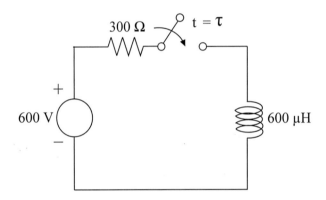

Figura 1.57: Thevénin equivalente em $t = \tau$ no indutor.

a: A tensão no indutor decairá exponencialmente com a constante de tempo $T = L / Z_0 = 2\ \mu s$, como mostrado na Figura 1.58.

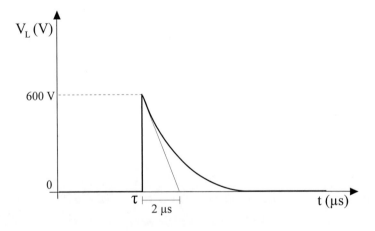

Figura 1.58: Tensão no indutor.

b: A tensão refletida, obtida pela relação $V_- = V_L - V_+$, está representada na Figura 1.59.

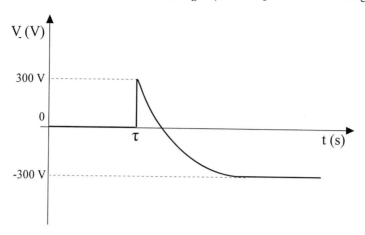

Figura 1.59: Forma de onda da tensão refletida.

c: A corrente no indutor será dada pela Figura 1.60:

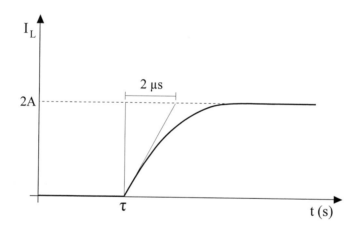

Figura 1.60: Forma de onda da corrente no indutor.

d: A distribuição de potencial ao longo da linha, no instante em que a frente de onda da tensão refletida está no meio dela, é obtida deslocando a forma de onda da tensão refletida, sobreposta à tensão incidente, mudando a escala de tempo pela posição, com decremento $T_d = c \cdot T = 600\,m$, como mostra a Figura 1.61.

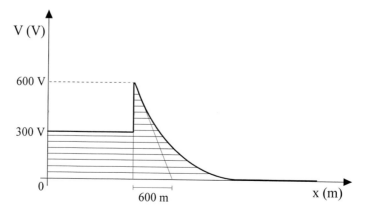

Figura 1.61: Distribuição de potencial ao longo da linha.

1.9. Linha de transmissão com terminação não linear

Um fenômeno transitório que é muito bem modelado através dessa técnica é a propagação de surtos atmosféricos nas instalações elétricas. Todos conhecem seus efeitos, pois não são poucas as pessoas que, além da expressão de pavor, sofreram prejuízos após a queda de um raio nos condutores de determinada instalação.

É relevante, portanto, para qualquer engenheiro eletricista, entender esse fenômeno e, quem sabe, especializar-se nas técnicas e critérios de proteção de equipamentos e pessoas contra esse tipo de agressão da natureza.

A queda de um raio nos condutores de uma linha de transmissão é equivalente à injeção, no ponto da queda, de uma onda de tensão semelhante à apresentada na Figura 1.62.

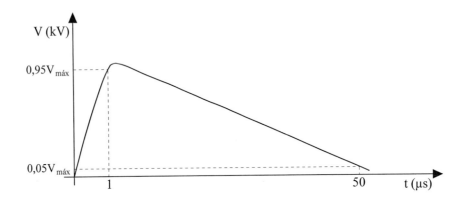

Figura 1.62: Forma de onda da tensão injetada pela queda de um raio na linha.

Essa é uma forma de onda típica, extraída de estudos estatísticos, pois cada raio injeta uma onda de tensão de amplitude dependente das condições do tempo, da topografia da região, da temperatura, da altura das nuvens etc.

A Figura 1.63 mostra um raio incidindo em um ponto qualquer de uma linha de transmissão, e a Figura 1.64, um circuito elétrico equivalente que modela esse fenômeno. Nesta última, a ação do raio é substituída por um gerador de tensão ideal, de f.e.m. idêntica à forma de onda da tensão injetada. Temos, então, um caso particular de linhas de transmissão radiais, nas quais a tensão impressa pelo raio é transmitida para ambos os lados da linha.

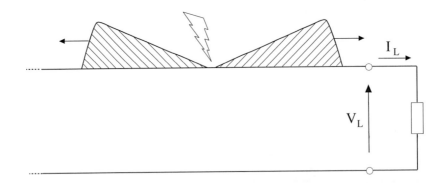

Figura 1.63: Raio incidindo em um ponto qualquer de uma linha de transmissão.

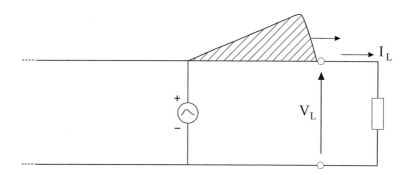

Figura 1.64: Circuito elétrico da queda de um raio em uma linha.

Suponhamos agora que a carga apresente uma característica $V_L \times I_L$ não linear, como a mostrada na Figura 1.65. Essa característica se assemelha às características de alguns para-raios.

Das equações básicas da linha de transmissão, podemos escrever:

$$V_L = V_+ + V_- \qquad (1.40)$$

$$I_L = \frac{V_+}{Z_0} - \frac{V_-}{Z_0} \qquad (1.41)$$

ou, ainda:

$$Z_0 I_L = V_+ - V_- \qquad (1.42)$$

Somando membro a membro as Equações 1.40 e 1.42, obtém-se:

$$2V_+ = V_L + Z_0 I_L \qquad (1.43)$$

Cada termo do segundo membro da Equação 1.43 é função da corrente da carga I_L, sendo possível, portanto, determinarmos graficamente a característica $2V_+$ em função de I_L, como mostrado na Figura 1.65.

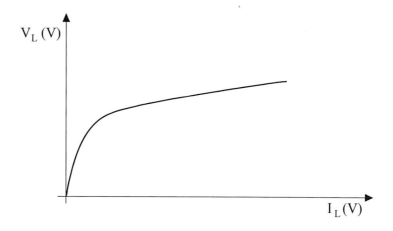

Figura 1.65: Característica não linear.

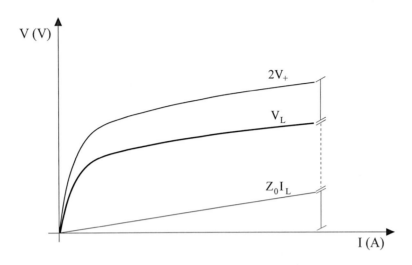

Figura 1.66: Determinação gráfica de $2V_+ \times I_L$.

O procedimento para a obtenção da característica $2V_+ \times I_L$ é muito simples: basta adicionar, ponto a ponto, na característica $V_L \times I_L$ a parcela $Z_0 I_L$, como indicado.

Conhecemos a forma de onda da tensão incidente $V_+ \times t$ — Figura 1.62. A partir dessa característica, obtemos a função $2V_+ \times t$, bastando para isso duplicarmos as ordenadas correspondentes a cada instante.

A Figura 1.67 mostra a solução do problema, cuja construção foi realizada de acordo com os seguintes passos:

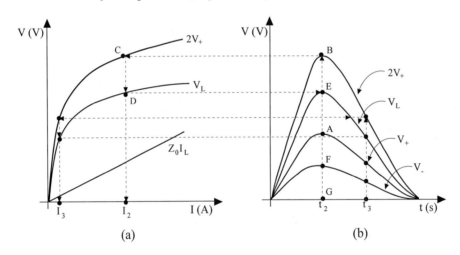

Figura 1.67: Determinação gráfica de V_L e V_-.

Passo 1: Na Figura 1,67b, em um dado instante t_2, por exemplo, a tensão V_+ é a ordenada do ponto A. A ordenada do ponto B corresponde à tensão $2V_+$ no mesmo instante.

Passo 2: Para essa tensão determinamos o ponto C na Figura 1.67a, cuja abscissa nos fornece o valor da corrente I_L nesse instante.

Passo 3: Na característica externa da carga, curva $V_L \times I_L$, obtemos diretamente a tensão na carga nesse instante, ponto D da referida curva. Transfere-se esse ponto para a Figura 1.67b, obtendo o ponto E, o qual é um dos pontos da característica $V_L \times t$.

Passo 4: Nesse instante, determinamos a tensão refletida de acordo com o seguinte procedimento: sendo: $V_- = V_L - V_+$, obtém-se $V_- = GE - GA = EA$.

Fazendo $GF = EA$ obtemos um ponto da característica $V_- \times t$.

Esse procedimento repetido para vários instantes de tempo fornece os demais pontos das curvas procuradas.

1.10. Modelo da LT com perdas

A Figura 1.68 mostra o circuito equivalente de um trecho elementar de uma linha de transmissão a dois fios (outras linhas podem, mediante transformações adequadas, ser reduzidas a esse modelo), na qual V(x), V(x + Δx) e I(x), I(x + Δx) são as tensões e as correntes de entrada e saída do trecho elementar de comprimento Δx, localizado em uma posição x qualquer da linha de transmissão.

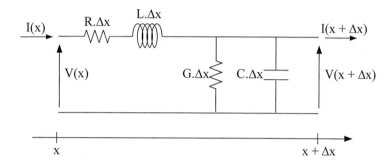

Figura 1.68: Circuito equivalente para trecho elementar de uma LT.

Para esse circuito podemos escrever uma equação para as tensões:

$$V(x+\Delta x) = V(x) - R\Delta x I(x) - L\Delta x \frac{\partial I(x)}{\partial t}$$

ou, ainda,

$$\frac{V(x+\Delta x) - V(x)}{\Delta x} = -RI(x) - L\frac{\partial I(x)}{\partial t}$$

O circuito equivalente a parâmetros concentrados da Figura 1.68 só representa com precisão o trecho de comprimento Δx da linha de transmissão se esse segmento for suficientemente pequeno.

Assim sendo, para Δx → 0 obtém-se:

$$\frac{\partial V(x)}{\partial x} = (R + L\frac{\partial}{\partial t})I(x) \tag{1.44}$$

Equação para as correntes:

$$I(x+\Delta x) = I(x) - G\Delta x V(x) - C\Delta x \frac{\partial V(x)}{\partial t}$$

ou, ainda:

$$\frac{I(x+\Delta x) - I(x)}{\Delta x} = -GV(x) - C\frac{\partial V(x)}{\partial t}$$

Da forma, para $\Delta x \to 0$ obtém-se:

$$\frac{\partial I(x)}{\partial x} = -(G + C\frac{\partial}{\partial t})V(x) \tag{1.45}$$

A equação de onda da linha com perdas é obtida por manipulação matemática das Equações 1.44 e 1.45. O procedimento é simples: derivando membro a membro em relação a x a Equação 1.44, obtém-se:

$$\frac{\partial^2 V(x)}{\partial x^2} = -R\frac{\partial I(x)}{\partial x} - L\frac{\partial^2 I(x)}{\partial x \partial t}$$

Derivando a Equação 1.45 em relação a t, membro a membro, obtém-se:

$$\frac{\partial^2 I(x)}{\partial x \partial t} = -G\frac{\partial V(x)}{\partial t} - C\frac{\partial^2 V(x)}{\partial t^2}$$

Substituindo esse resultado na equação anterior, e após alguma manipulação matemática, resulta:

$$\frac{\partial^2 V(x)}{\partial x^2} = \left[RG + (RC + LG)\frac{\partial}{\partial t} + LC\frac{\partial^2}{\partial t^2}\right]V(x) \tag{1.46}$$

Invertendo o processo de modo a derivar membro a membro a Equação 1.45 em relação a x e derivar membro a membro a Equação 1.44 em relação a t e fazendo as substituições convenientes, obtém-se equação idêntica para a corrente, isto é:

$$\frac{\partial^2 I(x)}{\partial x^2} = \left[RG + (RC + LG)\frac{\partial}{\partial t} + LC\frac{\partial^2}{\partial t^2}\right]I(x) \tag{1.47}$$

A solução das equações diferentes (1.46 e 1.47) pode ser obtida através de métodos analíticos apenas em condições bem particulares.

As linhas de transmissão com perdas apresentam a particularidade de deformar o sinal de entrada, produzindo o que se denomina distorção do sinal. Essa deformação do sinal pode ser de duas classes: a primeira é aquela cujo sinal de saída não tem relação alguma com o sinal de entrada, como se observa na Figura 1.69a, e a segunda é aquela cujo sinal de saída tem exatamente a mesma forma que o sinal de entrada, porém de amplitude reduzida, como se observa na Figura 1.69b. É comum, neste último caso, denominar a LT como uma LT sem distorção.

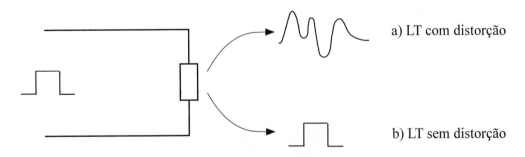

Figura 1.69: Comportamento das LT's

Para a LT sem distorção, uma solução possível da equação diferencial (1.46) é do tipo:

$$V_+(x,t) = e^{-ax} f(t - \frac{x}{v}) \qquad (1.48)$$

na qual a e v são constantes a serem determinadas. Para tal, vamos substituí-las na equação 1.46, lembrando que:

$$\frac{\partial V_+(x)}{\partial x} = -ae^{-ax}f - \frac{e^{-ax}}{v}f'$$

na qual f' é a derivada total de f. Derivando novamente em relação a x, resulta:

$$\frac{\partial^2 V_+(x)}{\partial x^2} = a^2 e^{-ax} + \frac{f - ae^{-ax}f'}{v} + \frac{ae^{-ax}}{v}f' + \frac{e^{-ax}}{v^2}f'' + \frac{e^{-ax}}{v^2}f''$$

na qual f'' é a derivada total de f'.

A derivada da equação 1.48 em relação a t fornece:

$$\frac{\partial V_+(x)}{\partial t} = e^{-ax}f'$$

E sua segunda derivada:

$$\frac{\partial^2 V_+(x)}{\partial t^2} = e^{-ax}f''$$

Substituindo-se essas derivadas na equação 1.46, obtém-se:

$$a^2 f + 2\frac{a}{v}f' + \frac{1}{v^2}f'' = RG\,f + [RC + LG]f' + LC\,f''$$

Identificando-se membro a membro podemos escrever:

$$a^2 = RG$$

$$2\frac{a}{v} = RC + LG$$

$$\frac{1}{v^2} = LC$$

De modo que:

$$a = \sqrt{RG} = \frac{R}{Z_0}$$

$$RC = LG$$

$$v = \frac{1}{\sqrt{LC}}$$

1.10.1. Análise física de $V_+(x,t) = e^{-\alpha x} f(t - \frac{x}{v})$

A análise física dessa expressão é feita graficamente, de modo que, sendo $V_+(x,t)$ uma função de duas variáveis, no caso (x, t), necessita-se especificar uma delas para representá-la graficamente em função da outra. Assim sendo, a Figura 1.70 mostra a função $V_+(x,t_1)$ em função de x na qual foi especificado o instante $t = t_1$.

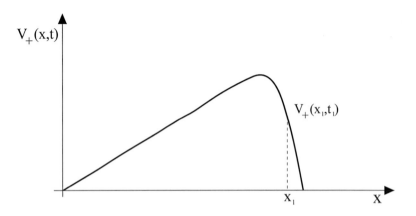

Figura 1.70: Análise física de $V_+(x, t)$.

O ponto genérico indicado sobre a curva representa o valor da função $V_+(x, t)$ no instante t_1 e na posição x_1, isto é:

$$V_+(x_1, t_1) = e^{-\alpha x_1}(t_1 - \frac{x_1}{c})$$

Vamos procurar uma posição x_2 no instante $t_2 > t_1$, tal que:

$$V_+(x_2, t_2) = e^{-a(x_2 - x_1)} V_+(x_1, t_1)$$

que resulta:

$$f(t_2 - \frac{x_2}{v}) = f(t_1 - \frac{x_1}{v})$$

Essa posição existe e deve satisfazer:

$$t_1 - \frac{x_1}{v} = t_2 - \frac{x_2}{v}$$

De modo que:

$$x_2 - x_1 = v(t_2 - t_1)$$

Isto posto, a Figura 1.71 mostra duas funções, $V_2(x,t_1)$ e $V_+(x,t_2)$, dadas por:

$$V_+(x,t_1) = e^{-\alpha x} f(t_1 - \frac{x}{v})$$

$$V_+(x,t_2) = e^{-\alpha x} f(t_2 - \frac{x}{v})$$

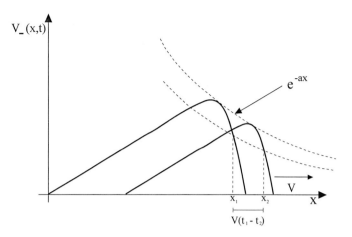

Figura 1.71: Onda de tensão amortecida.

Os pontos indicados x_1 e x_2 são pontos quaisquer das funções, de modo que nossa análise pode ser estendida a toda a curva. Assim, a função $V_+(x,t_2) = e^{-\alpha x} f(t_2 - \frac{x}{v})$ é uma reprodução "amortecida" da função $V_+(x,t_1) = e^{-\alpha x} f(t_1 - \frac{x}{v})$ deslocada de $v(t_2 - t_1)$, de modo que podemos concluir que a função $V_+(x,t) = e^{-\alpha x} f(t - \frac{x}{v})$ é a representação matemática de uma onda de tensão amortecida no sentido da propagação que se propaga no sentido dos $x > 0$ com velocidade $v = \frac{1}{\sqrt{LC}} (m/s)$.

Como todos os pontos da função $V_+(x,t) = e^{-\alpha x} f(t - \frac{x}{v})$ são afetados pelo mesmo "amortecimento", essa onda de tensão "viaja" no sentido indicado sem alterar sua forma, isto é, isenta de distorção.

A relação:

$$\frac{C}{G} = \frac{L}{R}$$

nos permite inferir uma análise física à condição de linhas de transmissão sem distorção. Note que o primeiro termo é a constante de tempo do circuito CG paralelo da Figura 1.68, e fisicamente dita a evolução temporal do armazenamento da energia na parte capacitiva da LT; o segundo membro é a constante de tempo do circuito RL série da mesma figura, a qual dita a evolução temporal do armazenamento da energia magnética na parte indutiva da LT.

Como essas constantes de tempo são iguais, há uma perfeita sincronização entre carga e descarga de energia elétrica no circuito. Quando essas constantes de tempo são diferentes, a "harmonia" é violada e manifesta-se através de uma distorção acentuada no sinal transmitido.

1.10.2. Análise da corrente na LT

Como já discutido, a equação de onda para as correntes é dada por:

$$\frac{\partial^2 I(x)}{\partial x^2} = \left[RG + (RC + LG)\frac{\partial}{\partial t} + LC\frac{\partial^2}{\partial t^2} \right] I(x) \tag{1.49}$$

De modo que, se uma função é solução da equação de onda das tensões, também será solução da equação de onda das correntes; assim, podemos afirmar que a função:

$$I_+(x,t) = e^{-ax} h(t - \frac{x}{v})$$

(1.50)

é solução da equação de onda das correntes (1.49).

Uma relação importante é a relação entre a onda de tensão $V_+(x,t)$ e a onda de corrente $I_+(x,t)$. Para obtê-la, recorremos à Equação 1.45, para a qual podemos escrever:

$$\frac{\partial I(x)}{\partial x} = -(G + C \frac{\partial}{\partial t}) V(x)$$

(1.51)

Substituindo $V_+(x,t)$ e $I_+(x,t)$ por seus valores indicados em 1.48 e 1.50 na equação anterior, obtém-se:

$$-ae^{-ax} h - \frac{ae^{-ax}}{v} h' = -Ge^{-ax} f - Ce^{-ax} f'$$

(1.52)

na qual f' e h' são as derivadas primeiras de f e h, respectivamente. Identificando, membro a membro, os termos da Equação 1.52, obtêm-se as seguintes relações:

$$ae^{-ax} h = Ge^{-ax} f$$

$$\frac{ae^{-ax}}{v} h' = Ce^{-ax} f'$$

ou, ainda:

$$\frac{e^{-ax} f}{e^{-ax} f} = \frac{e^{-ax} f}{e^{-ax} f} = Z_0$$

De modo que podemos escrever:

$$\frac{V_+(x,t)}{I_+(x,t)} = Z_0$$

(1.53)

na qual $Z_0 = \sqrt{\dfrac{L}{C}}$ é a impedância característica da linha.

Uma outra solução da equação de onda das tensões é dada por:

$$V_-(x,t) = e^{ax} g(t + \frac{x}{v})$$

(1.54)

É fácil demonstrar que a Expressão 1.54 é a representação matemática de uma onda de tensão "amortecida" que se propaga no sentido dos $x < 0$ com a mesma velocidade, razão pela qual omitiremos esse detalhe:

$$v = \frac{1}{\sqrt{LC}} (m/s)$$

A Figura 1.72 é ilustrativa desse fenômeno.

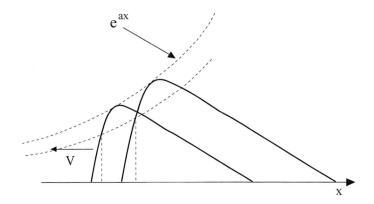

Figura 1.72: Onda de tensão "amortecida" no sentido dos $x < 0$.

Para a equação de onda das correntes, a função análoga, que também é solução de 1.49, é do tipo:

$$I_-(x,t) = e^{ax} k(t + \frac{x}{v}) \tag{1.55}$$

que, por questões semelhantes, se trata de uma onda de corrente que se propaga no sentido $x < 0$ com a mesma velocidade de propagação.

Demonstra-se, também, por procedimento similar ao apresentado anteriormente, a relação:

$$\frac{V_-(x,t)}{I_-(x,t)} = -Z_0 \tag{1.56}$$

1.10.3. Solução geral das equações de onda de tensão e de corrente

Se as Expressões 1.48 e 1.54 são soluções da equação de onda para tensões, a soma das duas também satisfaz essa condição, de modo que a solução geral dessa equação diferencial é dada por:

$$V(x,t) = V_+(x,t) + V_-(x,t) \tag{1.57}$$

Da mesma forma, a solução geral para a equação de onda para correntes pode ser escrita como:

$$I(x,t) = I_+(x,t) + I_-(x,t) \tag{1.58}$$

Com:

$$\frac{V_+(x,t)}{I_+(x,t)} = -\frac{V_-(x,t)}{I_-(x,t)} = Z_0 \tag{1.59}$$

De modo que, a exemplo do comportamento das linhas de transmissão sem perdas, a solução geral é constituída por uma superposição de duas ondas de tensão (ou de corrente) "amortecidas" no sentido da propagação, que viajam em sentidos opostos com a mesma velocidade de propagação $v = \frac{1}{\sqrt{LC}} (m/s)$.

1.11. O método de Bergeron

O método gráfico apresentado a seguir, cujo desenvolvimento é creditado a Bergeron, permite avaliar de forma expedita o comportamento da tensão (e também da corrente) em função do tempo no estudo de transitórios de uma linha de transmissão sem perdas. As grandes vantagens desse método são a facilidade da sua extensão para a análise de transitórios em linhas de transmissão alimentando cargas não lineares e a sua simplicidade para a implementação computacional.

A Figura 1.73 mostra um circuito elétrico constituído por um gerador de degrau de tensão de f.e.m. E e resistência R_G, alimentando uma carga resistiva de resistência R_L através de uma linha de transmissão sem perdas de impedância característica Z_0.

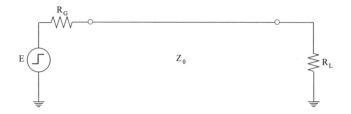

Figura 1.73: Linha de transmissão.

O procedimento gráfico se inicia desenhando no mesmo diagrama cartesiano as curvas características da tensão em função da corrente do gerador e da carga (curvas 1 e 2, respectivamente), como o mostrado na Figura 1.74. O ponto P, interseção dessas duas características, fornece a tensão e a corrente na carga e no gerador em regime permanente.

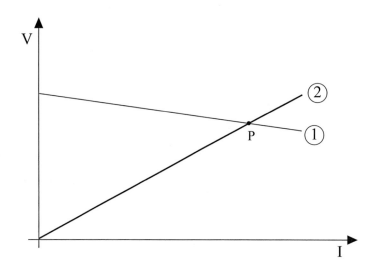

Figura 1.74: Características V × I do gerador e da carga.

A característica externa do gerador é descrita pela equação

$$V = E - R_G I \tag{1.60}$$

ao passo que a característica da carga é dada por:

$$V = R_L I \tag{1.61}$$

O ponto de trabalho P, que satisfaz as duas equações, corresponde ao ponto de operação do circuito em regime permanente, isto é, a tensão e a corrente na carga e no gerador para $t \to \infty$, no qual:

$$V = \frac{R_L}{R_G + R_L} E \qquad (1.62)$$

e

$$I = \frac{E}{R_G + R_L} \qquad (1.63)$$

Vamos agora analisar o significado físico da interseção da reta de declividade Z_0 e que passa pela origem com a característica externa do gerador, indicada no ponto A da Figura 1.75.

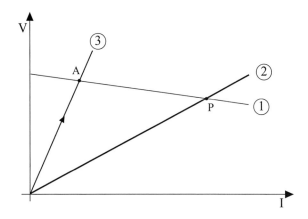

1. Característica externa do gerador
2. Característica externa da carga
3. Reta com declividade Z_0 passando pela origem

Figura 1.75: Significado físico do ponto A.

Resolvendo o sistema de equações:

$$V = E - R_G I$$
$$V = Z_0 I$$

chega-se a:

$$V_+ = \frac{Z_0}{R_G + Z_0} E \qquad (1.64)$$

$$I_+ = \frac{E}{R_G + R_L} \qquad (1.65)$$

que correspondem à tensão e à corrente geradas em $t = 0_+$ e que "viajarão" em direção à carga com a velocidade de propagação:

$$v = \frac{1}{\sqrt{LC}}$$

Assim sendo, o ponto A da Figura 1.75 representa a tensão e a corrente nos terminais do gerador em $t = 0_+$, isto é: $V_G(t = 0_+)$ e $I_G(t = 0_+)$.

Isto posto, vamos agora analisar o significado físico da interseção da reta de declividade $-Z_0$ e que passa pelo ponto A com a característica externa da carga, indicada pelo ponto B da Figura 1.76

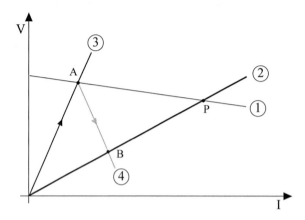

1. Característica externa do gerador
2. Característica externa da carga
3. Reta com declividade Z_0 passando pela origem
4. Reta com declividade $-Z_0$

Figura 1.76: Significado físico do ponto B.

A reta 4 com declividade $-Z_0$ é descrita pela expressão:

$$V = -Z_0 I + 2V_+$$

e a sua interseção com a característica externa da carga fornece:

$$V_L = \frac{2R_L}{R_L + Z_0} V_+$$

e

$$I_L = \frac{2}{R_L + Z_0} V_+$$

ou, ainda:

$$V_L = \sigma_L V_+$$

e

$$I_L \frac{\sigma_L}{R_L} V_+ = \frac{2Z_0}{R_L + Z_0} I_+$$

nas quais

$$\sigma_L = \frac{2R_L}{R_L + Z_0}$$

é o coeficiente de transmissão de tensão na carga.

Resulta, portanto, que o ponto B é representativo da tensão e da corrente na carga, isto é: $V_L(t = \tau)$ e $I_L(t = \tau)$.

O termo

$$\sigma_{L1} = \frac{2Z_0}{R_L + Z_0}$$

é denominado coeficiente de transmissão para correntes na carga, de modo que podemos escrever:

$$I_L = \sigma_{LI} I_+$$

Novamente, vamos analisar o significado físico da interseção de uma reta de coeficiente angular Z_0 (paralela à reta 3), mas que passe pelo ponto B e intercepte a característica externa do gerador no local indicado pelo ponto C da Figura 1.77.

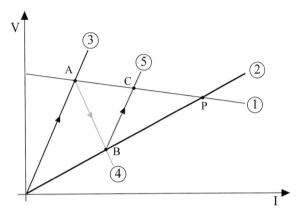

1. Característica externa do gerador
2. Característica externa da carga
3. Reta com declividade Z_0 passando pela origem
4. Reta com declividade $-Z_0$
5. Reta com declividade Z_0 passando por B

Figura 1.77: Significado físico do ponto C.

No ponto C, a tensão nos terminais do gerador, obtida pela interseção da reta 4 com a característica externa do gerador, é tal que

$$V_G = (1 + \sigma_G \Gamma_L) V_+$$

isto é, corresponde à tensão nos terminais do gerador em $t = 2\tau$.

Seguindo procedimento análogo, podemos determinar a evolução da tensão nos terminais do gerador e da carga através da identificação da interseção de retas com declividade Z_0 e $-Z_0$, como indicado na Figura 1.78. A ilustração mostra claramente a convergência para o ponto de regime permanente.

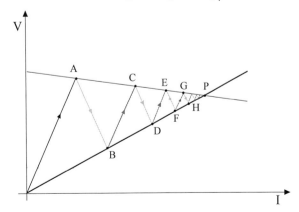

1. Característica externa do gerador
2. Característica externa da carga
3. Reta com declividade Z_0 passando pela origem
4. Reta com declividade $-Z_0$
5. Reta com declividade Z_0 passando por B

Figura 1.78: Evolução da tensão e da corrente em função do tempo.

O método de Bergeron foi aqui apresentado admitindo-se uma resistência de carga constante, cuja característica é uma reta, típica de cargas lineares. No entanto, essa metodologia pode ser generalizada para as cargas não lineares, conforme mostrado na Figura 1.79.

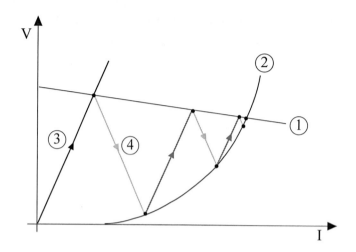

1. Característica externa do gerador
2. Característica externa da carga não linear
3. Reta com declividade Z_0 passando pela origem
4. Reta com declividade $-Z_0$

Figura 1.79: Método de Bergeron para carga não linear.

1.12. Exercícios propostos

■ Exercício 1

Um gerador de corrente contínua de f.e.m. 200 V e resistência interna 100 Ω alimenta uma carga resistiva de 300 Ω, através de uma linha de transmissão constituída por um cabo coaxial de impedância característica 100 Ω e 600 m de comprimento. A velocidade da luz no dielétrico é $v = c / 2 = 1,5 \cdot 10^8$ m/s. Determine:

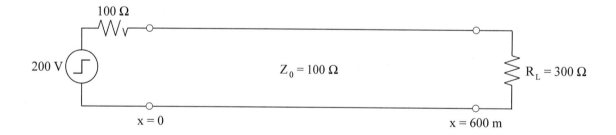

Figura 1.80: Exercício 1.

a: o comportamento da tensão nos terminais do gerador;
b: o comportamento da tensão nos terminais da carga;
c: o comportamento da tensão a 200 m do gerador.

■ Exercício 2

Algumas linhas de transmissão de alta tensão inserem um resistor (resistor de pré-inserção) em série nos terminais do gerador para a energização do sistema, visando limitar sobretensões no final da linha (Figura 1.81). No caso em questão, uma fonte de corrente contínua de f.e.m. de 300 kV e resistência interna de 100 Ω está conectada a uma linha de transmissão de impedância característica 400 Ω. Esse é um caso típico de sistema de transmissão em corrente contínua. Para essa linha:

a: determinar o valor do resistor de pré-inserção R_x, de modo que o valor máximo da tensão na linha de transmissão não exceda 20% do valor da tensão de regime permanente;

b: o comportamento da tensão no final da linha com o valor de R_x calculado no item anterior.

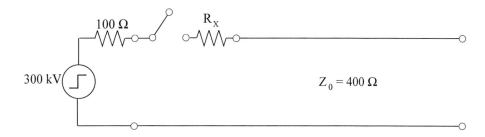

Figura 1.81: Exercício 2.

■ Exercício 3

Um gerador de corrente contínua de f.e.m. 100 V e resistência interna 80 Ω alimenta uma resistência de carga de 240 Ω através de duas linhas de transmissão em cascata, como mostrado na Figura 1.82. As impedâncias características das linhas são 80 Ω e 240 Ω, respectivamente, e os tempos de trânsito são idênticos. Determine a evolução no tempo da tensão no gerador, na interligação e na carga, a partir do fechamento da chave de energização.

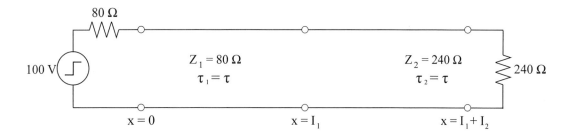

Figura 1.82: Exercício 3.

■ Exercício 4

Duas linhas de um circuito impresso, que podem ser consideradas como linhas de transmissão de impedância característica 50 Ω, são interligadas por um fio cujo comprimento, para efeitos deste exercício, pode ser desprezado. No início da trilha está conectada uma porta lógica de saída, que pode ser modelada por uma fonte de degrau de tensão de amplitude 1 V e resistência interna $R_G = 50$ Ω. No outro extremo está conectada uma porta lógica de entrada, a qual pode ser considerada como uma resistência de carga $R_L = 50$ Ω.

A forma de onda da tensão registrada pelo sistema TDR nos terminais do gerador é mostrada na Figura 1.83. A constante de tempo da exponencial medida é 100 ps. Determine a indutância do fio de ligação das duas trilhas.

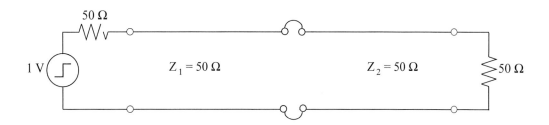

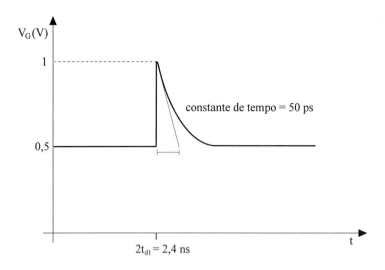

Figura 1.83: Exercício 4.

■ **Exercício 5**

Um gerador degrau de tensão de amplitude 100 V e resistência interna $R_G = 100\ \Omega$ alimenta uma carga de resistência $R_L = 200\ \Omega$, através de duas linhas de transmissão em cascata, de impedâncias características 100 Ω e 200 Ω, respectivamente. Os tempos de trânsito das linhas são iguais. Para redução de ruídos é colocada uma resistência R_X na interligação das linhas para o casamento das impedâncias. Determine:

a: a resistência R_X de modo a não haver reflexão na interligação;
b: o comportamento da tensão na saída da fonte em função do tempo;
c: o comportamento da tensão na carga em função do tempo;
d: o comportamento da tensão na interligação das linhas em função do tempo.

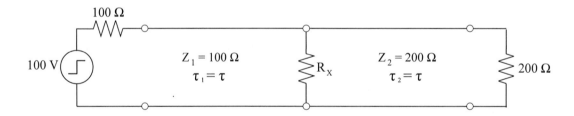

Figura 1.84: Exercício 5.

■ **Exercício 6**

Existem alguns padrões de respostas dos sistemas TDR que identificam os tipos de descontinuidades existentes em uma linha de transmissão. Essas descontinuidades são encontradas, normalmente, nas emendas das linhas. A Figura 1.85 apresenta várias descontinuidades encontradas nas emendas das linhas, e ao lado os padrões (ou assinaturas) obtidos nas respostas. Associe as descontinuidades às assinaturas.

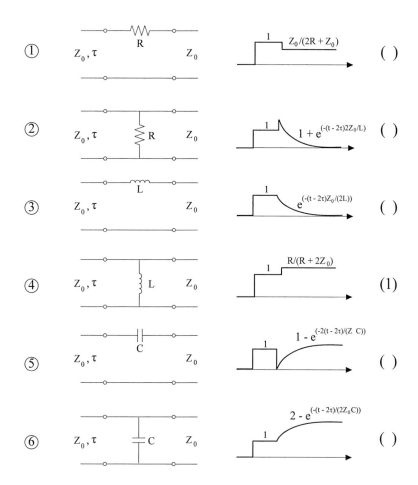

Figura 1.85: Exercício 6.

■ Exercício 7

A Figura 1.86 mostra uma fonte degrau de tensão de amplitude 0,7 V e com resistência interna $R_G = 25\ \Omega$, alimentando um diodo através de uma linha de transmissão com impedância característica 50 Ω. Na mesma figura é também mostrada a característica externa do diodo. Determine para o instante $t = \tau$:

a: a amplitude da tensão transmitida ao diodo;
b: a amplitude da tensão refletida.

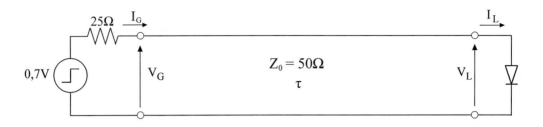

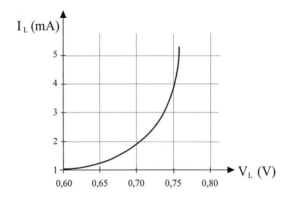

Figura 1.86: Exercício 7.

■ **Exercício 8**

Uma linha de transmissão de impedância característica $Z_0 = 100\ \Omega$ está em aberto. No início dessa linha é conectada uma fonte degrau de tensão ideal de amplitude 10 V. Esboce, usando o diagrama das treliças:

a: a tensão no terminal;
b: a tensão no fim da linha;
c: a tensão no meio da linha.

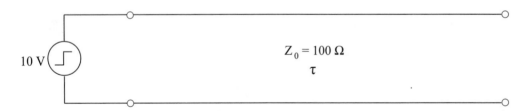

Figura 1.87: Exercício 8.

■ **Exercício 9**

A linha de transmissão em aberto mostrada na Figura 1.88 é excitada por uma fonte degrau de tensão de amplitude 5 V e resistência interna 15 Ω. Os parâmetros dessa linha são: $L = 4,5$ nH/cm e $C = 0,8$ pF/m; $R = G = 0$ e comprimento $l = 30$ cm. Esboce, indicando a tensão de regime permanente:

a: a tensão nos terminais da fonte;
b: a tensão no fim da linha.

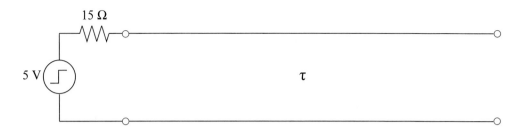

Figura 1.88: Exercício 9.

■ Exercício 10

Para identificar um defeito em um cabo subterrâneo de impedância característica 50 Ω, um engenheiro injeta um pulso de tensão de duração desprezível e impedância interna igual à do cabo e registra a resposta em um osciloscópio colocado nos terminais do gerador de pulsos. O dielétrico do cabo possui as seguintes propriedades físicas: $\epsilon = 4\epsilon_0$; $\epsilon_0 = \dfrac{10^{-9}}{36\pi} F/m$ e $\mu = \mu_0 = 4\pi \cdot 10^{-7}$ H/m. O registro do osciloscópio é mostrado na Figura 1.89 e o eixo dos tempos está calibrado em 1 μs/divisão. Determine:

a: o tipo de defeito existente no cabo;
b: a que distância do gerador o defeito está localizado.

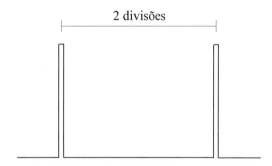

Figura 1.89: Exercício 10.

■ Exercício 11

Em uma instalação de tração elétrica para trolebus, a retificadora pode ser considerada como uma fonte de corrente contínua de f.e.m. 600 V e resistência interna desprezível. Essa retificadora alimenta a catenária, de impedância característica 400 Ω, através de um cabo blindado subterrâneo de impedância característica 150 Ω, como mostra a Figura 1.90. Para esse problema, os tempos de trânsito de ambas as linhas são iguais. Determine:

a: a evolução da tensão em função do tempo no fim da linha;
b: a evolução da tensão em função do tempo na interligação;
c: a evolução da tensão em função do tempo nos terminais do gerador.

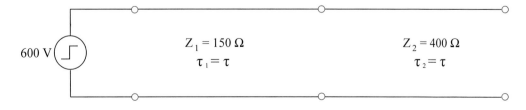

Figura 1.90: Exercício 11.

Exercício 12

No problema anterior, a conexão do trecho subterrâneo com a catenária é realizada através de um dispositivo denominado "mufla", o qual introduz na interligação uma capacitância parasita de 2 pF, como mostra a Figura 1.91. Esboce a evolução da tensão na interligação imediatamente após a chegada da primeira onda de tensão proveniente da fonte.

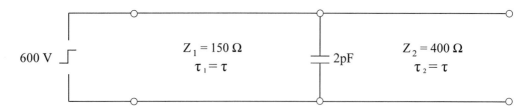

Figura 1.91: Exercício 12.

Exercício 13

A onda incidente da Figura 1.92(a) viaja em uma linha de impedância característica $Z_0 = 100\ \Omega$. Em seus terminais há uma carga não linear cuja característica externa é a mostrada na Figura 1.92(b. Determine:

a: a tensão na carga em função do tempo;
b: a tensão refletida em função do tempo;
c: a corrente na carga em função do tempo.

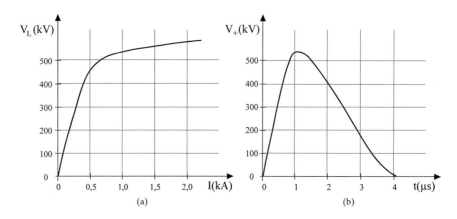

Figura 1.92: Exercício 13.

Exercício 14

Um resistor tem comprimento 2 cm. Até que frequência de operação podemos tratá-lo:
a: como um parâmetro concentrado?
b: como parâmetro distribuído?
Adote $v = c = 3 \times 10^8$ m/s. Justifique.

Exercício 15

O tempo de subida de um integrado com tecnologia CMOS varia de 0,5 a 2 ns. Supondo que a velocidade de propagação do sinal para trilhas de circuitos impressos de fibra de vidro seja 0,47 c (47% da velocidade da luz), avalie o comprimento máximo de trilha para o qual podemos considerá-la um parâmetro concentrado na análise do circuito.

Exercício 16

Uma linha telefônica semi-infinita de par trançado apresenta os seguintes parâmetros característicos: L = 90 μF/m C = 1 nF/m. *Obs.*: Para os efeitos deste problema, a linha pode ser considerada sem perdas. Para essa linha, calcule:

a: a impedância característica;
b: a velocidade de propagação da perturbação.

Exercício 17

Um gerador de sinal senoidal, dado por $v(0, t) = 10\operatorname{sen}2\pi 10^6\, t$ (mV) é injetado no início da linha. Determinar:
a: a frequência do sinal injetado;
b: o comprimento de onda do sinal injetado.
c: a expressão da tensão na linha a 3 km do seu início;
d: o instante em que a tensão no início da linha é máxima;
e: a distância do início da linha em que a tensão também é máxima no mesmo instante;
f: compare o resultado obtido com o comprimento de onda do sinal.

Exercício 18

Carga resistiva: O circuito da Figura 1.93 consiste em uma linha de transmissão ($Z_0 = 50\,\Omega$, $\tau = 0,5$ ns) alimentando uma carga resistiva R_L. Considere que a chave seja fechada em $t = 0$. Esboce a tensão na carga no intervalo $0 < t < 3$ ns para as seguintes cargas: $R_L = 25$ ohms, $R_L = 50$ ohms e $R_L = 100$ ohms.

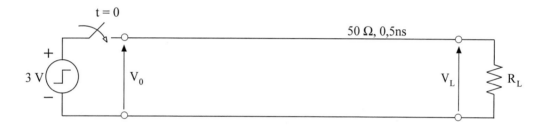

Figura 1.93: Exercício 18.

Exercício 19

A LT da Figura 1.94 é excitada por um degrau de tensão de 3,6 V. O gerador apresenta uma resistência interna de 15 ohms e está em circuito aberto. Os parâmetros da linha são os seguintes: L = 4,5 nH/cm, C = 0,8 pF/cm, R = G = 0 e apresenta comprimento de 30 cm. Esboce o comprimento da tensão na carga e no gerador em função do tempo no intervalo $0 < t < 10$ ns. Indique também o valor da tensão em regime permanente.

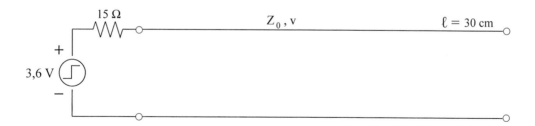

Figura 1.94: Exercício 19.

Exercício 20

O circuito da Figura 1.95 *é excitado por um gerador ideal de pulsos de 1* V de amplitude, iniciando em $t = 0$. Dado que o comprimento da linha é l = 10 cm e a velocidade de propagação 20 cm/ns:
a: determine o esboço da tensão nos terminais do gerador para um pulso de duração 10 ns;
b: repita o item *a* para um pulso de duração 1 ns.

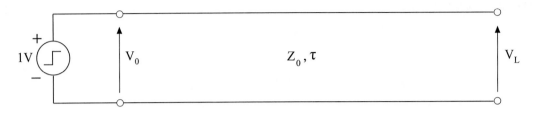

Figura 1.95: Exercício 20.

■ Exercício 21

Dada a linha de transmissão da Figura 1.96, observa-se que a tensão medida na posição $x_1 = 240$ m possui o seguinte comportamento:

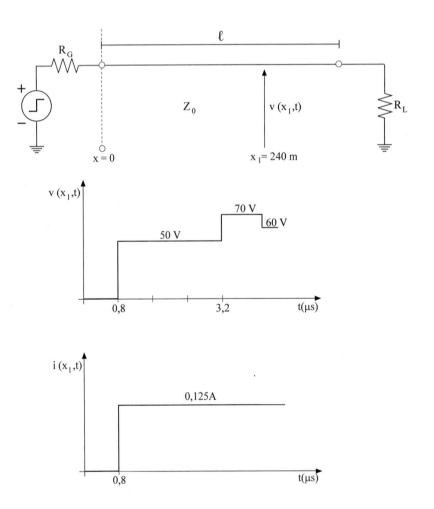

Figura 1.96: Exercício 21.

Determine:

a: a velocidade de propagação, a impedância característica da linha de transmissão, o comprimento da linha, o coeficiente de reflexão na carga e o coeficiente de transmissão na carga;

b: o diagrama das treliças até $t = 5\tau$ (τ é o tempo de trânsito), mostrando os valores de tensão nos terminais do gerador e da carga;

c: complete o gráfico de corrente $i(x_1, t)$ até o instante mostrado no gráfico $v(x_1, t)$.

Exercício 22

Determine o comportamento da corrente no fim da linha de transmissão da Figura1.97. Utilize o diagrama das treliças.

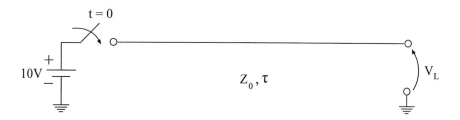

Figura 1.97: Exercício 22.

Exercício 23

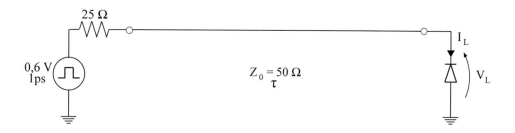

Figura 1.98: Exercício 23.

No circuito elétrico da Figura 1.98, o gerador de pulsos de resistência interna 25 Ω apresenta uma f.e.m. pulsada de amplitude 0,6 V e duração de 1 ps. A linha de transmissão de impedância característica 50 Ω é a representação da trilha de um circuito impresso que suporta esse circuito. A carga é um diodo retificador cuja relação entre a corrente em ampères e a tensão em volts é dada por:

$$I_L = 1,0 \cdot 10^{-8} \, e^{23,0 \cdot V_L}$$

Determine:
a: a forma de onda da tensão na carga em função do tempo;
b: a forma de onda da tensão refletida.

Exercício 24

Um pulso de tensão é aplicado no início da linha da Figura 1.99 pela movimentação da chave para a posição 2 em $t = 0$ e pelo retorno desta para a posição 1 em $t = t_1$. Sabe-se que t_1 é menor do que o tempo de trânsito τ da linha.
Apresente:
a: um esboço da distribuição de tensão ao longo da linha de transmissão nos instantes t_1, $2t_1$, $3t_1$, $4t_1$, $5t_1$, $6t_1$, $7t_1$, $8t_1$, $9t_1$ e $10t_1$;
b: o comportamento da tensão nos terminais do gerador, no meio da linha e na carga em função do tempo obtido a partir do diagrama das treliças.

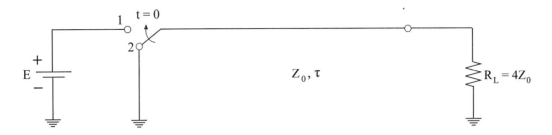

Figura 1.99: Exercício 24.

■ **Exercício 25**

A linha de transmissão da Figura 1.100 *é excitada por um pulso de 16* V e duração 1 μs. O comprimento da linha é 800 m e a velocidade de propagação é 200 m/μs.

Apresente:

a: um esboço da distribuição de tensão ao longo da linha de transmissão nos instantes $t_1 = 2$ μs, $t_2 = 3$ μs, $t_3 = 5$ μs e $t_4 = 8$ μs.

b: o comportamento da tensão nos terminais do gerador e no fim da linha em função do tempo.

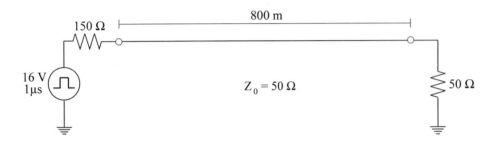

Figura 1.100: Exercício 25.

■ **Exercício 26**

Uma linha de transmissão com seus terminais em vazio é alimentada por uma fonte de tensão contínua (f.e.m. V_0 e resistência Z_g) durante muito tempo quando, no instante $t = 0$, a chave indicada é posicionada no terminal 2. Analise e esboce o comportamento da tensão no início e no final da linha.

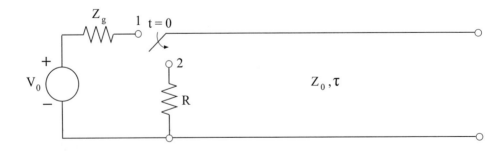

Figura 1.101: Exercício 26.

■ **Exercício 27**

Considere as linhas de transmissão em cascata da Figura 1.102, cuja fonte de tensão tem amplitude 1,5 V e resistência interna 50 Ω. As linhas de transmissão apresentam impedâncias características 50 Ω e 25 Ω, com 5 cm e 2 cm de comprimento, respectivamente. A velocidade de propagação da perturbação em cada uma das linhas é 10 cm/ns. A segunda linha é terminada por uma resistência de carga de 100 Ω. Obtenha, a partir do diagrama das treliças as tensões no início e no fim da linha, bem como a tensão nos terminais da interligação em função do tempo.

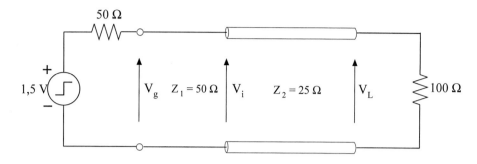

Figura 1.102: Exercício 27.

■ Exercício 28

Considere três linhas de transmissão idênticas, cada uma delas com impedância característica Z_0 e tempo de trânsito τ, conectadas em paralelo a uma junção comum como mostra a Figura 1.103.

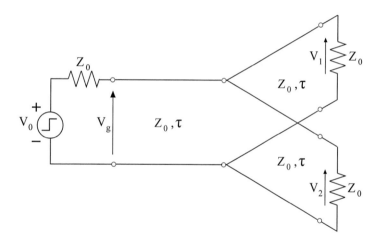

Figura 1.103: Exercício 28.

A linha principal é excitada em $t = 0$ por uma fonte degrau de tensão de amplitude V_0 e resistência interna $Z_g = Z_0$. Esboce o comportamento da tensão nos terminais do gerador e nos extremos das linhas em função do tempo.

■ Exercício 29

Considere a linha de transmissão da Figura 1.104, a qual é alimentada por uma fonte degrau de tensão de amplitude V_0 e resistência interna Z_0. A impedância característica da linha é Z_0 com tempo de trânsito τ, conectada a uma carga constituída de uma associação em paralelo de um resistor de resistência R com um capacitor de capacitância C. Esboce a tensão nos terminais da carga e do gerador em função do tempo.

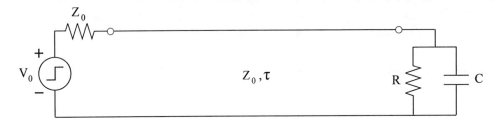

Figura 1.104: Exercício 29.

Linhas de Transmissão em Regime Permanente Senoidal

Capítulo 2

2.1. Introdução

No Capítulo 1 discutimos o comportamento das linhas de transmissão excitadas por fontes degrau de tensão ou composições de degraus de tensão, tais como as fontes pulsadas. Pudemos verificar naqueles casos que, com o decorrer do tempo, os transitórios oriundos daquelas excitações são amortecidos e extintos, restando a tensão de regime permanente.

No entanto, é comum a utilização de excitações de linhas de transmissão por fontes de tensão periódicas. Nesses casos, quando as fontes são conectadas às linhas, um transitório de ligação, semelhante àquele discutido no Capítulo 1, ocorre e é amortecido com o decorrer do tempo; no entanto, uma excitação forçada permanece diante da variação contínua da tensão de alimentação. Essa excitação forçada é a resposta do sistema em regime permanente.

A excitação periódica mais comum é a excitação senoidal, utilizada em todas as linhas de transmissão de energia. Com algumas particularidades, esse tipo de excitação é também muito utilizado nos sistemas de telecomunicações.

Nos circuitos digitais de alta velocidade, o sinal periódico não é senoidal; no entanto, diante da propriedade matemática que possibilita decompor qualquer onda periódica em uma série de funções senoidais (série de Fourier), a técnica a ser aqui apresentada também poderá ser aplicada a esse tipo de sistema porque às linhas de transmissão é aplicável o princípio da surperposição.

Durante o transitório de ligação com excitação senoidal, as formas de onda resultantes assumem diversas formas; no entanto, em alguns poucos ciclos esse transitório é amortecido e apenas a solução é mantida, estabelecendo-se o que é denominado "regime permanente senoidal", no qual todas as tensões e correntes envolvidas no fenômeno variam senoidalmente no tempo.

Uma consequência natural desse tipo de excitação nas linhas de transmissão é observada na forma de onda senoidal da propagação da tensão (e também da corrente), a qual possibilita definir os conceitos de linha longa, média e curta em função de seu comprimento expresso como uma fração do comprimento de onda, também denominado *comprimento elétrico* da linha, como foi discutido no item 1.4.2.

A análise dos sistemas elétricos lineares excitados por fontes de tensão senoidal em regime permanente tem a vantagem da utilização da técnica fasorial, a qual foi utilizada pela primeira vez por Steinmetz em 1897. Nessa técnica, o sistema de equações diferenciais a derivadas parciais é transformado em um sistema de equações algébricas ordinárias, muito mais fácil de ser resolvido.

As grandezas, tensão e corrente, serão representadas por um número complexo, denominado fasor, que na forma polar corresponde a uma entidade matemática dotada de uma amplitude (módulo) e uma fase (ângulo). A amplitude corresponde ao valor eficaz da grandeza (tensão ou corrente) senoidal, e a fase é a defasagem existente entre essa grandeza e uma referência angular arbitrariamente escolhida. Uma propriedade associada a essas grandezas fasoriais, atribuída a um elemento de circuito, é a impedância, representada também por um número complexo, tal que na forma polar seu módulo está associado à reação à passagem da corrente e sua fase representa a diferença de fases (defasagem) entre essa corrente e a tensão.

2.2. Equações para linhas sem perdas

No Capítulo 1, chegamos às equações básicas da linha de transmissão sem perdas no domínio do tempo. São elas:

$$\frac{\partial V(x)}{\partial x} = -L\frac{\partial I(x)}{\partial t} \tag{2.1}$$

$$\frac{\partial I(x)}{\partial x} = -C\frac{\partial V(x)}{\partial t} \tag{2.2}$$

$$\frac{\partial^2 V(x)}{\partial x^2} = \frac{1}{v^2}\cdot\frac{\partial^2 V(x)}{\partial t^2} \tag{2.3}$$

$$\frac{\partial^2 I(x)}{\partial x^2} = \frac{1}{v^2}\cdot\frac{\partial^2 I(x)}{\partial t^2} \tag{2.4}$$

Nas quais:

$$v = \frac{1}{\sqrt{LC}} \tag{2.5}$$

é a velocidade de propagação da perturbação em m/s.

Admitindo que a tensão e a corrente são grandezas variáveis senoidalmente no tempo, as equações básicas podem ser reescritas utilizando a notação fasorial, bastando apenas lembrar que (Anexo):

- a cada derivada em relação ao tempo $\frac{d}{dt}$, substituímos pelo operador jw;
- substituímos todas as grandezas (tensão e corrente) por suas respectivas representações fasoriais.

Aplicando esse procedimento, obtém-se;

$$\frac{\partial \dot{V}(x)}{\partial x} = -jwL\,\dot{I}(x) \tag{2.6}$$

$$\frac{\partial \dot{I}(x)}{\partial x} = -jwC\,\dot{V}(x) \tag{2.7}$$

$$\frac{\partial^2 \dot{V}(x)}{\partial x^2} = -k^2\,\dot{V}(x) \tag{2.8}$$

$$\frac{\partial^2 \dot{I}(x)}{\partial x^2} = -k^2\,\dot{I}(x) \tag{2.9}$$

Nas quais:

$$k = \frac{w}{v} = w\sqrt{LC}\,[rad/m] \qquad (2.10)$$

é denominada constante de fase ou número de onda.

Vamos fixar nossa atenção na equação diferencial ordinária de segunda ordem (2.8), denominada equação de onda complexa, encontrada com frequência na análise de vários sistemas físicos.

$$\frac{\partial \dot{V}_+(x)}{\partial x} = -k^2 \dot{V}(x)$$

2.2.1. Primeira solução da equação de onda complexa

Uma solução da equação de onda (2.8) é dada por:

$$\dot{V}_+(x) = \dot{V}_{0_+}\, e^{-jkx} \qquad (2.11)$$

Isso pode ser verificado por simples inspeção, substituindo $\dot{V}_+$ na Equação 2.8. Assim, substituindo no primeiro membro de 2.8 obtém-se:

- Primeira derivada:

$$\frac{\partial \dot{V}_+(x)}{\partial x} = -jk\, \dot{V}_{0_+}\, e^{-jkx} \qquad (2.12)$$

- Segunda derivada:

$$\frac{\partial^2 \dot{V}_+(x)}{\partial x^2} = -k^2\, \dot{V}_{0_+}\, e^{-jkx} \qquad (2.13)$$

Lembre-se que $\dot{V}_+(x) = \dot{V}_{0_+}\, e^{-jkx}$, e a Expressão 2.13 pode ser escrita como:

$$\frac{\partial^2 \dot{V}_+(x)}{\partial x^2} = -k^2\, \dot{V}_+(x) \qquad (2.14)$$

a qual é idêntica à Equação 2.8. Assim sendo, a função 2.11 é uma solução possível da equação de onda complexa 2.8. A solução de 2.9 é do mesmo tipo, na medida em que as equações são totalmente semelhantes, de modo que uma solução possível para a equação de onda complexa da corrente é dada por:

$$\dot{I}_+(x) = \dot{I}_{0_+}(x) e^{-jkx} \qquad (2.15)$$

A relação entre $\dot{V}_+(x)$ e $\dot{I}_+(x)$ é obtida a partir de 2.6, da qual podemos escrever:

$$\dot{I}(x) = -\frac{1}{jwL} \frac{\partial \dot{V}(x)}{\partial x} \qquad (2.16)$$

Substituindo 2.11 em 2.16 obtém-se, após alguma manipulação matemática:

$$\dot{I}_+(x) = \frac{k}{wL} \cdot \dot{V}_+(x)$$

ou, ainda:

$$\frac{\dot{V}_+(x)}{\dot{I}_+(x)} = \frac{wL}{k} = \sqrt{\frac{L}{C}}$$

Lembrando que $Z_0 = \sqrt{\frac{L}{C}}$ é a impedância característica da linha, resulta:

$$\frac{\dot{V}_+(x)}{\dot{I}_+(x)} = Z_0 \tag{2.17}$$

Uma pergunta se apresenta: o que significa $\dot{V}_+(x) = \dot{V}_{0_+}\, e^{-jkx}$?

A resposta a essa questão está relacionada diretamente às propriedades dos números complexos, em particular a identidade de Euler (ver Anexo). O entendimento do significado dessa expressão é facilitado expressando-a na forma polar, lembrando, de início, que $\dot{V}_{0_+}$ é uma constante complexa dada por:

$$\dot{V}_{0_+} = V_{0_+} e^{j\alpha} \tag{2.18}$$

na qual α é uma fase de referência, podendo-se então escrever:

$$\dot{V}_+(x) = V_{0_+} e^{-j(kx - \alpha)}$$

ou, ainda:

$$\dot{V}_+(x) = V_{0_+} \underline{\left|-kx + \alpha\right.} \tag{2.19}$$

Verifica-se, portanto, que $V_+(x)$ representa o fasor de uma tensão senoidal de valor eficaz V_{0_+} e fase $(-kx + \alpha)$ em relação a uma referência angular. Esse fasor é a representação complexa de uma grandeza variável senoidalmente no tempo dada por (Anexo):

$$v_+(t,x) = \sqrt{2}V_{0_+} \cos\left[wt - kx + \alpha\right] \tag{2.20}$$

Para representarmos graficamente $v_+(t,x)$ em função de kx precisamos especificar o instante de tempo. Assim sendo, a Figura 2.1 está representando a função $v_+(t,x)$ no instante $t = t_1$, isto é, a figura representa a função $v_+(t_1,x)$.

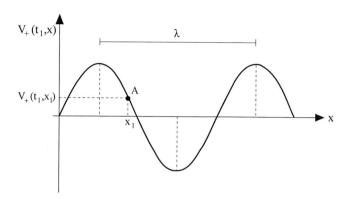

Figura 2.1: Representação gráfica de $v_+(t_1, x)$.

O ponto A da referida curva fornece o valor da tensão na posição $x = x_1$ no instante $t = t_1$, isto é:

$$v_+(t_1, x) = \sqrt{2} V_{0+} \cos\left[wt_1 - kx_1 + \alpha\right]$$

Vamos agora determinar uma nova posição x_2, tal que no instante $t = t_2$, com $t_2 > t_1$, ela assuma o mesmo valor obtido em $x = x_1$ no instante $t = t_1$, isto é:

$$v_+(t_1, x_1) = v_+(t_2, x_2)$$

Para tal, os argumentos das funções deverão ser iguais, portanto:

$$wt_1 - kx_1 + \alpha = wt_2 - kx_2 + \alpha$$

que resulta;

$$x_2 = x_1 = \frac{w}{k}(t_2 - t_1)$$

Lembrando ainda que $k = w/v$, podemos escrever:

$$x_2 - x_1 = v(t_2 - t_1)$$

Esse resultado nos mostra que existe uma posição $x_2 > x_1$ (pois, $t_2 > t_1$) na qual o valor da função v_+ assume o mesmo valor calculado na posição x_1 e no instante t_1. Como o ponto analisado foi um ponto qualquer da curva, o mesmo procedimento pode ser aplicado para todos os pontos da mesma, de modo que a função $v_+(x, t_2)$ pode ser obtida a partir da função $v_+(x, t_1)$, pelo simples deslocamento desta, no sentido positivo de x, de um valor igual a $v(t_2 - t_1)$. Pelo exposto, verifica-se que a função $v_+(x, t)$ é a representação matemática de uma onda de tensão senoidal que se propaga no sentido $x > 0$, com velocidade:

$$v = \frac{1}{\sqrt{LC}} (m/s)$$

A distância entre duas posições consecutivas, nas quais a função $v_+(x, t)$ assume o mesmo valor no mesmo instante é denominada comprimento de onda (λ), de modo que podemos escrever:

$$wt - kx_1 + \alpha - wt + kx_2 - \alpha = 2\pi$$

ou, ainda:

$$kx_2 - kx_1 = k\lambda = 2\pi \qquad (2.21)$$

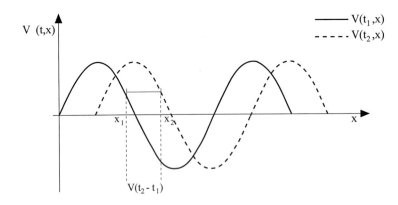

Figura 2.2: Propagação de uma onda de tensão senoidal.

2.2.2. Segunda solução da equação de onda complexa

Uma outra solução possível da equação de onda (2.8) é dada por:

$$\dot{V}_-(x) = \dot{V}_{0_-}(x) e^{jkx} \qquad (2.22)$$

Essa afirmação pode ser verificada por simples inspeção, substituindo 2.22 na equação de onda complexa (2.8). A Expressão 2.22 é a representação complexa (fasorial) de uma tensão variável senoidalmente no tempo de valor eficaz V_{0_-} e fase $(kx + \beta)$ dada por:

$$v_-(t,x) = \sqrt{2} V_{0_-} \cos\left[wt + kx + \beta\right] \qquad (2.23)$$

na qual β é tal que $\dot{V}_{0_-} = \dot{V}_{0_-} e^{j\beta}$.

Uma análise física de 2.23, de acordo com o mesmo procedimento do item anterior, mostra-nos que a função $v_-(t,x)$ é a representação matemática de uma onda de tensão que se propaga no sentido $x < 0$, com a mesma velocidade:

$$v = \frac{1}{\sqrt{LC}} (m/s)$$

Uma onda de corrente que se propaga no mesmo sentido $x < 0$ está associada a essa onda de tensão, de modo que podemos escrever:

$$\dot{I}_-(x) = \dot{I}_{0_-} e^{jkx} \qquad (2.24)$$

A relação entre $\dot{V}_-(x)$ e $\dot{I}_-(x)$ é obtida a partir da Equação 2.6 como segue:

$$\dot{I}_-(x) = -\frac{1}{jwL} \cdot \frac{\partial \dot{V}_-(x)}{\partial x} \qquad (2.25)$$

Calculando a derivada de 2.22 e substituindo-a em 2.25 obtém-se, após alguma manipulação matemática:

$$\dot{I}_-(x) = -\frac{k}{wL}\dot{V}_-(x)$$

Ou, ainda:

$$\frac{\dot{V}_-(x)}{\dot{I}_-(x)} = -\frac{wL}{k} = -\sqrt{\frac{L}{C}}$$

Lembrando que $Z_0 = \sqrt{\frac{L}{C}}$ é a impedância característica da linha, resulta:

$$\frac{\dot{V}_-(x)}{\dot{I}_-(x)} = -Z_0 \tag{2.26}$$

2.2.3. Solução geral da equação de onda complexa

Como foi apresentado no Capítulo 1, vimos que, se duas funções são solução de uma equação diferencial, então a soma dessas duas funções também é solução dessa equação diferencial, de modo que a solução geral da equação de onda complexa (2.8) é dada por:

$$\dot{V}(x) = \dot{V}_+(x) + \dot{V}_-(x) \tag{2.27}$$

ou, ainda,

$$\dot{V}(x) = \dot{V}_{0_+} e^{-jkx} + \dot{V}_{0_-} e^{jkx} \tag{2.28}$$

Aplicando-se o mesmo princípio para a equação das correntes, a função:

$$\dot{I}(x) = \dot{I}_+(x) + \dot{I}_-(x) \tag{2.29}$$

ou

$$\dot{I}(x) = \dot{I}_{0_+} e^{-jkx} + \dot{I}_{0_-} e^{jkx} \tag{2.30}$$

é a solução geral da equação de onda das correntes (2.9).

As relações 2.17 e 2.26 continuam válidas, isto é:

$$\frac{\dot{V}_+(x)}{\dot{I}_+(x)} = Z_0$$

$$\frac{\dot{V}_-(x)}{\dot{I}_-(x)} = -Z_0$$

Note que $\dot{V}_+(x)$ e $\dot{I}_+(x)$ são grandezas senoidais em fase no tempo, pois a relação entre elas é um número real positivo, ao passo que $\dot{V}_-(x)$ e $\dot{I}_-(x)$ são grandezas senoidais em oposição de fase no tempo, pois a relação entre elas é um número real negativo.

2.3. Aplicação a um sistema de transmissão

2.3.1. Tensão e corrente em um ponto qualquer da linha

A Figura 2.3 mostra um gerador de tensão alternada senoidal de f.e.m. $\dot{E}$ e impedância interna $\dot{Z}_G$. O referido gerador alimenta uma carga de impedância $\dot{Z}_L$, através de uma linha de transmissão de comprimento l, velocidade de propagação v e impedância característica Z_0.

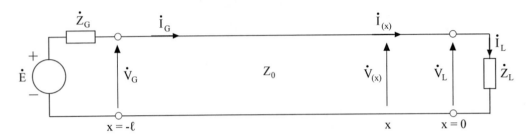

Figura 2.3: Linha de transmissão.

Por conveniência, a referência de posição $x = 0$ está na carga, de modo que nos terminais do gerador temos $x = -l$. A tensão e a corrente em um ponto qualquer da linha são dadas, respectivamente, por:

$$\dot{V}(x) = \dot{V}_{0_+} e^{-jkx} + \dot{V}_{0_-} e^{jkx} \tag{2.31}$$

$$\dot{I}(x) = \frac{\dot{V}_{0_+} e^{-jkx}}{Z_0} - \frac{\dot{V}_{0_-} e^{jkx}}{Z_0} \tag{2.32}$$

As constantes de integração $\dot{V}_{0_+}$ e $\dot{V}_{0_-}$ são obtidas a partir das condições de contorno do problema. Essas condições de contorno referem-se ao conhecimento da tensão ou da corrente em algum ponto da linha, como veremos a seguir.

Como exemplo, na carga $x = 0$, temos: $\dot{V}(x=0) = \dot{V}_L$ e $\dot{I}(x=0) = \dot{I}_L$, de modo que de 2.31 e 2.32 obtém-se:

$$\dot{V}_L = \dot{V}_{0_+} + \dot{V}_{0_-} \tag{2.33}$$

$$\dot{I}_L = \frac{\dot{V}_{0_+}}{Z_0} - \frac{\dot{V}_{0_-}}{Z_0} \tag{2.34}$$

das quais obtemos os seguintes coeficientes:

$$\text{Coeficientes de transmissão na carga: } \dot{\sigma} = \frac{\dot{V}_L}{\dot{V}_{0_+}} = \frac{2\dot{Z}_L}{Z_0 + \dot{Z}_L} \tag{2.35}$$

$$\text{Coeficientes de reflexão na carga: } \dot{\Gamma} = \frac{\dot{V}_{0_-}}{\dot{V}_{0_+}} = \frac{\dot{Z}_L - Z_0}{Z_0 + \dot{Z}_L} \tag{2.36}$$

Reescrevendo as Equações 2.31 e 2.32, e colocando o termo $\dot{V}_{0_+} e^{-jkx}$ em evidência, resulta:

$$\dot{V}(x) = \dot{V}_{0_+} e^{-jkx} \left[1 + \frac{\dot{V}_{0_-} e^{-jkx}}{\dot{V}_{0_+} e^{-jkx}} \right]$$

$$\dot{I}(x) = \frac{\dot{V}_{0_+}}{Z_0} e^{-jkx} \left[1 - \frac{\dot{V}_{0_-} e^{jkx}}{\dot{V}_{0_+} e^{-jkx}} \right]$$

Aplicando a relação 2.36, resulta:

$$\dot{V}(x) = \dot{V}_{0_+} e^{-jkx} \left[1 + \dot{\Gamma} e^{2jkx} \right] \quad (2.37)$$

$$\dot{I}(x) = \frac{\dot{V}_{0_+}}{Z_0} e^{-jkx} \left[1 - \dot{\Gamma} \, e^{2jkx} \right] \quad (2.38)$$

Define-se **coeficiente de reflexão generalizado** o termo:

$$\dot{\Gamma}(x) = \dot{\Gamma} e^{2jkx} \quad (2.39)$$

de modo que a tensão e a corrente em um ponto qualquer da linha podem ser escritas como segue:

$$\dot{V}(x) = \dot{V}_{0_+} e^{-jkx} \left[1 + \dot{\Gamma}(x) \right] \quad (2.40)$$

$$\dot{I}(x) = \frac{\dot{V}_{0_+}}{Z_0} e^{-jkx} \left[1 - \dot{\Gamma}(x) \right] \quad (2.41)$$

2.3.2. Impedância em um ponto qualquer da linha

A impedância resultante em um ponto qualquer da linha é dada pela relação:

$$\dot{Z}(x) = \frac{\dot{V}(x)}{\dot{I}(x)} = Z_0 \frac{1 + \dot{\Gamma}(x)}{1 - \dot{\Gamma}(x)} \quad (2.42)$$

A Figura 2.4 esclarece o conceito de impedância em um ponto qualquer da linha, a qual representa a impedância equivalente da linha à direita do ponto x, incluindo a impedância da carga Z_L.

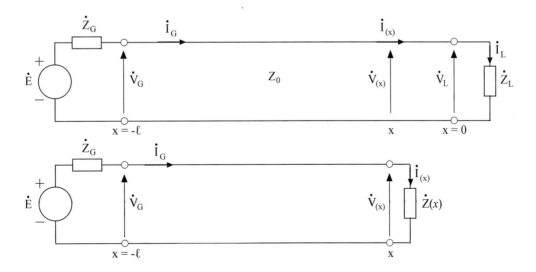

Figura 2.4: Impedância em um ponto qualquer da linha.

Do valor de $Z(x)$, quando calculado em $x = 0$, resultará, necessariamente, a impedância na carga Z_L, pois:

$$\dot{Z}(x=0) = Z_0 \frac{1+\dot{\Gamma}}{1-\dot{\Gamma}} \tag{2.43}$$

Lembrando que $\dot{\Gamma} = \dfrac{V_{0_-}}{V_{0_+}} = \dfrac{Z_L - Z_0}{Z_0 + Z_L}$, resulta $\dot{Z}(x = 0) = \dot{Z}_L$, como havíamos afirmado anteriormente.

2.3.3. Potência ativa e reativa em um ponto qualquer da linha

A potência aparente em um ponto qualquer da linha é dada por:

$$\dot{S}(x) = \dot{V}(x) \cdot \dot{I}(x)^* \tag{2.44}$$

Na qual $\dot{I}(x)^*$ denota o complexo conjugado de $\dot{I}(x)$.

Substituindo $V(x)$ e $I(x)$ pelos seus valores em 2.44, obtemos, após alguma manipulação matemática:

$$S(x) = \frac{1}{Z_0} \left[V_{0+}^2 - V_{0-}^2 \right] + j \frac{2 V_{0_+} V_{0_-}}{Z_0} \operatorname{sen}\left[2kx + \beta - \alpha \right] \tag{2.45}$$

Uma análise cuidadosa da expressão anterior mostra que $\dot{S}(x)$ é composta de duas parcelas: a primeira, correspondente à parte real de 2.45, é a potência ativa, dada por:

$$P(x) = \frac{1}{Z_0} \left[V_{0+}^2 - V_{0-}^2 \right] \tag{2.46}$$

A potência reativa é a parte imaginária de 2.45, isto é:

$$Q(x) = \frac{2 V_{0_+} V_{0_-}}{Z_0} \operatorname{sen}\left[2kx + \beta - \alpha \right] \tag{2.47}$$

na qual α e β são as fases de $\dot{V}_{0+}$ e $\dot{V}_{0-}$, respectivamente.

A potência ativa $P(x)$ independe de x, visto que a linha de transmissão é sem perdas. Dessa forma, a potência ativa que sai do gerador é a mesma que chega na carga, não havendo perdas na linha; em outras palavras, o rendimento da linha de transmissão sem perdas é 100%.

Quanto à potência reativa $Q(x)$, a dependência de x é devida aos efeitos capacitivos e indutivos da linha. Como essa variação é dependente senoidalmente de x, a potência reativa pode assumir valores positivos (potência reativa indutiva) e negativos (potência reativa capacitiva) dependentes da posição. Nessa expressão já está inclusa a potência reativa da carga.

2.3.4. Linha de transmissão em curto-circuito

A Figura 2.5 mostra uma linha de transmissão de comprimento l e impedância característica Z_0 em curto-circuito, excitada por uma fonte de tensão de corrente alternada ideal de f.e.m. E.

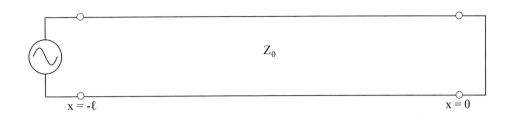

Figura 2.5: Linha de transmissão em curto-circuito.

A ideia que temos de uma linha em curto-circuito, proveniente dos conceitos dos circuitos elétricos, é a de que o gerador "enxerga" uma impedância nula em seus terminais. Neste item é destacada a influência do comprimento da linha na resposta à excitação do gerador, principalmente quanto à sua natureza indutiva ou capacitiva.

No caso da linha em curto-circuito $\dot{Z}_L = 0$ resulta $\dot{\Gamma} = -1$. Substituindo esse valor em 2.37 e 2.38, obtém-se:

$$\dot{V}(x) = \dot{V}_{0_+}\left[1 - e^{2jkx}\right] \tag{2.48}$$

$$\dot{I}(x) = \frac{\dot{V}_{0_+}}{Z_0} e^{-jkx}\left[1 + e^{2jkx}\right] \tag{2.49}$$

ou, ainda:

$$\dot{V}(x) = \dot{V}_{0_+}\left[e^{-jkx} - e^{jkx}\right] \tag{2.50}$$

$$\dot{I}(x) = \frac{\dot{V}_{0_+}}{Z_0}\left[e^{-jkx} + e^{jkx}\right] \tag{2.51}$$

Note que, na carga onde $\dot{Z}_L = 0$, resulta:

$$\dot{V}(x=0) = \dot{V}_L = 0$$

e

$$\dot{I}(x=0) = \dot{I}_L = \frac{2V_{0_+}}{Z_0}$$

Aplicando a identidade de Euler em 2.50 e 2.51, na qual:

$$e^{j\alpha} = \cos\alpha + j\,\text{sen}\,\alpha \tag{2.52}$$

$$e^{-j\alpha} = \cos\alpha - j\,\text{sen}\,\alpha \tag{2.53}$$

resulta:

$$e^{-jkx} - e^{jkx} = -2j\,\text{sen}\,kx \tag{2.54}$$

$$e^{jkx} + e^{-jkx} = 2\cos kx \tag{2.55}$$

de modo que podemos escrever:

$$\dot{V}(x) = -2jV_{0_+} \operatorname{sen} kx \tag{2.56}$$

$$\dot{I}(x) = \frac{2V_{0_+}}{Z_0} \cos kx \tag{2.57}$$

Adotando $\dot{V}_{0_+} = V_{0_+} \underline{/0^0}$, as expressões anteriores podem ser escritas no domínio do tempo como seguem:

$$v(x,t) = \sqrt{2}V_{0_+} \operatorname{sen} kx \cdot \operatorname{sen} wt \tag{2.58}$$

$$i(x,t) = \sqrt{2}\frac{V_{0_+}}{Z_0} \cos kx \cdot \cos wt \tag{2.59}$$

A Figura 2.6 representa graficamente as funções $v(x, t)$ e $i(x, t)$ em função da posição x parametrizada em determinados instantes de tempo. É importante notar que, em determinadas posições, tanto a tensão quanto a corrente são nulas em qualquer instante. Funções que satisfazem essas condições são ditas ondas estacionárias, e os pontos, denominados nós da função, são tais que a tensão e a corrente satisfaçam, respectivamente, as equações:

$$\cos kx = 0 \tag{2.60}$$

$$\operatorname{sen} kx = 0 \tag{2.61}$$

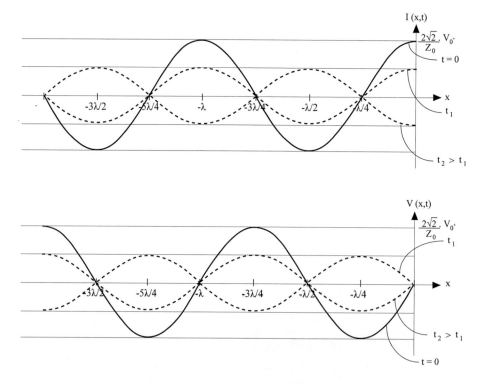

Figura 2.6: Ondas estacionárias de tensão e corrente.

No caso da tensão, na qual 2.61 deve ser satisfeita, os nós da função $v(x, t)$ são tais que:
$$kx = n\pi$$

ou, ainda,

$$x = n\pi / k = -n\lambda / 2 (n = 1,2,3..) \tag{2.62}$$

Para a corrente, na qual 2.60 deve ser satisfeita, os nós da função $i(x, t)$ são dados por:
$$kx = -(2n+1)\frac{\pi}{2}$$

ou, ainda,

$$x = -(2n+1)\lambda / 4 (n = 1,2,3..) \tag{2.63}$$

A impedância em um ponto qualquer da linha é obtida pela relação $\dot{Z}(x) = \frac{\dot{V}(x)}{\dot{I}(x)}$, resultando:

$$\dot{Z}(x) = -jZ_0 tg kx \tag{2.64}$$

De modo que a impedância de entrada de linha, isto é, a importância "vista" pelo gerador é tal que:
$$\dot{Z}_{entr} = \dot{Z}(x-l)$$

ou, ainda:

$$\dot{Z}_{entr} = jZ_0 tg(kl) \tag{2.65}$$

Identifica-se, a partir de 2.65, que a impedância de entrada de uma linha de transmissão em curto-circuito de comprimento l é puramente reativa. A natureza indutiva ou capacitiva está vinculada ao comprimento da linha, de modo que se o termo $Z_0 tg(kl)$ for positivo, isto é, $Z_0 tg(kl) > 0$, trata-se de uma reatância indutiva, e no caso de $Z_0 tg(kl) < 0$ trata-se de uma reatância capacitiva.

A Figura 2.7 mostra o comportamento do termo $Z_0 tg(kl)$ em função do comprimento da linha parametrizada em termos do comprimento de onda (lembre-se de que $\lambda = 2\pi/k$). Assim, para linhas curtas com comprimento menor que $\lambda/4$, resulta uma reatância indutiva, pois a linha de transmissão se assemelha a uma espira, ao passo que, com o aumento do comprimento, o efeito capacitivo se apresenta e supera o efeito indutivo, dando uma característica capacitiva à linha de transmissão.

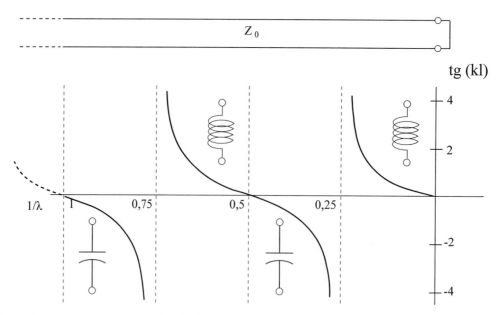

Figura 2.7: Impedância normalizada de entrada de uma LT em curto-circuito. O termo $Z_0 tg(kl)$ é representado em função do comprimento elétrico (l/λ) da linha.

Note que uma linha de transmissão em curto-circuito de comprimento exatamente igual a números ímpares de $\lambda/4$ apresenta uma impedância de entrada infinita, isto é, comporta-se para o gerador como um circuito aberto.

Essa propriedade facilita muito a manipulação de circuitos de micro-ondas ou frequências maiores, pois trechos de linha de transmissão em curto-circuito podem ser utilizados como indutores e capacitores para a confecção de filtros de alta frequência.

Quanto à potência transmitida pela linha de transmissão em curto-circuito, verifica-se que, sendo $\dot{\Gamma} = -1$, resulta $V_{0+} = -V_{0-}$. Assim sendo, obtém-se:

$$P(x) = 0 \tag{2.66}$$

$$Q(x) = -2\frac{V_{0+}^2}{Z_0}\operatorname{sen} 2kx \tag{2.67}$$

O fato de a potência ativa ser nula é evidente, visto que a carga é um curto-circuito, restando apenas uma transmissão de potência reativa diferente de zero, cuja natureza (indutiva ou capacitiva) depende do comprimento da linha, como discutido.

2.3.5. Linha de transmissão em circuito aberto

A Figura 2.8 mostra uma linha de transmissão de comprimento l e impedância característica Z_0 em aberto, excitada por uma fonte de tensão de corrente alternada ideal de f.e.m. E.

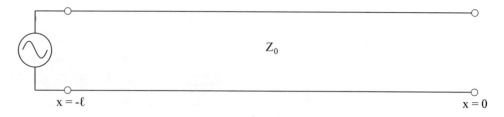

Figura 2.8: Linha de transmissão em aberto.

No caso da linha em aberto ($Z_L \to \infty$), resulta $\dot{\Gamma} = 1$. Substituindo esse valor em 2.37 e 2.38 obtém-se:

$$\dot{V}(x) = \dot{V}_{0_+} e^{-jkx}\left[1 + e^{2jkx}\right] \tag{2.68}$$

$$\dot{I}(x) = \frac{\dot{V}_{0_+}}{Z_0} e^{-jkx}\left[1 - e^{2jkx}\right] \tag{2.69}$$

ou, ainda:

$$\dot{V}(x) = \dot{V}_{0_+}\left[e^{-jkx} + e^{jkx}\right] \tag{2.70}$$

$$\dot{I}(x) = \frac{\dot{V}_{0_+}}{Z_0}\left[e^{-jkx} - e^{jkx}\right] \tag{2.71}$$

Observe que, na carga onde $\dot{Z}_L \to \infty$, resulta:

$$\dot{V}(x=0) = \dot{V}_L = 2\dot{V}_{0_+}$$

e

$$\dot{I}(x=0) = \dot{I}_L = 0$$

Aplicando a identidade de Euler (2.54 e 2.55) em 2.70 e 2.71, resultam:

$$\dot{V}(x) = 2\dot{V}_{0_+} \cos kx \tag{2.72}$$

$$\dot{I}(x) = -2j\frac{\dot{V}_{0_+}}{Z_0}\mathrm{sen}\,kx = 2\frac{\dot{V}_{0_+}}{Z_0}\mathrm{sen}\,kx\underline{/-90^0} \tag{2.73}$$

Adotando-se $\dot{V}_{0_+} = V_{0_+}\underline{/0^0}$, as expressões anteriores podem ser escritas no domínio do tempo como seguem:

$$v(x,t) = \sqrt{2}V_{0_+} \cos kx \cdot \cos wt \tag{2.74}$$

$$i(x,t) = \sqrt{2}\frac{V_{0_+}}{Z_0}\mathrm{sen}\,kx \cdot \cos wt \tag{2.75}$$

Observa-se, portanto, que a tensão e a corrente são ondas estacionárias, semelhantes àquelas encontradas no caso da linha de transmissão em curto-circuito, ocorrendo apenas uma alteração nos nós da referida onda estacionária.

A impedância em um ponto qualquer da linha é obtida pela relação $\dot{Z}(x) = \dfrac{\dot{V}(x)}{\dot{I}(x)}$, resultando:

$$\dot{Z}(x) = jZ_0 \cot gkx \tag{2.76}$$

De modo que a impedância de entrada de linha, isto é, a impedância "vista" pelo gerador é tal que:

$$\dot{Z}_{entr} = jZ_0 \cot g(kl) \tag{2.77}$$

Identifica-se, a partir de 2.77, que a impedância de entrada de uma linha de transmissão em aberto de comprimento l também é puramente reativa. A natureza indutiva ou capacitiva está vinculada ao comprimento da linha, de modo que se o termo $Z_0 \cot g(kl)$ for positivo, isto é, $Z_0 \cot g(kl) > 0$, trata-se de uma reatância capacitiva, e no caso de $Z_0 \cot g(kl) < 0$, trata-se de uma reatância indutiva.

A Figura 2.9 mostra o comportamento do termo $Z_0 \cot g(kl)$ em função do comprimento da linha parametrizado em termos do comprimento de onda. Assim, para linhas curtas com comprimento menor que $\lambda/4$, resulta uma reatância capacitiva, pois a linha de transmissão se assemelha a um capacitor, ao passo que, com o aumento do comprimento, o efeito indutivo se apresenta e supera o efeito capacitivo, dando uma característica indutiva à linha de transmissão.

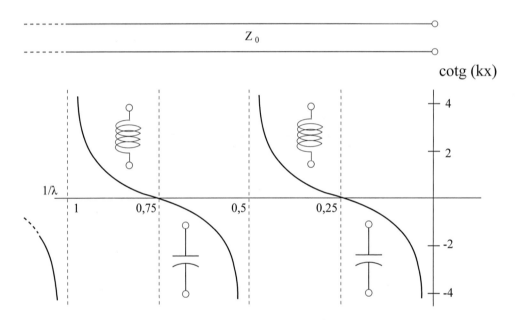

Figura 2.9: Impedância normalizada de entrada de uma LT em aberto.
O termo $Z_0 \cot g(kl)$ é representado em função do comprimento elétrico da linha.

Note que uma linha de transmissão em aberto de comprimento exatamente igual a números ímpares de $\lambda/4$ apresenta uma impedância de entrada nula, isto é, comporta-se para o gerador como um curto-circuito.

Quanto à potência transmitida pela linha de transmissão em aberto, verifica-se que, sendo $\Gamma = 1$, resulta: $V_{0_+} = V_{0_-}$. Assim sendo, obtém-se:

$$P(x) = 0 \tag{2.78}$$

$$Q(x) = 2\frac{V_{0_+}}{Z_0} \operatorname{sen} 2kx \tag{2.79}$$

O fato de a potência ativa ser nula é evidente, visto que não existe uma carga nos terminais, restando apenas uma transmissão de potência reativa diferente de zero, cuja natureza (indutiva ou capacitiva) depende do comprimento da linha, a exemplo do que ocorreu no caso da linha em curto-circuito.

2.3.6. Terminação por impedância qualquer — diagrama de pedal

A Figura 2.10 mostra um gerador de corrente alternada de frequência f alimentando uma carga de impedância $\dot{Z}_L$ através de uma linha de transmissão de comprimento l, impedância característica Z_0 e velocidade de propagação v.

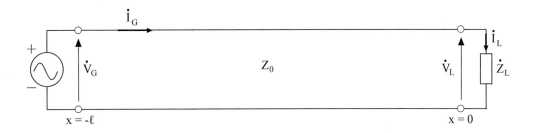

Figura 2.10: Linha de transmissão terminada por impedância qualquer.

A informação de maior interesse na linha de transmissão é a determinação do comportamento do valor eficaz da tensão, como também do valor eficaz da corrente em um ponto qualquer da linha. Essa análise é efetuada com o auxílio das Expressões 2.40 e 2.41, de modo que em um ponto qualquer da linha de transmissão tem-se:

$$\dot{V}(x) = \dot{V}_{0_+} e^{-jkx} \left[1 + \dot{\Gamma}(x)\right] \tag{2.80}$$

$$\dot{I}(x) = \frac{\dot{V}_{0_+}}{Z_0} e^{-jkx} \left[1 - \dot{\Gamma}(x)\right] \tag{2.81}$$

$$\dot{\Gamma}(x) = \Gamma e^{2jkx} \tag{2.82}$$

Para determinar os valores eficazes da tensão e da corrente em um ponto qualquer da linha de transmissão, devemos extrair os módulos de $\dot{V}(x)$ e $\dot{I}(x)$. Antes, porém, devemos lembrar que o módulo do produto de números complexos é igual ao produto dos módulos desses números, isto é:

$$|A \cdot B| = |A| \cdot |B|$$

$$|A + B| \neq |A| + |B|$$

Assim sendo, os valores eficazes de $\dot{V}(x)$ e $\dot{I}(x)$ serão dados por:

$$\left|\dot{V}(x)\right| = \left|\dot{V}_{0+}\right| \cdot \left|e^{-jkx}\right| \cdot \left|1 + \dot{\Gamma}(x)\right| \tag{2.83}$$

$$\left|\dot{I}(x)\right| = \left|\frac{\dot{V}_{0+}}{Z_0}\right| \left|e^{-jkx}\right| \cdot \left|1 - \dot{\Gamma}(x)\right| \tag{2.84}$$

Lembrando que $\left|e^{-jkx}\right| = 1$ e fazendo $V(x) = |\dot{V}(x)|$ e $I(x) = |\dot{I}(x)|$, resulta:

$$V(x) = V_{0_+} \left|1 + \dot{\Gamma}(x)\right| \tag{2.85}$$

$$I(x) = \frac{V_{0_+}}{Z_0}\left|1 - \dot{\Gamma}(x)\right| \tag{2.86}$$

Nas expressões anteriores, V_{0+} e Z_0 são constantes reais, de modo que os comportamentos de $V(x)$ e $I(x)$ são ditados pelos comportamentos dos módulos de $|1 + \dot{\Gamma}(x)|$ e $|1 - \dot{\Gamma}(x)|$, respectivamente.

O procedimento mais simples e expedito para essa avaliação consiste em resolver o problema graficamente, lembrando que:

$$\dot{\Gamma}(x) = \dot{\Gamma} e^{2jkx} \tag{2.87}$$

ou, na forma polar:

$$\dot{\Gamma}(x) = \Gamma\underline{|\emptyset + 2kx} \tag{2.88}$$

pois:

$$\dot{\Gamma} = \frac{\dot{Z}_L - \dot{Z}_0}{\dot{Z}_L + Z_0} = \Gamma = \underline{|\emptyset} \tag{2.89}$$

A representação gráfica do número complexo $\dot{\Gamma}(x)$ é dada pela Figura 2.11.

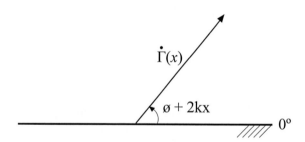

Figura 2.11: Representação gráfica de $\dot{\Gamma}(x)$.

A Figura 2.12 mostra a representação gráfica do número complexo $1 + \dot{\Gamma}(x)$, de modo que o segmento m ali indicado, é tal que:

$$m = |1 + \dot{\Gamma}(x)|$$

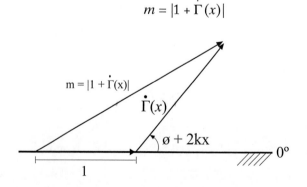

Figura 2.12: Representação gráfica de $|1 + \Gamma(x)|$.

Note que, sendo sempre $-1 < \Gamma < 1$, a forma mais fácil de construção dessa figura consiste em adotar um comprimento de referência para a unidade (p. ex., 1 = 10 cm) resultando para Γ um comprimento compreendido entre 0 e 10 cm.

Da mesma forma, a representação de $-\dot\Gamma(x)$ é dada pelo oposto de $\dot\Gamma(x)$, como mostrado na Figura 2.13, ao passo que na Figura 2.14 o segmento n é proporcional a $|1 - \dot\Gamma(x)|$.

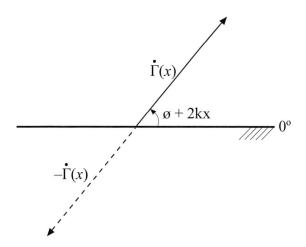

Figura 2.13: Representação gráfica de $-\dot\Gamma(x)$.

A Figura 2.14 mostra simultaneamente os segmentos m e n, que são proporcionais aos módulos de $|1 + \dot\Gamma(x)|$ e $|1 - \dot\Gamma(x)|$, respectivamente, em uma posição x qualquer da linha. Caminhando ao longo da linha, por exemplo no sentido da carga para o gerador, os pontos A e B daquela figura descreverão um círculo de raio Γ no sentido horário, pois x decresce à medida que caminhamos em direção ao gerador.

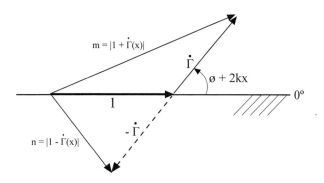

Figura 2.14: Representação de $|1 - \dot\Gamma(x)|$.

Esse processo gráfico para a determinação de $V(x)$ e $I(x)$ é denominado diagrama de pedal, e é muito útil na solução de problemas de linhas de transmissão de corrente alternada.

Na carga na qual $x = 0$, o ângulo de $\dot\Gamma$ com a referência é ϕ, pois $\dot\Gamma = \Gamma\underline{/\phi}$, de modo que os segmentos m_C e n_C são proporcionais a $|1 + \dot\Gamma|$ e $|1 - \dot\Gamma|$, respectivamente, como mostra a Figura 2.15.

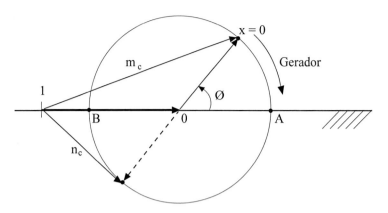

Figura 2.15: Linha de transmissão — diagrama de pedal.

Caminhando em direção ao gerador, no sentido horário do círculo, os segmentos m e n variam de tamanho, e essa variação é proporcional à variação da tensão e da corrente ao longo da linha, respectivamente.

Assim, em qualquer posição da linha podemos escrever:

$$V(x) = V_{0_+} m \tag{2.90}$$

$$I(x) = \frac{V_{0_+}}{Z_0} n \tag{2.91}$$

Os valores máximos de m e n são encontrados (não simultaneamente) nas posições x correspondentes ao ponto A indicado na Figura 2.15, ao passo que os valores mínimos de m e n são encontrados nas posições x correspondentes ao ponto B da mesma figura, isto é:

$$m_{MAX} = n_{MAX} = 1 + \Gamma$$

$$m_{MIN} = n_{MIN} = 1 - \Gamma$$

A Figura 2.16 mostra o comportamento dos valores eficazes da tensão e da corrente ao longo da linha, evidenciando as diferenças das posições onde ocorrem os valores máximos e mínimos da tensão e da corrente.

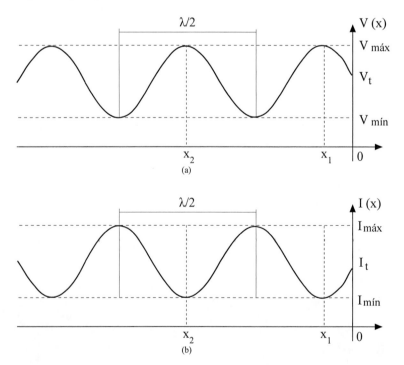

Figura 2.16: Comportamento da tensão e da corrente na linha de transmissão.

Não é difícil deduzirmos que duas posições de máximos (ou mínimos, ou posições equivalentes) correspondem a uma distância de meio comprimento de onda ($\lambda/2$), pois a diferença angular no diagrama de pedal, devido a essas duas posições, é 2π, assim:

$$2kx_2 + \phi - (2kx_1 + \phi) = 2\pi$$

que resulta:

$$x_2 - x_1 = \frac{\pi}{k}$$

Lembrando que $\lambda = \frac{2\pi}{k}$, obtemos finalmente:

$$x_2 = x_1 = \frac{\lambda}{2}$$

Define-se a taxa de onda estacionária (TOE) como a relação:

$$TOE = \frac{V_{MAX}}{V_{MIN}}$$

$$TOE = \frac{1+\Gamma}{1-\Gamma} \tag{2.92}$$

Uma análise física do fenômeno mostra-nos que a tensão em um dado ponto da linha de transmissão é variável senoidalmente no tempo, com um valor eficaz nesse ponto dado por $V(x) = V_{0+}m$, isto é, a Figura 2.16a descreve a envoltória das cristas das ondas de tensão, e a Figura 2.16b, a envoltória das cristas das ondas de corrente.

■ **Exercício Resolvido 1**

Uma linha de transmissão de energia de 350 km de comprimento é submetida a uma excitação senoidal de frequência 1 kHz, oriunda de equipamento retificador de uma grande indústria. No final dessa linha está conectada uma impedância capacitiva $Z_L = 150 - j200$ Ω. O valor eficaz da tensão de excitação é de 100 V nos terminais do gerador de ruído, como é mostrado na Figura 2.17. A impedância característica da linha, para efeito deste exercício, é de 400 Ω, e a velocidade de propagação é igual à da luz, isto é, $v = c = 3{,}10^8$ m/s. Para essa linha determine:

a: a tensão e a corrente na carga;
b: a corrente fornecida pelo gerador;
c: o valor máximo da tensão na linha de transmissão;
d: os pontos da linha nos quais a tensão é máxima;
e: a taxa de onda estacionária (TOE).

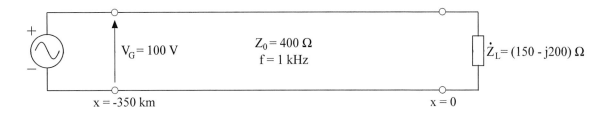

Figura 2.17: Exercício Resolvido 1.

Solução

Cálculo dos principais parâmetros:

$$\dot{\Gamma} = \frac{\dot{Z}_L - Z_0}{\dot{Z}_L + Z_0} = \frac{150 - j200 - 400}{150 - j200 + 400}$$

que resulta:

$$\dot{\Gamma} = 0{,}55\underline{/-121^\circ}$$

Então:

$$\Gamma = 0{,}55$$

e

$$\phi = -121^\circ$$

Comprimento de onda (λ):

$$\lambda = \frac{v}{f} = \frac{3.10^8}{10^3} = 3.10^5 \, m \ (300km)$$

Comprimento elétrico da linha:

$$L = \frac{l}{\lambda} = \frac{350}{300} = 1\tfrac{1}{6}\lambda$$

O procedimento para a construção do diagrama de pedal é visto na Figura 2.18.

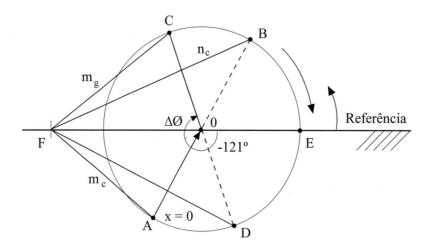

Figura 2.18: Diagrama de pedal.

1. Adotou-se uma escala para o traçado, tal que a unidade foi representada por um segmento de 10 cm.
2. Traçou-se a circunferência com centro em O de raio $\Gamma = 0{,}55$, correspondente a 5,5 cm.
3. Determinou-se o ponto A da circunferência, situado a –121° da referência. Esse ponto corresponde à posição $x = 0$ (carga) no diagrama de pedal.
4. A distância do ponto A ao ponto F do diagrama fornece o valor de m_C, e a distância do ponto B, obtido por espelhamento de A, fornece o valor de n_C, resultando:
   $m_C = 0{,}87$ (medido 8,7 cm) e $n_C = 1{,}31$ (medido 13,1 cm)

5. Da carga ao gerador tem-se a distância de 1 1/6 λ, o que no diagrama corresponde a um deslocamento angular $\Delta\theta$, que é obtido por simples proporcionalidade, lembrando que cada λ/2 corresponde a 360° no diagrama. Assim, para determinarmos o deslocamento angular a partir da carga e no sentido horário, basta determinar o deslocamento angular de λ/6, pois números inteiros de comprimentos de onda correspondem a número de voltas inteiras no diagrama. Assim, podemos escrever:

$$\Delta\theta = \frac{1/6\lambda}{1/2\lambda} \cdot 360$$

resultando

$$\Delta\theta = 120°$$

6. Uma vez conhecido o deslocamento angular da carga ao gerador, determinamos o ponto C na circunferência, correspondente à posição angular do gerador, cuja distância ao ponto F forneceu o segmento m_G. Espelhando C pelo centro da circunstância, obtivemos o ponto D, cuja distância ao ponto F forneceu o segmento n_G, resultando:

$$m_G = 0{,}88 \text{ (medido 8,8 cm) e } n_G = 1{,}35 \text{ (medido 13,5 cm)}$$

Como a tensão no gerador é conhecida (100 V), podemos determinar V_{0+} através da relação $V_G = V_{0+} m_G$, resultando:

$$V_{0+} = \frac{100}{0{,}88} = 113{,}6V$$

Após o cálculo desses parâmetros, determinamos:

a: Tensão na carga: $V_c = V_{0+} mc = 113{,}6 \cdot 0{,}87 = 99$ V;

Corrente na carga: $I_c = \frac{V_{0+}}{Z_0} n_c = \frac{113{,}6}{400} \cdot 1{,}31 = 0{,}37 A$

b: Corrente do gerador: $I_G = \frac{V_{0+}}{Z_0} n_c = \frac{113{,}6}{400} \cdot 1{,}35 = 0{,}38 A$

c: O valor máximo da tensão na linha é obtido no ponto E do diagrama, no qual $V_{MAX} = V_{0+} m_{MAX}$, obtendo-se:

$$m_{MAX} = 1{,}55 \text{ (medido 15,5 cm), resultando } V_{MAX} = 176{,}1 \text{ V}$$

d: Para determinar os pontos nos quais a tensão é máxima, devemos inicialmente determinar o deslocamento angular da carga até o primeiro ponto no qual essa tensão é máxima. Esse deslocamento angular corresponde ao ângulo medido entre o ponto A até o ponto E do diagrama, sempre no sentido horário. Nesse caso, o deslocamento angular resultante foi de 239°. Lembrando que cada λ/2 corresponde a 360°, obtemos o comprimento elétrico até o primeiro ponto de máximo através da relação, $\Delta x = \frac{239}{360} \cdot \frac{\lambda}{2} = 0{,}3\lambda$, sendo λ = 300 km; resulta, então, Δx = 99,6 km. Os demais pontos nos quais a tensão é máxima são obtidos somando-se ao anterior meios comprimentos de onda. Nesse caso, resulta apenas mais um ponto, correspondente a um deslocamento a partir da carga de Δx = 99,6 + 150 = 249,6 km.

e: Para o cálculo da taxa de onda estacionária (TOE), precisamos do valor de V_{MIN} da linha, o qual é obtido através da relação $V_{MIN} = V_{0+} m_{MIN}$. Sendo m_{MIN} = 0,45 (medido 4,5 cm), resulta V_{MIN} = 51,1 V; então:

$$TOE = \frac{V_{MAX}}{V_{MIN}} = \frac{176{,}1}{51{,}1} = 3{,}45$$

2.4. A carta de Smith

A carta de Smith é uma das mais poderosas ferramentas gráficas para análise do comportamento de linhas de transmissão excitadas por fontes de corrente alternada. Apesar de o computador ser largamente utilizado na engenharia elétrica atual, essa técnica é muito aplicada nos dias atuais na solução de pequenos problemas encontrados pelos engenheiros na prática do dia a dia da engenharia.

Esse método gráfico, apresentado pela primeira vez por P.H. Smith na revista *Electronics* de janeiro de 1939, é talvez uma das técnicas para a solução de problemas de engenharia que maior revolução tecnológica produziu, principalmente na evolução das telecomunicações. Um artigo clássico, muito interessante, que relata a importância da carta de Smith, contemplando os aspectos históricos dessa criação, pode ser encontrado na *IEEE Spectrum*, 29(8), p. 65.

2.4.1. Normalização da impedância em um ponto da linha

O ponto de partida para o entendimento da carta de Smith é a expressão da impedância em um ponto qualquer da linha de transmissão, dada pela Equação 2.42, a qual vamos repetir por conveniência:

$$\dot{z}(x) = Z_0 \frac{1 + \dot{\Gamma}(x)}{1 - \dot{\Gamma}(x)} \tag{2.93}$$

Na prática da engenharia, é comum expressarmos grandezas como uma fração de um padrão preestabelecido, pois essas frações se aplicam a todos os sistemas semelhantes, facilitando sua análise. No caso das linhas de transmissão, esse procedimento consiste em expressar a impedância em um ponto qualquer da linha como uma fração da impedância característica, isto é, definimos a grandeza $\dot{z}(x)$, denominada impedância normalizada da linha no ponto x, tal que:

$$\dot{z}(x) = \frac{\dot{Z}(x)}{Z_0} \tag{2.94}$$

A qual, diante da Expressão 2.93, pode ser escrita como segue:

$$\dot{z}(x) = \frac{1 + \dot{\Gamma}(x)}{1 - \dot{\Gamma}(x)} \tag{2.95}$$

Como $z(x)$ é um número complexo, podemos escrevê-la da seguinte forma:

$$\dot{z}(x) = r + jx \tag{2.96}$$

Onde *r* corresponde ao componente resistivo e *x* ao componente reativo da impedância normalizada, sendo que este último pode assumir valores positivos ou negativos caso seja indutivo ou capacitivo, respectivamente.

Por outro lado, o coeficiente de reflexão também é representado por um número complexo, de modo que podemos expressá-lo como:

$$\dot{\Gamma}(x) = u + jv \tag{2.97}$$

Assim, substituindo 2.96 e 2.97 em 2.95, obtém-se:

$$r + jx = \frac{1 + u + jv}{1 - u - jv} \tag{2.98}$$

Separando as partes reais e imaginárias dessa equação, resulta:

$$r = \frac{1 - (u^2 + v^2)}{(1 - u^2) - v^2} \tag{2.99}$$

$$x = \frac{2v}{(1 - u^2) + v^2} \tag{2.100}$$

Após alguma manipulação matemática, as expressões 2.99 e 2.100 se reduzem a:

$$\left(u - \frac{r}{r+1}\right)^2 + v^2 = \frac{1}{(r+1)^2} \tag{2.101}$$

$$(u - 1)^2 + \left(v - \frac{1}{x}\right)^2 = \frac{1}{x^2} \tag{2.102}$$

2.4.2 Desenhando a carta de Smith

Uma análise cuidadosa dos resultados obtidos em 2.101 e 2.102 leva-nos a concluir que, no caso de uma impedância normalizada constante, isto é, *r* e *x* constantes, o lugar geométrico do coeficiente de reflexão generalizado $\dot{\Gamma}(x)$, tal que sua parte real é *u* e sua parte imaginária e *v*, é constituído de circunferências, tais que:

1. Para *r* = constante, observa-se a partir de 2.101 que o lugar geométrico de $\dot{\Gamma}(x)$ é uma circunferência de raio $\frac{1}{r+1}$ com centro nas coordenadas $\left(\frac{r}{r+1}, 0\right)$.
2. Para *x* = constante, observa-se a partir de 2.102 que o lugar geométrico de $\dot{\Gamma}(x)$ é uma circunferência de raio $\frac{1}{x}$ com centro nas coordenadas $(1, \frac{1}{x})$.

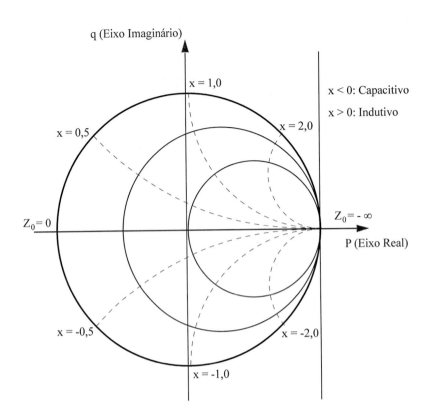

Figura 2.19: Alguns lugares geométricos da carta de Smith.

Na Figura 2.19 podemos facilmente identificar alguns lugares geométricos da carta de Smith. As circunferências em traço cheio são as circunferências de r = constante, por exemplo, a menor delas corresponde à circunferência de $r = 1$, a qual, de acordo com 2.100, tem raio 0,5 e centro em (0,5; 0); a circunferência intermediária corresponde à circunferência de $r = 0,5$, tem raio 2/3 e centro em (1/3; 0); finalmente, a circunferência exterior, limite da carta, corresponde à circunferência de $r = 0$, na qual seu raio é *unitário* e o seu centro localizado em (0,0). Na carta de Smith, estão traçadas várias circunferências, cada uma delas para uma resistência constante, abrangendo deste $r = 0$, limite exterior da carta, até $r \to \infty$, correspondente à circunferência de raio *nulo* com centro na posição (1; 0).

As circunferências com traçado hachurado correspondem às circunferências de x = constante; por exemplo, as menores delas correspondem às circunferências de $x = -2$ e $x = 2$, as quais têm raio 0,5 e centro (1; 0,5) e (1; –0,5), respectivamente; as intermediárias correspondem às circunferências de $x = 1$, $x = 0,5$ e $x = 0$. A circunferência de $x = 1$ tem raio unitário e centro (1; 1), a de $x = 0,5$, tem raio 2 e centro na posição (1; 2); finalmente, a circunferência de $x = 0$ tem raio infinito e centro (1; ∞), isto é, é a reta central da carta de Smith.

Além desses lugares geométricos, a carta de Smith fornece também uma escala graduada em graus e comprimentos de onda em sua periferia, para facilitar sua manipulação.

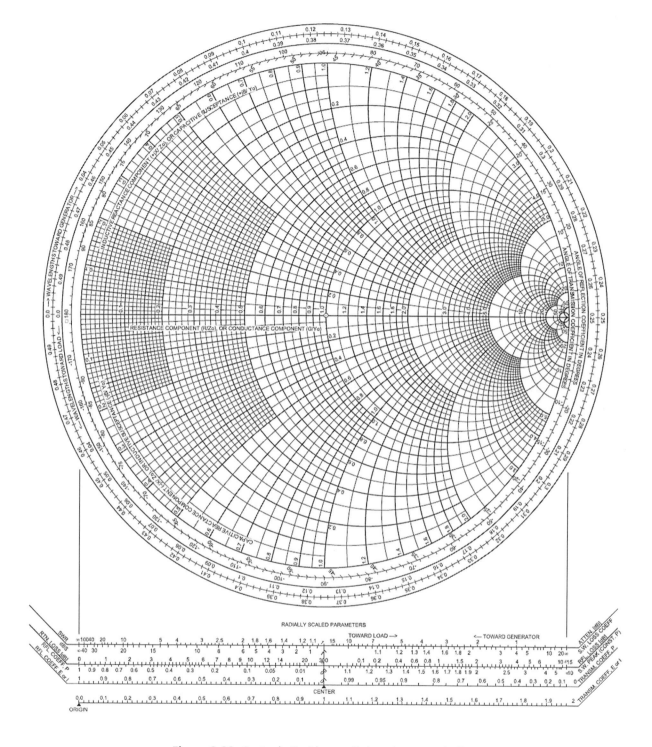

Figura 2.20: Carta de Smith para linhas de transmissão.

Exercício Resolvido 2

Localize na carta de Smith os pontos correspondentes às seguintes impedâncias:

a: $Z = 400 - j400(\Omega); Z_0 = 400(\Omega);$

b: $Z = j400(\Omega); Z_0 = 400(\Omega);$

c: $Z = 0,5 + j;$ (*normalizada*);

d: $Z = 400 - j400(\Omega); Z_0 = 50(\Omega);$

e: $Z = 0;$ (*curto-circuito*);

f: $Z \to \infty;$ (*aberto*);

g: $\Gamma = 0,5 \underline{/\,60°}$ (determine z nesse ponto);

h: $\Gamma = 1 \underline{/\,-16°}$ (determine Z sabendo que $Z_0 = 200\ \Omega$);

i: $\Gamma = 0$ (determine Z para $Z_0 = 100\ \Omega$);

j: $\Gamma = 1$ (determine z);

k: $\Gamma = -1$ (determine z);

l: $\Gamma = -j$ (determine Z para $Z_0 = 400\ \Omega$).

Solução

Os pontos estão indicados na Figura 2.21 e os valores pedidos são:

g: $Z = 1 + j1,8;$

h: $Z = -j880\ \Omega;$

i: $Z = 100\ \Omega;$

j: circuito aberto;

m: $Z = -j400\ \Omega.$

Capítulo 2 | Linhas de Transmissão em Regime Permanente Senoidal

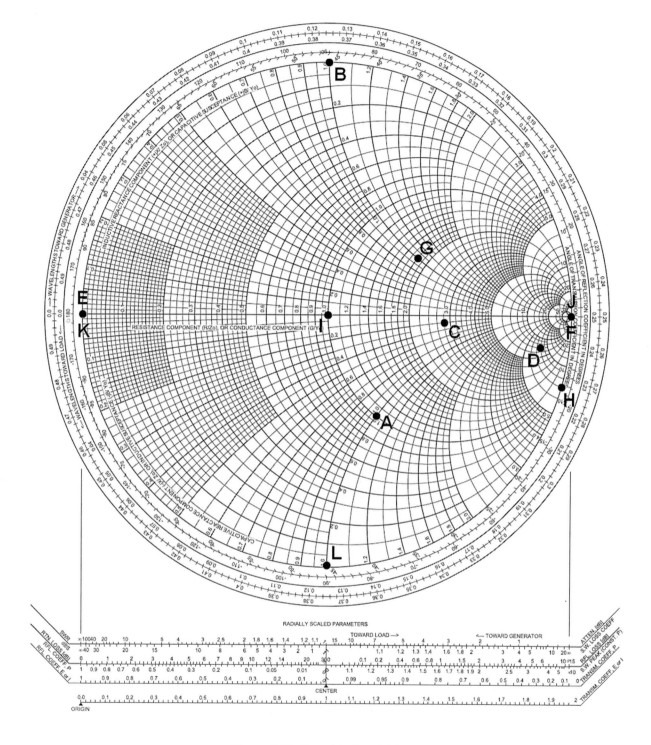

Figura 2.21: Exercício Resolvido 2.

Exercício Resolvido 3

Para a linha de transmissão de comprimento *l* e velocidade de propagação $v=c=3,10^8$ m/s da Figura 2.22, determine a impedância na entrada da linha para os seguintes casos:

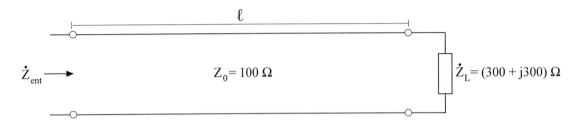

Figura 2.22: Exercício Resolvido 3.

Dado adicional: frequência da fonte = 2 MHz
- **a:** *l* = 18,75 m
- **b:** *l* = 37,5 m
- **c:** *l* = 75 m
- **d:** *l* = 100 m
- **e:** *l* = 125 m
- **f:** *l* = 318,75 m

Solução

O primeiro passo na solução do problema consiste em normalizar a impedância da carga. Assim fazendo, obtém-se:

$$\dot{z}_L = \frac{\dot{Z}_L}{Z_0} \text{ ou } \dot{z}_L = 0,5 + j0,5$$

Localizando esse ponto na carta, obtemos o ponto A da Figura 2.23.

Sendo $\lambda = v/f$, resulta: $l = 0,125\ \lambda$. O deslocamento angular corresponde ao comprimento elétrico de $0,125\ \lambda$ e é tal que:

$$\Delta\dot{\theta} = \frac{0,125\lambda}{0,5\lambda} \cdot 360 = 90°$$

Assim, a partir de A caminhamos, no círculo com centro no centro da carta de Smith, um deslocamento angular de 90° no sentido horário (da carga para o gerador), obtendo o ponto B ali indicado.

Em B devemos procurar as circunferências de *r* e *x* constantes que passam por esse ponto. Verificamos, portanto, que em B *r* = 1,9 e *x* = 1 (indutivo, pois está no hemisfério superior da carta de Smith), de modo que podemos escrever:

$$\dot{z} = 1,9 + j1$$

Lembrando que $\dot{Z} = \dot{z}Z_0$, resulta $\dot{Z} = 190 + j100\ \Omega$.

Deixamos a cargo do leitor a determinação das demais impedâncias.

Capítulo 2 | Linhas de Transmissão em Regime Permanente Senoidal

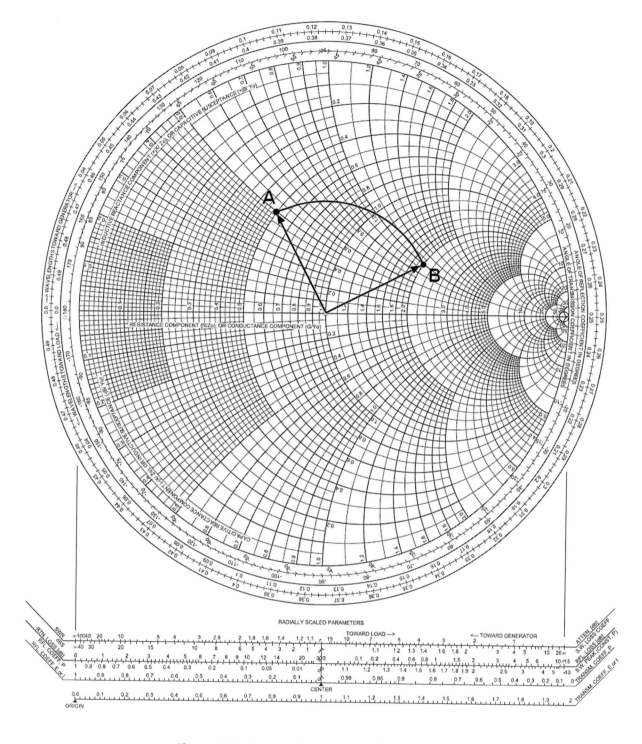

Figura 2.23: Carta de Smith do Exercício Resolvido 3.

Exercício Resolvido 4

A linha de transmissão aérea (velocidade de propagação igual à da luz) de comprimento 400 m e impedância característica 300 Ω da Figura 2.24 alimenta uma carga de impedância $Z_L = 300 + j300$ Ω. No outro extremo da linha está presente uma fonte de tensão ideal de tensão de f.e.m. 100 V e frequência 1 MHz. Para essa linha, determine:

a: a impedância "vista" pelo gerador;
b: o valor eficaz da tensão na carga;
c: o valor máximo da tensão na linha;
d: os pontos nos quais a tensão na linha é máxima.

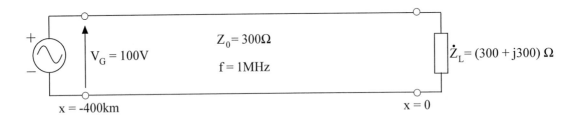

Figura 2.24: Exercício Resolvido 4.

Solução

a: A impedância normalizada, o comprimento de onda, o comprimento elétrico da linha são dados por:

$$\dot{z} = \frac{300 + j300}{300} = 1 + j1; \quad \lambda = \frac{v}{f} = \frac{3 \cdot 10^8}{1 \cdot 10^6} = 300m; \quad l = 1,333\lambda$$

A partir do ponto A, correspondente ao ponto da impedância normalizada, devemos deslocar, no sentido horário, o deslocamento angular $\Delta\theta = \frac{0,333}{0,5} \cdot 360 = 240°$, obtendo o ponto B na carta de Smith, no qual encontramos $r = 0,38$ e $x = 0,02$ (capacitivo). Portanto:

$$\dot{z}_{ENTR} = 0,38 - j0,02 \quad \text{ou} \quad \dot{Z}_{ENTR} = 114 - j6 \, \Omega.$$

b: Como o raio da carta de Smith é unitário, podemos traçar o diagrama de pedal diretamente sobre essa carta. Obtemos, portanto:
Em B, obtemos: $m_G = 0,56$. Sendo $V_{0+} m_G$, resulta $V_{0+} = \frac{100}{0,56} = 180V$.

Em A, $m_C = 1,26$, de modo que $V_L = V_{0+} m_C = 180 \cdot 1,26 = 227 \, V$.

c: Lembrando que $V_{MAX} = V_{0+} \cdot m_{MAX}$ e sendo $m_{MAX} = 1,44$, resulta $V_{MAX} = 260 \, V$.

d: O deslocamento angular do ponto A (correspondente à carga) ao primeiro ponto de máximo da tensão é $\Delta\theta = 64°$, que corresponde a um deslocamento linear de $26,7m$ $\left(\Delta x = \frac{64 \times 150}{360}\right)$. Assim sendo, os pontos nos quais ocorrem os valores máximos da tensão na linha são: 26,7 m, 176,7 m e 326,7 m.

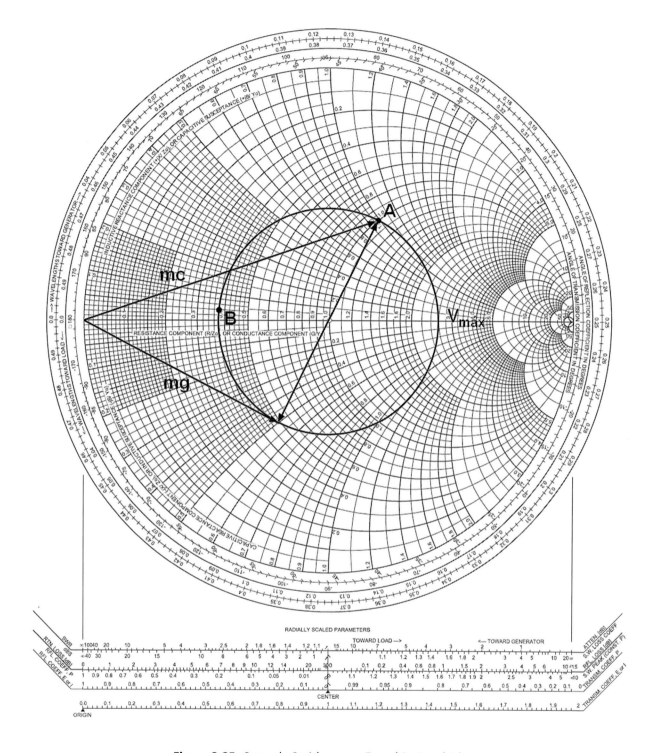

Figura 2.25: Carta de Smith para o Exercício Resolvido 4.

Exercício Resolvido 5

Uma fonte de tensão senoidal de f.e.m. 100 V e resistência interna 100 Ω alimenta uma carga de impedância $Z_L = 100 + j100\,\Omega$, através de uma linha de transmissão de impedância característica 100 Ω e comprimento $52,25\lambda$. Para essa linha, determine:

a: a impedância na entrada da linha;
b: a tensão na carga;
c: o valor máximo da tensão na linha;
d: os pontos nos quais a tensão é máxima.

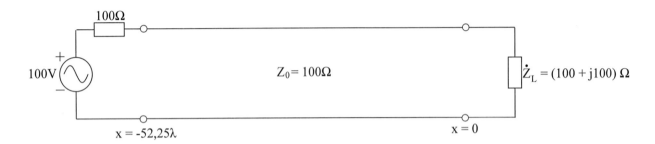

Figura 2.26: Exercício Resolvido 5.

Solução

a: A impedância normalizada da carga é dada por $\dot{z}_L = 1 + j1$, correspondente ao ponto A da carta de Smith, no qual $m_C = 1,26$. O deslocamento angular, a partir da carga, será de 180°, pois devemos considerar apenas o deslocamento linear de $0,25\lambda$, ponto B da carta de Smith. Em B obtemos: $\dot{z}_{ENTR} = 0,5 - j0,5$ ou $\dot{Z}_{ENTR} = 50 - j50\,\Omega$ e $m_G = 0,89$.

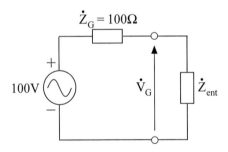

Figura 2.27: Exercício Resolvido 5.

b: A Figura 2.27 representa o circuito equivalente "visto" do gerador. A partir do circuito equivalente da figura obtemos:

$$V_G = \frac{\dot{Z}_{ENTR}}{\dot{Z}_{ENTR} + \dot{Z}_G} E = 44,7\ V$$

$$V_{0_+} = \frac{V_G}{m_G} = \frac{44,7}{0,89} = 50,2\ V$$

Na carga temos:

$$V_L = V_{0_+} \cdot m_C = 50,2 \cdot 1,26 = 63,3 V$$

c: Cálculo de V_{MAX}

Obtém-se, inicialmente, m_{MAX} na carta de Smith, resultando $m_{MAX} = 1,44$; então, $V_{MAX} = V_{0_+} \cdot m_{MAX} = 50,2 \cdot 1,44 = 72,3 V$.

d: Para se obter m_{MAX}, ponto C da carta de Smith, deve-se deslocar $\Delta\theta = 63º$, o qual corresponde a $0,09\lambda$. Portanto, os pontos nos quais a tensão na linha é máxima são tais que $x = 0,09l + n\lambda/2$ $(n = 0,1,..,104)$.

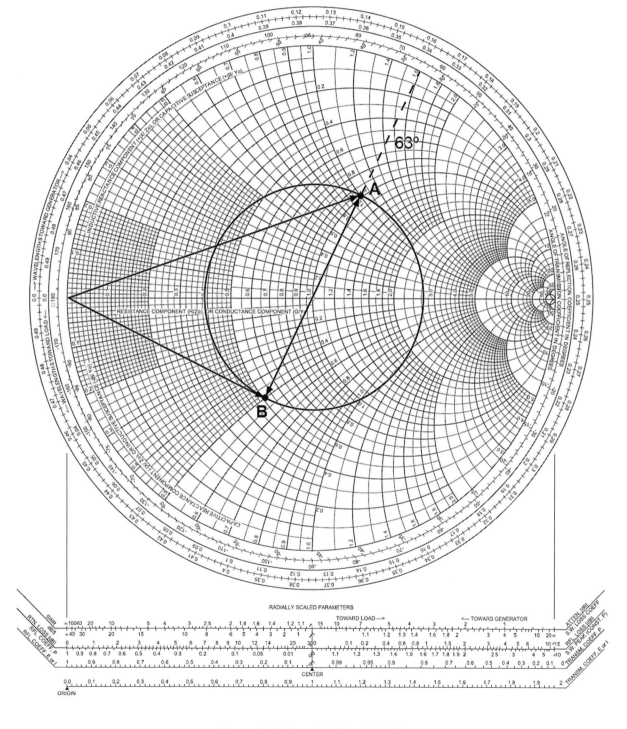

Figura 2.28: Exercício Resolvido 5.

2.4.3. Algumas propriedades adicionais da carta de Smith

1. No círculo de raio Γ, o valor máximo da impedância normalizada, a qual é obtida no cruzamento do círculo com o eixo horizontal, é numericamente igual à taxa de onda estacionária (TOE, Figura 2.29).

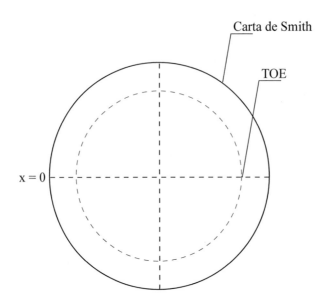

Figura 2.29: Determinação da TOE.

2. Localizada a impedância normalizada na carta de Smith, determine a admitância normalizada, caminhando 180° no circuito de raio Γ (Figura 2.30).

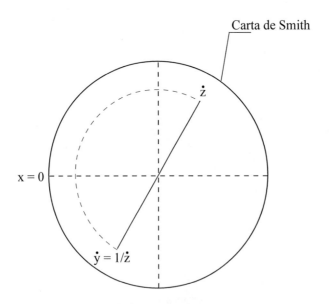

Figura 2.30: Determinação da admitância normalizada.

2.4.4. Casamento de impedância

Já discutimos o conceito de "casamento de impedâncias" no capítulo anterior, no qual foi destacado que a utilização dessa técnica implica eliminação de reflexões e, consequentemente, a redução de ruídos nas tensões na saída do gerador.

No caso da linha de transmissão em regime permanente senoidal, o casamento de impedâncias, além de impor um coeficiente de transmissão nulo, elimina ondas estacionárias, pois a TOE, nesse caso, é unitária. As reflexões também são responsáveis por dificuldades no controle da potência transmitida e promovem distorções nas informações transmitidas.

O casamento de impedâncias é desejável para um controle mais eficiente da carga, pois transmite a esta a máxima potência, muito embora a máxima eficiência requeira também o casamento das impedâncias de saída do gerador com a impedância característica da linha. Na presença de elementos sensíveis, como os amplificadores de baixo ruído, o casamento de impedâncias melhora, substancialmente, a relação sinal-ruído do sistema e, geralmente, reduz a amplitude e a fase dos erros.

Essencialmente, duas técnicas distintas para o casamento de impedâncias são utilizadas nas linhas de transmissão em regime permanente senoidal:

1. **instalação de indutor ou capacitor na linha:** nesse caso, a instalação de indutor ou capacitor em um ponto adequado ao longo da linha é tal que a impedância equivalente resultante da associação em paralelo desse elemento de circuito com a impedância refletida naquele ponto é igual à impedância característica da linha, como mostra a Figura 2.31.

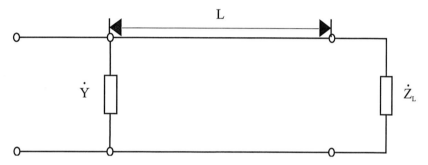

Figura 2.31: Casamento de impedâncias com elementos concentrados.

2. **instalação de uma derivação *stub* ao longo da linha:** uma derivação *stub* consiste em um trecho de linha de transmissão em curto-circuito ou em circuito aberto, que, como vimos anteriormente, podem se comportar como indutor ou capacitor, dependendo do comprimento. Esse procedimento é muito praticado nos circuitos de micro-ondas diante da impossibilidade de instalarmos elementos concentrados devido à interferência eletromagnética. A Figura 2.32 ilustra o procedimento.

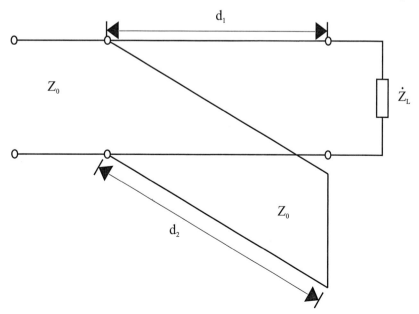

Figura 2.32: Casamento de impedâncias com derivação *stub*.

■ **Exercício Resolvido 6**

Um *stub* simples em curto-circuito é utilizado para o casamento de impedâncias da linha de transmissão da Figura 2.33. Determine os menores valores de d_1 e d_2 de modo a não haver reflexão em *aa'*.

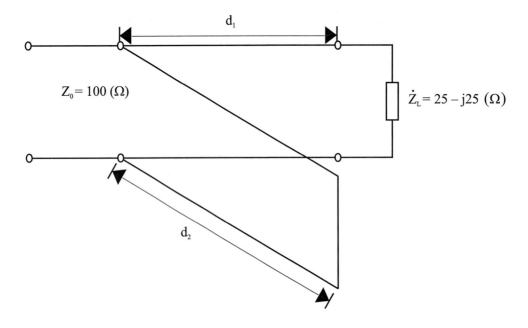

Figura 2.33: Derivação *stub* simples.

Solução

A solução do problema inicia-se pela obtenção e localização, na carta de Smith, da impedância normalizada da carga, dada por:

$$\dot{z}_L = \frac{\dot{Z}_L}{Z_0} = \frac{25 - j25}{100} = 0,25 - j0,25$$

Na carta de Smith, essa impedância está indicada pelo ponto A, e a admitância correspondente (180° após) pelo ponto B, no qual:

$$\dot{y}_L = 2 + j2$$

Caminha-se sobre a circunferência de raio Γ no sentido horário, do ponto B até o encontro da circunferência correspondente a $r = 1$. Nesse ponto (ponto C) obtém-se:

$$\dot{y}_1 = 1 - j1,6$$

O deslocamento angular de B para C foi $\Delta\theta = 82°$, correspondente a um comprimento elétrico de $d_1 = 0,11\lambda$.

Em *aa'* a impedância (como também a admitância) resultante deve ser unitária pela condição de não reflexão. Assim sendo, para que a admitância passe de seu valor $\dot{y}_1 = 1 - j1,6$ obtido em C para $\dot{y}_{aa'} = 1$, admitância do *stub* em *aa'* deve ser igual a $\dot{y}_{stub} = j1,6$.

Localiza-se então $\dot{y}_{stub}$ na carta de Smith (ponto D) e determina-se o deslocamento angular até o ponto da carta correspondente a $y \to \infty$ (ponto E), resultando:

$$\Delta\theta = 296° \text{ ou } d_2 = 0,41\lambda$$

Capítulo 2 | Linhas de Transmissão em Regime Permanente Senoidal

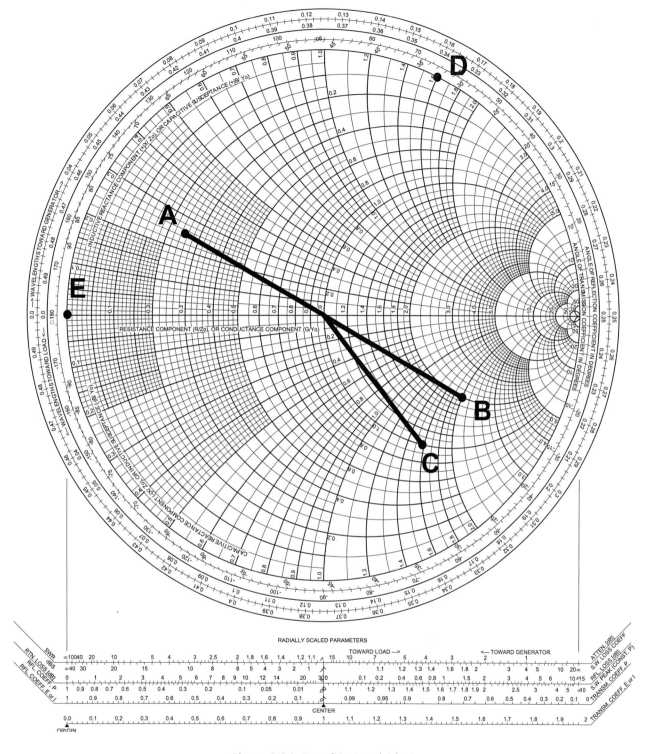

Figura 2.34: Exercício Resolvido 6.

2.4.5. As linhas de transmissão de energia

As linhas de transmissão de energia se diferenciam das linhas de transmissão de sinais pelo fato de transportarem grande quantidade de energia em baixa frequência através de circuitos trifásicos. No Brasil, a frequência utilizada, também denominada frequência industrial, é 60 Hz. Na América do Sul, o Brasil é o único país a utilizar essa frequência, sendo que os demais utilizam a frequência de 50 Hz.

Como essas linhas são aéreas, as impedâncias características são da ordem de 400 Ω para um circuito simples e 200 Ω para um circuito duplo.

115

A Figura 2.35 mostra uma fase de uma linha de transmissão de energia trifásica.

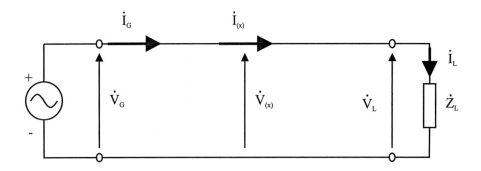

Figura 2.35: Linha de transmissão de energia.

A tensão e a corrente em um ponto qualquer da linha de transmissão são expressas por 2.31 e 2.32, as quais as reescrevemos por conveniência:

$$\dot{V}(x) = \dot{V}_{0+} e^{-jkx} + \dot{V}_{0-} e^{jkx} \tag{2.103}$$

$$\dot{I}(x) = \frac{\dot{V}_{0+}}{Z_0} e^{-jkx} - \frac{\dot{V}_{0-}}{Z_0} e^{jkx} \tag{2.104}$$

Na carga ($x = 0$) resulta:

$$\dot{V}_L = \dot{V}_{0+} + \dot{V}_{0-} \tag{2.105}$$

$$\dot{I}_L = \frac{\dot{V}_{0+}}{Z_0} - \frac{\dot{V}_{0-}}{Z_0} \tag{2.106}$$

Representando $\dot{V}_{0+}$ e $\dot{V}_{0-}$ em função de $\dot{V}_L$ e $\dot{I}_L$, obtém-se:

$$\dot{V}_{0+} = \frac{\dot{V}_L + Z_0 \dot{I}_L}{2} \tag{2.107}$$

$$\dot{V}_{0-} = \frac{\dot{V}_L - Z_0 \dot{I}_L}{2} \tag{2.108}$$

Substituindo $\dot{V}_{0+}$ e $\dot{V}_{0-}$ por seus valores em 2.103 e 2.104, resulta:

$$\dot{V}(x) = \frac{\dot{V}_L + Z_0 \dot{I}_L}{2} e^{-jkx} + \frac{\dot{V}_L - Z_0 \dot{V}_L}{2} e^{jkx} \tag{2.109}$$

$$\dot{I}(x) = \frac{\dot{V}_L + Z_0 \dot{I}_L}{2 Z_0} e^{-jkx} - \frac{\dot{V}_L - Z_0 \dot{V}_L}{2 Z_0} e^{jkx} \tag{2.110}$$

No gerador ($x = -l$), podemos escrever:

$$\dot{V}_G = \frac{\dot{V}_L + Z_0 \dot{I}_L}{2} e^{jkl} + \frac{\dot{V}_L - Z_0 \dot{V}_L}{2} e^{-jkl} \tag{2.111}$$

$$\dot{I}_G = \frac{\dot{V}_L + Z_0 \dot{I}_L}{2Z_0} e^{jkl} - \frac{\dot{V}_L - Z_0 \dot{V}_L}{2Z_0} e^{-jkl} \tag{2.112}$$

Lembrando a identidade de Euler, podemos escrever:

$$\frac{e^{jkl} - e^{-jkl}}{2} = j \operatorname{sen} kl \tag{2.113}$$

$$\frac{e^{jkl} + e^{-jkl}}{2} = \cos kl \tag{2.114}$$

Rearranjando 2.111 e 2.112 e aplicando as relações 2.112 e 2.113, obtém-se, após alguma manipulação matemática:

$$\dot{V}_G = \dot{V}_L \cos kl + jZ_0 \dot{I}_L \operatorname{sen} kl \tag{2.115}$$

$$\dot{I}_G = \dot{I}_L \cos kl + j\frac{\dot{V}_L}{Z_0} \operatorname{sen} kl \tag{2.116}$$

Expressando $\dot{V}_L$ e $\dot{I}_L$ em função de $\dot{V}_G$ e $\dot{I}_G$ obtém-se:

$$\dot{V}_L = \dot{V}_G \cos kl + jZ_0 \dot{I}_G \operatorname{sen} kl \tag{2.117}$$

$$\dot{I}_L = \dot{I}_G \cos kl + j\frac{\dot{V}_G}{Z_0} \operatorname{sen} kl \tag{2.118}$$

Nos estudos dos sistemas de potência busca-se sempre um circuito elétrico equivalente que represente o fenômeno em uma ampla faixa de operação. Para o caso das linhas de transmissão, um dos modelos mais utilizados é aquele denominado π equivalente, mostrado na Figura 2.36.

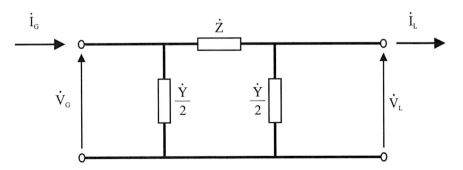

Figura 2.36: Circuito π equivalente.

A impedância $\dot{Z}$ e a admitância $\dot{Y}$ presentes na Figura 2.36 são parâmetros a ser determinados a partir da identificação das equações da linha de transmissão com as equações oriundas dos circuitos elétricos.

Aplicando as técnicas de análise de circuitos ao circuito de Figura 2.36, podemos escrever:

$$\dot{V}_G = \left(\frac{\dot{Y}}{2} \dot{V}_L + \dot{I}_L \right) \dot{Z} + \dot{V}_L$$

ou, ainda:

$$\dot{V}_G = \left(\frac{\dot{Z}\dot{Y}}{2} + 1 \right) \dot{V}_L + \dot{Z}\,\dot{I}_L \tag{2.119}$$

Identificando 2.115 e 2.119, obtém-se:

$$\dot{Z} = jZ_0\,\operatorname{sen} kl \tag{2.120}$$

$$\frac{\dot{Z}\dot{Y}}{2} + 1 = \cos kl \tag{2.121}$$

Após alguma manipulação matemática, obtém-se:

$$\dot{Z} = jZ_0\,\operatorname{sen} kl \tag{2.122}$$

$$\frac{\dot{Y}}{2} = -\frac{\cos kl - 1}{Z_0\,\operatorname{sen} kl} \tag{2.123}$$

ou, ainda:

$$\frac{\dot{Y}}{2} = j\frac{tg\frac{kl}{2}}{Z_0} \tag{2.124}$$

Assim sendo, o circuito elétrico equivalente da Figura 2.36 representa com precisão uma linha de transmissão longa em regime permanente senoidal.

Para as linhas de transmissão médias, como aquelas de comprimento tal que $0,01\lambda \ll l \ll 0,1\lambda$, as quais, excitadas por fontes senoidais a 60 Hz, resultam 50 km $\ll l \ll$ 500 km, o termo kl é pequeno o suficiente para aplicarmos as aproximações:

$$\operatorname{sen} kl \cong kl$$

e

$$tg\frac{kl}{2} \cong \frac{kl}{2}$$

Senão, vejamos: uma linha média típica tem algo em torno de 200 km, de modo que $kl = \frac{w}{c}l$ resulta aproximadamente 0,3 rad, cujo seno é 0,2955.

Aplicando essas aproximações em 2.121 e 2.123, obtém-se:

$$\dot{Z} = jwLl = jX_L \tag{2.125}$$

$$\frac{\dot{Y}}{2} = jwC\frac{l}{2} = j\frac{1}{2X_C} \tag{2.126}$$

nas quais X_L e X_C correspondem à reatância indutiva e à reatância capacitiva total da linha, respectivamente.

Para as linhas de transmissão curtas, tais que $l < 0,01\lambda$, que no caso das linhas de transmissão que operam em 60 Hz correspondem a $l < 50$ km, resulta $ZY/2 \ll 1$, de modo que a expressão 2.118 pode ser escrita como segue:

$$\dot{V}_G = \dot{V}_L + \dot{Z}\dot{I}_L \tag{2.127}$$

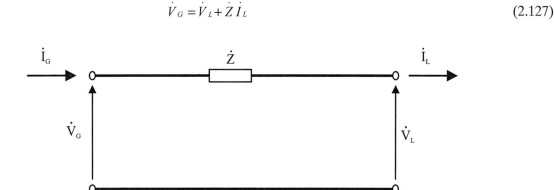

Figura 2.37: Circuito equivalente para linha curta.

Como exemplo, para uma linha de 50 km e frequência 60 Hz, temos $\frac{ZY}{2} = w^2 LCl^2 = \frac{w^2}{c^2}l^2$, na qual c é a velocidade da luz e resulta $\frac{ZY}{2} \cong 2,10^{-7}$, justificando sua eliminação na expressão 2.118. Em outras palavras, a reatância capacitiva de uma linha curta é suficientemente elevada para que possamos considerá-la infinita (ou admitância nula), resultando o circuito equivalente elementar da Figura 2.37.

■ **Exercício Resolvido 7**

Uma linha de transmissão monofásica de 60 Hz tem comprimento igual a 430 km. Os parâmetros dessa linha são:
- Reatância indutiva quilométrica: $x_1 = 0,45$ Ω/km
- Susceptância capacitiva quilométrica: $y_c = 3.10^6$ S/km
- **a:** Desenhe o modelo para essa linha de transmissão justificando as decisões.
- **b:** Determine a tensão e a corrente do gerador ideal conectado no início da linha, o qual alimenta uma carga que absorve 80 MVA sob 220 KV e fator de potência 0,9 indutivo.
- **c:** Suponha que, devido a um defeito, ocorra uma rejeição de carga. Determine a tensão no final da linha.

Solução

a: O modelo a ser utilizado depende do comprimento *elétrico* da linha, isto é, do seu comprimento como fração do comprimento de onda. Nesse caso, temos:

$$\lambda = \frac{c}{f} = \frac{3.10^8 (m/s)}{60(Hz)} = 5.000 Km$$

de modo que:

$$l = \frac{430 Km}{5.000 Km} = 0,086 l$$

Como $0,01\lambda < l < 0,1\lambda$, podemos adotar o modelo de linha média (Figura 2.38).

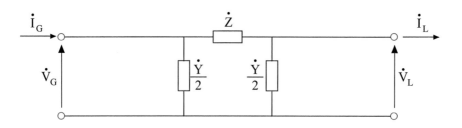

Figura 2.38: Modelo para LT média.

No qual:

$$\dot{Z} = jx_1 l = j.0,45.430 = j.193,5 (\Omega)$$

$$\frac{\dot{Y}}{2} = j.\frac{yc \cdot l}{2} = j.\frac{3.10^{-6}.430}{2} = j.6,45.10^{-4}(S)$$

b: Carga de 80 MVA, 220 KV, fator de potência 0,9 indutivo, 60 Hz.

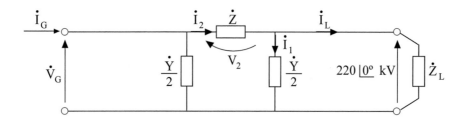

Figura 2.39: Linha em carga.

Corrente de carga:

$$I_L = \frac{S}{V_L} = \frac{80.10^6}{220.10^3} = 363,6(A)$$

$$\varphi = arc\cos 0,9 = 25,84°$$

Escolhendo $\dot{V} = 220.10^3 \underline{|0°}$ (V), resulta: $\dot{I} = 363,6 \underline{|-25,84°}$ (A).

Cálculo de $\dot{I}_1$:

$$\dot{I}_1 = \frac{\dot{Y}}{2}.\dot{V}_L = j.6,45.10^{-4}.220.10^3 \underline{|0°} = j.141,95(A)$$

Cálculo de I_2:

$$\dot{I}_2 = \dot{I}_1 + \dot{I}_L = j.141,95 + 327,24 - j.158,5 \Rightarrow \dot{I}_2 = 327,24 - j.16,6(A)$$

Cálculo de $\dot{V}_2 = Z.\dot{I}_2 = j.193,5.(327,24 - j.16,6) \Rightarrow \dot{V}_2 = 3.212 + j.63,321(V)$

Cálculo de $\dot{V}_G$:

$$\dot{V}_G = \dot{V}_L + \dot{V}_2 = 223,212 + j.63,321 (V)$$

ou, ainda:

$$\dot{V}_G = 232 \underline{|15,84°} \, (KV)$$

c: Circuito após a rejeição de carga $(Z_L \to \infty)$ — Figura 2.40.

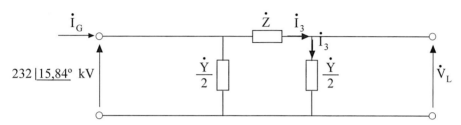

Figura 2.40: Linha de transmissão após rejeição de carga.

Cálculo de $\dot{Z}_{eq}$:

$$\dot{Z}_{eq} = \dot{Z} + \frac{\dot{Y}^{-1}}{2} = -j.1356,9 (\Omega)$$

Cálculo de $\dot{I}_3$:

$$\dot{I}_3 = \frac{\dot{V}_G}{\dot{Z}_{eq}} = 171 \underline{|\ 105,84°} \, (A).$$

Cálculo de $\dot{V}_L$:

$$\dot{V}_L = \frac{\dot{I}_3}{\dot{I}_2} = 265,1 \underline{|\ 15,84°} \, (KV)$$

2.5. Exercícios propostos

■ Exercício 1

A Figura 2.41 mostra uma linha de transmissão de comprimento 1/4λ e impedância característica $Z_0 = 100\Omega$. No ponto central da linha são dados $V_+ = 50 \,\underline{/30°}\, V$ e $I_- = 0,5 \,\underline{/-30°}\, A$.

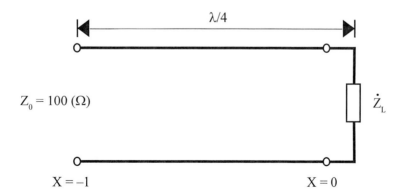

Figura 2.41: Exercício 1.

Determine:
a: a tensão e a corrente na carga;
b: a impedância da carga;
c: a tensão nos terminais do gerador;
d: a impedância de entrada da linha.

■ Exercício 2

Um gerador de sinal senoidal de 50 V e impedância interna 50 Ω resistiva alimenta uma carga indutiva de impedância 50 Ω através de uma linha de transmissão de impedância característica 50 Ω e comprimento 1/4 do comprimento de onda, como mostra a Figura 2.42. Para essa linha, determine:

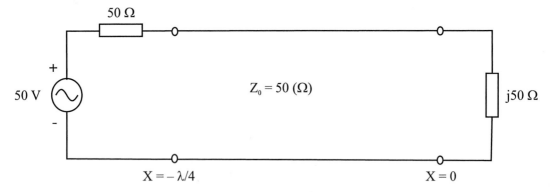

Figura 2.42: Exercício 2.

- **a:** o coeficiente de reflexão na carga e a impedância de entrada da linha;
- **b:** a expressão matemática da tensão e da corrente em um ponto qualquer de linha, isto é, $\dot{V}(x)$ e $\dot{I}(x)$;
- **c:** a potência aparente complexa em um ponto x qualquer da linha;
- **d:** em que ponto da linha podemos colocá-la em curto sem mudar a impedância de entrada.

■ Exercício 3

Para a linha de transmissão da Figura 2.43, determine o Thevénin equivalente no final da linha para:
- **a:** $l = \lambda/6$;
- **b:** $l = 2\lambda/3$.

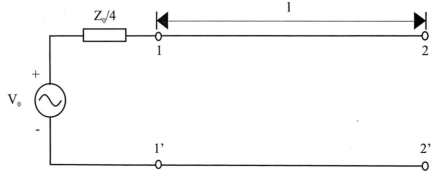

Figura 2.43: Exercício 3.

■ Exercício 4

Um gerador de tensão senoidal de f.e.m. $e(t) = V_0 \cos\omega t$ alimenta uma carga resistiva de impedância Z_0 através de uma linha de transmissão de comprimento elétrico $1{,}25\lambda$ e impedância característica idêntica à da carga, como mostra a Figura 2.44. Determine a expressão temporal da tensão e da corrente na carga.

Figura 2.44: Exercício 4.

Exercício 5

A blindagem de um cabo coaxial de comprimento $0,125\lambda$ se comporta como uma linha de transmissão de impedância característica $400\ \Omega$. O *loop* formado pela blindagem do cabo e pelos aterramentos de ambas as extremidades, em determinadas condições transitórias, se comporta como uma linha em curto-circuito alimentada por uma fonte de tensão senoidal, como mostra a Figura 2.45. No exemplo, a corrente no final da blindagem é $1\lfloor 0°\ (A)$.

Determine:

a: a tensão e a corrente na entrada da blindagem;

b: a impedância na entrada da blindagem.

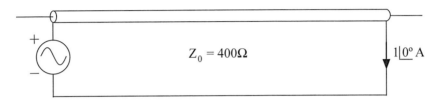

Figura 2.45: Exercício 5.

Exercício 6

Resolva o problema anterior admitindo agora que a blindagem do cabo é efetuada em apenas uma das extremidades, a qual sob determinadas condições transitórias se comporta como uma linha de transmissão em aberto alimentada por uma fonte de tensão senoidal. Suponha que a amplitude dessa tensão senoidal seja aquela calculada no item *a* do exercício anterior.

Determine:

a: a tensão no final da blindagem;

b: a corrente na entrada da blindagem.

Exercício 7

Um gerador de sinal senoidal de f.e.m. interna E e impedância interna Z_0 alimenta uma carga reativa de impedância jZ_0, como indicado na Figura 2.46. Na posição indicada na figura, é inserida uma impedância idêntica à da carga.

Determine:

a: a tensão na carga;

b: a tensão no ponto b;

c: a tensão nos terminais do gerador.

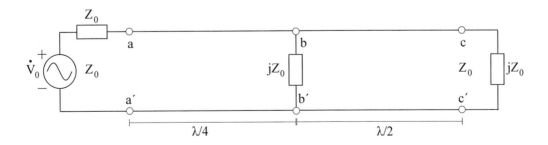

Figura 2.46: Exercício 7.

■ Exercício 8

Os trechos de linha de transmissão da Figura 2.47 são construtivamente idênticos, isto é, as impedâncias características de cada trecho são iguais e valem Z_0. Na posição indicada na figura é feita uma derivação na qual é instalada uma resistência de valor Z_0. O gerador de sinais conectado em uma das extremidades possui uma f.e.m. $v(t) = V_0 \operatorname{sen} wt$ com resistência interna igual a $Z_0/4$.

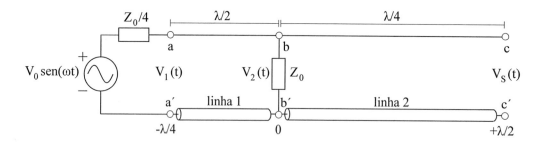

Figura 2.47: Exercício 8.

Determine:
- **a:** o coeficiente de reflexão em $x = \lambda/2$;
- **b:** a impedância de entrada no trecho 2;
- **c:** o coeficiente de reflexão na carga e no final do trecho 1;
- **d:** as expressões de $v_1(t)$ e $v_2(t)$.

■ Exercício 9

Para as linhas de transmissão da Figura 2.48 determine:
- **a:** as impedâncias de entrada da linha 2 e da linha 3;
- **b:** a impedância de entrada da linha 1;
- **c:** as tensões em *aa'* e *bb'*;
- **d:** repetir o exercício para a linha 3 terminada em circuito aberto.

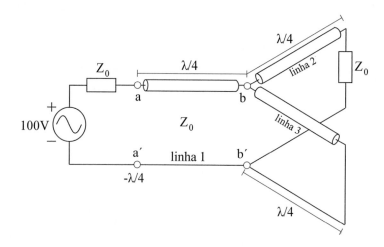

Figura 2.48: Exercício 9.

Exercício 10

Para as linhas de transmissão da Figura 2.49, na qual são conhecidas $Z_0 = 100\ \Omega$, $Z_L = 50+j100\ \Omega$ e $I_L = 2A$, determine:

a: os menores valores de d_1 e d_2 de modo a não haver reflexão em AA';
b: os valores eficazes de V_1 e I_{cc}.

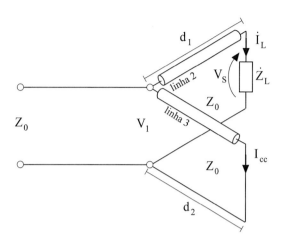

Figura 2.49: Exercício 10.

Exercício 11

As linhas de transmissão do circuito da Figura 2.50 são idênticas e apresentam impedância característica de 50 Ω. A corrente na impedância $Z_{L2} = 50\ \Omega$ é $1A$.
Determine:

a: a tensão nos terminais BB'';
b: a tensão na carga $Z_{L1} = j50\ \Omega$;
c: a tensão e a corrente nos terminais do gerador;
d: a impedância de entrada;
e: a impedância a ser colocada em BB' de modo a não haver reflexão nesse ponto.

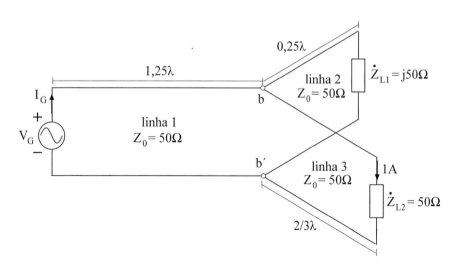

Figura 2.50: Exercício 11.

Exercício 12

Um gerador de sinal senoidal de frequência 15 MHz alimenta uma carga de impedância 100+j100 Ω (Figura 2.51). São conhecidos:
- comprimento da linha 2 = $3\lambda_2/4$;
- comprimento da linha 3 = $0,088\lambda_3$;
- impedância característica das linhas 1 e 3 = 100 Ω;
- velocidade de propagação das linhas 1 e 3 = $1,8.10^8 m/s$.

a: Qual deve ser o valor de Z_2 para que não tenhamos reflexão na linha 1?
b: Qual o comprimento em metros da primeira linha?

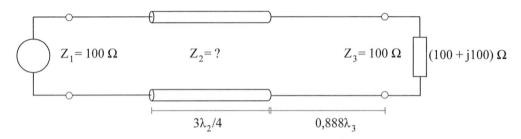

Figura 2.51: Exercício 12.

Exercício 13

Projetar um *stub* simples para a linha da Figura 2.52, de modo a eliminar a onda estacionária.

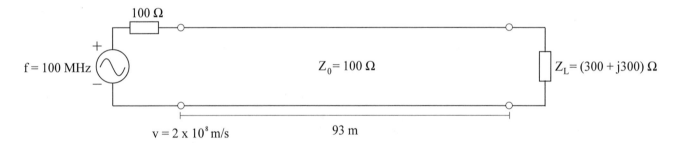

Figura 2.52: Exercício 13.

Exercício 14

Uma linha monofásica de 60 Hz tem comprimento igual a 250 km. A tensão nos terminais do gerador é 220 kV. Os parâmetros da linha são x_L = 0,45 Ω/km e y_C = $3x10^{-6}$ S/km. Determine a corrente de saída do gerador quando a linha estiver em aberto.

Exercício 15

Se a carga da linha do exercício anterior absorver 25 MW a 220 kV com fator de potência unitário, determine a corrente, a tensão e a potência ativa de saída do gerador.

Exercício 16

Use a carta de Smith para obter o coeficiente de reflexão correspondente à carga com impedância:
- **a:** $Z_L = 3Z_0$;
- **b:** $Z_L = (2 - 2j)Z_0$;
- **c:** $Z_L = -2jZ_0$;
- **d:** $Z_L = 0$ (curto-circuito).

Exercício 17

Use a carta de Smith para encontrar a impedância da carga normalizada correspondente ao coeficiente de reflexão dado por:
- **a:** $\Gamma = 0,5$;
- **b:** $\Gamma = 0,5\underline{|60°}$;
- **c:** $\Gamma = -1$;
- **d:** $\Gamma = 0,3\underline{|30°}$;
- **e:** $\Gamma = 0$;
- **f:** $\Gamma = j$.

Exercício 18

Um cabo coaxial em curto-circuito, com velocidade de propagação do sinal de $2,07.10^8$ m/s é projetado para se comportar como uma indutância de 15 nH para um filtro de micro-ondas que opera a 3 GHz. Determine o mínimo comprimento do cabo que atende o requisito exigido sabendo que sua impedância característica é 50 Ω.

Exercício 19

Em uma linha de transmissão terminada por uma carga de impedância 100 Ω, a taxa de onda estacionária é 2,5. Use a carta de Smith para encontrar dois possíveis valores para Z_0.

Exercício 20

Uma linha de transmissão sem perdas de impedância característica 50 Ω é terminada por uma carga de impedância $Z_L = (50 + j25)\Omega$. Use a carta Smith para determinar os itens que se seguem:
- **a:** o coeficiente de reflexão;
- **b:** a taxa de onda estacionária;
- **c:** a impedância de entrada a $0,35\lambda$ da carga;
- **d:** a admitância de entrada a $0,35\lambda$ da carga;
- **e:** o menor comprimento de linha para o qual a impedância de entrada é puramente resistiva;
- **f:** a posição do primeiro valor máximo de tensão a partir da carga.

Exercício 21

Uma carga de impedância $90 + j135$ Ω deve ser casada com uma linha de transmissão de impedância característica 75 Ω. O comprimento de onda do sinal é $\lambda = 20$ cm. Para essa linha, determine:
- **a:** o ponto da carta correspondente à carga ($x = 0$);
- **b:** os mínimos valores de d_1 e d_2 (Figura 2.32) para o casamento de impedâncias.

Exercício 22

Calcular a impedância de entrada de uma LT de impedância característica 50 Ω e comprimento $0,3\lambda$, carregada com as seguintes impedâncias:
- **a:** $Z_L = -j100$ Ω;
- **b:** $Z_L = 50 + j75$ Ω.

Exercício 23

Uma linha de transmissão de comprimento l terminada em curto-circuito apresenta uma impedância de entrada $-j90(\Omega)$. Qual é o comprimento da LT em fração do comprimento de onda?

Exercício 24

Determine l_1 e l_2 para casar a linha no ponto x.

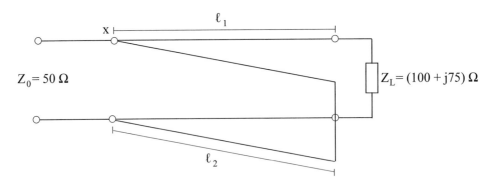

Figura 2.53: Exercício 24.

Exercício 25

Uma linha de transmissão de alta tensão apresenta os seguintes parâmetros: L = 2,10 mH/milha; C = 0,014 μF/milha. Supondo a LT alimentada por uma fonte ideal de 132 KV – 60 Hz, determine:

a: a tensão no fim da LT quando ela estiver em aberto;
b: a corrente no fim da LT quando ela estiver em curto-circuito (comprimento da LT = 150 milhas).

Exercício 26

Determine a impedância de entrada indicada.

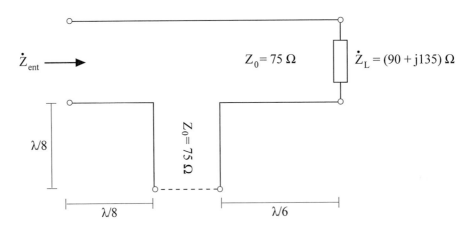

Figura 2.54: Exercício 26.

Exercício 27

Uma LT sem perdas apresenta $Z_0 = 15\ \Omega$, alimenta uma carga de impedância $Z_0 = 150\ \Omega$ e uma carga de impedância $Z_L = 120 + j180\ \Omega$ na frequência de 10 MHz. Determine a posição mais próxima da carga para a qual a tensão atinge seu valor mínimo. Determine também a TOE. Se a tensão na posição de mínima tensão é de 2,0 V, determine a corrente nesse ponto.

Fundamentos do Eletromagnetismo

Capítulo 3

Nenhuma ciência na história da humanidade causou maiores mudanças na nossa qualidade de vida que o eletromagnetismo. Se hoje nos defrontamos com os equipamentos mais sofisticados, que permitem controlar mais de 10.000 músicas com a ponta dos dedos, flutuar alguns milímetros dentro da cabine de um trem a 500 km/h, conversar com um amigo que está do outro lado do mundo como se estivesse na sala ao lado, agradeçamos ao eletromagnetismo.

A saga dessa ciência, que começou em 600 a.C., é digna de uma aventura cujos personagens – em sua maioria não corretamente reconhecidos – foram os maiores responsáveis pela evolução de nosso planeta.

Vaidade, timidez, coincidências, plágios e toda sorte de falcatruas fizeram parte desse teatro, no qual brilhou o mais importante ser humano da história da ciência, James Clerk Maxwell, o qual, de vida curta, nos tirou da caverna, no *stricto sensu* da palavra, e nos colocou na era tecnológica em que vivemos.

O eletromagnetismo, a exemplo de vários de seus personagens, não tem o devido reconhecimento da humanidade. Fala-se que tudo é eletricidade, quando na realidade tudo é eletromagnetismo. O termo "eletricidade", cunhado por Gilbert no início do século XVII e utilizado no lugar de "eletromagnetismo", está arraigado em nosso cotidiano, e não creio que mudará com este livro.

A origem do nome eletromagnetismo é bem definida, como veremos; ele foi criado para caracterizar a fusão da eletricidade, que é o estudo do comportamento das cargas elétricas estáticas ou sem movimento, com o magnetismo – que é o estudo do campo magnético produzido por um movimento particular das cargas elétricas –, denominado corrente contínua, na segunda década do século XIX, dando início à revolução que hoje observamos.

A eletricidade foi a primeira a ser identificada nesse cenário com a observação dos efeitos do atrito, em aproximadamente 600 a.C., como dito anteriormente; o magnetismo, por sua vez, aflorou em 100 a.C. com a descoberta dos ímãs permanentes naturais na Grécia antiga.

Essas duas ciências trilharam, por um bom tempo, seus caminhos como se fossem ciências independentes, sem conexão alguma uma com a outra. Vários cientistas de renome, em suas épocas, afirmavam que elas nunca poderiam se relacionar, tal era a diversidade de seus efeitos.

O eletromagnetismo, como o conhecemos hoje, é fruto da fusão dessas duas ciências, que ocorreu com a descoberta, em 1820, por Hans Christian Oersted, da lei que mostra que as correntes elétricas produzem um campo magnético com propriedades idênticas àquelas produzidas pelo ímã permanente natural.

Onze anos depois da descoberta de Oersted, Michael Faraday descobriu a lei da indução magnética, talvez uma das mais importantes descobertas da humanidade, a qual mostra que a eletricidade e o magnetismo estão intimamente ligados quando aquelas grandezas (carga elétrica e magnetização) são variáveis no tempo. Esse acontecimento abriu os caminhos que levaram à descoberta dos transformadores, dos motores e geradores elétricos, e até da comunicação sem fio.

Neste capítulo recordaremos os principais fundamentos do eletromagnetismo, que levaram ao desenvolvimento dessa ciência tão fascinante e cada dia mais atual.

3.1. Fontes de campo eletromagnético

Richard Feynman, um dos maiores expoentes da mecânica quântica, Prêmio Nobel de física e autor de uma das mais famosas obras sobre a física fundamental (*Lectures on Physics*), sugere no seu livro que, se a civilização for extinta e você for o único ser humano a ter contato com a próxima civilização que estiver nascendo e só puder falar uma frase durante esse contato, essa frase deverá conter a mais importante informação da humanidade, que é o conceito da formação do átomo, o qual é constituído por um conjunto de cargas elétricas negativas que giram indefinidamente ao redor de um outro conjunto de cargas positivas. Essa informação, que nos é ensinada logo nos primeiros momentos em que tomamos contato com a ciência, foi o mais importante passo dado pela humanidade na sua evolução até os dias atuais.

A carga elétrica é um conceito tão arraigado no nosso conhecimento que apenas alguns anos após o envolvimento mais próximo com a ciência passamos a entender sua origem através dos átomos sem reservas. Somos capazes também de abstrair uma distribuição de cargas elétricas isolada no espaço e, a partir dessa abstração, entender vários fenômenos físicos, como a lei de Coulomb, por exemplo.

Por outro lado, a nossa constituição, no nível microscópico, é essencialmente formada de cargas elétricas. Feynman também afirma que, se o desequilíbrio entre as cargas elétricas positivas e negativas do nosso corpo fosse de 10%, a força existente entre você e um colega próximo com o mesmo problema seria suficiente para mover toda a esfera terrestre.

São essas cargas elétricas as responsáveis pela geração dos campos eletromagnéticos (que são o campo elétrico e o campo magnético). Seu estado de animação é também relevante; se as cargas elétricas estiverem em repouso ou em movimento (constituindo uma corrente elétrica), suas ações sobre os campos eletromagnéticos serão completamente diferentes, como veremos nos capítulos que seguem.

As ações das cargas elétricas no eletromagnetismo aplicado estão fortemente fundamentadas no conceito macroscópico do fenômeno, e a primeira pergunta que vem em nossa mente é: o que significa isso?

Sob o ponto de vista macroscópico, o tamanho (e também a massa) da carga elementar não é relevante, isto é, não diferenciamos, quanto a esses critérios, uma carga elementar positiva de uma negativa. Note que, sob o ponto de vista microscópico, a diferença de tamanho (e de massa) de um elétron em relação a um próton é relevante e excede a casa dos milhões de ordem de grandeza. Para se ter uma ideia dessa diferença, imagine que um átomo de hidrogênio, através de um processo mágico, fosse aumentado de tamanho até que os limites da nuvem eletrônica atingissem o tamanho de um estádio do porte do Maracanã. O elétron ainda continuaria a ser um ponto sem dimensão na nossa visão, e provavelmente não o veríamos, enquanto o próton teria o tamanho de uma pérola situada no centro do gramado. Do ponto de vista microscópico, nos envolvemos com o estudo da física das partículas, no qual outras forças estão presentes; tudo está em movimento em grande velocidade, e os conceitos válidos são os da mecânica quântica.

Sob o ponto de vista macroscópico, o qual consiste em enxergar de longe as ações somadas de todos os efeitos microscópicos, a dificuldade de análise é substancialmente reduzida (espero que concordem comigo!). Em resumo, como na humanidade, é mais fácil prever o comportamento da multidão que o do indivíduo.

3.1.1. Distribuição volumétrica de cargas elétricas

A Figura 3.1 mostra um volume denominado pela letra grega τ, o qual é circundado por uma superfície fechada (superfície externa) denominada pela letra grega Σ. Suponhamos agora que, no interior desse volume, temos cargas elétricas distribuídas em toda a sua extensão. Essa distribuição de cargas é tal que, se selecionarmos uma região em torno de um ponto qualquer do volume, somos capazes de identificar a quantidade de cargas contidas nessa região, isto é, as cargas elétricas em seu interior estão continuamente distribuídas. Note que, a rigor, todas as cargas desse volume não apresentam uma distribuição contínua, como foi dito; o que temos são cargas discretas, denominadas cargas pontuais, na medida em que a menor quantidade de carga do universo é para nós a carga de um elétron (1,6.10^{-19} C). No entanto, como estamos analisando o problema sob o ponto de vista macroscópico, esse detalhe não é por nós enxergado. Para esclarecer de uma vez esse conceito, olhe para uma nuvem e tente identificar as gotas de água que a compõem. É claro que do solo isso não é possível, pois a divisão de uma nuvem a partir do solo dá a impressão de que existe água em qualquer ponto do volume da nuvem, essa é a visão macroscópica de que estamos falando, ao passo que, se você subir às nuvens e olhar com atenção, será capaz de identificar as gotículas de água que as formam, e essa é a visão microscópica do mesmo fenômeno.

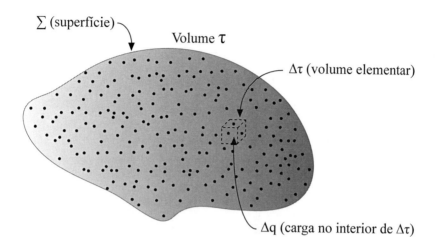

Figura 3.1: Distribuição volumétrica de cargas elétricas.

Selecione um volume elementar do volume τ e contabilize a quantidade de cargas elétricas em seu interior. Seja Δq a quantidade líquida de cargas elétricas contida no volume elementar $\Delta \tau$ selecionado. Definimos, então, a grandeza ρ_v, denominada densidade volumétrica de cargas elétricas, a relação:

$$\rho_v = \lim_{\Delta \tau \to 0} \frac{\Delta q}{\Delta \tau} \quad (C/m^3) \tag{3.1}$$

Se esse limite existir (só não existirá se o conceito macroscópico for abandonado), podemos também escrever:

$$\rho_v = \frac{dq}{d\tau} \tag{3.2}$$

Inversamente, podemos determinar a quantidade líquida de cargas elétricas contida em determinado volume através da integração volumétrica da densidade volumétrica de cargas nesse volume como segue:

$$Q = \int_\tau \rho_v d\tau \quad (C) \tag{3.3}$$

3.1.2. Distribuição superficial de cargas elétricas

A Figura 3.2 mostra uma superfície convexa denominada pela letra S, a qual é circundada por um contorno fechado (limite externo) designado pela letra C. Suponha que nessa superfície tenhamos cargas elétricas distribuídas em toda a sua extensão. Nessa situação não é possível aplicar o conceito de densidade volumétrica de cargas porque não conseguiríamos isolar um volume elementar nessa geometria, visto que qualquer seção transversal dessa superfície é uma linha. Da mesma forma como vimos anteriormente, essa distribuição de cargas é tal que, se selecionarmos uma região em torno de um ponto qualquer da superfície, seremos capazes de identificar a quantidade de cargas contida nessa região, isto é, as cargas elétricas na superfície estão continuamente distribuídas, de acordo com o conceito macroscópico já discutido.

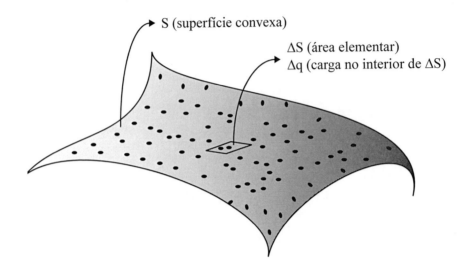

Figura 3.2: Distribuição superficial de cargas elétricas.

Selecione uma superfície elementar da superfície S e contabilize a quantidade de cargas elétricas em seu interior. Seja, então, Δq a quantidade líquida de cargas elétricas contida na superfície elementar ΔS selecionada. Definimos, então, a grandeza ρ_s, denominada densidade superficial de cargas elétricas, a relação:

$$\rho_s = \lim_{\Delta S \to 0} \frac{\Delta q}{\Delta S} \quad (C/m^2) \tag{3.4}$$

Se esse limite existir, podemos também escrever:

$$\rho_s = \frac{dq}{dS} \tag{3.5}$$

Inversamente, podemos determinar a quantidade líquida de cargas elétricas contida em determinada superfície através da integração da densidade superficial de cargas nessa superfície como segue:

$$Q = \int_S \rho_s dS \quad (C) \tag{3.6}$$

3.1.3. Distribuição linear de cargas elétricas

A Figura 3.3 mostra uma linha L na qual temos cargas elétricas distribuídas em toda a sua extensão. Nessa situação, não é possível aplicar os conceitos das densidades volumétricas e superficial de cargas elétricas, na medida em que não conseguiríamos isolar um volume ou uma superfície elementar nessa geometria, visto que qualquer seção transversal dessa linha é um ponto. De modo semelhante aos casos anteriores, essa distribuição de cargas é tal que, se selecionarmos uma região em torno de um ponto qualquer dessa linha, seremos capazes de identificar a quantidade de cargas contida nessa região, isto é, as cargas elétricas nessa linha estão continuamente distribuídas de acordo com o já citado conceito macroscópico.

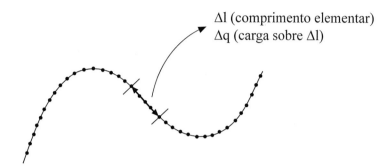

Figura 3.3: Distribuição linear de cargas elétricas.

Selecione um segmento elementar da linha L e contabilize, da mesma forma feita anteriormente, a quantidade de cargas elétricas em seu interior. Seja Δq a quantidade líquida de cargas elétricas contida no segmento elementar Δl selecionado. Definimos, então, a grandeza ρ_l, denominada densidade linear de cargas elétricas, a relação:

$$\rho_l = \lim_{\Delta l \to 0} \frac{\Delta q}{\Delta l} \quad (C/m) \tag{3.7}$$

Se esse limite existir, resulta:

$$\rho_l = \frac{dq}{dl} \tag{3.8}$$

Inversamente, podemos determinar a quantidade líquida de cargas elétricas contida em uma linha através da integração da densidade linear de cargas nessa linha, como segue:

$$Q = \int_L \rho_l dl \quad (C) \tag{3.9}$$

3.1.4. Cargas elétricas discretas

Em muitas situações é conveniente considerar as cargas elétricas concentradas em um determinado ponto, principalmente quando se pretende calcular grandezas dependentes dessa carga em regiões bem afastadas dela. Temos nesse caso cargas elétricas discretas para as quais não é possível definir uma densidade de cargas qualquer.

3.1.5. Vetor densidade de corrente

As cargas elétricas também podem ser dotadas de movimento, constituindo o que chamamos de corrente elétrica. A corrente elétrica, como estamos acostumados a tratar, é uma grandeza escalar, de modo que não podemos, como veremos nos próximos capítulos, analisar com ela fenômenos eletromagnéticos para os quais a direção e o sentido dessa corrente devem ser considerados. Por essa razão temos necessidade de definir uma grandeza vetorial associada ao movimento das cargas elétricas.

A Figura 3.4 mostra um corpo condutor conduzindo uma corrente elétrica I. A caracterização do fluxo dessa corrente no interior do condutor está representada pelas linhas de corrente. Essas linhas estão desenhadas de tal forma que a quantidade de corrente contida entre quaisquer duas delas se mantém constante. Se a mesma figura fosse tridimensional, teríamos tubos de corrente conduzindo uma corrente constante em seu interior.

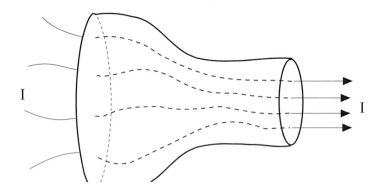

Figura 3.4: Fluxo de corrente em condutores.

Isolemos agora um tubo elementar de corrente, como mostrado na Equação 3.5, e seja Δi a quantidade de corrente que flui por esse tubo elementar. Seja ΔS_n a seção transversal desse tubo, isto é, a seção normal às linhas de corrente. Definimos o vetor densidade de corrente, denominado por $\vec{J}$, ao vetor com as seguintes características:

$$\text{Módulo:} \quad J = \lim_{\Delta S_n \to 0} \frac{\Delta i}{\Delta S_n} \quad (A/m^2) \tag{3.10}$$

Direção: Tangente às linhas de corrente
Sentido: Positivo se concordante com o sentido da corrente.

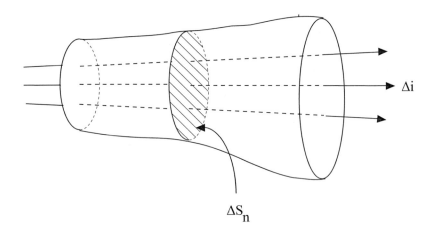

Figura 3.5: Tubo elementar de corrente.

Voltemos ao tubo elementar de corrente no qual escolhemos uma superfície elementar qualquer ΔS, como mostrado na Figura 3.6.

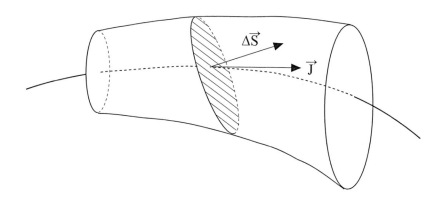

Figura 3.6: Tubo elementar de corrente.

É claro que a quantidade de corrente que cruza a superfície ΔS é a mesma que cruza a superfície ΔS_n, de modo que podemos escrever:

$$\Delta i = J \Delta S_n = J \Delta S \cos \alpha \qquad (3.11)$$

na qual α representa o ângulo formado entre a reta normal a ΔS e as linhas de corrente (Figura 3.7).

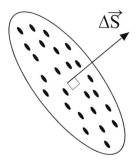

Figura 3.7: Vetor área elementar.

O resultado obtido em 3.11 nos lembra o resultado de um produto escalar de dois vetores. Como o vetor $\vec{J}$ já está bem caracterizado, podemos definir o vetor $\Delta \vec{S}$ tal que seu módulo seja igual à área elementar ΔS, a sua direção normal a essa superfície e o sentido arbitrário.

Dessa forma, podemos escrever:

$$\Delta i = \vec{J} \cdot \Delta \vec{S} \qquad (3.12)$$

Suponha que se deseje calcular a quantidade de corrente que cruza uma superfície qualquer extraída de um bloco condutor percorrido por corrente elétrica, conhecido o vetor densidade de corrente $\vec{J}$ em toda a sua extensão (Figura 3.8).

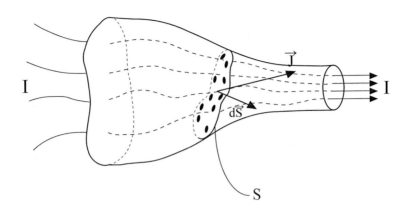

Figura 3.8: Bloco condutor percorrido por corrente elétrica.

Uma alternativa consiste em subdividir a superfície S da Figura 3.8 em um número muito grande de superfícies suficientemente pequenas, aplicar a cada uma delas a Equação 3.12 e em seguida somar os valores obtidos para obter a corrente total que está cruzando a referida superfície. Se o número de superfícies obtido a partir da subdivisão de S tender a infinito, a corrente total que cruza a superfície é expressa por:

$$i = \int_S \vec{J} \cdot d\vec{S} \tag{3.13}$$

3.1.6. Vetor densidade superficial de corrente

As cargas elétricas podem estar em movimento sobre uma superfície cuja seção transversal é uma linha. Embora fisicamente isso não seja possível porque não existe na natureza uma superfície condutora com essa característica, na engenharia consideramos que uma folha condutora apresenta esses requisitos se a sua seção transversal for extremamente menor do que as maiores dimensões envolvidas no problema. A caracterização de um vetor densidade de corrente com as mesmas exigências do item anterior não é possível, na medida em que não podemos isolar nessa superfície uma seção transversal não nula pela qual passa essa corrente. A Figura 3.9 mostra uma superfície condutora conduzindo uma corrente elétrica I. A caracterização do fluxo dessa corrente está representada pelas linhas de corrente.

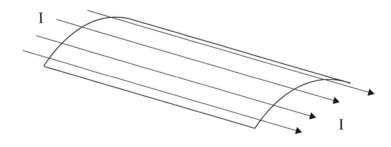

Figura 3.9: Fluxo de corrente por uma superfície condutora.

Isole um filete elementar de corrente, como mostrado na Figura 3.10, e seja Δi a quantidade de corrente que flui por esse filete. Seja Δl_n o segmento transversal desse filete, isto é, o segmento normal às linhas de corrente. Definimos o vetor densidade superficial de corrente denominado por $\vec{J_l}$ o vetor com as seguintes características:

Módulo: $J_l = \lim_{\Delta l_n \to 0} \dfrac{\Delta i}{\Delta l_n}$ (3.14)

Direção: Tangente às linhas de corrente.
Sentido: Positivo se concordante com o sentido da corrente.

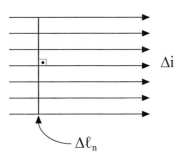

Figura 3.10: Filete de corrente.

Por analogia ao caso anterior, a quantidade de corrente que cruza uma linha qualquer apoiada na superfície, como mostra a Figura 3.11, é dada por:

$$i = \int_L \vec{J}_l \cdot d\vec{l}$$ (3.15)

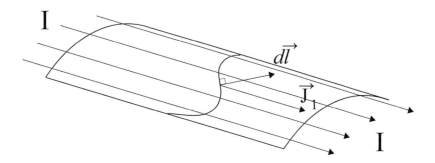

Figura 3.11: Superfície condutora percorrida por corrente elétrica.

Note que o vetor segundo elementar $\vec{dl}$ é sempre normal à linha e tangente à superfície em qualquer ponto.

Quando essas densidades são constantes, diz-se que a distribuição associada é uniforme.

3.1.7. Exercício Resolvido 1

Uma esfera de raio R está carregada com uma quantidade de cargas Q. A densidade volumétrica de cargas em um ponto qualquer no interior da esfera é diretamente proporcional à distância desse ponto ao centro da esfera. Determine a expressão matemática que descreve a densidade volumétrica de cargas em seu interior.

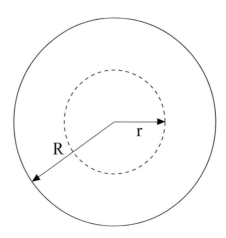

Figura 3.12: Exercício Resolvido 1.

Temos, então:

$$Q = \int_\tau \rho_v d\tau = \int_0^R kr\,4\pi r^2 dr$$

ou, ainda:

$$Q = k\pi R^4$$

de modo que:

$$k = \frac{Q}{\pi R^4}$$

Dessa forma, obtém-se:

$$\rho_v = \frac{Q}{\pi R^4}r$$

3.1.8. Exercício Resolvido 2

Uma quantidade de cargas elétricas Q está distribuída em um disco circular de raio interno a e externo b, como mostra a Figura 3.13, de modo que a densidade superficial de cargas elétricas em um determinado ponto é inversamente proporcional à sua distância ao centro do disco. Determine a expressão matemática que descreve a densidade superficial de cargas nessa superfície.

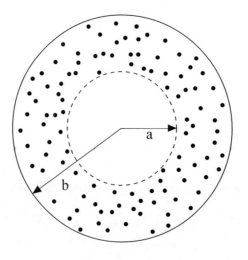

Figura 3.13: Exercício Resolvido 2.

Solução

Nesse caso, a expressão da densidade superficial de cargas é do tipo:

$$\rho_s = \frac{k}{r}$$

na qual k é uma constante a ser determinada.

Lembrando que $Q = \int_S \rho_S dS$, podemos escrever:

$$Q = \int_a^b \frac{k}{r} 2\pi dr = 2k\pi(b-a)$$

Resultando $k = \frac{Q}{2\pi(b-a)}$, de modo que $\rho_s = \frac{Q}{2\pi(b-a)r}$.

3.1.9. Exercício Resolvido 3

Uma linha de comprimento d contém uma quantidade de cargas elétricas Q, distribuída senoidalmente ao longo dessa linha, como mostra a Figura 3.14. Determine a expressão matemática que descreve a densidade linear de carga nessa linha.

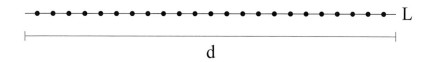

Figura 3.14 Exercício Resolvido 3.

Solução

A distribuição senoidal de cargas elétricas na linha pode ser expressa por uma função do tipo:

$$\rho_l = k_1 \operatorname{sen} k_2 x$$

na qual k_1 e k_2 são constantes a serem determinadas.

A constante k_2, de acordo com os requisitos da Figura 3.14, deve ser tal que em $x = d$ obtém-se $k_2 d = \pi$ ou, ainda, $k_2 = \frac{\pi}{d}$.

Dessa forma, a expressão geral da densidade linear de cargas elétricas resulta:

$$\rho_l = k_1 \operatorname{sen} \frac{\pi}{d} x$$

Lembrando que $Q = \int_L \rho_l dl$, podemos escrever:

$$Q = \int_0^d k_1 \operatorname{sen} \frac{\pi}{d} x \, dx$$

Dessa forma, obtém-se:

$$k_1 = \frac{\pi Q}{d}$$

Consequentemente,

$$\rho_l = \frac{\pi Q}{d} \operatorname{sen} \frac{\pi}{d} x$$

3.1.10. Exercício Resolvido 4

Uma coroa esférica condutora tem raio interno a e externo b. Na superfície interna dessa coroa é injetada uma corrente elétrica I, a qual flui no interior da coroa esférica segundo a direção radial. Determine a expressão matemática do vetor densidade de corrente em um ponto qualquer no interior dessa coroa.

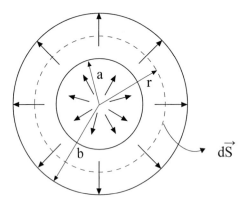

Figura 3.15: Exercício Resolvido 4.

Solução

Escolhendo uma superfície esférica de raio a < r < b e aplicando 3.13, obtém-se:

$$I = \int_S \vec{J}.d\vec{S}$$

Como a corrente se distribui radialmente, não há caminho preferencial que indique uma distribuição não uniforme de corrente na superfície esférica de raio r, de modo que J tem módulo constante na referida superfície. Assim sendo, a expressão anterior pode ser reescrita como segue:

$$I = JS = J4\pi r^2$$

Resulta, portanto, $J = \dfrac{I}{4\pi r^2}$, que na forma vetorial escrevemos $\vec{J} = \dfrac{I}{4\pi r^2}\vec{u}$, na qual $\vec{u}$ é um vetor unitário na direção radial.

3.1.11. Exercício Resolvido 5

Uma corrente I é injetada em uma casca esférica condutora de raio R e retirada em um ponto diametralmente oposto, como mostra a Figura 3.16. Determine o vetor densidade superficial de corrente em um ponto qualquer sobre a esfera.

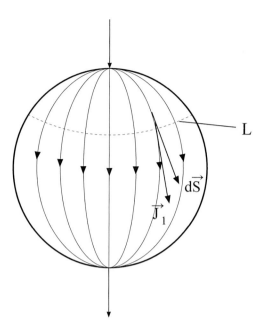

Figura 3.16: Exercício Resolvido 5.

Solução

Vamos escolher uma linha sobre a esfera normal às linhas de corrente. A linha com essa característica deve ser paralela à linha do equador e também, devido à simetria, a distribuição de corrente sobre ela deve ser uniforme, de modo que podemos escrever:

$$J_l = \frac{I}{L}$$

na qual L corresponde ao seu perímetro e é tal que $L = 2\pi R sen\theta$, resultando, então:

$$J_l = \frac{I}{2\pi R \, \text{sen}\, \theta}$$

Expressando-a vetorialmente, obtém-se:

$$\vec{J}_l = \frac{I}{2\pi R \, \text{sen}\, \theta} \vec{u}_\ell$$

na qual $\vec{u}_\ell$ é um vetor unitário tangente à superfície na direção de um meridiano da esfera.

3.2. Vetores de campo

As cargas elétricas estáticas ou em movimento produzem uma alteração nas propriedades do espaço que as envolve; essas propriedades são caracterizadas por ações que elas produzem em outras cargas estáticas ou em movimento e, por essa razão, dá-se o nome genérico de campos, pois essas ações estão presentes em uma região bem definida do espaço.

Não vamos detalhar como esses campos são definidos a partir das leis experimentais do eletromagnetismo para não tornar este texto enfadonho.

3.2.1. O vetor campo elétrico

O campo elétrico é entendido como aquela propriedade adicional que o espaço adquire quando nas suas proximidades é colocada uma carga elétrica. Essa propriedade é a ação de uma força atuante em outra carga colocada nesse espaço, a qual depende diretamente da sua quantidade e também da intensidade do campo presente, isto é:

$$\vec{F} = q\,\vec{E} \tag{3.16}$$

na qual q é a quantidade de cargas elétricas (em Coulomb) e $\vec{E}$ é a intensidade de campo elétrico (em volts/metro ou newton/coulomb).

Ocorre, no entanto, que pode-se sentir a ação do campo elétrico no próprio corpo quando se fica próximo de grandes linhas de transmissão e subestações; tal sensação é observada através da sensibilidade da pele e dos pelos, que podem, em alguns casos, ficar arrepiados, como naquelas experiências que vemos em vários eventos destinados a ilustrar para a plateia a presença da eletricidade.

A razão dessa sensibilidade é clara, pois somos feitos de cargas elétricas positivas e negativas (em iguais quantidades), as quais sofrem ações diferentes devido ao campo elétrico, e são essas ações que nos afetam quando estamos envolvidos por um campo elétrico. Vejamos, por exemplo, o caso em que estejamos sob a ação de um campo elétrico constante direcionado de sul para norte. Ato contínuo, nossas cargas positivas sofrerão a ação de uma força no mesmo sentido do campo, isto é, de sul para norte, e nossas cargas negativas sofrerão a ação de uma força em sentido contrário, de norte para sul.

Felizmente, os campos elétricos a que estão submetidos os seres humanos não são suficientes para romper as ligações existentes entre nossas cargas positivas e negativas, e nada nos acontece senão uma breve sensação de desconforto.

Esse fenômeno é explorado para uma importante tarefa doméstica; se aquele campo elétrico que estava direcionado de sul para norte mudasse de sentido e passasse de norte para sul, nossas cargas elétricas também sentiriam essa mudança e se orientariam de forma inversa à anterior. Se esse procedimento fosse contínuo, nossas cargas elétricas ficariam continuamente se movimentando à procura da orientação do campo, resultando de tudo isso um aquecimento devido ao atrito existente entre moléculas durante esse movimento. Esse fenômeno é explorado nos fornos de micro-ondas, no cozimento dos alimentos, pois o campo elétrico desses equipamentos oscila com frequência elevada, produzindo aquecimento suficiente para deixar o frango uma delícia.

3.2.2. O vetor campo magnético

O campo magnético tem sua origem na antiga Grécia, numa região denominada Magnésia, daí o seu nome. Essa descoberta, feita por Lucrécio em 100 a.C., consistiu na observação dos efeitos dos ímãs permanentes naturais, que eram frequentes naquela região. A observação do fenômeno fez nascer uma nova ciência, denominada magnetismo, que consistia em analisar a origem e os efeitos daquele campo de forças. Em função da origem das primeiras observações, denominou-se campo magnético àquele campo de forças.

Por outro lado, na China aparecia a bússola, a qual explorava o campo magnético terrestre para orientação dos navegadores da época. Só após alguns séculos identificou-se que aquele campo de forças produzido pelas pedras gregas e o campo magnético terrestre tinham as mesmas propriedades.

Foi Pierre de Manicourt, engenheiro francês de uma das guerras das Cruzadas que cunhou, em 1269, o termo "polo magnético" e identificou as extremidades dos ímãs por polo norte e polo sul. Em suas experiências, Pierre de Manicourt verificou, observando a bússola, que o campo magnético terrestre e o campo produzido pelos ímãs eram de mesma natureza, de modo que com esse conhecimento ele pôde construir uma bússola e melhorar o astrolábio, instrumento utilizado na época para orientação no globo terrestre.

Gauss e Weber tiveram também um papel relevante no berço dessa ciência. Um de seus projetos era mapear o campo magnético terrestre e, com os dados, produzir cartas náuticas para a navegação.

Por muitos séculos ainda o magnetismo seria tratado como uma ciência independente, sem vínculo algum com a eletricidade, que era o estudo dos efeitos das cargas elétricas estacionárias, o qual avançava a passos largos com os trabalhos de Coulomb. Volta e outros pesquisadores marcaram sua época, mas tudo mudaria com a descoberta de Oersted.

Hans Christian Oersted, professor da Universidade de Copenhagem, tinha a intuição de que os fenômenos do magnetismo e da eletricidade de alguma forma estavam relacionados. Relatos de seu trabalho indicam que ele realizou várias experiências para identificar essa ligação sem sucesso. No entanto, quando se preparava para ministrar uma palestra, teve a ideia que o colocaria para sempre na história. Como não havia tempo para montar a experiência, decidiu realizá-la para a plateia que o esperava, mudando completamente o tema da conferência. Para sorte dos presentes, testemunhou-se uma das maiores descobertas da humanidade, isto é, o fenômeno que mostra que a corrente elétrica produz um campo magnético.

Na sequência, Oersted redigiu um artigo científico, em latim como era o costume na época, o qual causou grande impacto na comunidade científica, sobretudo na Academia Francesa de Ciências, na qual se reuniam os nomes mais destacados da inteligência europeia da época.

Sua divulgação estimulou Ampère a consolidar seu trabalho sobre a eletrodinâmica e Biot-Savart a quantificar a intensidade de campo em função da corrente que produz; enfim, a humanidade entendeu que naquele momento nascia uma nova ciência, fruto da conexão entre a eletricidade e o campo magnético, a qual passou a ser conhecida como "eletromagnetismo", abrindo um horizonte infinito de aplicação que levou ao grande desenvolvimento de nossos dias.

Mais modernamente, o campo magnético foi definido através da força que exerce sobre um fio percorrido por corrente elétrica, cuja expressão é dada por:

$$\vec{F} = \int_L i \, \vec{dl} \times \vec{B} \tag{3.17}$$

A pergunta que passou a inquietar a comunidade científica após essas descobertas era: se a eletricidade pode produzir o magnetismo, por que o magnetismo não pode produzir eletricidade? Seria a natureza tão assimétrica a esse nível? Mas essa é uma outra história, que será contada adiante.

3.2.3. O vetor deslocamento

Voltando um pouco no tempo, ainda no século XVIII, as experiências com o campo elétrico avançaram consideravelmente, e uma das experiências mais importantes elaborada enunciou que o fluxo do campo elétrico em uma superfície fechada é diretamente proporcional à quantidade de cargas elétricas contidas no interior dessa superfície. A primeira pergunta que se faz é: o que é o fluxo do vetor campo elétrico em uma superfície fechada? Naquela época, associava-se a intensidade de campo elétrico a uma certa quantidade de linhas de campo (por exemplo, 1V/m poderia corresponder a 100 linhas de campo elétrico) e, através de um processo judicioso que não vale a pena aqui discutir, contavam-se as linhas que cruzavam a superfície, de modo que foi observado que, se a quantidade de cargas elétricas no interior dela variava, a quantidade de linhas que a cruzava variava proporcionalmente. Essa lei, denominada lei de Gauss da eletrostática, é matematicamente expressa por:

$$\oint_{\Sigma} \vec{E} \cdot \vec{dS} = \frac{Q}{\varepsilon_0}$$

(3.18)

A constante de proporcionalidade, escrita como $1/\varepsilon_0$ por conveniência, é uma propriedade específica do ar (ou vácuo), na medida em que aquela experiência foi realizada tendo o ar como o meio envolvente das cargas. A constante ε_0 foi denominada permissividade elétrica do ar (ou do vácuo).

Não resta dúvida de que a realização dessa experiência, tendo como meio envolvente um dielétrico diferente do ar, não é possível em face de dificuldades das medições. No entanto, generalizou-se o resultado, atribuindo-se uma propriedade dielétrica para o meio diferente da do ar, aparecendo assim a permissividade elétrica do meio, caracterizada pela letra grega ε. As experiências também mostraram que a permissividade elétrica do ar é a menor permissividade elétrica possível, razão pela qual foi definida a permissividade relativa ε_r, definida como $\varepsilon_r = \varepsilon/\varepsilon_0$. Assim sendo, a lei de Gauss passou a ser escrita da seguinte forma:

$$\oint_{\Sigma} \vec{E} \cdot \vec{dS} = \frac{Q}{\varepsilon}$$

(3.19)

A evolução tecnológica exigiu novamente uma modificação na lei de Gauss, para contemplar situações em que a permissividade elétrica do meio é função do campo elétrico existente. Isso é muito comum, pois está diretamente ligado ao alinhamento dos átomos do material com o campo elétrico imposto, como veremos nos próximos itens. Assim, a forma quase final da lei de Gauss passou a ser:

$$\oint_{\Sigma} \varepsilon \vec{E} \cdot \vec{dS} = Q$$

(3.20)

Uma pequena alteração nessa lei ainda ocorreu, substituindo-se simplesmente $\varepsilon \vec{E}$ por $\vec{D}$ em 3.20, resultando, finalmente:

$$\oint_{\Sigma} \vec{D} \cdot \vec{dS} = Q$$

(3.21)

Ao vetor $\vec{D} = \varepsilon \vec{E}$ dá-se o nome de vetor deslocamento. A razão desse nome será apresentada mais tarde; no entanto, observa-se através de 3.21 que o fluxo do vetor deslocamento sobre uma superfície fechada é igual à quantidade de cargas contidas no interior dessa superfície e pode muito bem substituí-la nos cálculos, o que a torna muito conveniente, pois a operação direta com as cargas complica muito a manipulação matemática de um problema do eletromagnetismo. Observa-se ainda que o meio não influencia essa integral (note que em 3.21 não aparece qualquer grandeza dependente do meio). No entanto, é importante destacar que apenas o fluxo do vetor deslocamento sobre uma superfície não depende do meio, e o vetor deslocamento, isoladamente, depende fortemente do meio em que o campo elétrico está presente.

3.2.4. O vetor intensidade magnética

De volta ao século XIX, a geração de pesquisadores que surgiu com o trabalho de Ampère continuou investindo na obtenção das leis da nova ciência do eletromagnetismo, e a principal delas, obtida ainda na primeira metade do século, foi denominada lei circuital de Ampère em homenagem ao mestre.

As experiências realizadas por esses pesquisadores mostraram que a circuitação (integral de linha em um contorno fechado) do vetor campo magnético é diretamente proporcional à quantidade de corrente concatenada com o contorno sobre o qual foi efetuada a circuitação. As perguntas que agora se apresentam são: por que a pesquisa se concentrou na obtenção de uma circuitação e não em uma integral de superfície como a lei de Gauss? O que significa corrente concatenada com um contorno?

Vamos começar a responder a essas questões pela segunda. A Figura 3.17 nos ajuda a entender esse conceito.

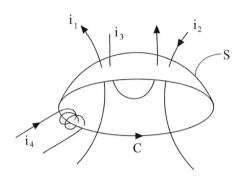

Figura 3.17: Corrente concatenada em um contorno.

Entende-se por corrente concatenada com um contorno a corrente elétrica que cruza uma superfície qualquer apoiada no contorno e é envolvida por ele.

Assim, aplicando esse conceito, as correntes concatenadas com contorno da Figura 3.17 são i_1, i_2, i_4 (três vezes). Note que i_3 não é uma corrente concatenada por não cruzar uma superfície qualquer apoiada em C.

À corrente concatenada é também atribuído um sinal, e para tal o contorno C deve ser orientado (arbitrariamente), como mostrado na Figura 3.18.

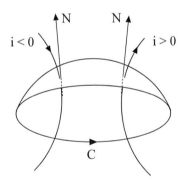

Figura 3.18: Corrente concatenada – convenções.

Com a orientação do contorno estabelecida, orienta-se a normal a um ponto qualquer na superfície nele apoiada, aplicando a regra da mão direita, de modo que os dedos da mão, exceto o polegar, acompanham a orientação do contorno, resultando um sentido para a normal concordante com o sentido do polegar. Na Figura 3.18 está indicada a orientação da normal em um ponto genérico daquela superfície; aproveite e identifique o que está de acordo com o que foi convencionado anteriormente.

Uma vez estabelecidas essas orientações, contabilizamos como positiva a corrente concatenada com o contorno cujo sentido é concordante com o sentido da normal à superfície e negativa em caso contrário.

Dessa forma, para a distribuição de corrente mostrada na Figura 3.17, a totalidade das correntes concatenadas (i_t) com aquele contorno é dada por:

$$i_t = i_1 - i_2 - 3i_4$$

Voltando à primeira pergunta, os esforços se concentraram na obtenção da circuitação do campo sobre um contorno para identificar se o vetor campo magnético era ou não conservativo, como é o caso do campo elétrico constante no tempo. Voltaremos a tocar nesse detalhe em breve, quando discutirmos o conceito de diferença de potencial.

Isto posto, a representação matemática da lei circuital de Ampère é dada por:

$$\oint_C \vec{B}.d\,\vec{l} = \mu_0.i_t \tag{3.22}$$

À constante de proporcionalidade μ_0 deu-se o nome de permeabilidade magnética do ar (ou vácuo), pois todas as experiências foram realizadas tendo o ar como o meio envolvente das correntes elétricas.

Com a evolução dos estudos do eletromagnetismo envolvendo a presença da matéria, mais precisamente com a utilização dos materiais ferromagnéticos como condutores de campo magnético, para os quais a permeabilidade magnética é dependente do campo magnético, a Expressão 3.22 foi reescrita da seguinte forma:

$$\oint_C \frac{\vec{B}}{\mu}.d\,\vec{l} = i_t \tag{3.23}$$

A versão atual da lei circuital de Ampère é obtida substituindo simplesmente $\vec{B}/\mu$ por $\vec{H}$ em 3.23, resultando, finalmente:

$$\oint_C \vec{H}.d\,\vec{l} = i_t \tag{3.24}$$

Ao vetor $\vec{H} = \frac{\vec{B}}{\mu}$ dá-se o nome de vetor intensidade magnética, uma analogia com vetor campo elétrico, o qual também era conhecido como vetor intensidade elétrica.

Observa-se também nesse caso que a circuitação do vetor intensidade magnética em determinado contorno é igual às correntes com ele concatenadas, podendo muito bem substituí-las nos cálculos. Note que, de forma semelhante à lei de Gauss, a lei circuital de Ampère, expressa em termos do vetor intensidade magnética $\vec{H}$, não depende do meio, sendo dependente única e exclusivamente da totalidade das correntes concatenadas com o contorno. Convém, no entanto, destacar que apenas a circuitação de $\vec{H}$ no contorno não depende do meio e não o vetor intensidade magnética $\vec{H}$ isoladamente, o qual é fortemente dependente do meio envolvente das correntes.

3.2.5. O vetor polarização elétrica

A Figura 3.19 mostra em corte um capacitor de placas paralelas no interior do qual será parcialmente inserido um material de permissividade elétrica ε. Suponha que entre as placas desse capacitor seja aplicada uma diferença de potencial que estabelece um campo entre elas. Demonstraremos que o valor do campo elétrico que é estabelecido é igual a $E = V/d$, na qual V é a diferença de potencial aplicada e d a distância entre as placas, independente de a região ser o ar ou o dielétrico.

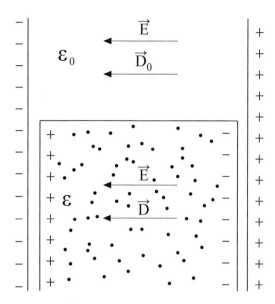

Figura 3.19: Capacitor de placas paralelas – vetor polarização.

Assim sendo, na região cujo dielétrico é o ar, o vetor deslocamento é tal que:

$$\vec{D}_0 = \varepsilon_0 \vec{E}$$

Ao passo que na região do dielétrico temos:

$$\vec{D} = \varepsilon \vec{E}$$

Dessa forma, o vetor deslocamento sofre um acréscimo devido à presença do dielétrico, pois $\varepsilon > \varepsilon_0$. Esse acréscimo é devido à deformação observada pelo átomo do dielétrico na presença do campo, como mostra a Figura 3.20.

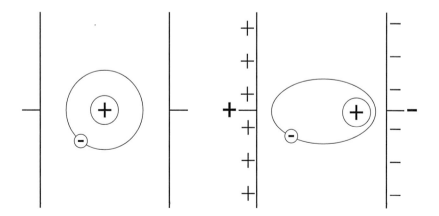

Figura 3.20: Deformação do átomo devido ao campo elétrico.

A Figura 3.20 mostra ainda que a deformação sofrida pelo átomo, devido a um deslocamento da nuvem eletrônica em relação ao núcleo, corresponde a uma separação de cargas, na medida em que o centro das cargas positivas (prótons) não coincide mais com o centro das cargas negativas (os elétrons), gerando o que é denominado dipolo elétrico (duas cargas de sinais opostos muito próximas uma da outra). A esse fenômeno dá-se o nome de polarização do dielétrico, podendo-se notar na Figura 3.19 que, na superfície do dielétrico, próximo à placa do capacitor, a polarização é sentida através do aparecimento de uma carga superficial, a qual é a responsável pelo acréscimo do vetor deslocamento de D_0 para D.

A esse acréscimo do vetor deslocamento dá-se o nome de vetor polarização, designado por $\vec{P}$, e é tal que:

$$\vec{D} = \vec{D}_0 + \vec{P} \tag{3.25}$$

Experimentalmente, verifica-se que o vetor polarização $\vec{P}$ nos materiais lineares é diretamente proporcional ao campo elétrico $\vec{E}$, de modo que podemos escrever:

$$\vec{P} = \varepsilon_0 \chi_e \vec{E}$$

na qual a constante de proporcionalidade χ_e é denominada suscetibilidade elétrica do meio. Substituindo essa grandeza em 3.25, obtém-se:

$$\vec{D} = \varepsilon_0 (1 + \chi_e) \vec{E} \tag{3.26}$$

Assim, a permissibilidade elétrica do meio também pode ser escrita como segue:

$$\varepsilon = \varepsilon_0 (1 + \chi_e)$$

3.2.6. O vetor magnetização

Para o entendimento do vetor magnetização $\vec{M}$, vamos considerar uma bobina com N espiras, uniformemente distribuída ao longo de um toroide, como mostra a Figura 3.22.

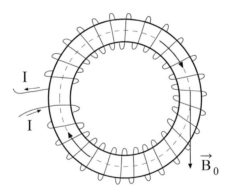

Figura 3.21: Toroide.

Aplicando a lei circuital de Ampère a um contorno circular no interior do toroide, como indicado na Figura 3.22, podemos escrever:

$$\oint_C \vec{H} \cdot d\vec{l} = Ni$$

na qual Ni é a totalidade da corrente concatenada com o contorno C.

Como as linhas do vetor intensidade magnética $\vec{H}$ são circulares, adicionada ainda ao fato de que $\vec{H}$ é constante sobre essa linha, a expressão anterior pode ser reescrita como segue:

$$H * (perímetro\ do\ contorno) = Ni$$

ou, ainda:

$$H 2\pi r = Ni$$

Note que $\vec{H}$ e $d\vec{l}$ estão alinhados, pois ambos são tangentes ao contorno C. Resultando, portanto:

$$H = \frac{Ni}{2\pi r}$$

Suponha que o material constituinte do toroide seja não magnético, isto é, sua permeabilidade magnética é igual à do ar. Dessa forma, o campo magnético no interior do toroide será dado por:

$$B_0 = \mu_0 \frac{Ni}{2\pi r}$$

na qual μ_0 é a permeabilidade do ar.

Se, todavia, o material constituinte do toroide for um material magnético com permeabilidade magnética maior que a do ar, o campo magnético sofrerá um acréscimo ΔB, isto é:

$$\vec{B} = \vec{B}_0 + \Delta \vec{B}$$

ou, ainda:

$$\vec{B} = \mu_0 \vec{H} + \Delta \vec{B}$$

Dividindo ambos os membros por μ_0, obtém-se:

$$\frac{1}{\mu_0}\vec{B} = \vec{H} + \frac{1}{\mu_0}\Delta \vec{B}$$

Ao vetor $\vec{M} = \frac{1}{\mu_0}\Delta \vec{B}$ denomina-se vetor magnetização, de modo que podemos escrever:

$$\frac{1}{\mu_0}\vec{B} = \vec{H} + \vec{M}$$

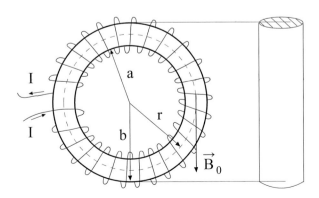

Figura 3.22: Toroide — material magnético $\mu > \mu 0$.

Resultando, portanto:

$$\vec{B} = \mu_0(\vec{H} + \vec{M}) \tag{3.27}$$

Verifica-se também experimentalmente que o vetor magnetização $\vec{M}$, em meios lineares, é diretamente proporcional ao vetor intensamente magnético, assim:

$$\vec{M} = \chi_m \vec{H}$$

na qual χ_m é denominada suscetibilidade magnética do meio. Substituindo seu valor em 3.27, obtemos finalmente:

$$\vec{B} = \mu_0(1 + \chi_m)\vec{H}$$

Lembrando que $\vec{B} = \mu \vec{H}$, obtemos por identidade que:

$$\mu = \mu_0(1 + \chi_m) \tag{3.28}$$

O vetor magnetização é também utilizado na classificação dos materiais quanto ao seu comportamento diante do vetor intensidade magnética imposto.

Materiais que, sob a ação do vetor intensidade magnética $(\vec{H})$, respondem com um vetor magnetização $(\vec{M})$ reduzido, mas, em concordância com o campo magnético aplicado, pertencem à classe dos materiais paramagnéticos (Figura 3.23A).

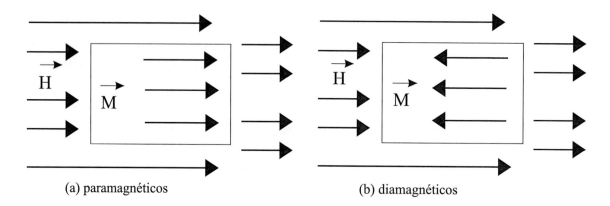

(a) paramagnéticos   (b) diamagnéticos

Figura 3.23: Reações dos materiais paramagnéticos e diamagnéticos.

Para esses materiais, como o alumínio e o tungstênio, a suscetibilidade magnética é positiva e muito pequena, da ordem de 10^{-5}. Para o alumínio temos $\chi_{AL} \cong 0,00002$, e para o tungstênio, $\chi_W \cong 0,00008$, de modo que a permeabilidade magnética é muito próxima da do ar (ou vácuo).

Materiais que, sob a ação do vetor intensidade magnética, respondem com um vetor magnetização $(\vec{M})$ reduzido, porém, em oposição ao campo magnético aplicado, pertencem à classe dos materiais ditos diamagnéticos (Figura 3.23B). Como exemplos de materiais diamagnéticos incluímos o cobre, a prata, o ouro e também a água.

Nos materiais diamagnéticos, a suscetibilidade é negativa e muito pequena; como exemplos de algumas suscetibilidades de materiais comuns da natureza estão: $\chi_{CU} \cong -0,00001$; $\chi_{AG} \cong -0,00003$; $\chi_{AU} \cong -0,00004$.

As magnetizações dos materiais diamagnéticos e paramagnéticos são mínimas, de modo que em nossa experiência cotidiana não percebemos qualquer resposta diferente daquela oferecida pelo ar desses elementos ao campo intensidade magnética aplicado. Não sentimos, por exemplo, nenhuma reação ao aproximar um pedaço de cobre de um ímã, ainda que uma sonda suficientemente sensível constate uma pequena "repulsão".

Uma classe particular de material magnético, de uso intenso na confecção de equipamentos elétricos, é a classe dos materiais ferromagnéticos, na qual a resposta ao vetor intensidade magnética é uma magnetização intensa e concordante com ele.

Nessa classe de materiais incluímos o ferro, o níquel e o cobalto, os quais apresentam suscetibilidades magnéticas que podem atingir valores da ordem de 10^{-4}, com característica não linear, na qual seu valor é uma função da amplitude do vetor intensidade magnética, isto é:

$$\chi_E = \chi_E (H)$$

A Figura 3.24 mostra o comportamento da permeabilidade em função da amplitude do vetor intensidade magnética, também característica de magnetização de um tipo de material ferromagnético utilizado na fabricação de transformadores de grande porte.

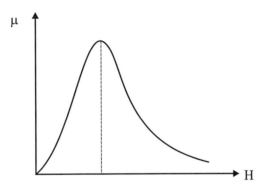

Figura 3.24: Curvas.

3.3. Grandezas associadas aos vetores de campo

3.3.1. Diferença de potencial entre dois pontos

A Figura 3.25 mostra dois pontos A e B posicionados em uma região imersa em um campo elétrico $\vec{E}$.

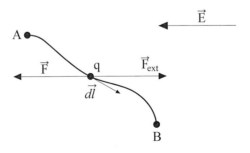

Figura 3.25: Pontos em uma região imersa em um campo elétrico.

Nosso objetivo é calcular o trabalho que devemos desenvolver para arrastar a carga q no caminho AB indicado, cujo sentido é contrário ao sentido do campo elétrico.

Como o sentido é contrário ao campo elétrico, é necessária a presença de um agente externo para levar a carga entre aqueles pontos, visto que a ação do campo elétrico é contrária àquilo que nos propomos.

Assim sendo, o agente externo que arrastará a carga deverá aplicar uma força externa $\vec{F}_{ext}$ necessariamente superior à força $\vec{F}$ aplicada pelo campo elétrico na carga.

A força resultante da composição de $\vec{F}_{ext}$ e $\vec{F}$ deve ter um componente alinhado com a direção do movimento.

Adicionalmente, suponha que o arraste da carga ao longo do caminho AB seja quase estacionário, isto é, o movimento é muito lento, o que implica dizer que o tempo necessário para arrastar a carga de A para B é, virtualmente, infinito.

Nessas condições, podemos afirmar, com segurança, que a força resultante da composição de $\vec{F}_{ext}$ e $\vec{F}$ é (praticamente) nula, de modo que $\vec{F}_{ext} = -\vec{F}$.

Voltando ao nosso problema, a avaliação do trabalho para arrastar a carga de A para B é dada por:

$$\tau = \int_A^B \vec{F}_{ext} \cdot d\vec{l} \tag{3.29}$$

Diante da condição quase estacionária, a equação anterior pode ser escrita como segue:

$$\tau = -\int_A^B \vec{F}_{ext} \cdot d\vec{l} = -\int_A^B q\vec{E} \cdot d\vec{l} \tag{3.30}$$

Já estamos em condições de definir a diferença de potencial entre os dois pontos A e B, de modo que você não pode deixar de entender.

Define-se a diferença de potencial entre os pontos A e B ao trabalho realizado para arrastar uma carga unitária do ponto A ao ponto B, a qual, matematicamente, pode ser escrita como segue:

$$V_{AB} = \frac{\tau}{q} = -\int_A^B \vec{E} \cdot d\vec{l} \tag{3.31}$$

Dimensionalmente, a unidade da diferença de potencial é Joule/Coulomb (J/C), a qual foi denominada Volt, ou simplesmente V, em homenagem a Alexandre Volta, o inventor da bateria.

Uma analogia com a mecânica talvez possa ajudá-lo no entendimento físico da diferença de potencial. No campo gravitacional, podemos definir uma diferença de potencial entre dois pontos, relacionada com suas alturas, como mostra a Figura 3.26.

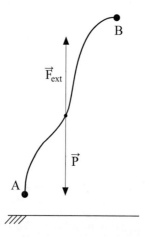

Figura 3.26: Diferença de potencial gravitacional.

Para tal, calculamos o trabalho realizado para levar uma massa m do ponto A (mais baixo) para um ponto B (mais alto), de modo quase estacionário, através da relação:

$$\tau = -\int_L \vec{P} \cdot d\vec{l} = -\int_L m\vec{g} \cdot d\vec{l} \tag{3.32}$$

na qual $\vec{P}$ é o peso do corpo de massa m. Assim sendo, por analogia, definimos diferença de potencial gravitacional ao trabalho realizado para elevar um corpo de massa unitária do ponto A ao ponto B ou, ainda:

$$V_{AB} = \frac{\tau}{m} = -\int_L \vec{g} \cdot d\vec{l} \tag{3.33}$$

Note que o papel do campo elétrico é aqui realizado pelo campo gravitacional $\vec{g}$. Aprofundando um pouco mais a análise, verificamos que, no caso do campo gravitacional constante, o que ocorre em baixas altitudes, essa diferença de potencial gravitacional é igual à diferença entre as energias potenciais de um corpo de massa unitária nas posições A e B, respectivamente.

Apesar de a diferença de potencial ter sido definida a partir de uma carga arrastada entre dois pontos em uma região imersa em um campo elétrico, essa grandeza independe da presença da carga e é uma função da posição dos pontos e da intensidade de campo elétrico, e dá ainda um indicativo da capacidade de realização de trabalho nessa região, da mesma forma que a diferença de potencial gravitacional entre dois pontos também existe independentemente da presença de um corpo na região.

■ **Exercício Resolvido 6**

Um capacitor esférico é constituído por uma esfera condutora de raio a e uma casca condutora de raio b, separadas por um dielétrico de permissividade ε. O campo elétrico no dielétrico é dado por:

$$\vec{E} = \frac{k}{r^2\left(\frac{1}{a} - \frac{1}{b}\right)} \vec{u}_R$$

onde $\vec{u}_R$ é um vetor unitário na direção radial.

Determine a diferença de potencial entre as peças condutoras.

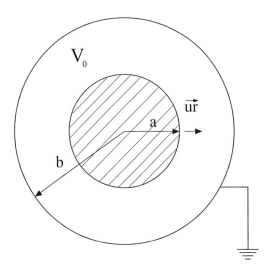

Figura 3.27: Capacitor esférico.

Solução

A diferença de potencial é dada por:

$$V = -\int_B^A \vec{E} \cdot \vec{dl} \ (V)$$

Especial cuidado deve-se ter com os limites de integração, pois B refere-se ao ponto final do caminho A-B, cujo percurso deve ser feito contra o campo elétrico.

Como o caminho para o cálculo da diferença de potencial é qualquer um, escolheremos o caminho radial indicado na Figura 3.27, do qual podemos extrair $d\vec{l} = dr(-\vec{u}_R)$ com os seguintes limites de integração:

Em B, r = a, d_r e em A, r = b, de modo que:

$$V = -\int_a^b \frac{k}{r^2 \left(\frac{1}{a} - \frac{1}{b}\right)} \cdot \vec{u}_R \cdot dr \cdot (-\vec{u}_R)$$

que resulta:

$$V = \frac{k}{r^2 \left(\frac{1}{a} - \frac{1}{b}\right)} \int_a^b \frac{dr}{r^2} dr$$

ou, ainda:

$$V = k(V)$$

3.3.2. Fluxo magnético sobre uma superfície

A Figura 3.28 mostra uma superfície S imersa em uma região em que está presente um campo magnético. O conceito de fluxo magnético sobre uma superfície pode ser associado à vazão de um fluxo sobre uma seção, a qual representa o fluxo do vetor campo de velocidades sobre essa seção, matematicamente expressa por:

$$Q = \int_S \vec{v} \cdot d\vec{S} \ (m^3/s) \tag{3.34}$$

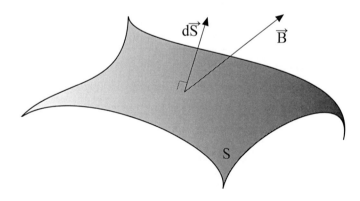

Figura 3.28: Fluxo magnético.

Através dessa analogia, o fluxo magnético através de uma superfície S é dado por:

$$\phi = \int_S \vec{B} \cdot d\vec{S} \tag{3.35}$$

Uma forma de entendimento interessante, muito utilizada no passado, consiste em associar o fluxo magnético a uma quantidade de linhas de campo magnético que cruza determinada superfície.

3.3.3. Fluxo magnético concatenado

Suponha agora que o contorno da superfície S da Figura 3.29 seja o limite de um circuito elétrico construído com uma única malha e imerso em uma região em que está presente uma distribuição de campo magnético. Nesse caso, o fluxo magnético que cruza esse circuito, também denominado fluxo concatenado, é igual ao fluxo magnético calculado por 3.35.

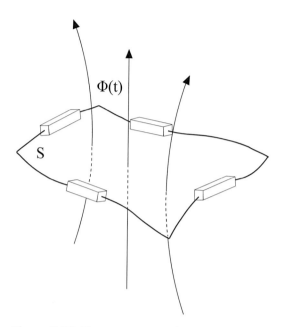

Figura 3.29: Fluxo concatenado com o circuito.

Ocorre, no entanto, que podemos ter circuitos constituídos por vários planos sobrepostos, como o caso de bobinas constituídas por várias espiras, sujeitas a um fluxo magnético único que as cruza, como mostra a Figura 3.30.

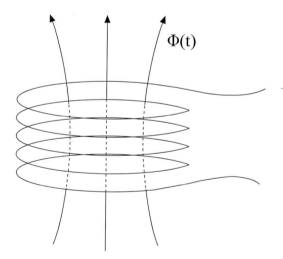

Figura 3.30: Bobina com N espiras sujeita a um fluxo magnético.

Suma situação deste tipo, para calcular o fluxo magnético concatenado, devemos considerar o número de vezes em que ele cruza o circuito para obter a sua totalidade. Assim, no caso de uma bobina com N espiras muito próximas umas das outras, o fluxo concatenado com essa bobina é tal que:

$$\lambda = N\phi \tag{3.36}$$

■ Exercício Resolvido 7

A Figura 3.31 mostra um corte transversal de um dispositivo eletromecânico constituído por um cilindro de ferro maciço, de raio R e comprimento h, magnetizado norte-sul como indicado. Esse cilindro é envolvido por uma coroa cilíndrica, também de material ferromagnético. No espaço de ar denominado entreferro, o cilindro magnetizado produz uma distribuição senoidal de campo magnético na direção radial. A coroa cilíndrica, por sua vez, aloja uma bobina, com N espiras, com seus lados diametralmente opostos.

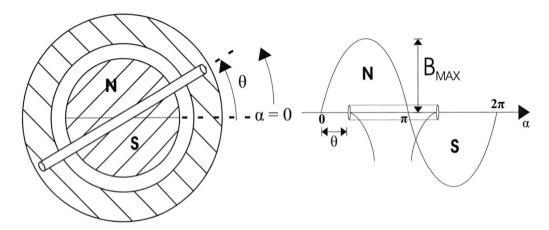

Figura 3.31: A. Dispositivo eletromecânico. B. Representação retificada da distribuição de campo magnético senoidal.

Calcule o fluxo magnético através da superfície da bobina.

Solução

Representação matemática da distribuição de campo magnético:

$$B(\alpha) = B_{MAX} \, \text{sen} \, \alpha$$

Cálculo do fluxo magnético sobre a superfície da bobina: como a distribuição do campo magnético é radial, as linhas de campo incidem perpendicularmente na superfície, de modo que:

$$\phi = \int_S B(\alpha) dS$$

na qual dS é a área elementar da bobina de lados $Rd\alpha$ e profundidade h, como mostra a figura.

Resulta, então:

$$\phi = \int_\theta^{\theta+\pi} B_{MAX} \, \text{sen} \, \alpha . h . R . d\alpha$$

ou, ainda:

$$\phi = 2B_{MAX} Rh \cos \theta \, (Wb)$$

3.3.4. Força eletromotriz

Era um exímio encadernador, seu trabalho era conhecido em boa parte de Londres naquela época e era extremamente pobre. Existem relatos que atestam que ele passou fome na infância e adolescência. Trabalhava 16 horas por dia, embora essa carga de trabalho fosse muito comum. Não havia tempo de ir à escola, a qual era reservada essencialmente para uma classe mais privilegiada. No entanto, contingências da vida o levaram, como encadernador, a tomar contato com uma cultura diferenciada; ele lia todas as obras que caíam em suas mãos para ser encadernada. Certo dia, um cliente lhe ofereceu ingressos para assistir a um ciclo de conferências de *Sir* Humphry Davy (1778-1829), presidente da Royal Institution e descobridor de várias propriedades dos gases. Anotou tudo o que foi dito e escrito e encadernou essas anotações devidamente, presenteando-as a Davy.

A Royal Society era o centro que congregava todos os cientistas célebres, tendo sido seu presidente, dentre outros, Isaac Newton, Cristopher Wren, *Lord* Kelvin, entre outros. Mais uma vez o capricho do destino atuou quando, ao demitir um dos seus colaboradores dos laboratórios da Royal Institution, o primeiro laboratório de pesquisa do mundo, Davy lembrou-se daquele rapaz que o havia presenteado com suas anotações e o contratou para ser seu ajudante. Ele passou a viver nos laboratórios da instituição, imerso nos estudos que agora teria tempo para fazer. Estudou as propriedades dos gases e se interessou pela eletricidade. Depois de alguns poucos anos, Michael Faraday, que não sabia matemática por não ter feito cursos regulares, descobriu a lei da indução magnética, em 29 de agosto de 1831, e mudou a cara do mundo ao inventar a engenharia elétrica.

O fenômeno é muito simples, e, para um entendimento correto, inclusive quanto à convenção de sinais envolvida, suponha a existência de um anel condutor, como mostrado da Figura 3.32, sujeito a um campo magnético variável no tempo.

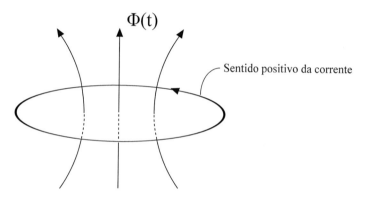

Figura 3.32: Fluxo magnético concatenado com anel condutor.

O sentido positivo da corrente é obtido aplicando-se a regra da mão direita ao contorno, situando o polegar no sentido concordante com o fluxo magnético (esse é o sentido positivo do fluxo magnético), com os demais dedos indicando o sentido positivo da corrente. No caso da Figura 3.32, o sentido positivo é o sentido anti-horário.

Faraday observou que, quando o fluxo concatenado com o anel variava no tempo, uma corrente era induzida. Verificou também que o sentido dessa corrente era sempre para se opor à variação do fluxo magnético, como mostra a Fig. 3.33, em duas situações distintas.

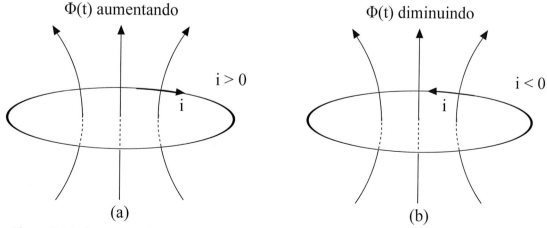

Figura 3.33: Corrente induzida: a) fluxo magnético aumentando; b) fluxo magnético diminuindo.

A explicação para esta corrente induzida é o surgimento (que os engenheiros eletricistas preferem chamar de indução) de um campo elétrico no condutor criado pelo campo magnético variável no tempo.

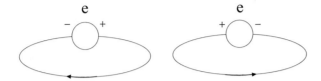

Figura 3.34: Circuito equivalente: a) fluxo magnético aumentando; b) fluxo magnético diminuindo.

O trabalho por unidade de carga realizado por esse campo elétrico ao longo de todo o contorno é denominado força eletromotriz (f.e.m.) e, de acordo com as experiências de Faraday, é diretamente proporcional à taxa de variação temporal do fluxo magnético concatenado com o condutor, isto é:

$$e = -\frac{d\lambda}{dt} \qquad (3.37)$$

O sinal negativo deve ser colocado devido à oposição que essa f.e.m. exerce na variação do fluxo magnético concatenado com o condutor.

A exemplo do que foi feito no cálculo da diferença de potencial entre dois pontos, a f.e.m., por sua vez, pode ser expressa em função do campo elétrico induzido como segue:

$$f.e.m. = e = \oint_C \vec{E} \cdot d\vec{l} = -\frac{d\lambda}{dt} \qquad (3.38)$$

A razão do sinal positivo na integral de linha do primeiro membro de 3.38 é devida ao fato de que o campo elétrico induzido exerce o papel do agente externo que movimenta as cargas (veja o item 3.3.1).

Enfim, Faraday, que não teve uma educação formal na infância e adolescência, introduziu o tempo no eletromagnetismo, inventando a engenharia elétrica; muita coisa aconteceria a partir de então.

■ **Exercício Resolvido 9**

Suponha que o cilindro magnetizado interno do dispositivo eletromecânico da Fig. 3.31 gire no sentido horário com uma velocidade angular ω (rad/s). Calcule a f.e.m. induzida na bobina de N espiras.

Solução

Se o cilindro interno girar, podemos expressar o fluxo magnético concatenado com a bobina ($\lambda = N \cdot \phi$) em função do tempo fazendo $\theta = \theta_0 - \omega.t$, de modo que $\lambda(t) = N \cdot 2 \cdot B_{MAX} \cdot R.h.\cos(\theta_0 - \omega.t)$.

Assim, a f.e.m. induzida na bobina, dada por $e = -\frac{d\lambda}{dt}$, resulta:

$$e(t) = 2.\omega.N.B_{MAX}.R.h.\operatorname{sen}(\omega.t - \theta_0) \quad (V)$$

Note que a f.e.m. resultante varia senoidalmente no tempo com frequência $f = \omega/2\pi$ (Hz) e valor máximo dado por:

$$E_{MAX} = 2.\omega.N.B_{MAX}.R.h \quad (V)$$

cujo valor eficaz dado por $E_{EF} = E_{MAX}/\sqrt{2}$ pode ser expresso por:

$$E_{EF} = 4{,}44 \cdot f \cdot N \cdot \phi_P \quad (V)$$

na qual

$$\phi_P = 2 \cdot B_{MAX} \cdot R \cdot h$$

é denominado fluxo por polo do dispositivo.

3.3.5. Força magneto-motriz

O conceito de força magneto-motriz (f.m.m.) é uma analogia ao conceito de f.e.m. expresso em (3.3), extraído da lei circuital de Ampère, de modo que:

$$f.m.m = \Im = \oint_C \vec{H} \cdot d\vec{l} = i_t \tag{3.39}$$

A f.m.m. nada mais é do que a corrente concatenada com o contorno.

3.4. Relações constitutivas

As relações constitutivas estabelecem as propriedades físicas dos materiais, visto que ligam vetores de campo associados às fontes, que são $\vec{D}$, $\vec{H}$ e $\vec{J}$, aos seus efeitos, que são os campos elétrico $\vec{E}$ e magnético $\vec{B}$.

Para o campo magnético, já discutimos a relação constitutiva associada, que é:

$$\vec{B} = \mu \vec{H} \tag{3.40}$$

na qual μ é a permeabilidade magnética do meio medida no sistema internacional em H/m. No ar (ou vácuo), o valor da permeabilidade magnética é $\mu_0 = 4\pi \cdot 10^{-7} H/m$. Essa é a menor permeabilidade magnética possível na natureza e por essa razão é muito difícil estabelecer um campo magnético no ar.

É muito comum expressarmos a permeabilidade magnética de um meio como um múltiplo da permeabilidade magnética do vácuo através da permeabilidade relativa $\mu_r = \mu/\mu_0$.

Uma outra forma de expressar a mesma relação constitutiva é através da relação:

$$\vec{H} = \nu \vec{B} \tag{3.41}$$

na qual $\nu = 1/\mu$ é denominada relatividade magnética do meio medida em m/H. Já discutimos também a relação constitutiva que liga os vetores deslocamento $\vec{D}$ e campo elétrico $\vec{E}$, dada por:

$$\vec{D} = \varepsilon \vec{E} \tag{3.42}$$

na qual ε é a permissividade elétrica do meio medida em (F/m). No ar (ou vácuo) essa permissividade vale $\varepsilon_0 = \frac{1}{36\pi} 10^{-9} F/m$ e também é a menor permissividade elétrica possível.

Da mesma forma, define-se a permissividade relativa do meio através da relação $\varepsilon_r = \varepsilon/\varepsilon_0$.

Finalmente, a relação constitutiva que relaciona o vetor densidade de corrente $\vec{J}$ com o vetor campo elétrico $\vec{E}$ é dada por:

$$\vec{J} = \sigma \vec{E} \qquad (3.43)$$

na qual σ é a condutividade do meio dada, no Sistema Internacional, em *S/m*. Essa relação é ainda a forma de expressão da lei de Ohm em termos dos vetores de campo, pois o campo elétrico está associado à diferença de potencial, e o vetor densidade de corrente associado à corrente elétrica.

A Figura 3.35 mostra um tubo de corrente elementar de seção transversal ΔS e comprimento Δl.

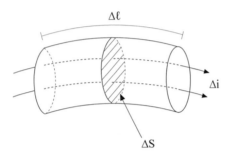

Figura 3.35: Tubo elementar de corrente.

O campo elétrico e o vetor densidade de corrente nesse tubo de corrente elementar podem ser expressos por $E = \frac{\Delta V}{\Delta l}$ e $J = \frac{\Delta i}{\Delta S}$, de modo que, aplicando 3.43, obtém-se:

$$\frac{\Delta i}{\Delta S} = \sigma \frac{\Delta V}{\Delta l}$$

Rearranjando a expressão anterior, podemos escrever:

$$\Delta V = \frac{\Delta l}{\sigma \Delta S} \Delta i$$

ou, ainda $\Delta V = R \Delta i$, na qual $R = \frac{\Delta l}{\sigma \Delta S}$ é a resistência do tubo de corrente.

As propriedades físicas μ, ε e σ são parâmetros dependentes de uma série de grandezas. No caso mais geral, essas propriedades são dependentes do campo ao qual estão associadas e da temperatura, de modo que:

$$\mu = \mu(B, T)$$
$$\varepsilon = \varepsilon(E, T)$$
$$\sigma = \sigma(E, T)$$

Excetuando-se a condutividade (σ), a influência da temperatura na permeabilidade magnética (μ) e na permissividade elétrica (ε) só se faz sentir para valores bem elevados, normalmente abaixo dos valores envolvidos nos projetos de engenharia, de modo que normalmente consideramos $\mu = \mu(B)$ e $\varepsilon = \varepsilon(E)$; no entanto, a temperatura afeta sensivelmente a condutividade.

A Figura 3.36 mostra o comportamento típico das relações constitutivas dos principais materiais utilizados em engenharia.

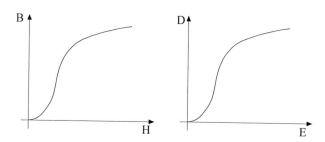

Figura 3.36: Relações constitutivas.

Materiais com propriedades variáveis com o campo, de acordo com as curvas da Figura 3.36, são denominados materiais não lineares. Materiais nos quais as propriedades físicas são constantes, de modo que suas características são uma reta, como as do ar (ou vácuo), são ditos materiais lineares. Note que a maioria dos materiais utilizados pela engenharia em seus projetos apresenta linearidade para reduzidos valores de campos, como pode ser observado na Figura 3.36.

Alguns materiais apresentam, também, comportamentos dependentes da direção do campo. Tais materiais são ditos anisotrópicos, de modo que suas propriedades físicas dependem da direção; quando isso não ocorre, os materiais são ditos isotrópicos.

3.5. Exercícios propostos

■ **Exercício 1**

Densidade volumétrica de cargas: Determine a quantidade total de cargas elétricas contidas em um cilindro cuja densidade volumétrica de cargas é dada por:

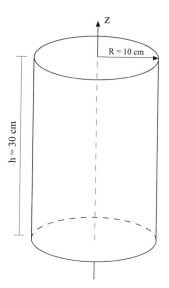

Figura 3.37: Exercício 1.

Resposta: 3,43 pC.

■ Exercício 2

Densidade superficial de cargas: Uma folha retangular está eletricamente carregada com uma densidade superficial de cargas senoidalmente distribuída, como mostra a Figura 3.38. Determine a expressão analítica dessa distribuição sabendo que a quantidade total de cargas elétricas na placa é 10 pC.

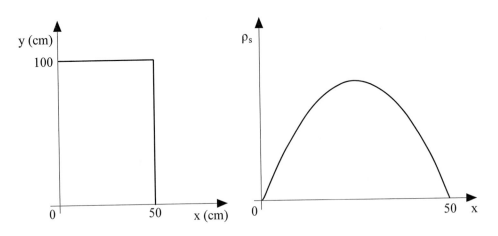

Figura 3.38: Exercício 2.

Resposta: $\rho_s = 10\pi \operatorname{sen}(2\pi x) \; \frac{pC}{m^2}$

■ Exercício 3

Densidade linear de cargas: Na linha mostrada na Figura 3.39 (eixo s) são depositadas cargas elétricas distribuídas senoidalmente ao longo de sua extensão, como indicado.

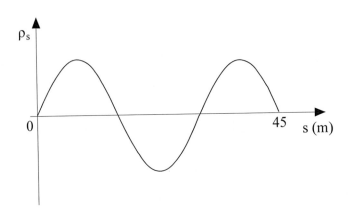

Figura 3.39: Exercício 3.

Determine a expressão matemática da densidade linear de cargas elétricas sabendo que a quantidade total de cargas elétricas líquida na linha é 5 nC.

Resposta: $\rho_l = \frac{\pi}{2} \operatorname{sen}(\frac{\pi}{15} s)$.

■ Exercício 4

Densidade de corrente: A Figura 3.40 a seção transversal de um motor de indução de seis polos. Os enrolamentos situados na superfície interna da coroa cilíndrica e da periférica do cilindro interno produzem, quando percorridos por corrente elétrica, uma distribuição superficial de corrente senoidal.

Capítulo 3 | Fundamentos do Eletromagnetismo

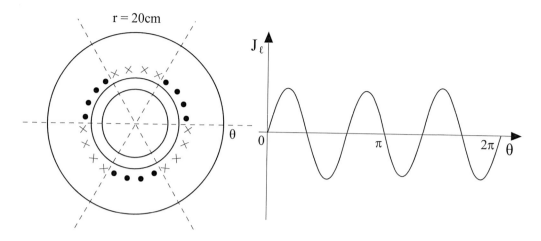

Figura 3.40: Exercício 4.

A f.m.m. por pólo (corrente total de cada meio ciclo) é igual a 400 A. Determine a expressão de J_1.
Resposta: $J_1 = 3000\,\text{sen}(3\theta)$.

■ Exercício 5

Densidade de corrente: Determinar o comportamento da densidade de corrente no condutor da Figura 3.41 em função da posição x, sabendo que a corrente injetada é igual a 500 A em corrente contínua.

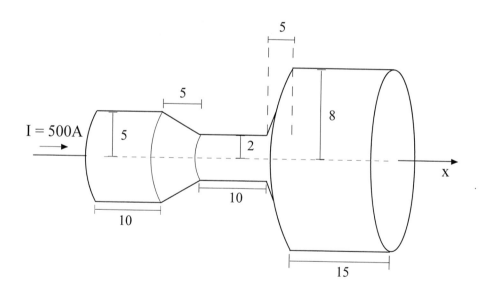

Figura 3.41: Exercício 5.

■ Exercício 6

Diferença de potencial: O campo elétrico no dielétrico do cabo coaxial da Figura 3.42 é dado por:

$$E = \frac{k}{r.\ln(\frac{b}{a})} \quad para \quad a < r < b$$

na direção radial. Determine a diferença de potencial entre os condutores interno e externo.

163

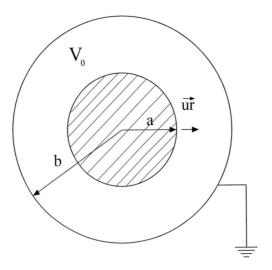

Figura 3.42: Exercício 6.

Resposta: k.

■ **Exercício 7**

Diferença de potencial: O campo elétrico no dielétrico de um capacitor esférico é dado por:

$$E = \frac{Q}{4\pi\varepsilon r^2} \quad para \quad a < r < b$$

na direção radial. Determine a diferença de potencial entre as placas do capacitor.

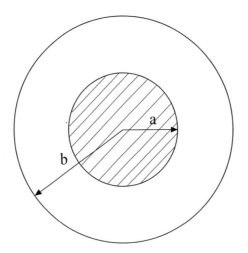

Figura 3.43: Exercício 7.

Resposta: $\dfrac{Q}{4\pi\varepsilon}\left[\dfrac{1}{a}-\dfrac{1}{b}\right]$.

Exercício 8

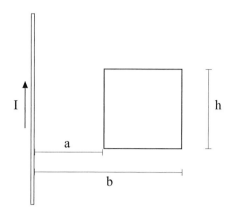

Figura 3.44: Exercício 8.

Fluxo magnético: Calcule o fluxo magnético sobre a bobina retangular quando a corrente do fio retilíneo e infinito vale I.
Resposta: $\dfrac{\mu_0 I h}{2\pi} \ln(\dfrac{b}{a})$.

Exercício 9

Lei de Faraday: Suponha que a bobina retangular do exercício anterior tenha N espiras e a corrente I seja tal que $\sqrt{2} I_0 \cos(\omega t + \alpha)$. Determine:

a: o fluxo magnético concatenado com a bobina;
b: o valor eficaz da f.e.m. induzida;
c: a f.e.m. e a corrente I estão em fase no tempo? Por quê?

Exercício 10

Lei de Faraday: Um transformador de corrente é utilizado para medir correntes de uma linha de alta tensão. Para tal, um toroide circular enrolado com uma bobina de 300 espiras envolve o condutor da linha de transmissão sem, no entanto, tocá-lo. O referido toroide tem diâmetro médio de 6 cm, seção transversal circular de diâmetro 1 cm e permeabilidade relativa μ_R = 200. Se uma corrente senoidal de valor eficaz 1.000 A (60 Hz) flui através da linha de alta tensão, determine o valor da tensão induzida nos terminais da bobina do toroide.

Exercício 11

Lei de Faraday: Uma espira retangular de dimensões 5 cm × 10 cm está girando a 1.500 rpm imersa em um campo magnético uniforme de intensidade 50 mT normal ao seu eixo de rotação, como mostra a Figura 3.45. Determine a tensão induzida nos terminais da bobina.

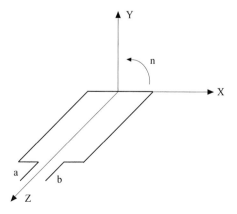

Figura 3.45: Exercício 11.

■ Exercício 12

Lei de Faraday: Um condutor semicircular de raio a está girando imerso em um campo magnético constante de intensidade B_0 a uma velocidade angular constante ω, como mostra a Figura 3.46. Se o fio formar um circuito fechado com resistência R, determine a corrente nesse resistor. Despreze a resistência dos fios.

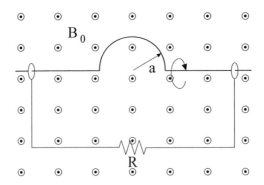

Figura 3.46: Exercício 12.

■ Exercício 13

Lei de Faraday: Dois condutores infinitamente longos conduzem as correntes I_1 e I_2 cruzando-se (sem contato) na origem do sistema de coordenadas, como mostra a Figura 3.47.
Uma espira retangular é colocada próximo dos fios.

a: Se $I_1 = cos(\omega t)$ e $I_2 = sen(\omega t)$, determine a polaridade e a amplitude da tensão induzida (V_{ind}). Esboce $(V_{ind}(t))$ juntamente com $I_1(t)$ e $I_2(t)$.

b: Se I_1 e I_2 forem constantes e iguais $(I_1 = I_2 = I)$, e movemos a espira com velocidade constante v, em qual direção ela deve ser movida de modo a produzir a maior tensão induzida V_{ind}? Encontre esse valor de V_{ind}.

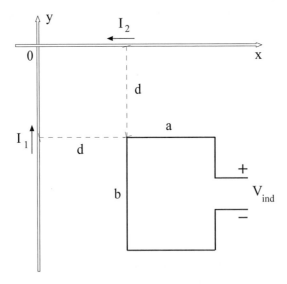

Figura 3.47: Exercício 13.

■ Exercício 14

Lei de Faraday: A linha de transmissão da Figura 3.48 é percorrida por uma corrente senoidal dada por $i(t) = \sqrt{2}.1000.\cos 377t$ (A). Com o intuito de obter energia elétrica a custo zero, um habitante das proximidades da linha de transmissão colocou uma bobina retangular de 70 espiras posicionada como mostra a figura. Calcule o valor eficaz da tensão nos terminais da bobina.

Obs.: Este procedimento gera processo legal da concessionária de energia elétrica, além de outros riscos de natureza elétrica.

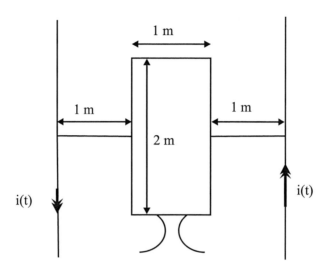

Figura 3.48: Exercício 14.

■ Exercício 15

Lei de Faraday: Considere uma bobina de cobre circular, com 20 espiras e 15 cm de diâmetro, com seu plano perpendicular a um campo magnético uniforme, como mostrado na Figura 3.49. O campo magnético é dado por $B(t) = 10\ cos(120\pi t)$. Determine o valor eficaz da corrente através de um resistor de 10 Ω conectado em seus terminais. Despreze a resistência ôhmica da bobina.

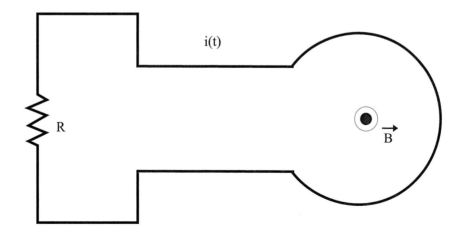

Figura 3.49: Exercício 15.

■ Exercício 16

Lei de Faraday: Uma espira retangular de dimensões *x* e *y* está girando a uma velocidade angular ω imersa em um campo magnético normal ao seu eixo de rotação, como mostra a Figura 3.50. Determine a tensão induzida nos terminais do circuito nas seguintes condições:

a: Quando o campo magnético é uniforme, constante e de amplitude B_0.

b: Quando o campo magnético é variável senoidalmente no tempo segundo a função $B(t) = \sqrt{2}B_0 \cos(\omega t)$.

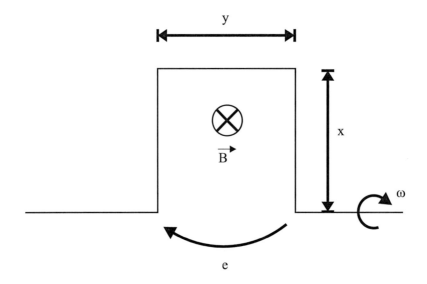

Figura 3.50: Exercício 16.

■ Exercício 17

Lei de Faraday: Uma bobina de *N* espiras quadrada, de lado b, está situada a dois condutores infinitos percorridos pela mesma corrente I, nos sentidos indicados, conforme mostra a Figura 3.51.

Obs.: Note que os condutores não se tocam.

a: Determine o fluxo magnético através da bobina.

b: Sendo $I = \sqrt{2}I_0 \cos \omega t$, determine a f.e.m. induzida na bobina.

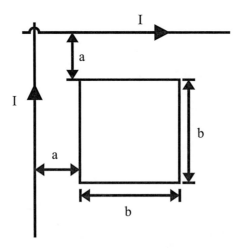

Figura 3.51: Exercício 17.

As Equações de Maxwell

Capítulo 4

4.1. Quem era esse homem

Existem homens que com sua inteligência promovem mudanças no ambiente em que vivem, melhoram as condições de trabalho, as condições de vida, as condições de saúde etc. Existem homens, no entanto, que com sua inteligência promovem mudanças tais que o mundo após sua passagem deixa de ser o mesmo, pois a humanidade, com a absorção do conhecimento gerado por esses gênios, dá um passo importante na busca do entendimento de sua origem, grande sonho de qualquer ser humano.

Quem era James Clerk Maxwell, esse personagem que nasceu em 1831 e morreu precocemente em 1879 (mesmo ano em que nasceu Albert Einstein) com apenas 48 anos de idade, sendo que boa parte do tempo de sua fase mais produtiva foi despendida ao lado de sua mãe doente?

Ele se graduou em 1854, em Cambridge, e logo em seguida começou seu trabalho monumental sobre os persistentes mistérios da natureza no campo magnético e no campo elétrico.

Seu livro *A Treatise on Electricity Magnetism* é uma das obras mais conhecidas internacionalmente, ao lado dos *Principia* de Isaac Newton, *Diálogos* de Galileu Galilei e a Bíblia.

Maxwell estudou todas as experiências realizadas pelos seus antecessores, tomando o cuidado de identificar as similaridades dos fenômenos envolvidos, como o caso da similaridade entre a lei da gravitação universal de Newton e a lei de atração entre as cargas de Coulomb.

Note que, na época em que as experiências foram realizadas, a matemática era muito diferente, ainda não se usavam equações para expressar relações entre grandezas, apenas textos escritos eram conhecidos, e, por outro lado, não havia uma forma comum para o tratamento das grandezas do eletromagnetismo.

Após um trabalho de gabinete intenso, Maxwell apresentou, em 1867 (ano em Faraday morreu), o resultado de suas pesquisas, que, resumindo, consistiram em um conjunto de equações denominadas equações de Maxwell, nas quais estão encerradas todas as informações sobre o comportamento dos campos eletromagnéticos.

Aquele conjunto de equações escondia uma pérola que revolucionaria todo o conhecimento da época. Maxwell concluiu que toda a perturbação elétrica viaja à velocidade da luz e que a própria luz era constituída de campos elétricos e magnéticos que viajavam no espaço a $3{,}10^8$ m/s.

Conceitos como potencial, vetor, gradiente, circuitação, divergente, rotacional são creditados aos trabalhos de Maxwell. Várias de suas conclusões só foram comprovadas anos após sua morte, com a geração de pesquisadores que o seguiu.

4.2. A primeira equação de Maxwell

Maxwell tinha uma admiração muito grande pelo trabalho de Michael Faraday, tendo assistido a várias apresentações dele na Royal Institution, e tentou tornar-se membro daquela instituição através de sua apresentação sem sucesso. Faraday era muito reservado e extremamente religioso, e sofreu por muitos anos os ataques de Humphry Davy, enciumado com o sucesso de seu assistente de laboratório.

A morte de Davy o libertou dos ataques e deixou o caminho livre para Faraday assumir a direção daquele laboratório de pesquisa científica.

Seu trabalho sobre a indução magnética é tido como o mais importante evento científico que erigiu as bases fundamentais da ciência moderna. A lei da indução magnética é o ponto de partida para a primeira equação de Maxwell.

A Figura 4.1 mostra a geometria utilizada na descrição matemática do fenômeno da indução magnética, na qual λ é um fluxo magnético variável no tempo concatenado com o contorno C orientado.

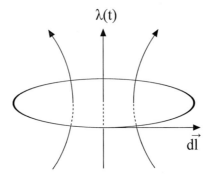

Figura 4.1: Lei da indução magnética.

Faraday estabeleceu que a f.e.m. induzida em um contorno fechado sujeito a um fluxo magnético concatenado variável no tempo é dada por:

$$e = -\frac{d\lambda}{dt} \tag{4.1}$$

Essa f.e.m. pode ser expressa em termos do vetor campo elétrico através do trabalho realizado por esse campo para arrastar uma carga elétrica unitária no contorno C, isto é:

$$e = \oint_C \vec{E} \cdot \vec{dl} \tag{4.2}$$

O fluxo magnético concatenado com o contorno C pode também ser expresso em termos do vetor campo magnético, como segue:

$$\lambda = \int \vec{B} \cdot \vec{dS} \tag{4.3}$$

Note que nosso contorno C tem um único plano, razão pela qual o fluxo magnético e o fluxo magnético concatenado, nesse caso, se confundem.

Substituindo-se estas representações em (4.1), obtém-se:

$$\oint_C \vec{E} \cdot \vec{dl} = -\frac{d}{dt} \int_S \vec{B} \cdot \vec{dS}$$

Como S e t são variáveis independentes, isto é, a superfície não está se expandindo ou se contraindo, podemos escrever:

$$\oint_C \vec{E} \cdot d\vec{l} = -\int_S \frac{\partial \vec{B}}{\partial t} \cdot d\vec{S} \tag{4.4}$$

Essa é a forma integral da primeira equação de Maxwell.

Convém discutir um pouco esse resultado, na medida em que a primeira equação de Maxwell é frequentemente utilizada na engenharia elétrica, sem muitas vezes o estudante perceber que a está manipulando.

Se B for constante no tempo, a f.e.m. induzida é nula, pois é nula também a taxa de variação do fluxo magnético concatenado no tempo. Assim, nesse caso podemos escrever:

$$\oint_C \vec{E} \cdot d\vec{l} = 0 \tag{4.5}$$

Esse resultado implica as seguintes conclusões:
1. A diferença de potencial entre dois pontos quaisquer não depende do caminho utilizado para a integração. Sejam dois pontos A e B imersos em uma região na qual está presente um campo elétrico, como mostra a Figura 4.2.

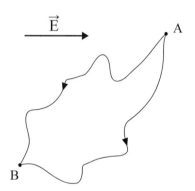

Figura 4.2: Diferença de potencial.

Seja V_1 a diferença de potencial entre A e B calculada pelo caminho 1, isto é:

$$V_1 = -\int_{A1B} \vec{E} \cdot d\vec{l}$$

E seja V_2 a diferença de potencial entre A e B calculada pelo caminho 2:

$$V_2 = -\int_{A2B} \vec{E} \cdot d\vec{l}$$

Como a f.e.m. induzida no contorno fechado constituído pelos caminhos 1 e 2 é nula (não há variação do campo magnético no tempo), podemos escrever:

$$\int_C \vec{E} \cdot d\vec{l} = -V_1 + V_2 \tag{4.6}$$

Consequentemente, $V_1 = V_2$.

O campo de forças com essa característica é dito conservativo, pois o trabalho realizado em um contorno fechado qualquer é nulo.

2. A Figura 4.3A mostra um circuito elétrico constituído por uma única malha com quatro bipolos elétricos. Seja B um campo magnético variável no tempo, gerado ou não pela própria corrente, o qual produz um fluxo magnético concatenado λ com a malha do circuito. O circuito elétrico equivalente mostrado na Figura 4.3B, sem fluxo magnético concatenado com seu contorno, reproduz as mesmas condições que o original. Note que o circuito equivalente da Figura 4.3B apresenta uma fonte de tensão adicional cuja f.e.m. é aquela calculada pela lei de Faraday aplicada ao contorno do circuito.

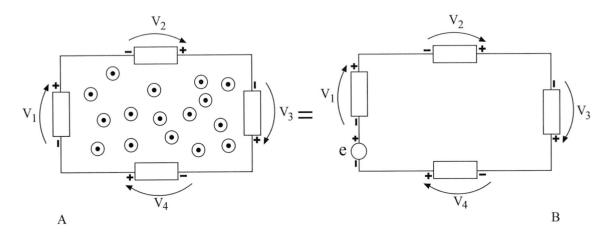

Figura 4.3: Efeito da f.e.m. induzida.

Quando esse campo magnético é constante no tempo ou tem uma variação temporal muito lenta (também denominado lentamente variável), de modo que podemos considerar $\dfrac{d}{dt} = 0$, a f.e.m. é nula e o resultado obtido da soma das quedas de tensão em cada bipolo coincide com a aplicação da segunda lei de Kirchoff.

A primeira equação de Maxwell pode também ser escrita na forma diferencial, utilizando os operadores de campo.

Optamos neste texto por apresentar esses operadores no exato momento em que necessitarmos deles. Assim sendo, como lançaremos mão do rotacional para expressar a primeira equação de Maxwell na forma diferencial, vamos discutir o significado desse operador de campo.

Para tal, vamos resolver um problema simples da mecânica que consiste em calcular o trabalho realizado por uma força para arrastar um corpo ao longo de um contorno fechado, como mostra a Figura 4.4.

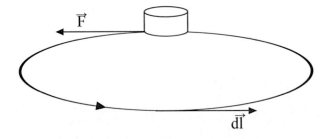

Figura 4.4: Trabalho realizado para arrastar um corpo.

O trabalho realizado para arrastar o corpo ao longo do contorno fechado é dado por:

$$\tau = \oint_C \vec{F} \cdot d\vec{l} \tag{4.7}$$

Se a avaliação dessa integral for difícil de ser implementada, uma alternativa numérica pode ser utilizada para a solução do problema. Uma das possibilidades consiste em subdividir a superfície do contorno em um número muito grande de pequenos contornos, como mostrado na Figura 4.5, com tamanhos suficientemente pequenos, tais que possamos considerar a força $\vec{F}$ constante em cada aresta do elemento.

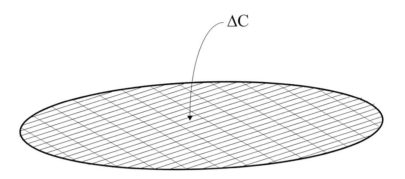

Figura 4.5: Subdivisão do contorno.

Feito isso, calculamos o trabalho para movimentar o corpo ao longo de cada contorno elementar, da mesma forma que a anterior, sendo que, diante das dimensões do contorno, a avaliação dessa integral é mais simples. Temos, então:

$$\Delta\tau = \oint_{\Delta C} \vec{F} \cdot d\vec{l} = \sum_{i=1}^{4} \vec{F}_L \cdot \Delta\vec{l}_i \tag{4.8}$$

Calculados os trabalhos sobre cada contorno elementar, o somatório de seus valores resultará, aproximadamente, no trabalho total necessário para arrastar o corpo ao longo do contorno fechado original. Note que, durante o somatório dos trabalhos sobre os contornos elementares, os lados contíguos são cancelados, sobrando apenas os lados do contorno externo. Assim, podemos escrever:

$$\tau = \sum_{i=1}^{n} \Delta\tau = \sum_{i=1}^{n} \oint_{\Delta C} \vec{F} \cdot d\vec{l} \tag{4.9}$$

Estamos próximos do entendimento do rotacional da força $\vec{F}$. Para isso, isolemos um elemento de contorno ΔC (Figura 4.6). Definimos rotacional da força $\vec{F}$, designado por rot $\vec{F}$ ou $\nabla \times \vec{F}$, em um dado ponto, ao vetor com as seguintes características:

$$\textbf{Amplitude}: \left[\nabla \times \vec{F}\right] = \lim_{\Delta S \to 0} \frac{\Delta\tau}{\Delta S} \tag{4.10}$$

Direção: Normal à superfície
Sentido: Positivo, concordante com a aplicação da regra da mão direita ao contorno.

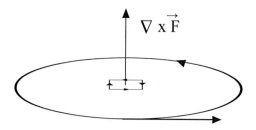

Figura 4.6: Rotacional da força F em um dado ponto.

Fisicamente, o rotacional da força $\vec{F}$ representa o trabalho realizado para movimentar a carga ao longo de um contorno fechado que encerra uma área unitária.

Note que, quando o rotacional de uma força é nulo, significa que o movimento do corpo ao longo do contorno elementar é realizado sem dissipação, isto é, sem atrito. Essa é a razão pela qual um campo com essa característica é dito conservativo, que é o que ocorre com o campo elétrico $\vec{E}$ quando a taxa de variação do campo magnético no tempo é nula, como na eletrostática.

O teorema de Stokes é extraído diretamente da definição do rotacional. O trabalho elementar a partir de 4.10 pode ser escrito como segue:

$$\Delta \tau = \left[\nabla \times \vec{F} \right] \cdot \Delta S \tag{4.11}$$

O somatório de todos os trabalhos elementares resulta no trabalho total realizado ao longo do contorno C, de modo que:

$$\tau = \sum_{i=1}^{n} \Delta \tau = \sum_{i=1}^{n} \left[\nabla \times \vec{F} \right] \cdot \Delta S \tag{4.12}$$

Para o caso de n tendendo ao infinito, obtém-se:

$$\oint_{\Delta C} \vec{F} \cdot d\vec{l} = \int_S \nabla \times \vec{F} \cdot d\vec{S} \tag{4.13}$$

Esta é a expressão do teorema de Stokes, que será muito útil nos desenvolvimentos que se seguirão. Voltando à primeira equação de Maxwell, vamos reescrevê-la por conveniência:

$$\oint_C \vec{E} \cdot d\vec{l} = -\int_S \frac{\partial \vec{B}}{\partial t} \cdot d\vec{S} \tag{4.14}$$

Aplicando o teorema de Stokes ao primeiro membro dessa equação, obtém-se:

$$\oint_C \vec{E} \cdot d\vec{l} = \int_S \nabla \times \vec{E} \cdot d\vec{S} \tag{4.15}$$

Substituindo seu resultado em 4.14, resulta:

$$\int_S \nabla \times \vec{E} \cdot d\vec{S} = -\int_S \frac{\partial \vec{B}}{\partial t} \cdot d\vec{S} \tag{4.16}$$

Identificando os integrandos resulta, finalmente:

$$\nabla \times \vec{E} = -\frac{\partial \vec{B}}{\partial t} \tag{4.17}$$

Essa é a forma diferencial da primeira equação de Maxwell.

É importante frisar que tanto a forma integral (Equação 4.4) quanto a forma diferencial (Equação 4.17) expressam uma relação entre campos do mesmo fenômeno físico. A diferença consiste em que, na forma diferencial, está expressa uma relação entre os campos elétrico e magnético em um dado ponto do espaço, independentemente de suas fontes, ao passo que a forma integral está envolvida em uma região definida por um contorno fechado sobre o qual se apoia uma superfície.

Discutimos há pouco que o campo elétrico constante no tempo é conservativo, pois $\nabla \times \vec{E} = 0$. Isso implica diferença de potencial entre dois pontos, única e independentemente do caminho de integração do campo elétrico para obtê-la. No entanto, quando os campos são variáveis no tempo, o campo elétrico deixa de ser conservativo para ser dissipado, pois $\nabla \times \vec{E} \neq 0$. Que diferença isso produz na diferença de potencial? A resposta é simples: a diferença de potencial entre dois pontos deixa de ser única, passando a ser dependente do caminho escolhido para integração.

Vamos discutir essa questão analisando um problema simples de um circuito elétrico com única malha retangular constituída de dois resistores diferentes R_1 e R_2, como mostra a Figura 4.7.

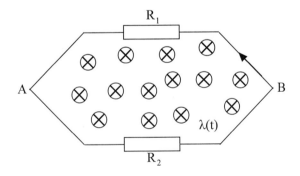

Figura 4.7: Circuito elétrico.

Suponhamos que essa malha esteja sujeita a um fluxo magnético concatenado variável no tempo, como indicado na figura. Pela lei de Faraday, uma corrente será induzida nessa malha, que se oporá à variação do fluxo magnético concatenado. A pergunta que se apresenta é a seguinte: qual a diferença de potencial entre os pontos A e B do circuito da Figura 4.7?

Esse é um caso típico de diferença de potencial não única, pois seu valor será dependente da forma como será realizada sua medição.

A Figura 4.8 mostra as duas possibilidades de medição desta diferença de potencial através de um voltímetro.

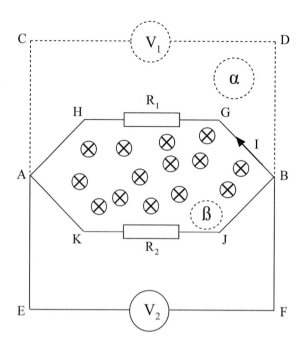

Figura 4.8: Medição da diferença de potencial.

Iniciando pela alternativa de medição através do voltímetro 1, lado superior da Figura 4.8, identificamos duas malhas:

Malha α: ACDBGHA

Malha β: AKJBDCA

Aplicando a segunda lei de Kirchoff à malha α obtemos $V_1 = R_1.i$. Note que não há fluxo magnético concatenado com essa malha.

Ao aplicarmos a segunda lei de Kirchoff à malha β, devemos tomar o cuidado de considerar o efeito do fluxo magnético concatenado com essa malha, o qual é responsável pela indução de uma f.e.m. induzida. Seja E seu valor. Assim, a segunda lei de Kirchoff aplicada à malha β resulta: $V_1 = E - R_2.i$. É claro que a partir desses resultados obtemos: $E = (R_1 + R_2).i$.

Utilizando o voltímetro 2, obtemos as seguintes medições:

Malha γ: AEFBJKA $V_2 = R_2.i$

Malha δ: AEFBGHA $V_2 = E - R_1.i$

Desses resultados obtém-se também $E = (R_1 + R_2).i$.

Note, portanto, que as tensões medidas pelos voltímetros 1 e 2 entre os mesmos pontos A e B são diferentes, pois há um fluxo magnético concatenado variável no tempo com o circuito elétrico. Resulta então, nesse caso, um campo elétrico não conservativo, de modo que a diferença de potencial entre dois pontos passa a ser dependente do caminho escolhido para a integração do campo elétrico. No exemplo anterior, essa diferença de potencial é dependente do encaminhamento dos cabos dos voltímetros, de modo que, pelo caminho da malha α, o voltímetro 1 medirá $V_1 = E - R_1.i$ e pelo caminho da malha β o voltímetro 2 medirá $V_2 = R_2.i$.

Esse fenômeno pode ser simulado utilizando-se um transformador com seu secundário substituído por uma malha constituída por dois resistores diferentes, como mostrado na Figura 4.7, evidenciando a não unicidade da diferença de potencial entre dois pontos quando tratamos de campos eletromagnéticos variáveis no tempo.

Resumindo, a primeira equação de Maxwell nas formas integral e diferencial é escrita como segue:

$$\oint_C \vec{E} \cdot d\vec{l} = -\int_S \frac{\partial \vec{B}}{\partial t} \cdot d\vec{S} \qquad (4.18)$$

$$\nabla \times \vec{E} = -\frac{\partial \vec{B}}{\partial t} \qquad (4.19)$$

4.3. A segunda equação de Maxwell

4.3.1. A corrente de deslocamento

Maxwell estudou todas as experiências realizadas pelos seus antecessores, visando consolidar uma teoria que contemplasse todas as relações entre os campos eletromagnéticos. Para atingir aquele objetivo era necessário fazer uma contabilidade das cargas elétricas, visto que a conservação das cargas era um princípio fundamental estabelecido e universalmente aceito. Essa contabilidade não fechava quando a lei de Faraday era considerada. A "diferença de caixa" precisava ser "ajustada" para garantir a lei da conservação das cargas elétricas. Maxwell partiu da expressão da corrente que cruza uma superfície expressa em termos do vetor densidade de corrente, como mostra a Figura 4.9.

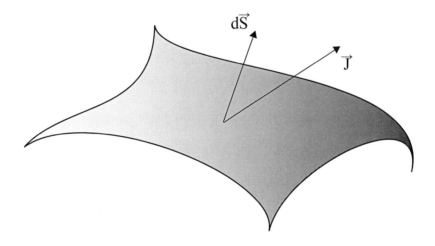

Figura 4.9: Corrente sobre uma superfície.

Ele admitiu a hipótese de uma superfície S fechada. Nesse caso, o conhecimento geral estabelecia que a corrente total que cruza uma superfície fechada era nula, como a primeira lei de Kirchoff (lei dos nós) estabelece. Essa realidade é verdade apenas para fenômenos constantes no tempo, nos quais $\frac{d}{dt} = 0$; esse era o conhecimento da comunidade científica anterior ao trabalho de Faraday.

Assim, admitindo que a superfície seja fechada, como mostra a Figura 4.10, escrevemos:

$$\int_\Sigma \vec{J} \cdot d\vec{S} = i \qquad (4.20)$$

na qual Σ denota uma superfície fechada com o vetor superfície elementar $d\vec{S}$ orientado para fora.

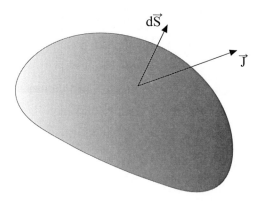

Figura 4.10: Corrente que sai de uma superfície fechada.

Em 4.20, a corrente *i* só será diferente de zero se estiver ocorrendo uma variação da quantidade de cargas no interior da superfície (isso não é difícil de acontecer, como veremos). Por exemplo, se uma corrente positiva sai da superfície fechada, significa que cargas positivas estão saindo do interior da superfície e a quantidade de cargas internas está diminuindo, de modo que 4.20 pode ser reescrita como segue:

$$\int_\Sigma \vec{J} \cdot d\vec{S} = -\frac{dQ}{dt} \qquad (4.21)$$

na qual Q representa a quantidade de cargas interna à superfície. O sinal negativo é colocado justamente para compatibilizar o fato de que $i > 0$ saindo da superfície implica taxa de variação temporal da quantidade de cargas interna à superfície negativa.

Por outro lado, a quantidade de cargas interna à superfície pode ser expressa, a partir da lei de Gauss, em função do vetor deslocamento $\vec{D}$, isto é:

$$\int_\Sigma \vec{D} \cdot d\vec{S} = Q \qquad (4.22)$$

de modo que, substituindo esse resultado em 4.21, obtém-se:

$$\int_\Sigma \vec{J} \cdot d\vec{S} = -\frac{d}{dt}\left[\oint_\Sigma \vec{D} \cdot d\vec{S}\right] \qquad (4.23)$$

Como a superfície Σ é fixa, a derivada em relação ao tempo pode ser introduzida na integral do segundo membro. Além disso, as variáveis de integração de ambos os membros são as mesmas, do modo que podemos reuni-los em uma única integral, como segue:

$$\oint_\Sigma \left(\vec{J} + \frac{\partial \vec{D}}{\partial t}\right) \cdot d\vec{S} = 0 \qquad (4.24)$$

Convém refletir um pouco sobre o resultado obtido. De início, como a expressão é dimensionalmente correta, o termo $\frac{\partial \vec{D}}{\partial t}$ deve ter a dimensão de densidade de corrente. De fato, como $\vec{D}$ tem a dimensão C/m^2

e o tempo *s*, o quociente entre essas duas unidades de medida resulta A/m^2, que é a dimensão de densidade de corrente.

O vetor densidade de corrente $\vec{J}$ está associado ao vetor campo elétrico através da lei de Ohm $\left(\vec{J} = \sigma \vec{E}\right)$. Essa densidade de corrente corresponde àquela associada ao movimento dos elétrons da última camada dos materiais condutores, os quais estão fracamente presos ao núcleo, de modo que, independentemente do comportamento do campo elétrico, existe esse tipo de corrente elétrica. A ela dá-se o nome de corrente de condução, diante do movimento dos elétrons na rede cristalina do metal.

A densidade de corrente $\vec{J}_D = \frac{\partial \vec{D}}{\partial t}$ está associada ao deslocamento (daí a razão do nome do vetor deslocamento) da nuvem eletrônica dos átomos quando submetidos a um campo elétrico variável no tempo. Vamos analisar a seguinte situação: suponha um capacitor plano, o qual é preenchido por um dielétrico ideal. Enquanto o campo elétrico no capacitor é nulo, a nuvem eletrônica do átomo pode ser associada a uma esfera, de modo que os centros de cargas positivas e negativas são coincidentes, como mostra a Figura 4.11a.

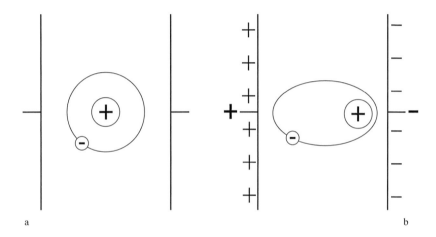

Figura 4.11: Efeito do campo elétrico em um átomo do dielétrico.

Impondo-se um campo elétrico diferente de zero no dielétrico através da aplicação de uma diferença de potencial entre as placas do capacitor, ocorre uma deformação da nuvem eletrônica (a placa positiva atrai a nuvem eletrônica, e a placa negativa atrai o núcleo), a qual podemos associar a um elipsoide, promovendo uma não coincidência dos centros de cargas.

O movimento de cargas elétricas observado na condição mostrada na Figura 4.11a para a condição mostrada na Figura 4.11b corresponde a uma corrente elétrica sem a migração dos elétrons de um átomo para outro. A esse tipo de corrente elétrica dá-se o nome de corrente de deslocamento, e só é não nula enquanto o campo elétrico variar no tempo.

Para campos constantes, a nuvem eletrônica se deforma inicialmente, existindo uma corrente de carga do capacitor, o qual uma vez carregado faz a corrente voltar a ser nula, pois a nuvem está estática, apesar de deformada.

Esse tipo de corrente também se apresenta nos condutores quando submetidos a campos variáveis no tempo, com os elétrons das camadas inferiores, os quais estão fortemente presos ao núcleo. Nesse caso, os elétrons da última camada se movimentam de um átomo para outro, produzindo a corrente de condução, e os elétrons das camadas inferiores vibram com o campo variável, produzindo a corrente de deslocamento.

Nos materiais bons condutores, a corrente de condução é muito superior à corrente de deslocamento quando submetidos a campos variáveis no tempo, isto é, $\vec{J} > \frac{\partial \vec{D}}{\partial t}$, ao passo que nos bons dielétricos ocorre o inverso.

4.3.2. Corrente total sobre uma superfície

Após a identificação da corrente de deslocamento, Maxwell propôs atribuir a elas as mesmas propriedades atribuídas à corrente de condução, particularmente no que concerne à produção de campos magnéticos.

Assim sendo, se um dado meio está sujeito a um campo elétrico variável no tempo, esse meio será sede dos dois tipos de corrente elétrica: a corrente de condução e a corrente de deslocamento.

Dessa forma, dada uma superfície convexa, imersa em um campo elétrico variável no tempo, como mostra a Figura 4.12, a corrente total que cruza essa superfície é dada por:

$$i_t = \int_S \left(\vec{J} + \frac{\partial \vec{D}}{\partial t} \right) \cdot d\vec{S} \qquad (4.25)$$

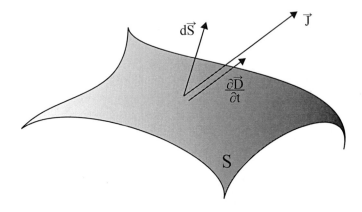

Figura 4.12: Corrente total que cruza uma superfície convexa.

Maxwell postulou que as propriedades da corrente elétrica de condução são também aplicadas à corrente elétrica de deslocamento, de modo que era preciso reescrever a lei circuital de Ampère contemplando ambos os tipos de corrente.

Como um dado contorno, que suporta uma superfície em um meio condutor, pode envolver os dois tipos de corrente, a corrente concatenada com esse contorno pode ser calculada por 4.25, de modo que a lei circuital de Ampère será escrita como segue:

$$\oint_C \vec{H} \cdot d\vec{l} = \int_S \left(\vec{J} + \frac{\partial \vec{D}}{\partial t} \right) \qquad (4.26)$$

Essa é a forma integral da segunda equação de Maxwell, a qual generalizou a lei circuital de Ampère contemplando a corrente de deslocamento na totalidade da corrente concatenada.

Aplicando o teorema de Stokes ao primeiro membro de 4.26, obtém-se:

$$\oint_C \vec{H} \cdot d\vec{l} = \int_S \nabla \times \vec{H} \cdot d\vec{S} \qquad (4.27)$$

Substituindo esse resultado no primeiro membro de 4.26 e identificando-se os integrandos, resulta:

$$\nabla \times \vec{H} = \vec{J} + \frac{\partial \vec{D}}{\partial t} \qquad (4.28)$$

a qual é a forma diferencial da segunda equação de Maxwell.

Resumindo, a segunda equação de Maxwell nas formas integral e diferencial é escrita como segue:

$$\oint_C \vec{H} \cdot d\vec{l} = \int_S \left(\vec{J} + \frac{\partial \vec{D}}{\partial t} \right) \tag{4.29}$$

$$\nabla \times \vec{H} = \vec{J} + \frac{\partial \vec{D}}{\partial t} \tag{4.30}$$

Note que o campo magnético não é conservativo, pois $\nabla \times \vec{H} \neq 0$, e note também que, impondo campo constante no tempo, isto é, fazendo $\frac{\partial}{\partial t} = 0$, reproduz-se a forma original da lei circuital de Ampère.

4.4. A terceira equação de Maxwell

A terceira equação de Maxwell traduz o comportamento das linhas de campo magnético, extraídas de observações experimentais nas quais se verifica que suas linhas são fechadas. Campos de força com essas características são aqueles que não possuem fontes pontuais. É por essa razão que não existem cargas magnéticas isoladas, como no caso do campo elétrico em que temos as cargas elétricas positivas e negativas discretas. Para o campo magnético, a existência de um polo norte está sempre associada à existência de um polo sul.

A Figura 4.13 mostra uma superfície fechada Σ, imersa em uma região onde existe um campo magnético.

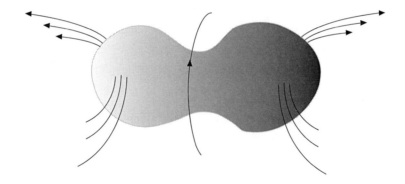

Figura 4.13: Linhas de campo magnético.

Como as linhas do campo magnético são fechadas, significa que a quantidade de linhas que entra na superfície é exatamente igual à quantidade de linhas que sai da mesma superfície. Por essa razão, o fluxo magnético na superfície fechada Σ é nulo. Traduzindo essa observação matematicamente resulta em:

$$\oint_\Sigma \vec{B} \cdot d\vec{S} = 0 \tag{4.31}$$

Essa é a expressão da terceira equação de Maxwell na forma integral.

4.4.1. Divergente de um campo vetorial

A expressão da terceira equação de Maxwell na forma diferencial utiliza o conceito de divergente de um campo vetorial. Esse conceito é muito simples e está associado ao tipo de fonte que produz o referido campo vetorial.

Vamos analisar um problema de natureza hidráulica para tentar facilitar o entendimento. Suponha um tanque totalmente fechado, completado com um gás qualquer; para não ficarmos amarrados a formas, admita que o formato desse tanque seja o mais estranho possível. É evidente que nessas condições, a vazão do gás através da superfície do tanque é nula.

Admita agora que uma quantidade muito grande de pequenos furos tenha sido feita em toda a extensão da superfície do tanque, de modo que se inicia um vazamento de gás generalizado pela superfície, como mostra a Figura 4.14.

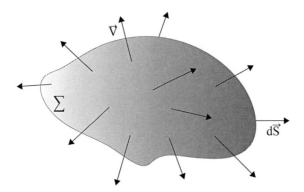

Figura 4.14: Cálculo da vazão.

Para calcularmos a vazão desse gás através da superfície do tanque, devemos calcular o fluxo do vetor velocidade de saída através da superfície, isto é:

$$Q(m^3) = \oint_{\Sigma} \vec{v} \cdot d\vec{S} \qquad (4.32)$$

Se a avaliação analítica dessa integral for difícil, poderemos aplicar um método aproximado, que consiste em subdividir o volume do tanque (τ) em um número muito grande de pequenos volumes ($\Delta\tau$), como mostrado na Figura 4.15.

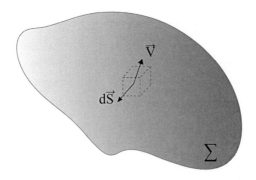

Figura 4.15: Subdivisão do volume do tanque.

Se os volumes oriundos da subdivisão forem suficientemente pequenos, o cálculo da integral (4.32) é facilitado, pois a velocidade poderá ser considerada constante em cada face do volume. Temos, portanto, a vazão elementar em cada elemento dada por:

$$\Delta Q(m^3) = \oint_{\Delta\Sigma} \vec{v} \cdot d\vec{S} = \sum_{i=1}^{4} \vec{v}_i \cdot \Delta \vec{S}_i \qquad (4.33)$$

Uma vez calculadas as vazões elementares de todos os elementos de volume, a vazão total é obtida a partir do somatório das vazões elementares.

O conceito de divergente da velocidade está diretamente associado à vazão elementar; mais precisamente, o divergente da velocidade, expresso por $\vec{\nabla}.\vec{v}$ em um ponto, é a vazão elementar por unidade de volume nesse ponto, isto é:

$$\vec{\nabla}.\vec{v} = \lim_{\Delta \tau \to 0} \frac{\oint_{\Delta \Sigma} \vec{v} \cdot d\vec{S}}{\Delta \tau} \tag{4.34}$$

Assim, se o divergente do vetor velocidade em um ponto for positivo, significa que o gás está escapando de um volume elementar envolvendo esse ponto; diz-se que nesse ponto se tem uma fonte de campo. No caso de o divergente ser negativo, significa que o gás chegando em um volume elementar envolvendo o referido ponto, e diz-se que nesse ponto se tem um sorvedouro de campo. Finalmente, se o divergente for nulo, o volume de gás é mantido constante. A Figura 4.16 ilustra essas três condições.

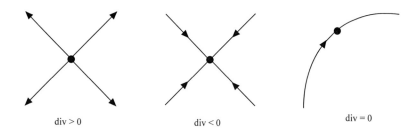

Figura 4.16: Divergente de um campo vetorial.

4.4.2. Teorema de Gauss ou do divergente

O teorema de Gauss é obtido da relação 4.34, fazendo:

$$\vec{\nabla}.\vec{v}\,\Delta\tau = \oint_{\Delta\Sigma} \vec{v} \cdot d\vec{S} \tag{4.35}$$

Aplicando essa relação a todos os volumes elementares do domínio subdividido e efetuando o somatório membro a membro, a expressão anterior pode ser escrita como segue:

$$\int_{\tau} \vec{\nabla}.\vec{v} \cdot d\tau = \oint_{\Sigma} \vec{v} \cdot d\vec{S} \tag{4.36}$$

O resultado obtido em 4.36 é a expressão do teorema de Gauss, também denominado teorema do divergente, o qual será muito útil nos nossos desenvolvimentos.

Aplicando o teorema de Gauss à terceira equação de Maxwell na forma integral, obtém-se:

$$\int_{\tau} \vec{\nabla}.\vec{B}\,d\tau = 0 \tag{4.37}$$

Como τ é um volume qualquer, resulta que o integrando de 4.37 deve ser nulo, isto é:

$$\vec{\nabla}.\vec{B} = 0 \tag{4.38}$$

Essa é a expressão da terceira equação de Maxwell na forma diferencial, e evidencia o fato de que não existe fonte (ou sorvedouro) pontual de campo magnético.

Resumindo, a terceira equação de Maxwell nas formas integral e diferencial é escrita como segue:

$$\oint_{\Sigma} \vec{B} \cdot d\vec{S} = 0 \tag{4.39}$$

$$\nabla \cdot \vec{B} = 0 \tag{4.40}$$

as quais, insistimos, evidenciam o fato de que não existe fonte (ou sorvedouro) pontual de campo magnético.

4.5. A quarta equação de Maxwell

A quarta equação de Maxwell é derivada da lei de Gauss da eletrostática, a qual afirma que o fluxo do vetor deslocamento sobre uma superfície fechada é igual à carga interna a essa superfície (Figura 4.17), isto é:

$$\oint_{\Sigma} \vec{D} \cdot d\vec{S} = Q \tag{4.41}$$

No entanto, a carga interna à superfície pode ser expressa em função da densidade volumétrica de cargas do volume que ela encerra, de modo que podemos escrever:

$$\oint_{\Sigma} \vec{D} \cdot d\vec{S} = \int_{\tau} \rho_v d\tau \tag{4.42}$$

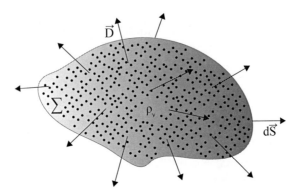

Figura 4.17: Quarta equação de Maxwell.

A expressão 4.42 é a forma integral da quarta equação de Maxwell. A forma diferencial é obtida aplicando o teorema de Gauss ao primeiro membro dessa equação, como segue:

$$\int_{\tau} \nabla \cdot \vec{D} \, d\tau = \int_{\tau} \rho_v d\tau \tag{4.43}$$

Como as variáveis de integração de ambos os membros são iguais, podemos identificar os integrandos, de modo que obtemos:

$$\nabla \cdot \vec{D} = \rho_v \tag{4.44}$$

Essa é a forma diferencial da quarta equação de Maxwell.

Resumindo, a quarta equação de Maxwell nas formas integral e diferencial é escrita como segue:

$$\oint_\Sigma \vec{D} \cdot d\vec{S} = \int_\tau \rho_v d\tau \qquad (4.45)$$

$$\nabla \cdot \vec{D} = \rho_v \qquad (4.46)$$

as quais evidenciam a possibilidade da existência de fontes (ou sorvedouros) pontuais elétricos.

4.6. A equação da continuidade

A equação da continuidade, ou lei da conservação das cargas elétricas, pode ser deduzida a partir das equações de Maxwell, e foi a partir dessa dedução que Maxwell sentiu a necessidade da introdução da corrente de deslocamento.

No entanto, sua formulação se torna mais simples partindo diretamente do resultado obtido em 4.21, equação que expressa a lei da conservação das cargas em termos da quantidade de cargas contida no interior de uma superfície fechada (Figura 4.18), a qual reproduzimos aqui por conveniência.

$$\oint_\Sigma \vec{J} \cdot d\vec{S} = -\frac{dQ}{dt} \qquad (4.47)$$

Como a carga interna à superfície pode ser expressa em termos da densidade volumétrica de cargas elétricas, podemos escrever:

$$\oint_\Sigma \vec{J} \cdot d\vec{S} = -\frac{d}{dt}\left(\int_\tau \rho_v d\tau\right) \qquad (4.48)$$

Como as variáveis de integração dt e $d\tau$ são variáveis independentes, visto que admitimos que as geometrias envolvidas são invariáveis no tempo, a derivada em relação ao tempo pode ser introduzida no interior da integral, de modo que resulta finalmente:

$$(4.49)$$

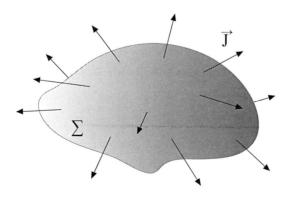

Figura 4.18: Equação da continuidade.

Essa é a expressão integral da equação da continuidade e encerra o fato de que, se há corrente elétrica saindo de uma superfície fechada, isso se dá à custa de uma diminuição da quantidade de cargas elétricas interna ao volume encerrado por essa superfície.

A forma diferencial dessa equação integral é obtida aplicando o teorema de Gauss ao primeiro membro de 4.22, como segue:

$$\int_\tau \nabla \cdot \vec{J}\, d\tau = -\int_\tau \frac{\partial \rho_v}{\partial t} d\tau \tag{4.50}$$

Como as variáveis de integração de ambos os membros são iguais, podemos identificar os integrandos, resultando:

$$\nabla \cdot \vec{J} = -\frac{\partial \rho_v}{\partial t} \tag{4.51}$$

Essa é a forma diferencial da equação da continuidade. Note que, no caso de campos constantes no tempo, o que implica $\frac{\partial}{\partial t} = 0$, o fluxo do vetor densidade de corrente em uma superfície fechada ou, mais precisamente, a corrente total que sai de uma superfície fechada é nula, como estabelece a lei de Kirchoff dos nós.

No caso da distribuição de corrente mostrada na Figura 4.19, a equação da continuidade aplicada à superfície fechada fornece

$$\oint_\Sigma \vec{J} \cdot d\vec{S} = i_1 + i_2 - i_3 + i_4$$

Equação da continuidade em regime estacionário – primeira Lei de Kirchoff

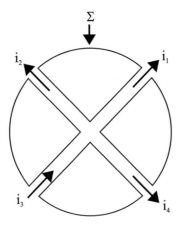

Figura 4.19: Equação da continuidade em regime estacionário.

Resumindo, a equação da continuidade nas formas integral e diferencial é escrita como segue:

$$\oint_\Sigma \vec{J} \cdot d\vec{S} = -\int_\tau \frac{\partial \rho_v}{\partial t} d\tau \tag{4.52}$$

$$\nabla \cdot \vec{J} = -\frac{\partial \rho_v}{\partial t} \tag{4.53}$$

as quais evidenciam a possibilidade da existência de fontes (ou sorvedouros) pontuais do vetor densidade de corrente somente se ocorrer variação pontual da densidade volumétrica de cargas.

4.7. Onde estamos?

Acabamos de apresentar as quatro equações de Maxwell, as quais são as representações matemáticas das leis físicas experimentais da eletricidade, descobertas até a década de 1860 por vários pesquisadores. A novidade que apareceu nessas equações, e que não havia sido descoberta através de experimentos, foi a introdução do conceito da corrente de deslocamento na lei circuital de Ampère.

Maxwell contribuiu também para o formalismo matemático através da apresentação das formas diferenciais de suas equações. Essas formas diferenciais foram as primeiras aparições de relações pontuais entre os campos eletromagnéticos, muito úteis nos estudos de campos, na medida em que a origem da fonte passou a não ser relevante.

Assim, sua primeira equação é a lei de Faraday da indução magnética, a qual, em regime estacionário, é a expressão da lei de Kirchoff das malhas; a lei circuital de Ampère, como dissemos, está encerrada na segunda equação de Maxwell, a qual contempla os efeitos da corrente de deslocamento; a terceira equação de Maxwell destaca a evidência da não existência de fontes pontuais de campo magnético e, finalmente, a quarta equação de Maxwell é a lei de Gauss da eletrostática. Essas equações descrevem qualquer fenômeno eletromagnético e, em sua essência, encerram todo o conhecimento da engenharia elétrica. A partir do estabelecimento dessas equações, o investimento da comunidade científica foi na direção do desenvolvimento de técnicas matemáticas para sua solução, visando suas aplicações a problemas práticos da engenharia elétrica.

A Tabela 4.1 resume os resultados obtidos até o momento e é útil para um melhor entendimento da geometria envolvida em cada uma das equações.

Tabela 4.1: Equações de Maxwell

Equação	Forma integral	Forma diferencial	Geometria
I	$\oint_C \vec{E} \cdot d\vec{l} = \int_S \frac{\partial \vec{B}}{\partial t} \cdot d\vec{S}$	$\nabla \times \vec{E} = -\frac{\partial \vec{B}}{\partial t}$	
II	$\oint_C \vec{H} \cdot d\vec{l} = \int_S \left(\vec{J} + \frac{\partial \vec{D}}{\partial t}\right)$	$\nabla \times \vec{H} = \vec{J} + \frac{\partial \vec{B}}{\partial t}$	
III	$\oint_\Sigma \vec{B} \cdot d\vec{S} = 0$	$\nabla \cdot \vec{B} = 0$	
IV	$\oint_\Sigma \vec{D} \cdot d\vec{S} = \int_\tau \rho_v d\tau$	$\nabla \cdot \vec{D} = \rho_v$	
Equação da continuidade	$\oint_\Sigma \vec{J} \cdot d\vec{S} = -\int_\tau \frac{\partial \rho_v}{\partial \tau} d\tau$	$\nabla \cdot \vec{J} = -\frac{\partial \rho_v}{\partial \tau}$	

Ocorre, no entanto, que Maxwell descobriu uma pérola ao manipulá-las, revolucionando os conceitos até então conhecidos sobre o comportamento dos campos eletromagnéticos.

4.8. Um pouco de história

Um exercício interessante que gosto de discutir com os alunos é imaginar como as equações de Maxwell seriam escritas em épocas anteriores ao trabalho por ele desenvolvido. Imaginemos, portanto, as equações de Maxwell escritas no século XVIII, época em que viveram Benjamim Franklin, Henry Cavendish, Charles Coulomb, Gauss, Weber, Volta etc. Naquela época, a eletricidade era uma ciência totalmente desvinculada do magnetismo; ainda não se tinha conhecimento do campo magnético produzido pela corrente elétrica, e o magnetismo estudado era apenas aquele produzido pelos ímãs permanentes e pelo magnetismo terrestre.

Assim, no século XVIII, os campos elétrico e magnético eram constantes no tempo (de modo que $\frac{\partial}{\partial t} = 0$) e não se sabia que $\vec{J}$ produzia campo magnético. Nesse caso, as equações de Maxwell podem ser divididas em dois grupos, como mostra a Tabela 4.2.

Tabela 4.2: Equações de Maxwell no século XVIII

a)   Eletricidade (Eletrostática)

Equação	Forma integral	Forma diferencial
I	$\oint_C \vec{E} \cdot d\vec{l} = 0$	$\nabla \times \vec{E} = 0$
IV	$\oint_\Sigma \vec{D} \cdot d\vec{S} = \int_\tau \rho_v \, d\tau$	$\nabla \cdot \vec{D} = \rho_v$

b)   Magnetismo

Equação	Forma integral	Forma diferencial
II	$\oint_C \vec{H} \cdot d\vec{l} = 0$	$\nabla \times \vec{H} = 0$
III	$\oint_\Sigma \vec{B} \cdot d\vec{S} = 0$	$\nabla \cdot \vec{B} = 0$

O primeiro grupo apresenta as equações da eletricidade (ou da eletrostática), cujas ações entre as cargas elétricas estacionárias a ciência analisava experimentalmente.

O segundo grupo apresenta as equações do magnetismo, as quais descrevem o comportamento do campo magnético que não é produzido por correntes elétricas, tais como aqueles produzidos pelos ímãs permanentes e pelo magnetismo terrestre.

No início do século XIX, mais precisamente em 1820, surgiu o trabalho de Hans Christian Oersted, o qual mostrou as evidências de que a corrente contínua produz o campo magnético, acoplando as equações do grupo a com as equações do grupo b, resultando na Tabela 4.3.

Tabela 4.3: Equações de Maxwell após 1820 e antes de 1831

Equação	Forma integral	Forma diferencial
I	$\oint_C \vec{E} \cdot d\vec{l} = 0$	$\nabla \times \vec{E} = 0$
II	$\oint_C \vec{H} \cdot d\vec{l} = \int_s \vec{J} \cdot d\vec{S}$	$\nabla \times \vec{H} = \vec{J}$
III	$\oint_\Sigma \vec{B} \cdot d\vec{S} = 0$	$\nabla \cdot \vec{B} = 0$
IV	$\oint_\Sigma \vec{D} \cdot d\vec{S} = \int_\tau \rho_v \, d\tau$	$\nabla \cdot \vec{D} = \rho_v$
Equação da continuidade	$\oint_\Sigma \vec{J} \cdot d\vec{S} = 0$	$\nabla \cdot \vec{J} = 0$

Após o trabalho de Faraday, o qual mostrou que o campo magnético pode também produzir um campo elétrico desde que este seja variável no tempo, as equações de Maxwell seriam escritas, em 1831, como mostrado na Tabela 4.4. Note que, naquela época, a corrente de deslocamento era desconhecida. É creditada a Faraday a introdução do tempo nas equações de Maxwell.

Tabela 4.4: Equações de Maxwell após Faraday e antes de 1867

Equação	Forma integral	Forma diferencial
I	$\oint_C \vec{E} \cdot d\vec{l} = \int_S \frac{\partial \vec{B}}{\partial t} \cdot d\vec{S}$	$\nabla \times \vec{E} = -\frac{\partial \vec{B}}{\partial t}$
II	$\oint_C \vec{H} \cdot d\vec{l} = \int_S \vec{J} \cdot d\vec{S}$	$\nabla \times \vec{H} = \vec{J}$
III	$\oint_\Sigma \vec{B} \cdot d\vec{S} = 0$	$\nabla \cdot \vec{B} = 0$
IV	$\oint_\Sigma \vec{D} \cdot d\vec{S} = \int_t \rho_v d\tau$	$\nabla \cdot \vec{D} = \rho_v$
Equação da continuidade	$\oint_\Sigma \vec{J} \cdot d\vec{S} = 0$	$\nabla \cdot \vec{J} = 0$

As equações de Maxwell escritas dessa forma são aquelas utilizadas pela engenharia elétrica para modelar os fenômenos eletromagnéticos variáveis lentamente no tempo, como é o caso dos dispositivos eletromecânicos (motores, geradores, transformadores etc.). Nesse tipo de estudo, a corrente de deslocamento é muito menor que a corrente de condução, isto é, $J > \frac{\partial D}{\partial t}$, de modo que podemos desprezá-la diante daquela.

A maior contribuição de Maxwell ao eletromagnetismo foi a previsão do comportamento dos campos eletromagnéticos variáveis rapidamente no tempo em dielétricos ideais e isentos de carga, como o espaço livre. Nessa condição tem-se $J = \rho_v = 0$, de modo que as equações de Maxwell nesse caso são escritas como na Tabela 4.5.

Tabela 4.5: Equações de Maxwell no espaço livre

Equação	Forma integral	Forma diferencial
I	$\oint_C \vec{E} \cdot d\vec{l} = \int_S \frac{\partial \vec{B}}{\partial t} \cdot d\vec{S}$	$\nabla \times \vec{E} = -\frac{\partial \vec{B}}{\partial t}$
II	$\oint_C \vec{H} \cdot d\vec{l} = \int_S \frac{\partial \vec{D}}{\partial t} \cdot d\vec{S}$	$\nabla \times \vec{H} = \frac{\partial \vec{D}}{\partial t}$
III	$\oint_\Sigma \vec{B} \cdot d\vec{S} = 0$	$\nabla \cdot \vec{B} = 0$
IV	$\oint_\Sigma \vec{D} \cdot d\vec{S} = 0$	$\nabla \cdot \vec{D} = 0$

Como veremos em breve, desse conjunto de equações extrai-se a propriedade da propagação dos campos eletromagnéticos característica das ondas eletromagnéticas.

■ **Exercício Resolvido 1**

Eletrostática: Um cabo coaxial (Figura 4.20) é constituído por um condutor cilíndrico de raio *a* envolvido por uma casca condutora cilíndrica de raio *b*, separados por um dielétrico de permissividade relativa ε_r. Seja *l* o comprimento do cabo. Tal como um capacitor, a aplicação de uma diferença de potencial entre o condutor interno e o externo implica separação de cargas; seja ρ_l a quantidade de cargas elétricas por unidade de comprimento no condutor interno. Determine:
- **a:** a amplitude do vetor deslocamento no interior do dielétrico;
- **b:** o campo elétrico no interior do dielétrico;
- **c:** a diferença de potencial entre os condutores;
- **d:** a capacitância do cabo por unidade de comprimento.

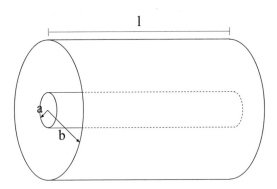

Figura 4.20: Cabo coaxial.

Solução

a: A determinação da amplitude do vetor deslocamento $\vec{D}$ é obtida a partir da aplicação da quarta equação de Maxwell, como segue:

$$\oint_\Sigma \vec{D} \cdot d\vec{S} = \int_\tau \rho_v d\tau \tag{4.54}$$

No caso do cabo coaxial, o campo elétrico e o vetor deslocamento são radiais (por razões de simetria) e seus valores em um ponto dependem exclusivamente da distância desse ponto ao centro do cabo, isto é: $\vec{D} = D(r)\vec{u}_r$ e $\vec{E} = E(r)\vec{u}_r$. Escolhendo agora uma superfície fechada cilíndrica de raio r, constata-se que só há fluxo do vetor deslocamento pela superfície externa cilíndrica. Nas tampas laterais da referida superfície, o fluxo elétrico é nulo pelo fato de o campo ser radial.

Como D é constante sobre essa superfície (pois r é constante) e está alinhado com $d\vec{S}$, o primeiro membro de 4.54 pode ser escrito como segue:

$$\oint_\Sigma \vec{D} \cdot d\vec{S} = D \cdot S_{lateral} = D \cdot 2\pi r l \tag{4.55}$$

O segundo membro é a carga interna à superfície; como temos $\rho_l = Coulomb/metro\ de\ cabo$, resulta que em todo o comprimento a quantidade de cargas interna à superfície é dada por:

$$\int_\tau \rho_v d\tau = \rho_l l \tag{4.56}$$

Igualando os resultados obtidos em (4.55 e 4.56), obtemos:

$$D.2\pi r l = \rho_l l \tag{4.57}$$

De modo que:

$$D = \frac{\rho_l}{2\pi r}(C/m^2) \tag{4.58}$$

b: Lembrando que $D = \varepsilon E$, resulta para o campo elétrico:

$$E = \frac{\rho_l}{2\pi\varepsilon_r\varepsilon_0 r}(V/m) \qquad (4.59)$$

Note que o campo elétrico é máximo em $r \to a$, razão pela qual os cabos coaxiais de alta tensão apresentam um dielétrico de alta qualidade na superfície do condutor interno, justamente para suportar esse campo intenso.

c: A diferença de potencial é obtida a partir da definição:

$$V = -\int_A^B \vec{E}\cdot d\vec{l} \qquad (4.60)$$

cujo sentido de integração é realizado contra o campo elétrico. Assim, teremos:

$$V = -\int_b^a \frac{\rho_l}{2\pi\varepsilon_r\varepsilon_0 r}\vec{u}_r \cdot dl\,\vec{u}_r \qquad (4.61)$$

ou, ainda;

$$V = -\frac{\rho_l}{2\pi\varepsilon_r\varepsilon_0}\int_b^a \frac{1}{r}\cdot dr \qquad (4.62)$$

Resultando:

$$V = \frac{\rho_l}{2\pi\varepsilon_r\varepsilon_0}\ln\frac{b}{a}\ (V) \qquad (4.63)$$

d: A capacitância do cabo coaxial é dada pela relação:

$$C = \frac{Q}{V} \qquad (4.64)$$

na qual V é dada por 4.63 e $Q = \rho l$, resultando:

$$C = \frac{\rho_l l}{\frac{\rho_l}{2\pi\varepsilon_r\varepsilon_0}\ln\frac{b}{a}} \qquad (4.65)$$

ou, ainda:

$$C = \frac{2\pi\varepsilon_r\varepsilon_0 l}{\ln\frac{b}{a}}(F) \qquad (4.66)$$

A capacitância por unidade de comprimento é tal que:

$$\frac{C}{l} = \frac{2\pi\varepsilon_r\varepsilon_o}{\ln\frac{b}{a}}(F/m) \qquad (4.67)$$

A Figura 4.21 mostra o comportamento do campo elétrico e do vetor deslocamento no dielétrico em função de r.

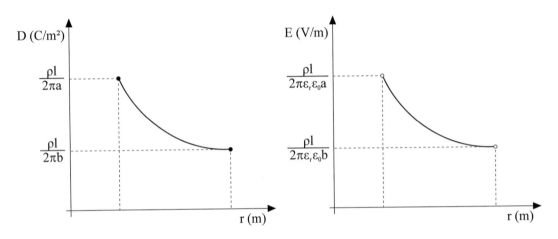

Figura 4.21: Campo elétrico e vetor deslocamento.

■ Exercício Resolvido 2

Magnetostática: Um cabo coaxial é constituído por um condutor cilíndrico de raio a e uma casca cilíndrica de raio interno b e externo c, como mostra a Figura 4.22. O condutor interno é percorrido por uma corrente I, a qual retorna pela casca cilíndrica. A permeabilidade relativa do dielétrico é unitária. Determine:

a: o comportamento vetor intensidade magnética em função de r;
b: o comportamento do campo magnético em função de r;
c: o fluxo magnético em uma superfície retangular inserida entre o condutor interno e a casca cilíndrica;
d: a indutância do cabo por unidade de comprimento.

Solução

a: A determinação do vetor intensidade magnética $\vec{H}$ é obtida a partir da aplicação da segunda equação de Maxwell, como segue:

$$\oint_C \vec{H} \cdot d\vec{l} = \int_S \vec{J} \cdot d\vec{S} \qquad (4.68)$$

Note que o termo referente à corrente de deslocamento não foi contemplado, pois a corrente geradora do campo magnético é constante no tempo.

Por simetria, as linhas de campo magnético são circulares, e seus valores em um ponto dependem exclusivamente da distância desse ponto ao centro do cabo, isto é: $\vec{H}(r)\vec{u}_\ell$ e $\vec{B} = B(r)\vec{u}_\ell$, na qual $\vec{u}_\ell$ é um vetor unitário tangente às linhas de campo.

Escolhendo um contorno circular de raio $r < a$, como mostra a Figura 4.23, o primeiro membro da segunda equação de Maxwell pode ser escrito como segue:

$$\oint_C \vec{H} \cdot d\vec{l} = H \cdot 2\pi r \tag{4.69}$$

O segundo membro corresponde à corrente concatenada com esse contorno, a qual é uma parcela da corrente total, resultando:

$$\int_S \vec{J} \cdot d\vec{S} = \frac{\pi r^2}{\pi a^2} I = \frac{r^2}{a^2} I \tag{4.70}$$

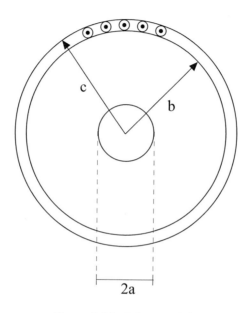

Figura 4.22: Cabo coaxial.

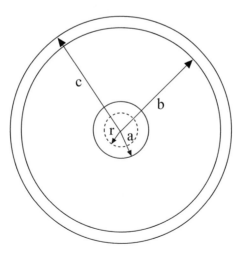

Figura 4.23: Contorno circular $r < a$.

Igualando os resultados obtidos em 4.69 e 4.70, obtemos:

$$H \cdot 2\pi r = \frac{r^2}{a^2} I \tag{4.71}$$

De modo que:

$$H = \frac{I}{2\pi a^2} r \tag{4.72}$$

Para um contorno circular de raio $a < r < b$, como mostra a Figura 4.24, não há mudanças no primeiro membro da equação; no entanto, o segundo membro corresponde à totalidade da corrente do condutor interno, isto é:

$$\int_s \vec{J} \cdot d\vec{S} = I \tag{4.73}$$

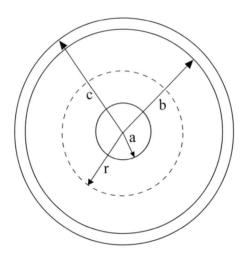

Figura 4.24: Contorno circular de $a < r < b$.

Assim sendo, a aplicação da segunda equação de Maxwell ao contorno circular de $a < r < b$ resulta:

$$H \cdot 2\pi r = I \tag{4.74}$$

De modo que:

$$H = \frac{I}{2\pi r} \tag{4.75}$$

Para um contorno circular de raio $b < r < c$, como mostra a Figura 4.25, também não há mudanças no primeiro membro da equação; no entanto, o segundo membro corresponderá à totalidade da corrente do condutor interno menos uma parcela da corrente da casca cilíndrica, isto é:

$$\int_s \vec{J} \cdot d\vec{S} = I - \frac{\pi(r^2 - b^2)}{\pi(c^2 - b^2)} I \tag{4.76}$$

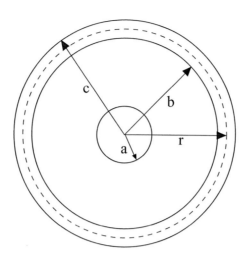

Figura 4.25: Contorno circular de *b < r < c*.

Resultando:

$$H = \frac{I}{2\pi r} \cdot \frac{c^2 - r^2}{c^2 - b^2} \qquad (4.77)$$

b: A determinação do campo magnético é simplesmente obtida aplicando a relação constitutiva $\vec{B} = \mu_0 \vec{H}$, pois a permeabilidade relativa do condutor e do ar é unitária; assim, teremos:
Para $r < a$,

$$B = \frac{\mu_0 I}{2\pi a^2} r \qquad (4.78)$$

Para $a < r < b$,

$$B = \frac{\mu_0 I}{2\pi r} \qquad (4.79)$$

E, finalmente, para $b < r < c$,

$$H = \frac{\mu_0 I}{2\pi r} \cdot \frac{c^2 - r^2}{c^2 - b^2} \qquad (4.80)$$

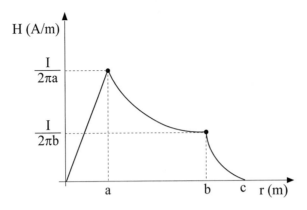

Figura 4.26: Intensidade magnética × r.

A Figura 4.26 mostra o comportamento da amplitude do vetor intensidade magnética $\vec{H}$ em função de r. Esse mesmo comportamento é observado pelo campo magnético $\vec{B}$.

c: A Figura 4.27 mostra a superfície sobre a qual se pretende calcular o fluxo magnético concatenado.

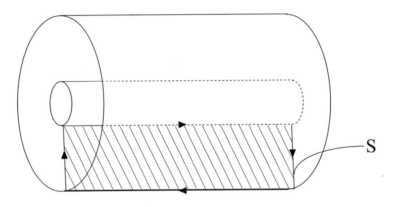

Figura 4.27: Fluxo magnético.

Lembrando que:

$$\phi = \int_S \vec{B} \cdot d\vec{S} \tag{4.81}$$

na qual:

$$B = \frac{\mu_0 I}{2\pi r} \tag{4.82}$$

Resulta:

$$\phi = \int_a^b \frac{\mu_0 I}{2\pi r} \cdot l\, dr \tag{4.83}$$

ou, ainda:

$$\phi = \frac{\mu_0 I l}{2\pi} \ln \frac{b}{a} \tag{4.84}$$

d: A indutância do cabo devida ao estabelecimento de fluxo magnético no dielétrico é tal que:

$$L = \frac{\phi}{I} = \frac{\mu_0 l}{2\pi} \ln \frac{b}{a} (H) \tag{4.85}$$

A indutância por unidade de comprimento resulta:

$$\frac{L}{l} = \frac{\mu_0}{2\pi} \ln \frac{b}{a} (H/m) \tag{4.86}$$

Note que, através das relações 4.67 e 4.86, obtém-se:

$$LC = \mu_0 \varepsilon \tag{4.87}$$

■ **Exercício Resolvido 3**

Eletrocinética: O aterramento de uma torre de uma linha de transmissão pode ser analisado como se fosse constituído de uma hemisfera condutora enterrada sob a torre de raio $a = 1(m)$, como mostra a Figura 4.28. Suponha que o solo condutor tenha resistividade constante e igual a $100(\Omega.m)$. Por ocasião de um curto-circuito entre o condutor de uma fase e a estrutura metálica da torre (curto-circuito fase × terra), uma corrente de 2.000 A é injetada no solo condutor. Determine:

a: o comportamento do campo elétrico no solo condutor;
b: a elevação do potencial da torre;
c: a diferença de potencial máxima que pode ser aplicada aos pés de uma pessoa, cujo passo seja de 0,8 m, caminhando nas proximidades da torre na direção mais desfavorável;
d: a resistência de aterramento da torre.

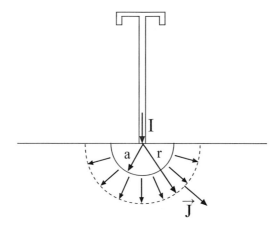

Figura 4.28: Aterramento de uma torre de linha de transmissão.

Solução

a: A corrente de curto-circuito injetada no aterramento segue para o solo condutor segundo uma distribuição radial, como mostra a Figura 4.28. Assim, escolhendo uma superfície hemisférica de raio $r > a$, pela equação da continuidade podemos escrever:

$$\int_\Sigma \vec{J} \cdot d\vec{S} = I \tag{4.88}$$

na qual $\vec{J} = J(r)\vec{u}_r$ e $d\vec{S} = dS\,\vec{u}_r$. Sendo $\vec{J}$ constante sobre Σ, a Equação 4.88 pode ser escrita como segue:

$$J.2\pi r^2 = I$$

ou, ainda:

$$J = \frac{I}{2\pi r^2} \tag{4.89}$$

Lembrando que $\vec{J} = \sigma\,\vec{E}$ e que $\rho = \dfrac{1}{\sigma}$, resulta:

$$E = \rho J = \frac{\rho I}{2\pi r^2} = \frac{31.831}{r^2} \tag{4.90}$$

Note que, devido ao fato de a distribuição de campo elétrico ser radial, as superfícies equipotenciais são calotas esféricas.

b: A elevação de potencial da torre é a diferença de potencial entre o aterramento e o ponto remoto $(r \to +\infty)$ de modo que:

$$Vt = -\int_{\infty}^{a} \vec{E} \cdot d\,\vec{l} \tag{4.91}$$

Isto é:

$$Vt = -\int_{\infty}^{a} \frac{\rho I}{2\pi r^2} \cdot dr = \frac{\rho I}{2\pi a} = \frac{100.2000}{2\pi} = 31.830\,V \tag{4.92}$$

Note que esse valor é elevado e devem ser tomados os referidos cuidados para evitar a transferência desse potencial às pessoas que estão próximas às linhas de transmissão.

c: Uma pessoa que está caminhando nas proximidades da torre estará sujeita a uma diferença de potencial entre seus pés. Como o campo elétrico é radial, a direção mais desfavorável é também a direção radial, pois é na direção do campo que se observa a maior variação do potencial na superfície do solo. Por outro lado, como a diferença de potencial é função do inverso da distância à torre, a maior diferença de potencial será observada quando um pé estiver no limite da calota e o outro pé a 0,8 m na direção radial. Nesse caso teremos:

$$V_{PASSO} = -\int_{1,08}^{1} \frac{\rho I}{2\pi r^2} \cdot dr = \frac{100.2000}{2\pi}\left[1 - \frac{1}{1,8}\right] = 14.147\,V \tag{4.93}$$

Note que esse potencial também é elevado, de modo que o defeito deve ser eliminado com rapidez suficiente para que não produza danos permanentes nas pessoas que transitam nas proximidades.

Cuidados como a colocação de brita nas proximidades do aterramento minimizam os efeitos desse potencial através do aumento da resistência de contato do pé com o solo. Então, não ande descalço nas proximidades de um sistema de energia.

d: A resistência de aterramento da torre é dada por:

$$R_{TERRA} = \frac{Vt}{I} = \frac{31.830}{2000} = 16\,\Omega \qquad (4.94)$$

■ **Exercício Resolvido 4**

Corrente de deslocamento: Um capacitor de placas paralelas circulares de raio R e separação entre as placas d, como mostrado na Figura 4.29, está submetido a uma diferença de potencial $v(t) = \sqrt{2}V\cos\omega t$. A permissividade elétrica relativa do isolante é ε_r. Determine:
a: a densidade de corrente de deslocamento no dielétrico;
b: a corrente no capacitor;
c: o campo intensidade magnética no dielétrico e fora dele.

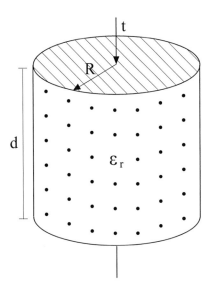

Figura 4.29: Capacitor de placas paralelas.

Solução

a: O campo elétrico entre as placas de um capacitor de placas paralelas é dado por $E = \dfrac{V}{d}$, de modo que $E = \dfrac{\sqrt{2}V\cos\omega t}{d}$. Portanto, a amplitude do vetor deslocamento será $D = \varepsilon E = \dfrac{\varepsilon_r \varepsilon_0 \sqrt{2}V\cos\omega t}{d}$. Assim sendo, a densidade da corrente de deslocamento resulta:

$$J_D = \frac{\partial D}{\partial t} = -\omega \frac{\varepsilon_r \varepsilon_0 \sqrt{2}V \operatorname{sen}\omega t}{d} = \sqrt{2}\left(\frac{\omega \varepsilon_r \varepsilon_0 V}{d}\right)\cos\left(\omega t - \frac{\pi}{2}\right) \qquad (4.95)$$

O termo $J_{DEF} = \left(\dfrac{\omega \varepsilon_r \varepsilon_2 V}{d}\right)$ é o valor eficaz da densidade de corrente de deslocamento.

b: A corrente no capacitor é obtida pelo fluxo da densidade de corrente de deslocamento através de uma seção transversal do capacitor, isto é:

$$i = \int_S \vec{J}_D \cdot d\vec{S} = J_D \cdot S \qquad (4.96)$$

Resulta, então:

$$i = \sqrt{2}\left(\frac{\omega \varepsilon_r \varepsilon_0 V}{d}\right)\cos\left(\omega t - \frac{\pi}{2}\right)\pi R^2 \qquad (4.97)$$

O termo $i = \frac{\omega \varepsilon_r \varepsilon_0 \pi R^2 V}{d}$ é o valor eficaz da corrente no capacitor, e a relação $\frac{V}{i} = \frac{d}{\omega \varepsilon_r \varepsilon_0 \pi R^2}$ é a reatância capacitiva do capacitor.

c: Para o cálculo do campo magnético produzido pela corrente no capacitor, vamos aplicar a segunda equação de Maxwell a um contorno circular de raio r, tal que $r < R$, como mostrado na Figura 4.30.

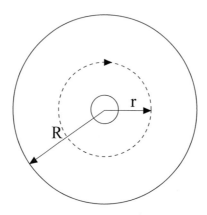

Figura 4.30: Cálculo do campo magnético.

Temos, então:

$$\oint_C \vec{H} \cdot d\vec{l} = \int_S \vec{J}_D \cdot d\vec{S} \qquad (4.98)$$

Como $\vec{H}$ e $d\vec{l}$ estão alinhados e como H é constante sobre C, a expressão anterior pode ser reescrita como segue:

$$H \cdot 2\pi r = J_D \cdot S = \sqrt{2}\left(\frac{\omega \varepsilon_r \varepsilon_0 V}{d}\right)\cos\left(wt - \frac{\pi}{2}\right)\pi r^2$$

Resulta, então:

$$H = \sqrt{2}\left(\frac{\omega \varepsilon_r \varepsilon_0 V}{d}\right) r \cos\left(\omega t - \frac{\pi}{2}\right) \qquad (4.99)$$

O valor máximo do campo intensidade magnética é dado por:

$$H_{MAX} = \sqrt{2}\left(\frac{\omega \varepsilon_r \varepsilon_0 V}{d}\right) r \qquad (4.100)$$

Escolhendo agora um contorno circular de raio $r > R$, resulta:

$$H \cdot 2\pi r = J_D \cdot S_{CAP} = \sqrt{2}(\frac{\omega \varepsilon_r \varepsilon_0 V}{d}) \cos(\omega t - \frac{\pi}{2})\pi R^2$$

cujo valor máximo é dado por:

$$H_{MAX} = \sqrt{2}(\frac{\omega \varepsilon_r \varepsilon_0 V R^2}{2d})\frac{1}{r} \qquad (4.101)$$

A Figura 4.31 mostra o comportamento da amplitude do vetor intensidade magnética em função da distância ao centro do capacitor.

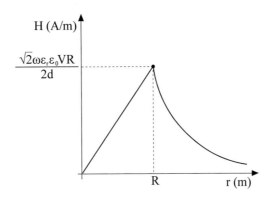

Figura 4.31: Amplitude do vetor intensidade magnética.

■ **Exercício Resolvido 5**

Propagação: O campo elétrico produzido por uma antena no espaço livre (ε_0; μ_0) é dado por:

$$\vec{E}(z,t) = E_0 \cos(\omega t - kz)\vec{u}_x$$

no qual $k = \omega\sqrt{\mu_0 \varepsilon_0}$.
Determine:
a: o vetor intensidade magnética associado;
b: a relação $\eta_0 = \dfrac{E_x}{H_y}$, denominada impedância intrínseca do meio.

Solução

a: Como o campo elétrico tem uma amplitude variável senoidalmente no tempo, a melhor forma de representá-lo é a forma complexa, como segue:

$$\vec{E}(z,t) = \text{Re}[E_0 e^{-jkz} \cdot e^{j\omega t}]\vec{u}_x$$

na qual o componente x do campo elétrico pode ser representado pelo seu fasor $\dot{E}_x = E_0 e^{-jkz}$.

A solução do problema começa na primeira equação de Maxwell na forma diferencial, na qual:

$$\nabla \times \vec{E} = -\frac{\partial \vec{B}}{\partial t}$$ (4.102)

Na forma complexa, essa equação é escrita de maneira semelhante, bastando apenas substituir o operador $\frac{\partial}{\partial t}$ por $j\omega$ e utilizar os fasores das grandezas envolvidas.

Assim fazendo, obtém-se:

$$\nabla \times \vec{E} = -j\omega \vec{B}$$ (4.103)

Lembrando que $B = \mu_0 H$ no espaço livre, a expressão anterior pode ser escrita como segue:

$$\nabla \times \vec{E} = -j\omega\mu_0 \vec{H}$$ (4.104)

Aplicando o rotacional ao campo elétrico, obtemos:

$$\nabla \times \vec{E} = \cdot \frac{\partial \dot{E}_x}{\partial z} \vec{u}_y$$

Resultando:

$$\frac{\partial \dot{E}_x}{\partial z} = -jkE_0 e^{-jkz}$$

Portanto:

$$-jkE_0 e^{-jkz} = -j\omega\mu_0 \dot{H}$$

Resultando finalmente:

$$\dot{H} = \frac{k}{\omega\mu_0} E_0 e^{-jkz}$$ (4.105)

b: A relação $\eta_0 = \dfrac{E_x}{H_y}$ é tal que $\eta_0 = \dfrac{\omega\mu_0}{k}$, e sendo $k = \omega\sqrt{\mu_0 \varepsilon_0}$, resulta:

$$\eta_0 = \sqrt{\frac{\mu_0}{\varepsilon_0}} = 377 \ \Omega$$ (4.106)

4.9. Condições de fronteira

É muito comum nos dispositivos elétricos a presença de campos elétrico ou magnético, produzidos em dado meio e que emergem, e um outro com propriedades físicas completamente diferentes. Essa passagem de um meio para outro implica mudanças de amplitude e direção dos campos devido à diferença nas propriedades físicas.

Nosso objetivo neste item consiste em avaliar as variações sentidas pelos campos eletromagnéticos mediante essa mudança de meios, e para tal decomporemos os campos de ambos os meios em seus componentes normais e tangenciais à superfície de separação, como mostra a Figura 4.32.

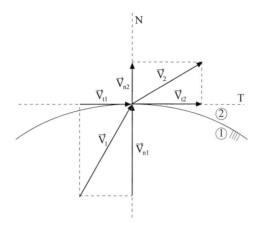

Figura 4.32: Decomposição dos campos.

Vamos admitir, então, que um dado campo eletromagnético $\vec{V}_1$ produzido no meio 1, cujas propriedades físicas são ε_1, μ_1 e σ_1, emerge para o meio 2, de propriedades físicas ε_2, μ_2 e σ_2, assumindo um novo valor $\vec{V}_2$.
Decompondo esses vetores em seus componentes normais e tangenciais à superfície, obtém-se:

$$\vec{V}_1 = \vec{V}_{n1} + \vec{V}_{t1} \tag{4.107}$$

$$\vec{V}_2 = \vec{V}_{n2} + \vec{V}_{t2} \tag{4.108}$$

4.9.1. Componentes normais do campo magnético e do vetor intensidade magnética

A Figura 4.33 mostra a interface de separação de dois meios, nos quais um campo magnético $\vec{B}_1$, produzido no meio 1, emerge para o meio 2 assumindo o valor $\vec{B}_2$.

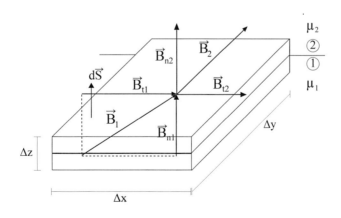

Figura 4.33: Condições de fronteira para B.

Suponha que, envolvendo um ponto da superfície de separação, seja construída uma caixa com dimensões elementares, tendo o referido ponto como centro e metade em cada meio.

Como as dimensões Δx, Δy e Δz são suficientemente pequenas, podemos considerar os campos magnéticos constantes no interior dessa superfície.

Vamos agora aplicar a terceira equação de Maxwell a essa superfície fechada, lembrando apenas que o vetor área elementar $d\vec{S}$ é normal à superfície e saindo. Temos, então:

$$\oint_{\Sigma} \vec{B} \cdot d\vec{S} = 0 \tag{4.109}$$

Como $\vec{B}$ é constante no interior de Σ, a terceira equação de Maxwell se reduz a:

$$\sum_{i=1}^{6} \vec{B}_i \cdot \Delta \vec{S}_i = 0 \tag{4.110}$$

na qual i representa o número de faces da superfície e $\Delta \vec{S}_i$ é o vetor área elementar da face correspondente.

Note que apenas os componentes normais dos campos magnéticos contribuem para o fluxo do campo magnético na superfície fechada através das tampas superior e inferior, pois o produto escalar $\vec{B}_i \cdot \Delta \vec{S}_i$ é nulo nas demais faces da referida superfície.

Assim sendo, obtém-se:

$$- B_{n2}\Delta x \Delta y + B_{n1}\Delta x \Delta y = 0 \tag{4.111}$$

ou, ainda:

$$B_{n1} = B_{n2} \tag{4.112}$$

O resultado expresso em 4.112 evidencia o fato de que o componente normal do campo magnético é contínuo na interface de separação de dois meios.

Lembrando a relação constitutiva $\vec{B} = \mu \vec{H}$, podemos também escrever para os componentes normais do vetor intensidade magnética:

$$\mu_1 H_{n1} = \mu_2 H_{n2} \tag{4.113}$$

o que evidencia a descontinuidade do componente normal do vetor intensidade magnética quando da passagem pela interface de separação de dois meios de permeabilidades diferentes.

4.9.2. Componentes normais do vetor deslocamento e do campo elétrico

A geometria para a análise do comportamento dos componentes normais do vetor deslocamento e do campo elétrico é a mesma da Figura 4.29, bastando substituir $\vec{B}$ por $\vec{D}$. Aplicaremos, no entanto, a quarta equação de Maxwell na forma integral para obter o comportamento dos componentes normais do vetor deslocamento $\vec{D}$.

$$\oint_{\Sigma} \vec{D} \cdot d\vec{S} = \int_{\tau} \rho_v d\tau \tag{4.114}$$

Com relação ao primeiro membro, o resultado é idêntico ao primeiro membro de 4.111, isto é:

$$\oint_{\Sigma} \vec{D} \cdot d\vec{S} = -D_{n2}\Delta x \Delta y + D_{n1}\Delta x \Delta y \tag{4.115}$$

Quanto ao segundo membro de 4.114, corresponde à quantidade de cargas elétricas contidas no interior da superfície. Como as dimensões da caixa são elementares, a quantidade de cargas elétricas contidas no interior dela consiste em uma eventual quantidade de cargas elétricas depositadas na superfície de separação dos meios, isto é:

$$\int_{\tau} \rho_v d\tau = \Delta q \tag{4.116}$$

Igualando os resultados obtidos em 4.115 e 4.116, obtém-se:

$$-D_{n2}\Delta x \Delta y + D_{n1}\Delta x \Delta y = \Delta q \tag{4.117}$$

ou, ainda:

$$D_{n1} - D_{n2} = \frac{\Delta q}{\Delta x \Delta y} \tag{4.118}$$

No limite para $\Delta x, \Delta y \to 0$, o segundo membro de 4.118 é a densidade superficial de cargas elétricas na superfície de separação dos meios; assim sendo, podemos escrever:

$$D_{n1} - D_{n2} = \rho_s \tag{4.119}$$

Esse resultado evidencia a descontinuidade do componente normal do vetor deslocamento na interface de separação de dois meios quando da existência de uma distribuição de cargas na superficial dessa interface.

A partir da relação constitutiva $\vec{D} = \varepsilon \vec{E}$ obtemos o comportamento do componente normal do campo elétrico na interface de separação de dois meios, isto é:

$$\varepsilon_1 E_{n1} - \varepsilon_2 E_{n2} = \rho_s \tag{4.120}$$

4.9.3. Componentes normais do vetor densidade de corrente

O comportamento do componente normal do vetor densidade de corrente é extraído da Equação 4.24, a qual reproduzimos aqui por conveniência.

$$\int_{\Sigma} \left(\vec{J} + \frac{\partial \vec{D}}{\partial t} \right) \cdot d\vec{S} = 0$$

ou, ainda:

$$\oint_{\Sigma} \vec{J} \cdot d\vec{S} = -\frac{d}{dt} \oint \vec{D} \cdot d\vec{S} \tag{4.121}$$

Utilizando a mesma geometria da Figura 4.29, podemos escrever:

$$-J_{n2}\Delta x \Delta y + J_{n1}\Delta x \Delta y = -\frac{d}{dt}(-D_{n2}\Delta x \Delta y + D_{n1}\Delta x \Delta y)$$

Apesar de pequenos, Δx e Δy são não nulos, de modo que podemos escrever:

$$-J_{n2} + J_{n1} = -\frac{d}{dt}(-D_{n2} + D_{n1})$$

Lembrando que:

$$D_{n1} - D_{n2} = \rho_s$$

Resulta, finalmente:

$$J_{n1} - J_{n2} = -\frac{d\rho_s}{dt} \qquad (4.122)$$

Esse resultado mostra que o componente normal do vetor densidade de corrente $\vec{J}$ é descontínuo de um valor igual à variação temporal da densidade superficial de cargas depositadas na superfície de separação dos meios.

4.9.4. Componentes tangenciais do vetor intensidade magnética

A Figura 4.34 mostra um vetor intensidade magnética $\vec{H}_1$ gerado no meio 1 e que emerge no meio 2, assumindo um novo valor $\vec{H}_2$.

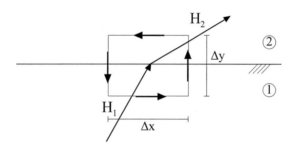

Figura 4.34: Condições de fronteira para H.

Para determinarmos o comportamento do componente tangencial do vetor intensidade magnética $\vec{H}$, trabalharemos com a segunda equação de Maxwell, dada por:

$$\oint_C \vec{H} \cdot d\vec{l} = \oint_S \left(\vec{J} + \frac{\partial \vec{D}}{\partial t} \right) \cdot d\vec{S} \qquad (4.123)$$

Para tal, seja um contorno fechado retangular de dimensões elementares, tais que $\vec{H}_1$ e $\vec{H}_2$ possam ser considerados constantes em seus lados.

O primeiro membro de 4.23 aplicado ao contorno retangular elementar pode ser reescrito como segue:

$$\oint_C \vec{H} \cdot d\vec{l} = \sum_{i=1}^{4} \vec{H}_i \cdot \Delta \vec{l}_i \qquad (4.124)$$

na qual i corresponde a uma aresta do contorno e $\vec{H}_i$ são os componentes normais e tangenciais de $\vec{H}$.

Note que apenas os componentes tangenciais contribuem para a circuitação de $\vec{H}$ no referido contorno, pois os demais produtos escalares resultam nulos. Assim sendo, obtém-se:

$$\oint_C \vec{H} \cdot d\vec{l} = H_{t1}\Delta x - H_{t2}\Delta x \tag{4.125}$$

O segundo membro corresponde à corrente concatenada com o contorno. Como nosso contorno é elementar, isto é, $\Delta y \to 0$, essa corrente concatenada corresponde a uma eventual corrente existente na superfície de separação dos meios; assim:

$$\int_S \left(\vec{J} + \frac{\partial \vec{D}}{\partial t} \right) \cdot d\vec{S} = \Delta I_s \tag{4.126}$$

Igualando as expressões 4.125 e 4.126, obtém-se:

$$H_{t1}\Delta x - H_{t2}\Delta x = \Delta I_s \tag{4.127}$$

ou, ainda:

$$H_{t1} - H_{t2} = \frac{\Delta I_s}{\Delta x} \tag{4.128}$$

O segundo membro de 4.128 para $\Delta x \to 0$ é o componente z do vetor densidade superficial de corrente $\vec{J}_l$. Para um caso de posicionamento genérico dos campos em relação ao sistema de referência, a expressão 4.128 pode ser escrita como segue:

$$\vec{n} \times (\vec{H}_2 - \vec{H}_1) = \vec{J}_l \tag{4.129}$$

$\vec{n}$: vetor unitário normal à superfície de separação dirigido do meio 1 para o meio 2

Esse resultado mostra que o componente tangencial do vetor intensidade magnética é descontínuo no valor correspondente à densidade superficial de corrente elétrica na interface de separação dos meios.

A partir da relação constitutiva $\vec{H} = \frac{\vec{B}}{\mu}$, podemos obter o comportamento dos componentes tangenciais do campo magnético, resultando:

$$\vec{n} \times \left(\frac{\vec{B}_2}{\mu_1} - \frac{\vec{B}_1}{\mu_2} \right) = \vec{J}_l \tag{4.130}$$

4.9.5. Componentes tangenciais do campo elétrico

A determinação do comportamento dos componentes tangenciais do campo elétrico é obtida a partir da aplicação da primeira equação de Maxwell a um contorno retangular idêntico àquele da Figura 4.34. Assim, em analogia ao resultado obtido no caso anterior, podemos escrever:

$$\oint_C \vec{E} \cdot d\vec{l} = E_{t1}\Delta x - E_{t2}\Delta x \tag{4.131}$$

O segundo membro da primeira equação de Maxwell, que corresponde à f.e.m. induzida no contorno, é nulo, pois a área encerrada pelo contorno tende a zero, para $\Delta x, \Delta y \to 0$, isto é:

$$-\int_S \frac{\partial B}{\partial t} \to 0 \tag{4.132}$$

Assim sendo, podemos escrever:

$$E_{t1} = E_{t2} \tag{4.133}$$

Portanto, o componente tangencial do campo elétrico é contínuo na interface de separação de dois meios.

O comportamento do componente tangencial do vetor densidade de corrente é obtido a partir de 4.133. Lembrando a relação constitutiva $\vec{E} = \dfrac{\vec{J}}{\sigma}$, podemos escrever:

$$\frac{J_{t1}}{\sigma_1} = \frac{J_{t2}}{\sigma_2} \tag{4.134}$$

Por outro lado, o comportamento do componente tangencial do vetor deslocamento é também obtido a partir de 4.133, lembrando a relação constitutiva $\vec{E} = \dfrac{\vec{D}}{\varepsilon}$. Resulta, portanto:

$$\frac{D_{t1}}{\varepsilon_1} = \frac{D_{t2}}{\varepsilon_2} \tag{4.135}$$

A Tabela 4.6 resume os resultados obtidos.

Tabela 4.6: Condições de fronteira

Vetor	Componentes Normais	Componentes Tangenciais
$\vec{B}$	$B_{n1} = B_{n2}$	$\vec{n} \times (\frac{\vec{B_2}}{\mu_1} - \frac{\vec{B_1}}{\mu_2}) = \vec{J}$
$\vec{H}$	$\mu_1 H_{n1} = \mu_2 H_{n2}$	$\vec{n} \times (\vec{H}_2 - \vec{H}_1) = \vec{J}_1$
$\vec{D}$	$D_{n1} - D_{n2} = \rho_S$	$\dfrac{D_{t1}}{\varepsilon_1} = \dfrac{D_{t2}}{\varepsilon_2}$
$\vec{E}$	$\varepsilon_1 E_{n1} - \varepsilon_2 E_{n2} = \rho_S$	$E_{t1} = E_{t2}$
$\vec{J}$	$J_{n1} - J_{n2} = -\dfrac{d\rho S}{dt}$	$\dfrac{J_{t1}}{\sigma_1} = \dfrac{J_{t1}}{\sigma_1}$

■ **Exercício Resolvido 6**

A Fig. 4.35 mostra um polo magnético de uma máquina de corrente contínua. Quando a bobina de excitação é alimentada, uma distribuição de campo magnético no ferro é produzida. Para efeitos deste exercício, considerar que a permeabilidade relativa do ferro é 5.000. Determine o ângulo de saída do campo magnético no ar.

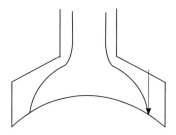

Figura 4.35: Máquina de corrente contínua – polo.

Solução

As condições de fronteira que devem ser aplicadas são:

$$B_{n1} = B_{n2}$$

$$\vec{n} \times (\frac{\vec{B_2}}{\mu_1} - \frac{\vec{B_1}}{\mu_2}) = \vec{J_1}$$

Como não há corrente superficial na interface ferro/ar, isto é, $\vec{J_1} = 0$, a segunda equação se reduz a:

$$\frac{\vec{B_{t2}}}{\mu_1} = \frac{\vec{B_{t1}}}{\mu_2}$$

Assim sendo:

Componentes Normais	Componentes Tangenciais
$B_{n1} = B_f \cos\theta_f$	$B_{t1} = B_f \operatorname{sen}\theta_f$
$B_{n2} = B_a \cos\theta_a$	$B_{t2} = B_a \operatorname{sen}\theta_a$

Podemos, então, escrever:

$$B_f \cos\theta_f = B_a \cos\theta_a \qquad (4.136)$$

$$\frac{B_f \operatorname{sen}\theta_f}{\mu_f} = \frac{B_a \operatorname{sen}\theta_a}{\mu_0} \qquad (4.137)$$

Dividindo membro a membro as relações 4.136 e 4.137, resulta:

$$tg\theta = \frac{tg\theta_f}{\mu_f}$$

Sendo μ_f = 5.000, resulta $\theta_a \approx 0°$ independentemente de θ_f. Conclui-se, portanto, que o campo magnético na interface ferro/ar é perpendicular à interface.

■ Exercício Resolvido 7

Um isolador de porcelana ($\varepsilon_r = 2{,}8$), de uma torre de linha de transmissão de alta tensão, sofreu uma trinca em seu interior. Calcule os acréscimos máximos e mínimos do campo elétrico no interior da trinca em relação ao campo elétrico na porcelana.

Solução

Duas situações devem ser consideradas:

a: Trinca paralela ao campo elétrico

Nesse caso, na interface de separação ar/porcelana, os campos elétricos interno e externo à trinca são tangenciais, de modo que podemos escrever:

$$E_{INT} = E_{EXT}$$

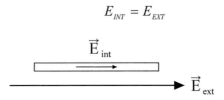

Figura 4.36: Campo elétrico paralelo à trinca.

Resultando, portanto, que não há acréscimo de campo elétrico no interior da trinca em relação ao campo elétrico na porcelana.

b: Trinca perpendicular ao campo elétrico

Nesse campo, na interface de separação ar/porcelana, os campos elétricos interno e externo são normais à interface de modo que:

$$\varepsilon_1 E_{n_1} - \varepsilon_2 E_{n_2} = \rho_S$$

Como a interface é isenta de cargas, resulta:

$$\varepsilon_{PORCELANA} E_{PORCELANA} = \varepsilon_{AR} E_{AR}$$

Temos, então:

$$2{,}8\varepsilon_0 E_{EXT} = \varepsilon_0 E_{INT}$$

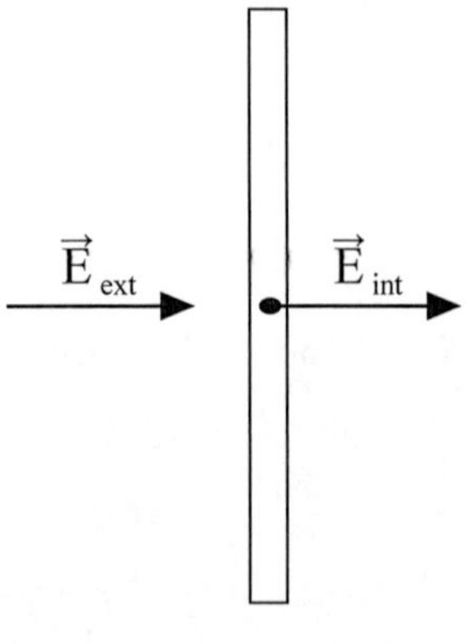

Figura 4.37: Campo elétrico perpendicular à trinca.

Consequentemente:

$$E_{AR} = 2{,}8 E_{PORCELANA}$$

Esse resultado evidencia que, por ocasião de uma trinca em um isolador, o campo elétrico normal dentro da trinca é ε_r vezes maior que o campo da porcelana, tornando-se, portanto, uma fonte potencial de defeitos.

4.10. Fluxo de energia no eletromagnetismo

Associada à produção de campos eletromagnéticos (campos elétrico e magnético) está envolvida sempre uma quantidade de energia necessária para produzi-los.

As energias associadas aos campos elétricos e magnéticos são reversíveis, isto é, a fonte cede energia quando os campos aumentam e recebem energia de volta (parte ou totalmente) quando os campos são diminuídos. Por essa razão diz-se que as energias envolvidas na produção dos campos elétricos e magnéticos são energias armazenadas.

A demonstração que veremos a seguir, denominada teorema de Poynting, é devida a John Henry Poynting, e foi publicada em artigos científicos de 1884 e 1885.

O ponto de partida é a identidade vetorial:

$$\nabla \cdot (\vec{E} \times \vec{H}) = \vec{H} \cdot (\nabla \times \vec{E}) - \vec{E} \cdot (\nabla \times \vec{H}) \tag{4.138}$$

Lembrando que:

$$\nabla \times \vec{E} = -\frac{\partial \vec{B}}{\partial t}$$

$$\nabla \times \vec{H} = \vec{J} + \frac{\partial \vec{D}}{\partial t}$$

Substituindo em 4.138 resulta:

$$\nabla \cdot (\vec{E} \times \vec{H}) = \vec{H} \cdot \left(-\frac{\partial \vec{B}}{\partial t}\right) - \vec{E} \cdot \left(\vec{J} + \frac{\partial \vec{D}}{\partial t}\right)$$

ou, ainda:

$$\vec{E} \cdot \vec{J} = -\vec{H} \cdot \frac{\partial \vec{B}}{\partial t} - \vec{E} \cdot \frac{\partial \vec{D}}{\partial t} - \nabla \cdot (\vec{E} \times \vec{H}) \tag{4.139}$$

Integrando 4.139 no volume do dispositivo eletromagnético, obtemos:

$$\int_\tau \vec{E} \cdot \vec{J}\, d\tau = -\int_\tau \vec{H} \cdot \frac{\partial \vec{B}}{\partial t}\, d\tau - \int_\tau \vec{E} \cdot \frac{\partial \vec{D}}{\partial t}\, d\tau - \int_\tau \nabla \cdot (\vec{E} \times \vec{H})\, d\tau$$

Aplicando o teorema de Gauss no último termo do segundo membro, obtém-se:

$$\int_\tau \vec{E} \cdot \vec{J}\, d\tau = -\int_\tau \vec{H} \cdot \frac{\partial \vec{B}}{\partial t}\, d\tau - \int_\tau \vec{E} \cdot \frac{\partial \vec{D}}{\partial t}\, d\tau - \oint_\Sigma \vec{E} \times \vec{H} \cdot d\vec{S} \tag{4.140}$$

Cabe agora uma reflexão sobre o resultado obtido. O primeiro membro, cuja dimensão é potência, pode ser interpretado de duas formas:

1. Potência dissipada por efeito Joule no interior do volume τ. Lembrando que $\vec{J} = \sigma \vec{E}$, resulta $\vec{E} \cdot \vec{J} \Delta\tau = \sigma(\frac{\Delta V}{\Delta l})^2 \Delta S.\Delta l$ ou, ainda, $\vec{E} \cdot \vec{J} = \frac{\Delta V^2}{R}$, na qual $R = \frac{\Delta l}{\sigma \Delta S}$ é a resistência elétrica do volume. Note que $\vec{J}$ e $\vec{E}$ estão alinhados de modo que esse termo, nesse caso, é sempre positivo.

2. Potência elétrica gerada no interior do volume. Nesse caso, $\vec{E}$ é o campo elétrico oriundo de uma f.e.m. induzida produzida por um campo magnético variável no tempo. Nesse caso, $\vec{E}$ e $\vec{J}$ estão alinhados, porém em sentidos opostos (gerador), resultando $\vec{E} \cdot \vec{J} < 0$.

3. Caso geral: no caso geral, no interior de um volume τ pode-se ter a presença dos dois fenômenos simultaneamente, de modo que podemos expressar o primeiro membro de 4.139 como segue:

$$\int_\tau \vec{E} \cdot \vec{J} d\tau = \int_\tau \vec{E}_J \cdot \vec{J} d\tau + \int_\tau \vec{E}_i \cdot \vec{J} d\tau \qquad (4.141)$$

Na qual $\vec{E}_J$ é o campo elétrico nas regiões do volume τ na qual a potência é dissipada por efeito Joule e $\vec{E}_i$ é o campo elétrico nas regiões em que a potência é gerada através da conversão da energia de alguma forma (mecânica, calor etc.) em elétrica.

Após essas considerações, a expressão 4.139 pode ser reescrita como segue:

$$\int_\tau \vec{E}_i \cdot \vec{J} d\tau = \int_\tau \vec{E}_J \cdot \vec{J} d\tau + \int_\tau \vec{H} \cdot \frac{\partial \vec{B}}{\partial t} d\tau + \int_\tau \vec{E} \cdot \frac{\partial \vec{D}}{\partial t} d\tau + \oint_\Sigma \vec{E} \times \vec{H} \cdot d\vec{S} \qquad (4.142)$$

O termo $P_M = \int_\tau \vec{H} \cdot \frac{\partial \vec{B}}{\partial t} d\tau$ está associado à potência necessária para a produção do campo magnético. Como essa potência depende da taxa de variação tamporal do campo magnético, esse termo pode ser positivo ou negativo; assim, se o campo magnético estiver aumentando no tempo (derivada positiva), a fonte está fornecendo energia ao volume τ, e caso contrário, a fonte está absorvendo energia do volume. Note que o termo:

$$\omega_M = \int_{B1}^{B2} \vec{H} \cdot d\vec{B} \qquad (4.143)$$

corresponde à energia por unidade de volume (fornecida ou recebida) pela fonte quando o campo magnético passa do valor B_1 para um novo valor B_2. Denomina-se também esse termo ***densidade volumétrica de energia magnética*** necessária para fazer o campo magnético variar de B_1 para B_2.

Nos materiais isotrópicos, que são aqueles em que as propriedades físicas não dependem da direção imposta aos campos, $\vec{H}$ e $\vec{B}$ estão alinhados e relacionados pela relação constitutiva $\vec{B} = \mu \vec{H}$, na qual μ é uma função escalar. Aplicando essa propriedade em 4.143, podemos escrever:

$$\omega_M = \int_{B1}^{B2} H \cdot dB = \int_{B1}^{B2} \frac{B}{\mu} \cdot dB \qquad (4.144)$$

A relação entre B e H de um material é conhecida como característica de magnetização e é tal que, para a maioria dos materiais presentes na natureza, essa relação é linear, isto é, μ é constante. Em alguns poucos materiais, no entanto muito importantes, essa relação não é linear. É o caso dos materiais ferromagnéticos (Fe, Ni e Co), cuja característica se assemelha àquela apresentada na Figura 4.38.

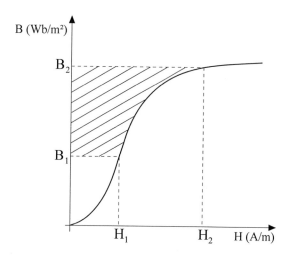

Figura 4.38: Característica de magnetização dos materiais ferromagnéticos.

Na Figura 4.38, a área hachurada é numericamente igual a ω_M. O termo $\omega_{MAG} = \int_{B_1}^{B_2} HdB$ correspondente à densidade de energia necessária para o campo magnético variar de B_1 a B_2.

Na Figura 4.39, a área hachurada é numericamente igual à densidade de energia magnética armazenada no campo magnético.

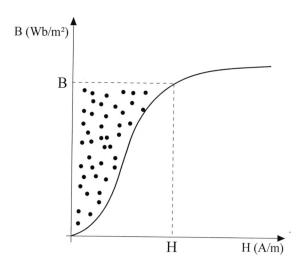

Figura 4.39: Densidade de energia magnética armazenada.

Nada garante, no entanto, que se o campo magnético variar de B_2 para B_1, isto é, no sentido inverso ao indicado em 4.144, o resultado obtido será $-\omega_M$. A resposta é não, pois a magnetização no sentido crescente de B é diferente daquela no sentido decrescente. A razão dessa diferença, que será discutida em detalhes posteriormente, é devida aos atritos existentes entre átomos vizinhos durante a magnetização.

A Figura 4.40 mostra o comportamento da magnetização de um material ferromagnético quando o vetor intensidade magnética H, o qual está ligado à corrente elétrica que produz o campo magnético, completa o ciclo $(0 \to H_{MAX} \to 0)$, evidenciando o fato de que a energia consumida (área positiva) na magnetização de $0 \to H_{MAX}$ é maior do que a energia recuperada (área negativa) na desmagnetização de $H_{MAX} \to 0$.

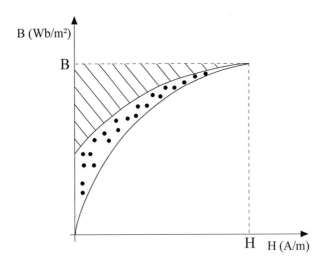

Figura 4.40: A histerese magnética.

A esse fenômeno dá-se o nome de histerese magnética, a qual é muito útil na confecção dos ímãs e muito inconveniente, como veremos, nos materiais ferromagnéticos utilizados na confecção dos transformadores, dos motores e dos geradores de energia elétrica.

Nos materiais lineares, nos quais a permeabilidade magnética é constante, a densidade de energia armazenada no campo magnético é dada por:

$$\omega_{MAG} = \frac{1}{2}\mu H^2 = \frac{1}{2\mu}B^2 \tag{4.145}$$

O termo $P_E = \int_\tau \vec{E} \cdot \frac{\partial \vec{D}}{\partial t} d\tau$ está associado à potência necessária para a produção do campo elétrico. Como essa potência depende da taxa de variação temporal do vetor deslocamento, esse termo também pode ser positivo ou negativo. Note que o termo:

$$\omega_E = \int_{D1}^{D2} E.dD \tag{4.146}$$

corresponde à energia por unidade de volume (fornecida ou recebida) pela fonte quando o vetor deslocamento passa do valor D_1 para um novo valor D_2. Denomina-se também esse termo **densidade volumétrica de energia elétrica**, necessária para fazer o vetor deslocamento variar de D_1 para D_2.

Nos materiais isotrópicos, $\vec{E}$ e $\vec{D}$ estão alinhados e relacionados pela relação constitutiva $\vec{D} = \varepsilon \vec{E}$, na qual ε é uma função escalar. Aplicando essa propriedade em 4.146, podemos escrever:

$$\omega_E = \int_{D1}^{D2} EdD = \int_{D1}^{D2} \frac{D}{\varepsilon} dD \tag{4.147}$$

Para a maioria dos materiais presentes na natureza, a relação $\vec{D} = \varepsilon \vec{E}$ é linear, isto é, ε é constante. Em alguns poucos materiais, essa relação não é linear, como mostra a Figura 4.41.

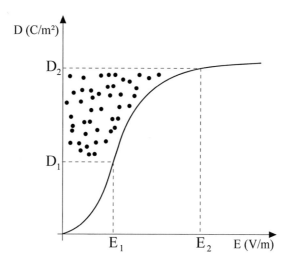

Figura 4.41: Característica não linear de eletrização.

Na Figura 4.41, a área hachurada é numericamente igual a ω_E. O termo $\omega_{ELET} = \int_{D_1}^{D_2} EdD$, correspondente à densidade de energia necessária para o vetor deslocamento variar de D_1 a D_2.

Na Figura 4.42, a área hachurada é numericamente igual à densidade de energia elétrica armazenada no campo elétrico.

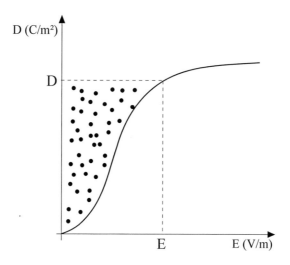

Figura 4.42: Densidade de energia elétrica armazenada.

Da mesma forma, se o vetor deslocamento variar de D_2 para D_1, isto é, no sentido inverso ao indicado em 4.147, o resultado obtido não será $-\omega_E$. A razão dessa diferença, que será discutida em detalhes posteriormente, é devida aos mesmos atritos existentes entre átomos vizinhos durante a eletrização.

A Figura 4.43 mostra o comportamento da eletrização de um material não linear quando o campo elétrico E, o qual está ligado à diferença de potencial que produz o campo elétrico, completa o ciclo ($0 \to E_{MAX} \to 0$), evidenciando o fato de que a energia consumida (área positiva) na eletrização de $0 \to E_{MAX}$ é maior do que a energia recuperada (área negativa) no caminho $E_{MAX} \to 0$.

A este fenômeno dá-se o nome de ***histerese dielétrica***, a qual é muito útil na confecção dos eletretos.

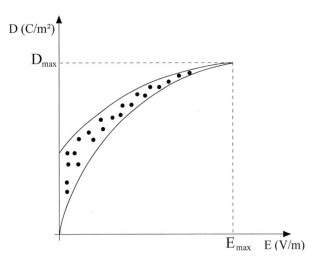

Figura 4.43: A histerese dielétrica.

Nos materiais lineares, nos quais a permissividade elétrica é constante, a densidade de energia armazenada no campo elétrico é dada por:

$$\omega_{ELET} = \frac{1}{2}\varepsilon E^2 = \frac{1}{2\varepsilon}D^2 \tag{4.148}$$

Já estamos em condições de entender o significado físico do último termo de 4.142 aplicando a lei da conservação da energia. Como o primeiro termo é a potência elétrica gerada no interior do volume, essa potência deve suprir as perdas por efeito Joule, que é o primeiro termo do segundo membro, as potências necessárias para gerar os campos magnéticos e elétricos, representadas pelo segundo e terceiro termos, respectivamente, e uma eventual potência enviada para fora do volume, a qual será representada pelo último termo de 4.142, ou seja:

$$P_S = \oint_\Sigma \vec{E} \times \vec{H} \cdot d\vec{S} \tag{4.149}$$

O vetor $\vec{S} = \vec{E} \times \vec{H}\ (W/m^2)$ representa a potência que sai do volume por unidade de área da superfície que o envolve. Como a demonstração desse teorema é devida a John Henry Poynting, a esse vetor deu-se o nome de vetor de Poynting. A Figura 4.44 mostra o fluxo de potência elétrica no interior do volume τ.

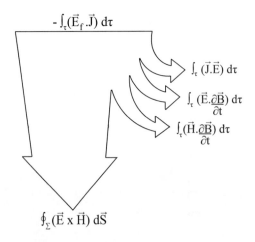

Figura 4.44: Fluxo de potência no interior de um volume.

■ **Exercício Resolvido 8**

Eletrocinética: Aplicar o teorema de Poynting a um condutor cilíndrico de condutividade σ e raio a, percorrido por uma corrente contínua I, como mostra a Figura 4.45.

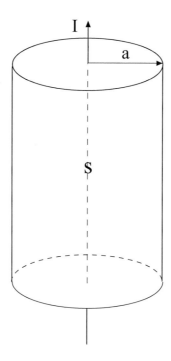

Figura 4.45: Condutor percorrido por corrente contínua.

Solução

Considerando como volume apenas o volume do condutor, os seguintes termos de 4.142 são nulos:

$\int_\tau \vec{E}_i \cdot \vec{J} \, d\tau = 0$: Não há fonte no interior do volume

$\int_\tau \vec{E} \cdot \frac{\partial \vec{D}}{\partial t} d\tau = 0$: O campo elétrico é constante no interior do condutor

$\int_\tau \vec{H} \cdot \frac{\partial \vec{B}}{\partial t} d\tau = 0$: O campo magnético é constante no interior do condutor

Dessa forma, 4.142 se reduz a:

$$\int_\tau \vec{E}_J \cdot \vec{J} \, d\tau + \oint_\Sigma \vec{E} \times \vec{H} \cdot d\vec{S} = 0$$

Vamos, então, calcular ambos os termos da expressão anterior. Lembrando que $J = \frac{\Delta I}{\Delta S} = \frac{I}{\pi a^2}$ e $J = \sigma E$, resulta:

$$\int_\tau \vec{E} \cdot \vec{J} \, d\tau = \int_\tau \frac{I}{\sigma \pi a^2} \cdot \frac{I}{\pi a^2} d\tau = \frac{I^2}{\sigma \pi^2 a^4} \cdot \pi a^2 l$$

ou, ainda:

$$\int_\tau \vec{E} \cdot \vec{J} d\tau = RI^2$$

na qual

$$R = \frac{l}{\sigma \pi a^2}$$

Note que esse termo corresponde às perdas por efeito Joule no condutor. Para a avaliação do segundo termo, devemos lembrar que o campo intensidade magnética e o campo elétrico na superfície do condutor são dados por:

$$\vec{H} = \frac{I}{2\pi a}\vec{u}_\phi \text{ e } \vec{E} = -\frac{I}{\sigma \pi a^2}\vec{u}_Z$$

De modo que:

$$\oint_\Sigma \vec{E} \times \vec{H} \cdot d\vec{S} = \oint_\Sigma \frac{I}{\sigma \pi a^2} \cdot \frac{I}{2\pi a} \vec{u}_z \times \vec{u}_\phi \cdot \vec{u}_\phi \cdot d\vec{S} = -RI^2$$

Cabe-nos agora fazer uma interpretação do resultado obtido. O vetor de Poynting, nesse caso, é dado por:

$$\vec{E} \times \vec{H} = \frac{I^2}{\sigma \pi^2 a^4}(-\vec{u}_r) \ (W/m^2)$$

o que evidencia um fluxo de potência para dentro do volume e no sentido radial.

■ Exercício Resolvido 9

Um cabo coaxial, idêntico ao do Exercício Resolvido 1, de comprimento *l*, é constituído por dois condutores de resistências nulas separadas por um dielétrico de permissividade relativa ε_r. O condutor interno é cilíndrico e de raio *a*, envolvido por uma casca cilíndrica condutora de raio *b*. O referido cabo é utilizado para alimentar uma carga resistiva de resistência *R* através de um gerador ideal de f.e.m. interna E, como mostra a Figura 4.46. Aplique o teorema de Poynting ao volume do cabo.

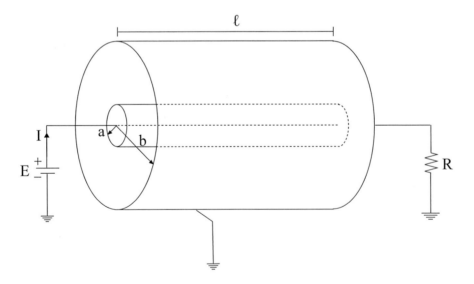

Figura 4.46: Cabo coaxial alimentando carga resistiva.

Solução

Considerando apenas o volume do cabo coaxial, os seguintes termos de 4.142 são nulos:

$\int_\tau \vec{E}_i \cdot \vec{J} \, d\tau = 0$: Não há fonte no interior do volume

$\int_\tau \vec{E} \cdot \frac{\partial \vec{D}}{\partial t} d\tau = 0$: O campo elétrico é constante no interior do condutor

$\int_\tau \vec{H} \cdot \frac{\partial \vec{B}}{\partial t} d\tau = 0$: O campo magnético é constante no interior do condutor

$\int_\tau \vec{E} \cdot \vec{J} d\tau = 0$: os condutores são ideais e, portanto, não apresentam perdas

Assim, o teorema de Poynting neste volume se reduz a:

$$\oint_\Sigma \vec{E} \times \vec{H} \cdot d\vec{S} = 0$$

O campo elétrico no cabo pode ser calculado a partir dos resultados obtidos no Exercício Resolvido 1, no qual obtivemos:

$$\vec{E} = \frac{\rho_l}{2\pi\varepsilon_r\varepsilon_0 r}\vec{u}_r \, (V/m) \qquad (4.150)$$

e

$$V = \frac{\rho_l}{2\pi\varepsilon_r\varepsilon_0} \ln\frac{b}{a} \, (V) \qquad (4.151)$$

Isolando ρ_l em 4.151 e substituindo em 4.150, obtém-se:

$$\vec{E} = \frac{V}{r \ln\frac{b}{a}}\vec{u}_r \, (V/m) \qquad (4.152)$$

Do exercício 2, obtemos o campo intensidade magnética no dielétrico:

$$\vec{H} = \frac{1}{2\pi r}u_\phi$$

Consequentemente,

$$\vec{S} = \vec{E} \times \vec{H} = \frac{VI}{2\pi \ln\frac{b}{a} r^2}\vec{u}_z$$

Como o vetor de Poynting está na direção z, implica fluxo de potência nulo na superfície lateral do volume, restando apenas calcular o fluxo de energia na tampa frontal e posterior, apenas na seção do dielétrico, pois na região dos condutores o fluxo de energia é nulo, pois os condutores são ideais.

De modo que, na tampa frontal, na qual $d\vec{S} = 2\pi r dr(-\vec{u}_z)$, resulta:

$$P_{FRONTAL} = \oint_\Sigma \vec{E} \times \vec{H} \cdot d\vec{S} = \int_a^b \frac{VI}{2\pi \ln\frac{b}{a} r^2}\vec{u}_z \, 2\pi r dr(-\vec{u}_z) = -VI$$

Como a potência através da tampa frontal é negativa, implica fluxo de potência para dentro do volume.

219

Na tampa posterior, na qual $d\vec{S} = 2\pi r dr \vec{u}_z$, obtém-se:

$$P_{POSTERIOR} = \oint_\Sigma \vec{E} \times \vec{H} \cdot d\vec{S} = \int_a^b \frac{VI}{2\pi \ln\frac{b}{a} r^2} \vec{u}_z \, 2\pi r dr \vec{u}_z = VI$$

Nesse caso, o fluxo de potência é positivo, de modo que a potência está saindo do volume e será entregue à carga.

Note que:

$$P_{POSTERIOR} + P_{FRONTAL} = 0$$

O resultado obtido leva-nos a uma reflexão. O nosso problema trata da transmissão de energia elétrica através de um cabo coaxial ideal. Verificamos, a partir do cálculo do fluxo do vetor de Poynting através da seção transversal do dielétrico, que a potência injetada pela tampa frontal do volume do cabo é idêntica à potência que sai do volume pela tampa posterior. Isso só é possível se os condutores forem ideais, como é o caso.

Outra constatação interessante é que a potência é transmitida através do dielétrico e não através dos condutores, como parecia evidente; o condutor do dispositivo eletromagnético atua simplesmente como agente produtor dos campos elétrico e magnético quando percorridos por corrente elétrica ou, ainda, podemos afirmar que os condutores guiam a energia transmitida pelo dielétrico que os separa.

■ **Exercício Resolvido 10**

Corrente de deslocamento: Um capacitor de placas paralelas circulares de raio R e separação entre as placas d, como mostrado na Figura 4.47, está submetido a uma diferença de potencial alternada e de baixa frequência dada por $v(t) = \sqrt{2}V \cos \omega t$. A permissividade relativa do isolante é ε_r. Aplique o teorema de Poynting ao volume do capacitor.

Solução

Considerando o volume do capacitor, os seguintes termos do teorema de Poynting são nulos:

$\int_\tau \vec{E}_i \cdot \vec{J} \, d\tau = 0$: Não há fonte no interior do volume

$\int_\tau \vec{E} \cdot \vec{J} \, d\tau = 0$: O dielétrico é ideal

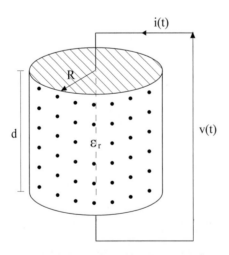

Figura 4.47: Capacitor de placas paralelas.

$\int_\tau \vec{H} \cdot \frac{\partial \vec{B}}{\partial t} d\tau = 0$: O campo magnético no interior do capacitor é desprezível quando excitado por fonte de corrente alternada em baixa frequência.

Dessa forma, o teorema de Poynting se reduz a:

$$\int_\tau \vec{E} \cdot \frac{\partial \vec{D}}{\partial t} d\tau + \int_\Sigma \vec{E} \times \vec{H} \cdot d\vec{S} = 0$$

O campo elétrico no dielétrico é dado por:

$$E = \frac{v(t)}{d} = \frac{\sqrt{2}V \cos \omega t}{d}$$

ou, vetorialmente:

$$\vec{E} = -\frac{\sqrt{2}V \cos \omega t}{d} \vec{u}_z$$

E o vetor deslocamento:

$$\vec{D} = \varepsilon \vec{E} = -\frac{\varepsilon_r \varepsilon_0 \sqrt{2}V \cos \omega t}{d} \vec{u}_z$$

De modo que:

$$\int_\tau \vec{E} \cdot \frac{\partial \vec{D}}{\partial t} d\tau = \int_\tau \frac{\sqrt{2}V \cos \omega t}{d} \cdot \frac{\sqrt{2}\omega \varepsilon_r \varepsilon_0 V}{d} sen\omega t d\tau$$

ou, ainda:

$$\int_\tau \vec{E} \cdot \frac{\partial \vec{D}}{\partial t} d\tau = \frac{\pi \omega \varepsilon_r \varepsilon_0 V^2 R^2}{d} sen\, 2\omega t$$

O vetor intensidade magnética é obtido a partir da segunda equação de Maxwell.
Lembrando que a densidade de corrente de condução nesse caso é nula, obtém-se:

$$\oint_C \vec{H} \cdot d\vec{l} = \int_S \vec{J}_D \cdot d\vec{S}$$

na qual:

$$\vec{J}_D = \frac{\partial \vec{D}}{\partial t} = \omega \frac{\varepsilon_r \varepsilon_0 \sqrt{2}V sen\omega t}{d} \vec{u}_z = \sqrt{2}\left(\frac{\omega \varepsilon_r \varepsilon_0 V}{d}\right) sen\, \omega t \vec{u}_z$$

Como $\vec{H}$ e $d\vec{l}$ estão alinhados e como H é constante sobre C, a expressão anterior pode ser reescrita como segue:

$$H.2\pi r = J_D S = \sqrt{2}\left(\frac{\omega \varepsilon_r \varepsilon_0 V}{d}\right) sen\, \omega t \vec{u}_z \pi r^2 (-\vec{u}_z)$$

Resulta, então:

$$H = -\sqrt{2}\left(\frac{\omega \varepsilon_r \varepsilon_0 V}{2d}\right) r\, sen\, \omega t$$

ou, vetorialmente,

$$\vec{H} = -\sqrt{2}\left(\frac{\omega \varepsilon_r \varepsilon_0 V}{2d}\right) r\, sen\, \omega t\, \vec{u}_\phi$$

Na superfície lateral do capacitor, na qual $r = R$, resulta:

$$\vec{H} = -\sqrt{2}\left(\frac{\omega\varepsilon_r\varepsilon_0 VR}{2d}\right) r \operatorname{sen} \omega t\, \vec{u}_\phi$$

Assim, o vetor de Poynting será dado por:

$$\vec{S} = \vec{E} \times \vec{H} = \frac{\sqrt{2}V \cos \omega t}{d} \cdot \frac{\sqrt{2}\omega\varepsilon_r\varepsilon_0 VR \operatorname{sen} \omega t}{2d}(-\vec{u}_Z) \times (-\vec{u}_\phi)$$

ou, ainda:

$$\vec{S} = \vec{E} \times \vec{H} = \frac{\omega\varepsilon_r\varepsilon_0 V^2 R}{2d^2} \operatorname{sen} 2\omega t\,(-\vec{u}_r)$$

Então, a potência que sai do volume do capacitor é dada por:

$$P(t) = \oint_\Sigma \vec{E} \times \vec{H} \cdot d\vec{S} = \int_S \frac{\omega\varepsilon_r\varepsilon_0 V^2 R}{2d^2} \operatorname{sen} 2\omega t\,(-\vec{u}_r)dS\,\vec{u}_r$$

ou, ainda:

$$P(t) = -\frac{\pi\omega\varepsilon_r\varepsilon_0 V^2 R^2}{d} \operatorname{sen} 2\omega t$$

Evidenciando que o fluxo de potência para o interior do capacitor se dá pela sua superfície lateral.

Uma grandeza importante em um fenômeno eletromagnético, quando tratamos da troca de potência, é o valor médio no tempo da potência envolvida no processo.

Como a potência entregue ao capacitor varia senoidalmente no tempo, resulta uma potência média nula. Isso significa que, enquanto o campo elétrico no capacitor está aumentando, o fluxo de potência é para dentro do capacitor, e, quando o campo está diminuindo, o fluxo de potência é para fora.

Resumindo, a energia entregue enquanto o campo elétrico cresce é exatamente igual à energia devolvida à fonte quando o campo elétrico diminui.

Assim, temos:

$$P_{MED} = 0$$

Por essa mesma razão, a potência média associada ao campo elétrico também é nula, ou seja:

$$\left[\int_S \vec{E} \cdot \frac{\partial \vec{D}}{\partial t} d\tau\right]_{MED} = 0$$

■ **Exercício Resolvido 11**

Propagação: O campo elétrico produzido por uma antena no espaço livre (ε_0; μ_0) é dado por:

$$\vec{E}(z,t) = E_0 \cos(\omega t - kz)\vec{u}_x$$

no qual $k = \omega\sqrt{\mu_0\varepsilon_0}$.

Determine o fluxo de potência média que cruza uma superfície quadrada de 1 m² situada perpendicularmente à direção de propagação.

Solução

Como obtido no Exercício Resolvido 5, para o campo elétrico dado o campo intensidade magnética associado deve satisfazer a relação:

$$\eta_0 = \frac{E_x}{H_y}$$

na qual:

$$\eta_0 = \sqrt{\frac{\mu_0}{\varepsilon_0}} = 377\ \Omega$$

Resultando, então:

$$\vec{H}(z,t) = \frac{E_0}{\eta_0}\cos(\omega t - kz)\vec{u}_y$$

Assim, teremos:

$$\vec{E} \times \vec{H} = \frac{E_0^2}{\eta_0}\cos^2(\omega t - kz)\vec{u}_z$$

O resultado anterior mostra que o fluxo de potência produzido pela onda com essas características está na direção z, isto é, na direção normal aos campos $\vec{E}$ e $\vec{H}$.

Assim o fluxo de potência através de uma superfície de 1 m² normal na direção de propagação dos campos é dado por:

$$P(t) = \oint_\Sigma \vec{E} \times \vec{H} \cdot d\vec{S} = \frac{E_0^2}{\eta_0}\cos^2(\omega t - kz)$$

ou, ainda;

$$P(t) = \frac{E_0^2}{2\eta_0}\left[1 + \cos 2(\omega t = kz)\right]$$

O valor médio de $P(t)$ resulta:

$$P_{MED} = \frac{E_0^2}{2\eta_0}$$

Note que a onda eletromagnética é responsável pela transmissão de potência no sentido da propagação.

4.11. Exercícios propostos

■ **Exercício 1**

Corrente de deslocamento: Um capacitor de placas paralelas circulares de raio R e separação entre as placas d, está submetido a uma diferença de potencial $v(t) = \sqrt{2}V\cos\omega t$. A permissividade relativa do isolante é ε_r.
Determine:
- **a:** a densidade de corrente de deslocamento no dielétrico;
- **b:** a corrente no capacitor;
- **c:** o campo intensidade magnética no dielétrico e fora dele.

■ **Exercício 2**

Corrente de deslocamento: As propriedades físicas de um solo úmido são dadas por $\sigma \cong 10^{-2}\,S/m$, $\varepsilon_R \cong 30$ e $\mu_R = 1$.
Determine a frequência para a qual a relação entre as amplitudes da densidade de corrente de condução e a densidade de corrente de deslocamento é unitária.

Exercício 3

Corrente de deslocamento: Para a água do mar temos $\sigma = 4\ S/m$, $\varepsilon_R = 81$ e $\mu_R = 1$. Determine a relação entre as amplitudes da densidade de corrente de condução e da densidade de corrente de deslocamento para as seguintes frequências: 10 kHz, 1 MHz, 100 MHz e 10 GHz. Determine também a frequência para a qual essa relação é unitária.

Exercício 4

Corrente de deslocamento: Um capacitor de placas paralelas consiste em duas placas metálicas de área 50 cm² cada uma, separadas por um dielétrico de porcelana de espessura a = 1 cm (para a porcelana considere: $\varepsilon_R = 5,5$ e $\sigma = 10^{-14}\ S/m$). Se uma tensão $v(t) = 110\sqrt{2}\cos(120\pi t)\quad (V)$ é aplicada nas placas desse capacitor, determine:

a: a densidade de corrente de condução no capacitor;

b: a densidade de corrente de deslocamento no capacitor;

c: a corrente total que flui no capacitor.

Exercício 5

Corrente de deslocamento: Considere certo tipo de solo úmido com as seguintes propriedades físicas: $\sigma \approx 10^{-2}(S/m)$, $\varepsilon_R = 30$ e $\mu_R = 1$. Determine a relação entre as amplitudes da corrente de condução e da corrente de deslocamento para 1 kHz, 1 MHz e 1 GHz.

Exercício 6

Corrente de deslocamento: Para um solo seco, as propriedades físicas características são: $\sigma = 10^{-4}\ S/m$, $\varepsilon_R = 3$ e $\mu_R = 1$. Determine a frequência do campo elétrico senoidal para o qual a amplitude da densidade de corrente de deslocamento é igual à amplitude da corrente de condução.

Exercício 7

Equações de Maxwell: Uma onda eletromagnética de raio AM é caracterizada pelos seguintes campos elétricos e magnéticos:

$$\vec{E} = \sqrt{2}E_0 \cos(7,5\cdot 10^6 t - \beta z)\vec{u}_x$$

$$\vec{H} = \sqrt{2}\frac{E_0}{\eta}\cos(7,5\cdot 10^6 t - \beta z)\vec{u}_y$$

Determine os valores de β e η que satisfaçam as equações de Maxwell.

Exercício 8

Equações de Maxwell: O campo intensidade magnética produzido por uma antena no espaço livre (ε_0; μ_0) é dado por:

$$\vec{H}(z,t) = H_0 \cos(\omega t - kz)\vec{u}_y$$

na qual $k = \omega\sqrt{\mu_0\varepsilon_0}$

Determine:

a: o vetor campo elétrico associado;

b: a relação $\eta_0 = \dfrac{E_x}{H_y}$, denominada impedância intrínseca do meio.

Exercício 9

Equações de Maxwell: O fasor do vetor intensidade magnética de uma onda eletromagnética no ar é dado por:

$$\vec{H}(y) = 1,83\cdot 10^{-4}e^{j4y}\vec{u}_z\ A/m$$

a: determine a frequência de variação do campo intensidade magnética que satisfaça as equações de Maxwell;
b: determine o fasor do vetor campo elétrico associado;
c: determine o fasor do vetor deslocamento e o fasor da densidade de corrente de deslocamento $\vec{J}_D$.

■ Exercício 10

Equações de Maxwell: Verifique se os campos

$$\vec{E} = -E_0 \operatorname{sen} x . \operatorname{sen} t\, \vec{u}_x \quad V/m$$

$$\vec{H} = -\frac{1}{\mu_0} E_0 \operatorname{sen} x . \cos t\, \vec{u}_z \quad A/m$$

podem existir no espaço.

■ Exercício 11

Equações de Maxwell: O campo elétrico interno a um cilindro de raio a e altura h é dado por:

$$\vec{E} = \left[-\frac{c}{h} + \frac{b}{6\varepsilon_0}(3z^2 - h^2) \right] \vec{u}_z \quad V/m$$

na qual c e b são constantes reais e z é a ordenada passando pelo eixo com sua origem situada na base do cilindro. Considerando que o meio dentro do cilindro é o espaço vazio, determine a carga contida em seu interior.

■ Exercício 12

Equações de Maxwell: O campo magnético no espaço livre é dado por:

$$\vec{B} = B_x \cos(2y) \operatorname{sen}(\omega t - \pi z)\vec{u}_z + B_y \cos(2y)\cos(\omega t - \pi z)\vec{u}_y$$

Considerando que o meio é isento de fontes, determine a densidade de corrente de deslocamento.

■ Exercício 13

Equações de Maxwell: O componente do campo elétrico de uma onda eletromagnética utilizada por um avião para se comunicar com a torre de controle de tráfico pode ser representado por $\vec{E}(z,t) = 0,02\cos(7,5x10^8 t - \beta z)\vec{u}_y \quad (V/m)$. Determine o componente do campo intensidade magnética $\vec{H}(z,t)$ e a constante β.

■ Exercício 14

Tempo de relaxação: Uma esfera condutora de raio R é constituída de um material de propriedades físicas ε, σ e μ. No instante $t = 0$, a esfera é carregada com cargas elétricas uniformemente distribuídas segundo uma densidade volumétrica de cargas ρ_0. Determine:
a: a densidade volumétrica de cargas na esfera em função do tempo;
b: a distribuição de corrente na esfera em função do tempo;
c: a amplitude do vetor deslocamento no vácuo que circunda a esfera.

■ Exercício 15

Condições de fronteira: O plano $x = 0$ separa duas regiões dielétricas. A região 1 contém um dielétrico para o qual $\varepsilon_{r1} = 5$. Na região 2, tem-se outro dielétrico com $\varepsilon_{R2} = 3$. Na interface de separação dos dois meios (plano $x = 0$), a densidade de cargas reais é nula, sendo no meio 2:

$$\vec{E}_2 = 20\vec{u}_x + 30\vec{u}_y - 40\vec{u}_z \quad (V/m)$$

Determine o vetor deslocamento nos dois meios.

■ Exercício 16

Condições de fronteira: O plano $y + z = 1$ divide o espaço em duas regiões. A região 1, contendo a origem do sistema, possui $\mu_{r1} = 4$. Na região 2, $\mu_{r2} = 6$. Dado:

$$\vec{B}_1 = 2\vec{u}_x + \vec{u}_y \quad (Wb/m^2)$$

Determine $\vec{B}_2$ e $\vec{H}_2$.

■ Exercício 17

Condições de fronteira: Um condutor cilíndrico de alumínio de área 10 mm², é continuado por um condutor de cobre de mesma seção transversal. A corrente contínua de 100 A percorre os dois condutores. Determine a quantidade de cargas elétricas na superfície de separação dos materiais.
Dados: $\sigma_{AL} = 3,0 \cdot 10^7 \, S/m$ e $\sigma_{CU} = 5,7 \cdot 10^7 \, S/m$.

■ Exercício 18

Condições de fronteira: Uma densidade de corrente constante (J), produzida no meio 1 no qual temos ε_1 e σ_1 incide normalmente na superfície de separação com um meio 2, no qual temos ε_2 e σ_2. Demonstre que a densidade superficial de carga nessa superfície é dada por:

$$\rho_S = \left(\frac{\varepsilon_2}{\sigma_2} - \frac{\varepsilon_1}{\sigma_1}\right) J$$

■ Exercício 19

Condições de fronteira: Em um ponto de uma superfície condutora, o campo elétrico é dado por:

$$\vec{E} = 0,70\vec{u}_x - 0,35\vec{u}_y - 1,00\vec{u}_z \quad (V/m)$$

Determine a densidade superficial de cargas nesse ponto.

■ Exercício 20

Condições de fronteira: O plano x-y separa dois meios magnéticos com permeabilidade $\mu_1 = \mu_0$ e $\mu_2 = 4\mu_0$. Se não há corrente superficial na interface de separação dos meios e o campo intensidade magnética no meio 1 é $\vec{H}_1 = 3\vec{u}_x + 4\vec{u}_z (A/m)$, determine:
a: $\vec{H}_2$
b: θ_1 e θ_2

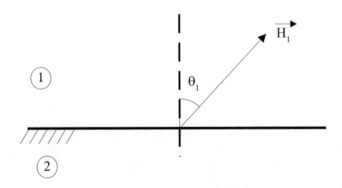

Figura 4.48: Exercício 20.

■ Exercício 21

Condições de fronteira: Um campo magnético produzido num meio de μ_{R1} incide na superfície de separação (isenta de corrente superficial) com outro meio formando um ângulo de 30° com a normal no ponto de incidência. O ângulo de saída é de 60°, também em relação à normal. Sabendo que a permeabilidade relativa do meio de saída é $\mu_R = 1.000$, determine μ_{R1}.

■ Exercício 22

Condições de fronteira: Um campo elétrico gerado em um meio de $\varepsilon_R = 7$ passa para um meio de $\varepsilon_R = 2$. Se o ângulo que $\vec{E}$ forma com a normal no meio de origem é 60°, determine o ângulo de saída no segundo dielétrico.

■ Exercício 23

Vetor de Poynting: Considere um fio reto e infinito de raio **R** percorrido por uma corrente contínua **I** orientado longitudinalmente no eixo *z*. O material condutor do fio tem condutividade σ. Nessas condições, determine:

a: a amplitude, a direção e o sentido do vetor intensidade de campo magnético $\vec{H}$ na superfície do fio;
b: a amplitude, a direção e o sentido do vetor campo elétrico $\vec{E}$ na mesma superfície;
c: a amplitude, a direção e o sentido do vetor de Poynting $\vec{S}$ na superfície do fio;
d: o fluxo vetor de Poynting na superfície externa do fio, admitindo que o comprimento dele é unitário;
e: a resistência elétrica por unidade de comprimento desse fio;
f: a perda Joule nesse fio por unidade de comprimento, e compare com o resultado obtido no item d. Justifique.

Ondas Eletromagnéticas

Capítulo 5

5.1. A propagação eletromagnética

Quando a humanidade começou a observar os primeiros fenômenos eletromagnéticos, a variável tempo não estava envolvida na análise, uma vez que aqueles fenômenos observados eram de natureza estática, invariáveis no tempo.

Assim, para Cavendish e depois para Coulomb, duas cargas estacionárias produziam forças recíprocas, função da intensidade das cargas e da distância de separação entre elas. Para eles, uma rápida mudança da carga implicava mudanças instantâneas na força de ação entre elas.

Com o aparecimento da corrente elétrica, que originou os primeiros circuitos elétricos, os pesquisadores supunham que uma rápida variação da tensão no gerador de um circuito elétrico implicava variação instantânea das tensões e das correntes do circuito elétrico.

Com o aparecimento de Maxwell, na segunda metade do século XIX, a humanidade sofreu um choque, pois várias teorias foram abaladas e algumas definitivamente abandonadas. Seu impacto não foi imediato devido à guerra civil americana, que estava em andamento, absorvendo toda a atenção mundial na expectativa de seu resultado.

O trabalho de Maxwell estabeleceu que toda perturbação elétrica se propaga com uma velocidade definida, função do meio em que é criada. No caso em que esse meio é o ar, essa velocidade é a velocidade da luz no ar, isto é, $3,10^8$ m/s.

A comparação experimental, no entanto, só foi estabelecida anos mais tarde, com os trabalhos de Henrich Hertz e outros maxwelianos (títulos atribuídos aos seguidores de Maxwell no final do século passado e início deste), dentre os quais destaca-se Oliver Heaviside, que deu o formato final às equações de Maxwell como conhecemos.

Partindo das equações de Maxwell, que evidenciam o fato de que a velocidade da luz e por consequência também as leis físicas não dependem do referencial de observação, Albert Einstein criou a teoria da relatividade, que perturbou a mais consolidada grandeza da física, o tempo.

Vamos, então, entender esse fenômeno que revolucionou o mundo atual, levando em curtíssimo espaço de tempo a um estágio de desenvolvimento nunca visto.

5.2. A propagação em meios sem perdas

No Capítulo 4 apresentamos as equações de Maxwell, as quais foram deduzidas a partir das leis experimentais estabelecidas por seus antecessores. Em seguida, particularizamos essas equações, visando facilitar suas aplicações a fenômenos específicos da engenharia elétrica.

A particularização apresentada a seguir é aquela aplicada aos estudos do comportamento dos campos eletromagnéticos no espaço livre e isento de cargas, no qual $\sigma = \rho_v = 0$.

Tabela 5.1: Equações de Maxwell no espaço livre

Equação	Forma integral	Forma diferencial
I	$\oint_C \vec{E} \cdot d\vec{l} = -\int_s \dfrac{\partial \vec{B}}{\partial t} \cdot d\vec{S}$	$\nabla \times \vec{E} = -\dfrac{\partial \vec{B}}{\partial t}$
II	$\oint_C \vec{H} \cdot d\vec{l} = -\int_s \dfrac{\partial \vec{D}}{\partial t} \cdot d\vec{S}$	$\nabla \times \vec{H} = -\dfrac{\partial \vec{D}}{\partial t}$
III	$\oint_\Sigma \vec{B} \cdot d\vec{S} = 0$	$\nabla \cdot \vec{B} = 0$
IV	$\oint_\Sigma \vec{D} \cdot d\vec{S} = 0$	$\nabla \cdot \vec{D} = 0$

Lembrando que, no espaço livre:

$$\vec{D} = \varepsilon_0 \vec{E} \text{ e } \vec{B} = \mu_0 \vec{H}$$

A forma diferencial das equações de Maxwell da Tabela 5.1 pode ser reescrita como segue:

Tabela 5.2: Equações de Maxwell reescritas no espaço livre

Equação	Forma diferencial
I	$\nabla \cdot \nabla \times \vec{E} = -\mu_0 \nabla \times \dfrac{\partial \vec{H}}{\partial t}$
II	$\nabla \times \vec{H} = \varepsilon_0 \dfrac{\partial \vec{E}}{\partial t}$
II	$\nabla \cdot \vec{H} = 0$
IV	$\nabla \cdot \vec{E} = 0$

Aplicando o rotacional a ambos os membros da equação *I*, obtemos:

$$\nabla \cdot \nabla \times \vec{E} = -\mu_0 \nabla \times \frac{\partial \vec{H}}{\partial t} \tag{5.1}$$

Ao primeiro membro da Equação 5.1, podemos aplicar a seguinte identidade vetorial:

$$\nabla \times \nabla \times \vec{E} = \nabla(\nabla \cdot \vec{E}) - \nabla^2 \vec{E}$$

ao passo que o operador $\nabla \times$ do segundo membro pode ser comutado com o operador $\partial/\partial t$, resultando na Equação 5.2:

$$\nabla(\nabla \cdot \vec{E}) - \nabla^2 \vec{E} = -\mu_0 \frac{\partial \nabla \times \vec{H}}{\partial t} \tag{5.2}$$

Das equações *II* e *IV* da Tabela 5.2, tem-se:

$$\nabla \cdot \vec{E} = 0$$

$$\nabla \times \vec{H} = \varepsilon_0 \frac{\partial \vec{E}}{\partial t}$$

de modo que, substituindo essas relações em 5.2, tem-se:

$$\nabla^2 \vec{E} = \mu_0 \varepsilon_0 \frac{\partial^2 \vec{E}}{\partial t^2} \tag{5.3}$$

Como

$$c = \frac{1}{\sqrt{\mu_0 \varepsilon_0}} = 3 \cdot 10^8 \, m/s$$

é a velocidade da luz no ar, a Equação 5.3 pode ser reescrita como segue:

$$\nabla^2 \vec{E} = \frac{1}{c^2} \cdot \frac{\partial^2 \vec{E}}{\partial t^2} \tag{5.4}$$

Aplicando agora o rotacional a ambos os membros da equação II da Tabela 5.2, obtemos:

$$\nabla \times \nabla \times \vec{H} = \varepsilon_0 \nabla \times \frac{\partial \vec{E}}{\partial t} \tag{5.5}$$

Ao primeiro membro de Equação 5.5, podemos aplicar a mesma identidade vetorial aplicada em 5.1. Comutando também o operador $\nabla \times$ pelo operador $\partial/\partial t$ do segundo membro, obtém-se:

$$\nabla(\nabla \cdot \vec{H}) - \nabla^2 \vec{H} = \varepsilon_0 \frac{\partial \nabla \times \vec{E}}{\partial t} \tag{5.6}$$

Da Tabela 5.2, tem-se:

$$\nabla \cdot \vec{H} = 0$$

$$\nabla \times \vec{E} = -\mu_0 \frac{\partial \vec{H}}{\partial t}$$

De modo que substituindo essas relações em 5.6, obtém-se:

$$\nabla^2 \vec{H} = \frac{1}{c^2} \frac{\partial^2 \vec{H}}{\partial t^2} \tag{5.7}$$

As Equações 5.4 e 5.7 são as equações de onda já discutidas quando estudamos linhas de transmissão, só que neste caso estão aplicadas a grandezas vetoriais. A complexidade da solução daquelas equações pode ser sentida expandindo o primeiro membro de uma delas, como segue:

$$\nabla^2 \vec{E} = \nabla^2 E_x \, \vec{u}_x + \nabla^2 E_y \, \vec{u}_y + \nabla^2 E_z \, \vec{u}_z \tag{5.8}$$

na qual:

$$\nabla^2 E_x = \frac{\partial^2 E_x}{\partial x^2} + \frac{\partial^2 E_x}{\partial y^2} + \frac{\partial^2 E_x}{\partial z^2} \tag{5.9}$$

$$\nabla^2 E_y = \frac{\partial^2 E_y}{\partial x^2} + \frac{\partial^2 E_y}{\partial y^2} + \frac{\partial^2 E_y}{\partial z^2} \tag{5.10}$$

$$\nabla^2 E_z = \frac{\partial^2 E_z}{\partial x^2} + \frac{\partial^2 E_z}{\partial y^2} + \frac{\partial^2 E_z}{\partial z^2} \tag{5.11}$$

Observa-se, portanto, que sem particularizações no comportamento dos campos não temos condições de avaliar as soluções de 5.4 e 5.7.

A particularização no comportamento dos campos é um procedimento comum na engenharia para o entendimento do fenômeno físico. Somente após um bom entendimento do fenômeno físico entendemos que se pode evoluir para a solução de problemas mais complexos.

Dessa forma, vamos admitir que o vetor campo elétrico tenha seus componentes dependentes apenas de z e t, isto é:

$$\vec{E} = E_x(z,t)\vec{u}_x + E_y(z,t)\vec{u}_y + E_z(z,t)\vec{u}_z \tag{5.12}$$

Em face dessa particularização, resultam:

$$\nabla^2 E_x = \frac{\partial^2 E_x}{\partial z^2} \tag{5.13}$$

$$\nabla^2 E_y = \frac{\partial^2 E_y}{\partial z^2} \tag{5.14}$$

$$\nabla^2 E_z = \frac{\partial^2 E_z}{\partial z^2} \tag{5.15}$$

E sendo $\nabla \cdot \vec{E} = 0$ ou ainda:

$$\frac{\partial E_x}{\partial x} + \frac{\partial E_y}{\partial y} + \frac{\partial E_z}{\partial z} = 0 \tag{5.16}$$

Resulta:

$$\frac{\partial E_z}{\partial z} = 0 \qquad (5.17)$$

Como campo constante não implica propagação, não vamos considerá-lo nos desenvolvimentos, de modo que vamos impor $E_z = 0$.

Dessa forma, as Equações 5.4 e 5.7 escritas para cada componente dos campos, considerando as particularizações apresentadas, resultam:

Tabela 5.3: Equações de onda

Campo Elétrico	Campo Magnético
$\dfrac{\partial^2 E_x}{\partial z^2} = \dfrac{1}{c^2}\dfrac{\partial^2 E_x}{\partial t^2}$	$\dfrac{\partial^2 H_x}{\partial z^2} = \dfrac{1}{c^2}\dfrac{\partial^2 H_x}{\partial t^2}$
$\dfrac{\partial^2 E_y}{\partial z^2} = \dfrac{1}{c^2}\dfrac{\partial^2 E_y}{\partial t^2}$	$\dfrac{\partial^2 E_y}{\partial z^2} = \dfrac{1}{c^2}\dfrac{\partial^2 H_y}{\partial t^2}$

Essas equações já nos são familiares, pois são idênticas àquelas obtidas nos estudos de transitórios de linhas de transmissão, de modo que a solução da equação:

$$\frac{\partial^2 E_x}{\partial z^2} = \frac{1}{c^2}\frac{\partial^2 E_x}{\partial t^2} \qquad (5.18)$$

é do tipo:

$$E_x = f(t - \frac{z}{c}) + g(t + \frac{z}{c}) \qquad (5.19)$$

cuja análise física do resultado nos mostra que o campo elétrico resultante pode ser entendido como a superposição de duas ondas de campos elétricos tais que:

$$E_{x+} = f(t - \frac{z}{c}) \qquad (5.20)$$

corresponde a uma onda de campo elétrico que se propaga no sentido de $z > 0$ com a velocidade da luz e:

$$E_{x-} = g(t + \frac{z}{c}) \qquad (5.21)$$

corresponde a uma onda de campo elétrico que se propaga no sentido de $z < 0$ com a mesma velocidade da luz.

Em meios dielétricos, nos quais a permeabilidade magnética μ e a permissibilidade elétrica são diferentes das do ar, a velocidade de propagação dos campos elétrico e magnético é dada por:

$$v = \frac{1}{\sqrt{\mu\varepsilon}} \, m/s \tag{5.22}$$

Como as equações para os demais componentes do campo elétrico e do campo intensidade magnética são idênticas à Equação 5.18, suas soluções também serão constituídas da superposição de duas ondas de campo que se propagam em sentidos opostos com a velocidade de propagação dada por 5.22. Assim, podemos escrever:

$$E_x = E_{x+} + E_{x-} \tag{5.23}$$

$$E_y = E_{y+} + E_{y-} \tag{5.24}$$

$$H_x = H_{x+} + H_{x-} \tag{5.25}$$

$$H_y = H_{y+} + H_{y-} \tag{5.26}$$

Resta-nos agora determinar as relações entre esses campos, o que pode ser feito com o auxílio das equações I e II da Tabela 5.1, como segue:

De I obtemos:

$$\nabla \times \vec{E} = -\mu \frac{\partial \vec{H}}{\partial t} \tag{5.27}$$

ou, ainda:

$$\frac{\partial E_z}{\partial y} - \frac{\partial E_y}{\partial z} = -\mu \frac{\partial H_x}{\partial t} \tag{5.28}$$

$$\frac{\partial E_x}{\partial z} - \frac{\partial E_z}{\partial x} = -\mu \frac{\partial H_y}{\partial t} \tag{5.29}$$

$$\frac{\partial E_y}{\partial x} - \frac{\partial E_x}{\partial y} = -\mu \frac{\partial H_z}{\partial t} \tag{5.30}$$

Impondo as restrições de 5.12, essas equações se reduzem a:

$$\frac{\partial E_x}{\partial z} = -\mu \frac{\partial H_y}{\partial t} \tag{5.31}$$

$$\frac{\partial E_y}{\partial z} = \mu \frac{\partial H_x}{\partial t} \tag{5.32}$$

De 5.31 podemos escrever:

$$\frac{\partial E_{x+}}{\partial z} = -\mu \frac{\partial H_{y+}}{\partial t} \quad (5.33)$$

na qual:

$$E_{x+} = k(t - \frac{z}{v}) \text{ e } H_{y+} = p(t - \frac{z}{v})$$

Substituindo então em 5.3 obtém-se:

$$-\frac{1}{v}k' = -\mu p'$$

na qual k' e p' são as primeiras derivadas de $k(t - \frac{z}{v})$ e $p(t - \frac{z}{v})$, respectivamente, de modo que:

$$k' = \mu v p'$$

Integrando membro a membro, obtemos:

$$E_{x+} = \mu v H_{y+}$$

ou, ainda:

$$\frac{E_{x+}}{H_{y+}} = \eta \quad (5.34)$$

na qual:

$$\eta = \mu v = \sqrt{\frac{\mu}{\varepsilon}} (\Omega) \quad (5.35)$$

é denominada impedância intrínseca do meio.

Seguindo procedimento idêntico para os demais componentes, obtém-se a Tabela 5.4.

Tabela 5.4: Relações entre campos

Campo Incidente	Campo Refletido
$\dfrac{E_{x+}}{H_{y+}} = \eta$	$\dfrac{E_{x-}}{H_{y-}} = -\eta$
$\dfrac{E_{y+}}{H_{x+}} = -\eta$	$\dfrac{E_{y-}}{H_{x-}} = \eta$

Vamos agora determinar a posição relativa entre os campos resultantes enxergando-os através da frente de onda.

Suponha de início:

$$E_{x+} > 0$$

como consequência, como mostra a Figura 5.1, obtém-se:

$$H_{y+} = \frac{E_{x+}}{\eta} > 0$$

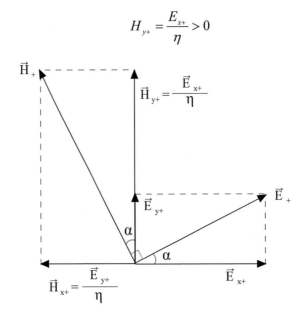

Figura 5.1: Posição relativa entre os campos incidentes.

Suponha ainda:

$$E_{y+} > 0$$

de modo que:

$$H_{x+} = -\frac{E_{y+}}{\eta} < 0$$

Os campos resultantes são tais que:

$$\vec{E}_+ = \vec{E}_{x+} + \vec{E}_{y+}$$

$$\vec{H}_+ = \vec{H}_{x+} + \vec{H}_{y+}$$

Verifica-se, por relação de triângulos, que $\vec{E}_+$ e $\vec{H}_+$ são ortogonais entre si, e o seu produto vetorial $\vec{S}_+ = \vec{E}_+ \times \vec{H}_+$ resulta na direção de propagação, isto é, $\vec{S}_+ = S_+ \vec{u}_z$. Portanto, esses campos são responsáveis pela transmissão de energia no sentido da propagação, que neste caso é a direção $z > 0$.

Para os campos refletidos suponha agora que:

$$E_{x-} > 0$$

Como consequência, como mostra a figura 5.2, obtém-se:

$$H_{y-} = -\frac{E_{x-}}{\eta} < 0$$

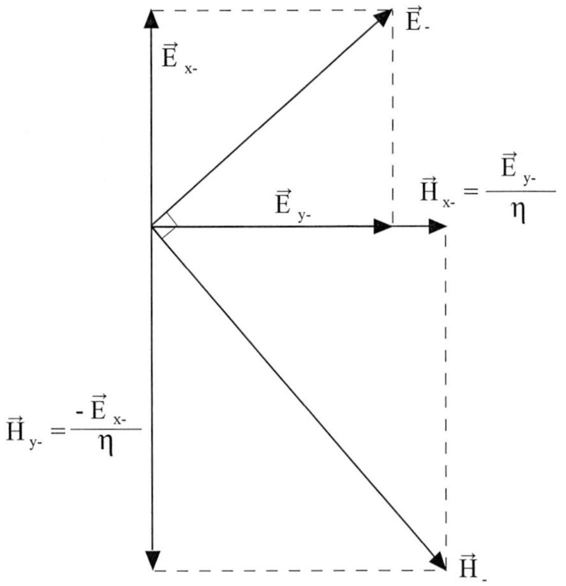

Figura 5.2: Posição relativa entre os campos refletidos.

Suponha ainda:

$$E_{y-} > 0$$

de modo que:

$$H_{x-} = \frac{E_{y-}}{\eta} > 0$$

Os campos resultantes são tais que:

$$\vec{E}_- = \vec{E}_{x-} + \vec{E}_{y-}$$

$$\vec{H}_- = \vec{H}_{x-} + \vec{H}_{y-}$$

verifica-se, por relação de triângulos, que $\vec{E}_-$ e $\vec{H}_-$ são ortogonais entre si, e o seu produto vetorial $\vec{S}_- = \vec{E}_- \times \vec{H}_-$ resulta na direção de propagação, isto é, $\vec{S}_- = -S_- \vec{u}_z$.

Conclui-se, a exemplo do que foi visto para os campos incidentes, que os campos refletidos também transportam energia no sentido da propagação, isto é, no sentido z < 0.

5.3. A onda transversoeletromagnética

O comportamento dos campos elétrico e magnético de uma onda eletromagnética pode seguir um padrão qualquer, que está normalmente ligado à fonte geradora dessa onda.

Assim, a onda eletromagnética produzida pela queda de um raio apresenta comportamento impulsivo. Alguns fenômenos também produzem ondas impulsivas, tais como os transitórios de abertura e fechamento de chaves de fontes eletrônicas de alta frequência, as quais podem produzir operações adversas desses circuitos sobre determinadas circunstâncias. Ondas eletromagnéticas com essas características podem ser identificadas em ruídos em monitores de vídeo, produzidas por equipamentos emissores desses tipos de ondas operando nas proximidades.

O estudo dessas ondas impulsivas, apesar de sua grande importância para os dias úteis, não será objeto de nossos esforços para o entendimento desse fenômeno, pois elas fazem parte dos estudos da interferência eletromagnética (IEM) e da compatibilidade eletromagnética (CEM), para as quais são exigidas técnicas matemáticas mais avançadas para sua solução.

As ondas mais comuns utilizadas nos meios de comunicação e nas transmissões de energia são as ondas senoidais, nas quais cada componente de campo é retratado por uma função senoidal do tipo:

$$E(z,t) = \sqrt{2}E\cos\left[\omega t \pm kz + \alpha\right] \tag{5.36}$$

Quando as grandezas variam no tempo segundo funções senoidais, como já discutimos nos estudos da linha de transmissão, é muito conveniente utilizar a notação complexa ou fasorial nas suas representações.

Com essas grandezas representadas na forma complexa, as equações diferenciais são modificadas, por simples inspeção, substituindo-as pelos seus respectivos fasores e o operador $\partial/\partial t$ por $j\omega$. Assim, as equações da Tabela 5.2 na forma complexa (ou no domínio da frequência) são escritas como na Tabela 5.5.

Tabela 5.5: Equações de Maxwell no espaço livre no domínio da frequência

Equação	Forma Diferencial
I	$\nabla \times \dot{\vec{E}} = -j\omega\mu_0\,\dot{\vec{H}}$
II	$\nabla \times \dot{\vec{H}} = -j\omega\varepsilon_0\,\dot{\vec{E}}$
III	$\nabla \cdot \vec{H} = 0$
IV	$\nabla \cdot \dot{\vec{E}} =$

Os vetores de campo que aparecem nas equações da Tabela 5.5 são denominados vetores de campo complexos, pois cada um de seus componentes é representado pelo seu respectivo fasor, isto é:

$$\dot{\vec{E}} = \dot{E}_x\,\vec{u}_x + \dot{E}_y\,\vec{u}_y + \dot{E}_z\,\vec{u}_z \tag{5.37}$$

na qual:

$$\dot{E}_x = E_{x0}e^{j\alpha_x} \tag{5.38}$$

com expressões semelhantes para os demais componentes.

Por outro lado, a equação de onda:

$$\frac{\partial^2 E_x}{\partial z^2} = \frac{1}{v^2}\frac{\partial^2 E_x}{\partial t^2}$$

na forma complexa, de acordo com as particularizações impostas, é escrita como segue:

$$\frac{\partial^2 \dot{E}_x}{\partial z^2} = (j\omega) - \omega^2 \frac{1}{v^2} \dot{E}_x$$

ou, ainda:

$$\frac{\partial^2 \dot{E}_x}{\partial z^2} = -k^2 \dot{E}_x$$

na qual:

$$k = \frac{\omega}{v} (rad/m)$$

é denominado número de onda ou constante de fase.

Para os demais componentes dos campos elétrico e magnético, resultam as equações da Tabela 5.6.

Tabela 5.6: Equações de onda

Campo Elétrico	Campo Magnético
$\frac{\partial^2 \dot{E}_x}{\partial z^2} = -k^2 \dot{E}_x$	$\frac{\partial^2 \dot{H}_x}{\partial z^2} = -k^2 \dot{H}_x$
$\frac{\partial^2 \dot{E}_y}{\partial z^2} = -k^2 \dot{E}_y$	$\frac{\partial^2 \dot{H}_y}{\partial z^2} = -k^2 \dot{H}_y$

As soluções das equações da Tabela 5.6 para o campo elétrico são:

$$\dot{E}_x = \dot{E}_{x+} + \dot{E}_{x-} \tag{5.39}$$

na qual:

$$\dot{E}_{x+} = \dot{E}_{x0+} e^{-jkz}$$

$$\dot{E}_{x-} = \dot{E}_{x0-} e^{jkz}$$

e

$$\dot{E}_y = \dot{E}_{y+} + \dot{E}_{y-} \tag{5.40}$$

com:

$$\dot{E}_{y+} = \dot{E}_{y0+} e^{-jkz}$$

$$\dot{E}_{y-} = \dot{E}_{y0-} e^{jkz}$$

Para o campo intensidade magnética:

$$\dot{H}_x = \dot{H}_{x+} + \dot{H}_{x-} \tag{5.41}$$

na qual:

$$\dot{H}_{x+} = \dot{H}_{x0+} e^{-jkz}$$

$$\dot{H}_{x-} = \dot{H}_{x0-} e^{jkz}$$

e

$$\dot{H}_y = \dot{H}_{y+} + \dot{H}_{y-} \tag{5.42}$$

com:

$$\dot{H}_{y+} = \dot{H}_{y0+} e^{-jkz}$$

$$\dot{H}_{y-} = \dot{H}_{y0-} e^{jkz}$$

São válidas também as relações da Tabela 5.7.

Tabela 5.7: Relações entre os campos elétricos e intensidade magnética

Campo Incidente	Campo Refletido
$\dfrac{\dot{E}_{x+}}{\dot{H}_{y+}} = \eta$	$\dfrac{\dot{E}_{x-}}{\dot{H}_{y-}} = -\eta$
$\dfrac{\dot{E}_{y+}}{\dot{H}_{x+}} = -\eta$	$\dfrac{\dot{E}_{y-}}{\dot{H}_{x-}} = \eta$

5.4. Análise física do comportamento dos campos

Vamos efetuar uma análise física das soluções das equações de onda da Tabela 5.6. Para tal, concentremos nossa atenção na solução da equação de onda correspondente ao componente x do campo elétrico:

$$\frac{\partial^2 \dot{E}_x}{\partial z^2} = -k^2 \dot{E}_x \tag{5.43}$$

cuja solução é dada por:

$$\dot{E}_x = \dot{E}_{x+} + \dot{E}_{x-} \tag{5.44}$$

na qual:

$$\dot{E}_{x+} = \dot{E}_{x0+} e^{-jkz} \tag{5.45}$$

$$\dot{E}_{x-} = \dot{E}_{x0} e^{jkz} \tag{5.46}$$

Representando no domínio do tempo o primeiro termo de 5.44, $(\dot{E}_{x+} = \dot{E}_{x0+}e^{-jkz})$, no qual $\dot{E}_{x0+} = E_{x0+}e^{j\alpha}$, resulta:

$$E_{x+}(z,t) = \sqrt{2}E_{x0+}\cos[\omega t - kz + \alpha] \qquad (5.47)$$

Verifica-se, portanto, que $\dot{E}_{x+}(z)$ representa o fasor do componente x do campo elétrico incidente de valor eficaz E_{xo+} e fase $(-kz+\alpha)$ em relação a uma referência angular.

Para representarmos graficamente $E_{z+}(z,t)$ em função de kz precisamos especificar o instante de tempo. Assim sendo, a Figura 5.3 representa a função $E_{x+}(z,t)$ no instante $t = t_1$, isto é, a figura representa a função $E_{z+}(z,t_1)$.

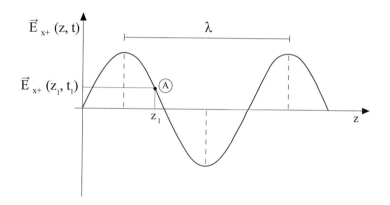

Figura 5.3: Representação gráfica de $E_{x+}(z,t_1)$.

O ponto A da referida curva fornece o valor do campo elétrico na posição $z = z_1$ no instante $t = t_1$, isto é:

$$E_{x+}(z_1,t_1) = \sqrt{2}E_{x0+}\cos[\omega t_1 - kz_1 + \alpha]$$

Vamos agora determinar uma nova posição x_2, tal que no instante $t = t_2$, com $t_2 > t_1$, ela assuma o mesmo valor obtido em $x = x_1$ no instante $t = t_1$, isto é:

$$E_{x+}(z_1,t_1) = E_{x+}(z_2,t_2)$$

Para tal, os argumentos das funções deverão ser iguais, portanto:

$$\omega t_1 - kz_1 + \alpha = \omega t_2 - kz_2 + \alpha$$

que resulta:

$$z_2 - z_1 = \frac{\omega}{k}(t_2 - t_1)$$

Lembrando ainda que $k = \omega/v$, podemos escrever:

$$z_2 - z_1 = v(t_2 - t_1)$$

Esse resultado mostra que existe uma posição $z_2 > z_1$ (pois $t_2 > t_1$) na qual o valor da função $E_{x+}(z_2, t_2)$ assume o mesmo valor calculado na posição x_1 e no instante t_1.

Como o ponto analisado foi um ponto qualquer da curva, o mesmo procedimento pode ser aplicado para todos os pontos da mesma, de modo que a função $E_{x+}(z, t_2)$ pode ser obtida a partir da função $E_{x+}(z, t_1)$ pelo simples deslocamento desta, no sentido positivo de z, de um valor igual a $v(t_2 - t_1)$.

Pelo exposto, verifica-se que a função $E_{x+}(z, t)$ é a representação matemática de uma onda de tensão senoidal que se propaga no sentido $z > 0$, com velocidade:

$$v = \frac{\omega}{k} = \frac{1}{\sqrt{\mu\varepsilon}} \ (m/s)$$

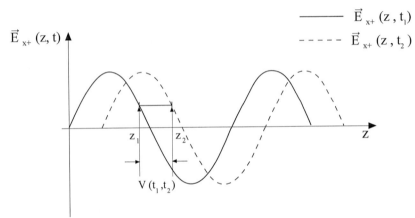

Figura 5.4 Propagação de uma onda de tensão senoidal.

A distância entre duas posições consecutivas, nas quais a função $E_{x+}(z, t)$ assume o mesmo valor no mesmo instante, é denominada comprimento de onda (λ), de modo que podemos escrever:

$$\omega t - kz_1 + \alpha - \omega t + kz_2 - \alpha = 2\pi$$

ou, ainda:

$$k(z_2 - z_1) = k\lambda = 2\pi \tag{5.48}$$

Associado ao campo elétrico na direção x temos o vetor intensidade magnética na direção y, como está indicado na Tabela 5.7, isto é:

$$\frac{\dot{E}_{x+}}{\dot{H}_{y+}} = \eta$$

de modo que:

$$\dot{H}_{y+} = \frac{\dot{E}_{x0+}}{\eta} e^{-jkz} = \frac{E_{x0+}}{\eta} e^{j\alpha} e^{-jkz}$$

e cuja representação no domínio do tempo resulta:

$$H_{y+}(z, t) = \frac{\sqrt{2} E_{0+}}{\eta} \cos[\omega t - kz + \alpha] \tag{5.49}$$

Essa função, a exemplo de 5.47, também representa uma onda de campo intensidade magnética que se propaga na direção $z > 0$, com a mesma velocidade de propagação anterior.

Note, adicionalmente, que $E_{x+}(z,t)$ e $H_{y+}(z,t)$ estão em face no tempo, isto é, quando um dos campos atinge seu valor máximo, o outro também atinge seu máximo no mesmo instante, como mostra a Figura 5.5.

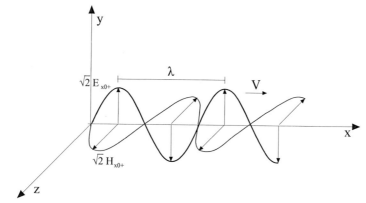

Figura 5.5: Propagação dos campos elétricos e intensidade magnética.

Se um raciocínio semelhante for aplicado na análise de $\dot{E}_{x-}$ e $\dot{H}_{y-}$ identificaremos que ambos representam uma onda de campo elétrico e intensidade magnética, respectivamente, que se propagam na direção dos $z < 0$, com a mesma velocidade de propagação dos demais e também estão em fase no tempo.

5.5. O espectro eletromagnético

As ondas eletromagnéticas são aplicadas nas mais diversas atividades da humanidade. Utilizamos ondas eletromagnéticas nas comunicações, em diagnósticos médicos, no aquecimento, na navegação etc.

Para cada uma dessas aplicações existe uma faixa de frequência adequada, a qual é designada por uma sigla, abreviatura do seu significado em inglês.

Temos ondas eletromagnéticas nas frequências de milihertz a 10^{24} Hz; no entanto, apenas as ondas de uma faixa restrita ativa nossos sentidos, como as ondas da faixa visível. Podemos também sentir o calor, e nosso corpo pode ser prejudicado sob a ação excessiva de radiação de micro-ondas, raios X e raios γ. Existe um grande número de aplicações dos raios X e da luz visível: ultravioleta e infravermelho, praticamente impossível enumerá-las, incluindo visão, lasers, comunicações por fibras óticas e astronomia.

No momento atual, a faixa de frequência relativamente não explorada do espectro eletromagnético refere-se à região de transição entre o final da baixa frequência do infravermelho e o final da alta frequência da escala milimétrica. A frequência nessa região é medida em terahertz (1 THz = 10^{12} Hz), com os correspondentes comprimentos de onda na escala sub-milimétrica. Tecnologias avançadas estão sendo aplicadas nos desenvolvimentos das antenas, das linhas de transmissão e outros componentes receptores para operarem nessa faixa de frequência, baseadas nas novidades introduzidas pela técnica quase ótica e a nanotecnologia. A astronomia e o sensoriamento remoto têm sido as aplicações atuais da região de frequência de terahertz, prevendo-se, em futuro próximo, várias aplicações industriais, médicas e outras aplicações científicas.

Assim, classificamos:

EHF: *extremely high frequency;*
SHF: *super high frequency;*
UHF: *ultra high frequency;*
VHF: *very high frequency;*
HF: *high frequency;*
MF: *medium frequency;*
LF: *low frequency;*

VLF: *very low frequency;*
ULF: *ultra low frequency;*
SLF: *super low frequency;*
ELF: *extremely low frequency.*

A Tabela 5.8 apresenta as principais aplicações das ondas eletromagnéticas

Tabela 5.8: Aplicações das ondas eletromagnéticas

Frequência	Designação	Aplicações	λ no ar
>10^{22} Hz	Raios Cósmicos	Astrofísica	
10^{18}-10^{22} Hz	Raios γ	Terapia contra câncer e astrofísica	
10^{16}-10^{21} Hz	Raios X	Diagnósticos médicos	
10^{15}-10^{18} Hz	Ultravioleta	Esterilização	0,3-300 nm
$3,95 \times 10^{14}$	Luz visível	Visão e astronomia	390-760 nm
$7,7 \times 10^{14}$ Hz		Comunicações óticas	
		Violeta	390-455
		Azul	455-492
		Verde	492-577
		Amarelo	577-60
		Laranja	600-625
		Vermelho	625-760
10^{12}-10^{14} Hz	Infravermelho	Aquecimento, visão noturna, comunicações óticas	3-300 mm
0,3-1 THz	Milimétrica	Astronomia e meteorologia	0,3-1 mm
30-300 GHz	EHF	Radar, sensoriamento remoto	0,1-1 cm
80-100		Banda W	
60-80		Banda V	
40-60		Banda U	
27-40		Banda K_a	
3-30 GHz	SHF	Radar, satélites de comunicações	1-10 cm
18-27		Banda K	
12-18		Banda K_u	
8-12		Banda X	
4-8		Banda C	
0,3-3 GHz	UHF	Radar, TV, GPS, telefone celular	10-100 cm
2-4		Banda S	
2,45		Forno de micro-ondas	
1-2		Banda L e GPS	
470-890 MHz		Canais de TV 14-83	
30-300 MHz	VHF	TV, FM, polícia	1-10 m
174-216		Canais de TV 7-13	
88-108		Rádio FM	
76-88		Canais de TV 5-6	
54-72		Canais de TV 2-4	
3-30	HF	Ondas curtas, Faixa do cidadão	10-100 m
0,3-3 MHz	MF	Transmissão AM	0,1-1 km
30-300 kHz	LF	Navegação	1-10 km
0,3-3 kHz	ULF	Telefone, áudio	0,1-1 Mm
3-300 Hz	SLF	Transmissão de energia, comunicações submarinas	1-10 Mm
3-30 Hz	ELF	Detecção de metais enterrados	10-100 Mm
<3Hz		Prospecções geofísicas	>100 Mm

As mais baixas frequências pesquisadas no espectro eletromagnético (de 0,001 a 10 Hz) são aquelas comumente utilizadas para observar as chamadas micropulsações, oriundas da interação das intensas correntes que fluem na atmosfera nas regiões boreais com o campo magnético terrestre. Esses sinais são utilizados nas prospecções geofísicas e nos estudos magnetotelúricos. Há evidências de que sinais dessa ordem são precursores, com muitas horas de antecedência, da maioria dos terremotos.

5.6. Polarização da onda

Entende-se por polarização de uma onda eletromagnética a geometria descrita pela extremidade do vetor campo elétrico (ou campo intensidade magnética) em um plano $x - y$, situado em $z = cte$, isto é, a figura descrita pela extremidade do referido vetor quando "enxergamos" a onda de frente.

No domínio do tempo, as expressões gerais dos componentes do campo elétrico que se propagam na direção $z > 0$, adotando-se a fase de $\dot{E}_{x0+}$ como referência, são dadas por:

$$E_{x+}(z,t) = \sqrt{2}E_{x0+}\cos(\omega t - kz) \tag{5.50}$$

$$E_{y+}(z,t) = \sqrt{2}E_{y0+}\cos(\omega t - kz + \varphi) \tag{5.51}$$

Vamos examinar o comportamento do campo elétrico em $z = 0$, muito embora essa análise independa da posição de z. Assim, teremos:

$$E_{+}(0,t) = \sqrt{2}E_{x0+}\cos(\omega t)\vec{u}_x + \sqrt{2}E_{y0+}\cos(\omega t + \varphi)\vec{u}_y \tag{5.52}$$

A Figura 5.6 representa graficamente o campo $E_{+}(0,t)$ no plano $x - y$.

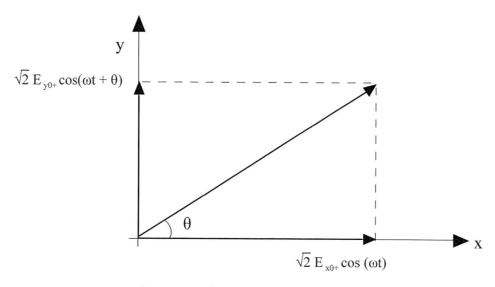

Figura 5.6: Valor instantâneo de $E_{+}(0,t)$.

Extraímos, portanto, as seguintes relações:

$$E_{+}^{2}(0,t) = (\sqrt{2}E_{x0+})^2 \cos^2(\omega t) + (\sqrt{2}E_{y0+})^2 \cos^2(\omega t + \varphi) \tag{5.53}$$

e

$$tg\theta = \frac{E_{y0+}\cos(\omega t + \varphi)}{E_{x0+}\cos\omega t} \qquad (5.54)$$

As seguintes situações se apresentam:

Caso 1: $\phi = 0$
Nesse caso, teremos:

$$E_+^2(0,t) = (2E_{x0+}^2 + 2E_{y0+}^2)\cos^2\omega t \qquad (5.55)$$

$$tg\theta = \frac{E_{y0+}}{E_{x0+}} \qquad (5.56)$$

O lugar geométrico da extremidade do vetor $E_+(0,t)$ é uma reta inclinada, como mostrado na Figura 5.7. Diz-se, nesse caso, que a onda está linearmente polarizada.

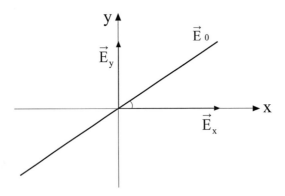

Figura 5.7: Polarização linear.

Caso 2: $E_{x0+} = E_{y0+} = E$ e $\phi = -\frac{\pi}{2}$

Resulta, portanto:

$$E_+^2(0,t) = (\sqrt{2}E)^2\cos^2(\omega t) + (\sqrt{2}E)^2\cos^2(\omega t - \frac{\pi}{2}) = 2E^2 \qquad (5.57)$$

$$tg\theta = \frac{E\cos(\omega t - \frac{\pi}{2})}{E\cos\omega t} = tg\omega t \qquad (5.58)$$

Logo:

$$\theta = \omega t$$

Nesse caso, o lugar geométrico da extremidade do vetor $E_+(0,t)$ é um círculo, visto que sua amplitude é constante e gira no sentido anti-horário, com a frequência angular ω, e a onda é dita circularmente polarizada, como mostra a Figura 5.8.

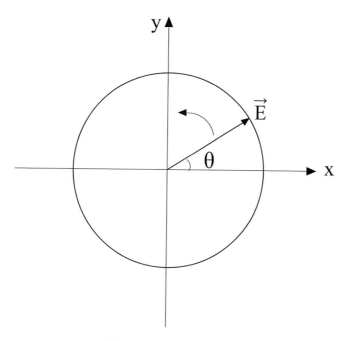

Figura 5.8: Polarização circular.

Caso 3: $E_{x0+} = E_{y0+} = E$ e $\phi = \dfrac{\pi}{2}$

Trata-se também de um caso de polarização circular, na qual o vetor gira no sentido horário com a frequência angular ω.

Caso 4: $\phi = \dfrac{\pi}{2}$

Resulta, portanto:

$$E_+^2(0,t) = (\sqrt{2}E_{x0+})^2 \cos^2(\omega t) + (\sqrt{2}E_{y0+})^2 \operatorname{sen}^2(\omega t) \tag{5.59}$$

e

$$tg\theta = \dfrac{E_{y0+}\operatorname{sen}(\omega t)}{E_{x0+}\cos \omega t} = \dfrac{E_{y0+}}{E_{x0+}} tg\omega t \tag{5.60}$$

Trata-se, nesse caso, de uma elipse cujo eixo maior ou menor coincide com o eixo x ou y e θ não é igual a ωt.

Diz-se, portanto, que a onda é elipticamente polarizada, com o campo elétrico girando no sentido anti-horário, com período da frequência de rotação igual a $1/\omega$, mas com velocidade angular variável.

Caso 5: Caso geral

No caso geral, a polarização é elíptica, como mostrado na Figura 5.9. O eixo maior da elipse é inclinado de um ângulo θ em relação a x e é dependente da relação $\dfrac{E_{y0+}}{E_{x0+}}$ e de ϕ. Demonstra-se também que:

$$\left(\frac{E_x}{E_{x0+}}\right)^2 - 2\left(\frac{E_x E_y}{E_{x0+} E_{y0+}}\right)\cos\theta + \left(\frac{E_y}{E_{y0+}}\right)^2 = \mathrm{sen}^2\theta \tag{5.61}$$

5.6.1. Exercício Resolvido 1

Transmissão de rádio AM: Uma estação de rádio AM emite uma onda eletromagnética para o ar. A expressão do campo elétrico instantâneo é dada por:

$$\vec{E}(z,t) = 10\sqrt{2}\cos(1{,}5\pi 10^6 t + kx)\vec{u}_z$$

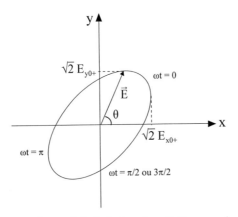

Figura 5.9: Polarização elíptica geral.

a: determine a direção de propagação do sinal e sua frequência;
b: determine a constante de fase k;
c: escreva a expressão instantânea para o campo intensidade magnética associado, isto é, $H(z, t)$.

Solução

a: A onda se propaga na direção $x < 0$.
Sendo $\omega = 2\pi f = 1{,}5\pi \times 10^6\ rad/s$, resulta $f = 750\ KHz$
b: A constante de fase k é dada por:

$$k = \frac{\omega}{c} = \frac{1{,}5\pi \cdot 10^6}{3 \cdot 10^8} = 0{,}005\pi\ rad/m$$

c: O fasor representativo do campo elétrico é dado por:

$$\vec{E}(x) = 10 e^{j0{,}005\pi x}\vec{u}_z$$

A obtenção do vetor intensidade magnética é realizada através da aplicação da primeira equação de Maxwell, expressa na Tabela 5.5.

$$\nabla \times \vec{E} = -j\omega\mu_0 \vec{H}$$

Temos, então:

$$\vec{H}_y(x) = -\frac{1}{j\omega\mu_0}\left(-\frac{\partial \dot{E}_x(x)}{\partial x}\right) = \frac{\dot{E}_x(x)}{\eta}$$

ou, ainda:

$$\vec{\dot{H}}(x) = \frac{\dot{E}_x}{\eta}\vec{u}_y = \frac{10e^{j0,005\pi x}}{377}\vec{u}_y$$

cuja representação temporal resulta:

$$H(z,t) = 3,75 \times 10^{-3}\cos(1,5\pi \times 10^6 t + 0,005\pi x)\vec{u}_y$$

5.6.2. Exercício Resolvido 2

Telefonia celular: O campo intensidade magnética em UHF, oriundo de uma estação de radiobase (ERB) de telefonia celular é dado por:

$$\vec{\dot{H}}(y) = 35e^{-j(17,3y-\pi/3)}\vec{u}_x (\mu A/m)$$

cujo sistema de coordenadas é situado tal que o eixo z está na direção vertical em relação ao plano do solo (plano x – y ou plano z = 0).
- **a:** determine a frequência e o comprimento de onda do sinal;
- **b:** escreva a representação fasorial do campo elétrico associado;
- **c:** um observador localizado em y = 0 está usando uma antena dipolar para medir o campo elétrico em função do tempo. Assumindo que o observador pode medir o componente vertical do campo elétrico sem perda de sinal, quais valores serão medidos em $\omega t_1 = 0$, $\omega t_2 = \pi/2$, $\omega t_3 = p$, $\omega t_4 = 3\pi/2$ e $\omega t_5 = 2\pi$ radianos?

Solução

- **a:** Lembrando que $k = \frac{\omega}{v} = \frac{2\pi f}{c} = 17,3\ rad/m$, determinamos $f \cong 826\ MHz$. O comprimento de onda correspondente será $\lambda = \frac{2\pi}{k} \cong 36,3\ cm$.
- **b:** Da segunda equação de Maxwell, na qual $\nabla \times \vec{\dot{H}} = j\omega\varepsilon_0 \vec{\dot{E}}$, resulta:

$$\dot{E}(y) = \eta \dot{H}_x(y)\vec{u}_z \cong 377 \cdot 35 \cdot 10^{-6} e^{-j(17,3y-\pi/3)}\vec{u}_z = 13,2 e^{-j(17,3y-\pi/3)}\vec{u}_z\ mV/m$$

- **c:** O campo instantâneo é dado por:

$$E(y,t) = 18,67\cos(5,19 \cdot 10^9 - 17,3y + \pi/3)\ mV/m$$

Impondo-se y = 0, obtemos para os diversos instantes:

$$E(0,t_1) = 9,42\vec{u}_z (mV/m)$$

$$E(0,t_2) = 16,3\vec{u}_z (mV/m)$$

$$E(0,t_3) = 9,42\vec{u}_z (mV/m)$$

$$E(0,t_4) = 16,3\vec{u}_z (mV/m)$$

$$E(0,t_5) = 9,42\vec{u}_z (mV/m)$$

5.7. A potência elétrica transmitida

Os campos elétrico e magnético são responsáveis pela transmissão de potência, a qual pode ser identificada pelo fluxo do vetor de Poynting sobre uma superfície envolvendo a fonte.

Potência incidente: Os campos incidentes são responsáveis pelo transporte de energia no sentido da propagação, cujo vetor de Poynting complexo, que traduz a potência transmitida por unidade de área da superfície envolvendo a fonte, é dado por:

$$\vec{S}_+ = \vec{E}_+ \times H_+^* (W/m^2)$$ (5.62)

na qual $\vec{H}_+^*$ denota o vetor intensidade magnética complexo conjugado.

Particularizando para a onda transversoeletromagnética (TEM), resulta:

$$\vec{S}_+ = \dot{S}_+ \vec{u}_z (W/m^2)$$

na qual:

$$\dot{S}_+ = \dot{E}_{x+} \dot{H}_{y+}^* - \dot{E}_{y+} \dot{H}_{x+}^*$$

Substituindo os componentes dos campos por seus valores, obtém-se:

$$\dot{S}_+ = \frac{1}{\eta}\left(E_{x0+}^2 + E_{y0+}^2\right)$$ (5.63)

Potência refletida: Para os campos refletidos, responsáveis pelo transporte de energia em direção à fonte, o fluxo de potência por unidade de área é dado por:

$$\vec{S}_- = \vec{E}_- \times \vec{H}_-^* (W/m^2)$$ (5.64)

Particularizando para a onda transversoeletromagnética (TEM), resulta:

$$\vec{S}_- = -\dot{S}_- \vec{u}_z (W/m^2)$$

na qual:

$$\dot{S}_- = -\dot{E}_{x-} \dot{H}_{y-}^* + \dot{E}_{y-} \dot{H}_{x-}^*$$

Substituindo os componentes dos campos por seus valores, resulta:

$$\dot{S}_- = \frac{1}{\eta}\left(E_{x0-}^2 + E_{y0-}^2\right)$$ (5.65)

Potência transmitida: A potência efetivamente transmitida é dada por:
Potência transmitida = Potência incidente – Potência refletida

ou, ainda:

$$\dot{S}_{TRANS} = \dot{S}_+ - \dot{S}_- = \frac{1}{\eta}\left[(E_{x0+}^2 + E_{y0+}^2) - (E_{y0-}^2 + E_{y0-}^2)\right] \tag{5.66}$$

Obs.: Para os meios sem perdas, a potência complexa $\dot{S}_{TRANS}$ só apresenta uma parcela real, isto é, toda a potência transmitida é potência ativa.

5.7.1. Exercício Resolvido 3

O campo intensidade magnética em UHF, oriundo de uma estação de radiobase (ERB) de telefonia celular do Exercício 5.6.2 é dado por:

$$\vec{H}(y) = 35e^{-j(17,3y-\pi/3)}\vec{u}_x (\mu A/m)$$

Determine o fluxo de potência por unidade de superfície dessa onda.

Solução

Considerações iniciais: note que, apesar de a onda irradiada pela ERB ser emitida em todas as direções, podemos representá-la através de um vetor intensidade magnética (ou um vetor campo elétrico) com apenas um componente (no caso, o componente x) propagando-se em uma direção (no caso, a direção y). Essa representação só é possível para regiões bem afastadas da antena, na qual a frente de onda, que é uma esfera em expansão, tem raio suficientemente elevado, de modo a se aproximar de uma parede vertical em movimento. Por essa razão, frequentemente é dito que o campo de uma onda com essa representação refere-se ao **campo distante**, para o qual sua representação só é válida para afastamentos da antena muito superiores ao comprimento de onda. Para os **campos próximos** não é possível representar a onda emitida pela antena através de uma expressão simples como a indicada.

Da expressão matemática da onda, obtém-se:

$$E_{x0+} = 35.10^{-6}.377 (V/m)$$

para a qual 377 Ω representa a impedância intrínseca do ar. Substituindo esse valor em 5.66, obtém-se:

$$\dot{S}_{TRANS} = 0,46 pW/m^2$$

Note que o transporte de potência através de ondas eletromagnéticas implica transporte de pequenas quantidades de potência. O sonho de transmitir grande quantidade de energia dessa forma, de modo a prescindir da necessidade das linhas de transmissão, exigiria campos elétricos muito intensos, que ionizariam todo o ambiente.

5.7.2. Exercício Resolvido 4

O fluxo de potência na superfície terrestre devido à radiação solar é aproximadamente 1.400 W/m². Determine o valor máximo do campo elétrico e do campo intensidade magnética no solo.

Solução

Supondo que a potência seja toda transmitida, podemos escrever:

$$\dot{S}_{TRANS} = \frac{1}{\eta} E_{0+}^2$$

que resulta:

$$1400 = \frac{1}{377} E_{0+}^2$$

ou, ainda:

$$E_{0+} = 1027 (V/m)$$

O campo intensidade magnética correspondente será:

$$H_{0+} = \frac{1}{\eta} E_{0+} = 2{,}73 (A/m)$$

5.7.3. Exercício Resolvido 5

Transmissão FM. O transmissor de uma antena de rádio FM opera na frequência de 92,3 MHz com potência média irradiante de 100 kW (a potência de um transmissor é limitada por leis federais para minimizar problemas de interferências com outras transmissões fora da área de cobertura). Por simplicidade admitimos que a radiação é isotrópica, isto é, a radiação seja igualmente distribuída em todas as direções, como se produzidas por fontes pontuais. Vamos verificar se:

a: para uma pessoa situada a 50 m da antena, o fluxo de potência irradiada por unidade de área supera as recomendações estabelecidas pelo limite de segurança do IEEE para um ambiente não classificado, que é de 2 W/m^2;

b: a distância de 50 m violar aquelas recomendações, determinar a mínima distância da antena para a qual a segurança é garantida;

c: a antena for instalada a 200 m de altura, uma pessoa está segura quando situada a 50 m do pé da antena.

Solução

a: Para que uma antena seja considerada uma fonte pontual de ondas eletromagnéticas, devemos comparar o afastamento que estamos da antena com o comprimento de onda. No caso em questão, temos:

$$\lambda = \frac{v}{f} = \frac{3 \cdot 10^8}{92{,}3 \cdot 10^6} = 3{,}25 m$$

Como 50 m é muito maior que 3,25 m, a fonte pode ser considerada uma fonte pontual de ondas eletromagnéticas (princípio do campo distante), de modo que a potência é igualmente irradiada em todas as direções. Assim, teremos:

$$S = \frac{P_{total}}{4\pi R^2} = \frac{100 x 10^3}{4\pi (50)^2} = 3{,}2 (W/m^2)$$

Conclui-se, portanto, que, de acordo com as recomendações da IEEE, essa distância não é segura.

b: O afastamento da antena que satisfaz as recomendações do IEEE é tal que:

$$S = \frac{P_{total}}{4\pi R^2} = \frac{100 \cdot 10^3}{4\pi R^2} = 2{,}0$$

que resulta:

$$R = 63,1 m$$

c: Nesse caso devemos ter:

$$S = \frac{P_{total}}{4\pi R^2} = \frac{100 x 10^3}{4\pi(200^2 + 50^2)} = 0,2 (W/m^2)$$

a qual satisfaz as recomendações sugeridas pelo IEEE.

5.8. Incidência normal em condutores

A incidência de ondas eletromagnéticas em condutores é muito comum na operação de um sistema de comunicações. As antenas receptoras são um caso típico em que a onda incide em uma cúpula condutora sendo refletida e concentrada em um receptor.

Para facilitar o entendimento do problema, vamos admitir que uma onda eletromagnética seja constituída por uma onda de campo elétrico com apenas um componente na direção *x* associado a um campo de intensidade magnética com componente na direção *y*.

É muito comum, na ciência, a análise de casos simples para ilustrar o entendimento físico de um fenômeno, sem envolvimento com sofisticados procedimentos matemáticos de análise, os quais, em um primeiro contato, podem mascarar comportamentos físicos importantes.

A Figura 5.10 mostra a geometria do problema, na qual o plano perfeitamente condutor está situado normal à direção de propagação e na posição z = 0.

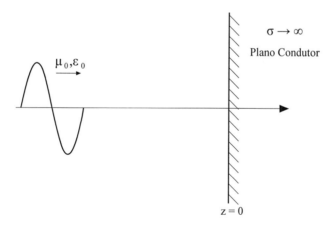

Figura 5.10: Incidência normal em condutores.

As expressões que descrevem o comportamento dos campos elétrico e magnético, no semiespaço z < 0, são dadas por:

$$\dot{E}_x = \dot{E}_{x0+} e^{-jkz} + \dot{E}_{x0-} e^{jkz} \tag{5.67}$$

$$\dot{H}_y = \frac{\dot{E}_{x0+}}{\eta} e^{-jkz} - \frac{\dot{E}_{x0-}}{\eta} e^{jkz} \tag{5.68}$$

Em $z = 0$, o campo elétrico resultante tem de ser nulo (o campo elétrico é sempre nulo em um condutor perfeito!), razão pela qual de 5.67 obtemos:

$$\dot{E}_{x0+} = -\dot{E}_{x0-} \qquad (5.69)$$

Dessa forma, podemos escrever:

$$\dot{E}_x = \dot{E}_{xo+}\left[e^{-jkz} - e^{jkz}\right] \qquad (5.70)$$

$$\dot{H}_y = \frac{\dot{E}_{x0+}}{\eta}\left[e^{-jkz} + e^{jkz}\right] \qquad (5.71)$$

ou, ainda:

$$\dot{E}_x = -2j\dot{E}_{x0+}\,\mathrm{sen}\,kz \qquad (5.72)$$

$$\dot{H}_y = \frac{2\dot{E}_{x0+}}{\eta}\cos kz \qquad (5.73)$$

Escrevendo os campos no domínio do tempo, obtém-se:

$$E_{x+}(z,t) = \mathrm{Re}\left[-2j\dot{E}_{x0+}\,\mathrm{sen}\,kz \cdot e^{j\omega t}\right]$$

que resulta:

$$E_{x+}(z,t) = 2\sqrt{2}E_{x0+}\,\mathrm{sen}\,kz \cdot \mathrm{sen}\,\omega t \qquad (5.74)$$

para o campo intensidade magnética:

$$H_{y+}(z,t) = \mathrm{Re}\left[\frac{2\dot{E}_{x0+}}{\eta}\cos kz \cdot e^{j\omega t}\right]$$

ou, ainda:

$$H_{y+}(z,t) = \frac{2\sqrt{2}E_{x0+}}{\eta}\cos kz \cdot \cos \omega t \qquad (5.75)$$

para as quais adotamos E_{x0+} um número real.

Os campos descritos por 5.74 e 5.75 estão apresentados graficamente na Figura 5.11 para diversos instantes de tempo. Note que $E_{x+}(z,t)$ e $H_{y+}(z,t)$ não representam uma onda progressiva à medida que o tempo avança, pois seus valores máximos (ou nulos) sempre ocorrem no mesmo ponto do espaço. Uma onda eletromagnética com essa característica é denominada "onda puramente estacionária".

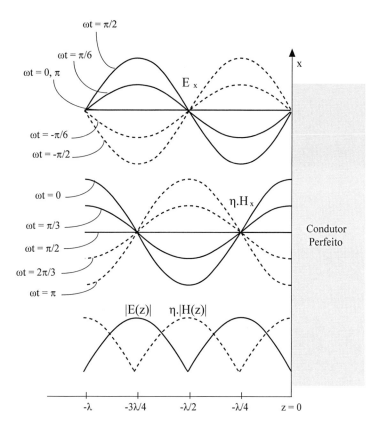

Figura 5.11: Forma de onda dos campos elétrico e intensidade magnética instantâneos.

O vetor de Poynting complexo, que possibilita avaliar a potência transportada pela onda, é dado por:

$$\vec{\dot{S}} = \vec{\dot{E}} \times \vec{\dot{H}}^* = (-2jE_{0+} \operatorname{sen} kz)(\frac{2E_{0+}}{\eta} \cos kz)(W/m^2)$$

ou, ainda:

$$\vec{\dot{S}} = \vec{\dot{E}} \times \vec{\dot{H}}^* = -2j\frac{E_{x0+}^2}{\eta} \operatorname{sen}(2kz)(W/m^2)$$

Como a potência efetivamente transmitida é dada por:

$$S_{TRANS} = \operatorname{Re}\left[\vec{\dot{S}}\right] = 0$$

resulta que a potência efetivamente transmitida é nula.

Esse resultado é totalmente semelhante ao obtido quando estudamos uma linha de transmissão em curto-circuito em regime permanente senoidal, bastando apenas efetuar as associações:

$$\dot{V}(x) \to \dot{E}$$
$$\dot{I}(x) \to \dot{H}$$
$$Z_0 \to \eta$$
$$L \to \mu$$
$$C \to \varepsilon$$

Assim sendo, uma forma muito simples de análise desse tipo de problema consiste em determinarmos o problema de linha de transmissão em regime permanente senoidal equivalente. A Figura 5.12 mostra o problema de linha de transmissão em regime senoidal equivalente ao problema da incidência normal de uma onda eletromagnética em um plano perfeitamente condutor.

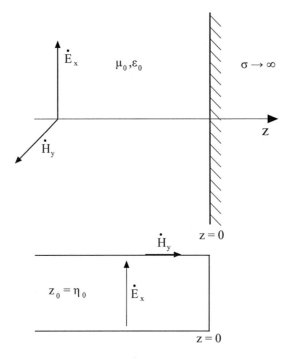

Figura 5.12: Linha de transmissão equivalente.

Uma análise da incidência de uma onda eletromagnética em um plano condutor, de acordo com o resultado obtido, mostra que essa onda é totalmente refletida em direção à fonte geradora do sinal.

Essa reflexão é devida à corrente induzida no plano condutor por causa da incidência da onda.

Uma informação interessante é a densidade superficial de corrente induzida no plano condutor quando a onda o atinge perpendicularmente. Como o campo intensidade magnética só tem o componente y, este atinge o plano condutor tangencialmente, de modo que a condição de contorno a ser aplicada nessa situação é a condição de contorno dos componentes tangenciais do vetor intensidade magnética, dada por:

$$\vec{n} \times (\vec{H}_2 - \vec{H}_1) = \vec{J}_l \tag{5.76}$$

na qual temos:

$$\vec{H}_1 = \dot{H}_y \vec{u}_y = \frac{2\dot{E}_{x0+}}{\eta} \vec{u}_y$$

que é o campo intensidade magnética imediatamente antes do plano condutor, isto é, no ar em $z = 0_-$ e

$$\vec{H}_2 = 0$$

pois o campo elétrico no condutor é nulo, de modo que o campo intensidade magnética interno ao plano condutor também resulta nulo.

Sendo $\vec{n} = \vec{u}_z$, ou seja, um vetor unitário, dirigido do meio 1 para o meio 2, resulta:

$$\vec{J}_l = \frac{2\dot{E}_{x0+}}{\eta}\vec{u}_x (A/m) \tag{5.77}$$

Essa densidade superficial de corrente é a responsável pela geração da onda refletida que retornará superposta à onda incidente.

Adotando $\dot{E}_{x0+} = E_{x0+}e^{j0}$, a Expressão 5.77 será expressa no domínio do tempo como segue:

$$\vec{J}_l(z,t) = \frac{2\sqrt{2}E_{x0+}}{\eta}\cos\omega t\,\vec{u}_x (A/m) \tag{5.78}$$

De qualquer forma, é importante destacar que o campo resultante no semiespaço $z < 0$ é uma onda estacionária, a qual nas posições distantes múltiplos de $\lambda/2$ encontramos os nós da onda de campo elétrico que são as posições onde esse campo é nulo.

5.8.1. Exercício Resolvido 6

Onda plana uniforme: Uma onda plana e uniforme no ar é caracterizada pelo campo elétrico incidente:

$$\vec{E}_i(t) = 100\,\text{sen}(\omega t - kz)\vec{u}_x + 200\cos(\omega t - kz)\vec{u}_y\; mV/m$$

a: determine o campo intensidade magnética associado;
b: se essa onda encontrar um plano perfeitamente condutor, normal à direção de propagação em $z = 0$, como mostra a Figura 5.13, determine os campos refletidos $\vec{E}_r(t)$ e $\vec{H}_r(t)$.

Solução

a: Identificando essa onda, obtém-se:

$$E_x(t) = 100\,\text{sen}(\omega t - kz)$$

$$E_y(t) = 200\cos(\omega t - kz)$$

Aplicando as relações:

$$\frac{\dot{E}_{x+}}{\dot{H}_{y+}} = \eta_0$$

$$\frac{\dot{E}_{y+}}{\dot{H}_{x+}} = \eta_0$$

resulta:

$$\vec{H}_i(t) = -0,53\cos(\omega t - kz)\vec{u}_x + 0,27\,\text{sen}(\omega t - kz)\vec{u}_y\; mA/m$$

na qual foi utilizada $\eta_0 = 377\,\Omega$.

b: A obtenção da onda refletida é muito simples. Como o coeficiente de reflexão é –1, implica onda refletida invertida, isto é:

$$\vec{E}_r(t) = 100\,\text{sen}(\omega t - kz)\vec{u}_x - 200\cos(\omega t - kz)\vec{u}_y\ mV/m$$

Aplicando as relações:

$$\frac{\dot{E}_{x-}}{\dot{H}_{y-}} = \eta_0$$

$$\frac{\dot{E}_{y-}}{\dot{H}_{x-}} = \eta_0$$

resulta:

$$\vec{H}_r(t) = 0{,}53\cos(\omega t - kz)\vec{u}_x + 0{,}27\,\text{sen}(\omega t - kz)\vec{u}_y\ mV/m$$

5.8.2. Exercício Resolvido 7

Uma onda de FM TEM (transverso eletromagnético) se propaga no ar na frequência de 75 MHz com um campo elétrico de valor eficaz 2 V/m e incide normalmente em um plano perfeitamente condutor. Para essa onda, determine:
a: a expressão complexa do campo elétrico resultante;
b: a expressão complexa do campo intensidade magnética resultante;
c: o valor eficaz do campo elétrico e do campo intensidade magnética em $z = 0{,}5$ m antes do plano.

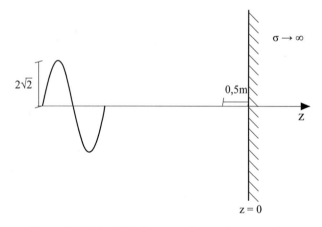

Figura 5.13: Incidência normal em plano condutor.

Solução

a: A expressão do campo elétrico resultante é dada por:

$$\dot{E}_x = -2jE_{x0+}\,\text{sen}\,kz$$

na qual:

$$k = \frac{\omega}{v} = \frac{2\pi \cdot 75 \cdot 10^6}{3 \cdot 10^8} = \frac{\pi}{2}\ rad/m$$

então:

$$\dot{E}_x = -2j2\,\text{sen}\frac{\pi}{2}z = -j4\,\text{sen}\frac{\pi}{2}z \quad V/m$$

b: A expressão complexa do vetor intensidade magnética associado é dada por:

$$\dot{H}_y = \frac{2E_{x0+}}{\eta}\cos kz = 10{,}6\cos\frac{\pi}{2}z \quad mA/m$$

c: Impondo $z = -0{,}5$ m nas expressões de $\dot{E}_x$ e $\dot{H}_y$ resultam:

$$E_x = 2{,}83\,V/m \ \text{e}\ H_y = 7{,}5\ mA/m$$

5.9. Incidência normal em dielétricos

A incidência de ondas em meios dielétricos ocorre em várias situações nos dispositivos de comunicações. Um caso típico é a incidência de ondas eletromagnéticas em cúpulas (domus) protetoras de antenas, as quais podem produzir atenuações do sinal, devido a reflexões produzidas na incidência.

A Figura 5.14 mostra dois meios dielétricos ideais, cujas impedâncias intrínsecas são η_1 e η_2, respectivamente. A interface de separação dos meios é plana e está situada perpendicularmente ao eixo z em $z = 0$.

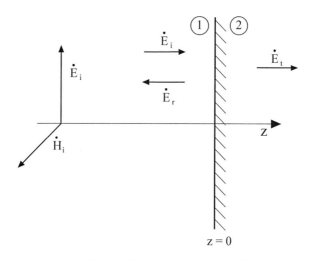

Figura 5.14: Incidência normal em dielétricos.

Em uma posição qualquer em $z < 0$, um emissor produz uma onda eletromagnética plana que se propaga no sentido $z > 0$, com a velocidade de propagação:

$$v_1 = \frac{1}{\sqrt{\mu_1\varepsilon_1}}\,m/s \tag{5.79}$$

Ao atingir a interface de separação dos meios, essa onda é perturbada, produzindo uma onda plana refletida, a qual, sobreposta à onda incidente, produzirá uma onda estacionária com as características idênticas às tensões senoidais em uma linha de transmissão e também produzirá uma onda plana que será transmitida para o meio 2, considerado aqui indefinido.

Essa onda transmitida ao meio 2 se propagará ao sentido $z > 0$, com a velocidade de propagação:

$$v_2 = \frac{1}{\sqrt{\mu_2 \varepsilon_2}} \, m/s \tag{5.80}$$

Note que a frequência não é alterada na mudança de meio, visto que é uma característica imposta pela fonte geradora do sinal, razão pela qual a relação entre os comprimentos de onda nos dois meios é dada por:

$$\frac{\lambda_1}{\lambda_2} = \frac{k_2}{k_1} = \frac{v_1}{v_2} \tag{5.81}$$

Como o meio 2 é indefinido, apenas a onda que se propaga no sentido $z > 0$ está presente.

Dessa forma, supondo novamente uma onda plana com campo elétrico alinhado com o eixo x, podemos escrever:

Para o meio 1 $(z < 0)$:

$$\dot{E}_{x1} = \dot{E}_{x0_1+} e^{-jk_1z} + \dot{E}_{x0_1-} e^{jk_1z} \tag{5.82}$$

$$\dot{H}_{y1} = \frac{\dot{E}_{x0_1+}}{\eta_1} e^{-jk_1z} - \frac{\dot{E}_{x0_1-}}{\eta_1} e^{jk_1z} \tag{5.83}$$

Para o meio 2 $(z > 0)$:

$$\dot{E}_{x2} = \dot{E}_{x0_2+} e^{-jk_2z} \tag{5.84}$$

$$\dot{H}_{y2} = \frac{\dot{E}_{x0_2+}}{\eta_2} e^{-jk_2z} \tag{5.85}$$

Em $z = 0$, onde está situada a interface de separação entre os dois meios, as seguintes condições de fronteira das componentes tangenciais são aplicadas:

$$E_{t1} = E_{t2}$$
$$H_{t1} = H_{t2} \quad (J_1 = 0)$$

Teremos, então:

$$\dot{E}_{x1}(z = 0) = \dot{E}_{x2}(z = 0)$$
$$\dot{H}_{t1}(z = 0) = \dot{H}_{t2}(z = 0)$$

Resulta, portanto:

$$\dot{E}_{x0_1+} + \dot{E}_{x0_1-} = \dot{E}_{x0_2+} \tag{5.86}$$

$$\frac{\dot{E}_{x0_1+}}{\eta_1} - \frac{\dot{E}_{x0_1-}}{\eta_1} = \frac{\dot{E}_{x0_2+}}{\eta_2} \tag{5.87}$$

Expressando $\dot{E}_{x0_1-}$ e $\dot{E}_{x0_2+}$ em função de $\dot{E}_{x0_1+}$ obtemos os seguintes coeficientes.

Coeficiente de reflexão:

$$\Gamma = \frac{\dot{E}_{x0_1-}}{\dot{E}_{x0_1+}} = \frac{\eta_2 - \eta_1}{\eta_1 + \eta_2} \tag{5.88}$$

Coeficiente de transmissão:

$$\sigma = \frac{\dot{E}_{x0_2+}}{\dot{E}_{x0_1+}} = \frac{2\eta_2}{\eta_1 + \eta_2} \tag{5.89}$$

Note que $1 + \Gamma = \sigma$.

Observe a semelhança entre esses coeficientes com aqueles obtidos quando estudamos as linhas de transmissão. Essa similiaridade nos permite associar o problema da incidência normal de uma onda plana em dielétricos a um problema de linha de transmissão equivalente, como mostra a Figura 5.15. .

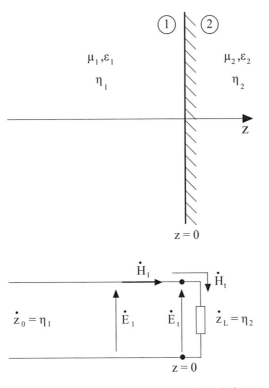

Figura 5.15: Associação de ondas e linhas.

Os coeficientes de transmissão e reflexão definidos em 5.88 e 5.89, apesar de terem sido definidos a partir da relação entre números complexos, resultaram em coeficientes reais, como ocorre nas linhas de transmissão sem perdas alimentando cargas puramente resistivas. Isso só é possível na propagação de ondas eletromagnéticas em dielétricos ideais, para os quais a condutividade é nula.

Lembrando que $\dot{E}_{x0_1-} = \Gamma \dot{E}_{x0_1+}$ e que $\dot{E}_{x0_2+} = \sigma \dot{E}_{x0_1+}$, substituindo-os em 5.82, 5.83, 5.84 e 5.85, podemos escrever:

$$\dot{E}_{x_1} = \dot{E}_{x0_{1+}} e^{-jk_1 z}\left[1+\Gamma e^{2jk_1 z}\right] \tag{5.90}$$

$$\dot{H}_{y_1} = \frac{\dot{E}_{x0_{1+}}}{\eta_1} e^{-jk_1 z}\left[1-\Gamma e^{2jk_1 z}\right] \tag{5.91}$$

$$\dot{E}_{x_2} = \sigma \dot{E}_{x0_{1+}} e^{-jk_2 z} \tag{5.92}$$

$$\dot{H}_{y_2} = \frac{\sigma \dot{E}_{x0_{1+}}}{\eta_2} e^{-jk_2 z} \tag{5.93}$$

Os valores eficazes em função da posição dos campos elétricos e intensidade magnética em ambos os meios são dados por:

$$E_{x_1} = E_{x0_{1+}} \left|1+\Gamma e^{2jk_1 z}\right| \tag{5.94}$$

$$H_{y_1} = \frac{E_{x0_{1+}}}{\eta_1} \left|1-\Gamma e^{2jk_1 z}\right| \tag{5.95}$$

$$E_{x_1} = E_{x0_{1+}} \left|1+\Gamma e^{2jk_1 z}\right| \tag{5.96}$$

$$H_{y_2} = \frac{\sigma E_{x0_{1+}}}{\eta_2} \tag{5.97}$$

5.9.1. Exercício Resolvido 8

Uma onda eletromagnética plana, na faixa de UHF, de 900 MHz se propaga no espaço livre e incide perpendicularmente no teflon ($\varepsilon_r = 2{,}1$ — Figura 5.16). A 41,67 mm do teflon, uma medição na intensidade do campo elétrico resultou 75 mV/m. Determine:

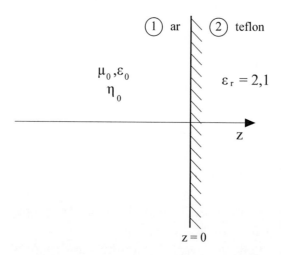

Figura 5.16: Incidência normal em dielétrico.

a: os comprimentos de onda em ambos os meios;
b: as impedâncias intrínsecas de ambos os meios;
c: as amplitudes máximas e mínimas dos campos elétricos e intensidade magnética em ambos os meios;
d: esboce graficamente o comportamento da amplitude do campo magnético em ambos os meios.

Solução

a: Cálculo dos comprimentos de onda
Para o espaço livre, temos:

$$\lambda_1 = \frac{c}{f} = \frac{3.10^8}{900.10^6} = 333,33 \ mm$$

Para o teflon:

$$v_2 = \frac{1}{\sqrt{\mu_0 \varepsilon_r \varepsilon_0}} = \frac{c}{\sqrt{\varepsilon_r}} = 2,07.10^8 \ m/s$$

Logo:

$$\lambda_2 = \frac{v_2}{f} = \frac{2,07.10^8}{900.10^6} = 230 \ mm$$

b: Cálculo das impedâncias intrínsecas dos meios
Para o espaço livre, temos:

$$\eta_1 = \eta_0 = 377 \ \Omega$$

Para o teflon:

$$\eta_2 = \sqrt{\frac{\mu_0}{\varepsilon_r \varepsilon_0}} = \frac{\eta_0}{\sqrt{\varepsilon_r}} = 260 \ \Omega$$

c: A avaliação das amplitudes máximas e mínimas do campo elétrico é obtida mais facilmente utilizando o diagrama de pedal, visto no Capítulo 2, porque para este problema podemos associar um problema de linha de transmissão com as características vistas na Figura 5.17.

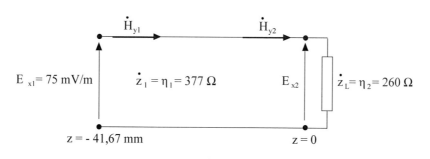

Figura 5.17: Linha de transmissão associada.

O coeficiente de reflexão na interface de separação dos meios é dado por:

$$\dot{\Gamma} = \frac{\eta_2 - \eta_1}{\eta_2 + \eta_1} = -0,184 = 0,184 e^{j\pi}$$

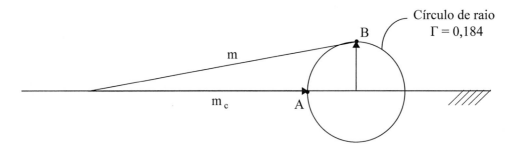

Figura 5.18: Diagrama de pedal.

No diagrama de pedal, essa grandeza está representada no ponto A, no qual obtemos:

$$m_e = 0{,}816$$

A 41,67 mm, correspondente a 0,125 λ_1, obtemos o ponto B no diagrama de pedal, o qual está situado a 90º, no sentido horário, do ponto A. Em B resulta:

$$m = 1{,}02$$

Logo:

$$E_{x0_{1+}} = \frac{E_{x1}}{m} = \frac{75}{1{,}02} = 73{,}7 \ mV/m$$

Dessa forma, temos:

$$E_{MAX_1} = E_{x0_{1+}}(1+\Gamma) = 87{,}3 \ mV/m$$

$$E_{MIN_1} = E_{x0_{1+}}(1-\Gamma) = 60{,}1 \ mV/m$$

No teflon, como temos apenas a onda progressiva, a amplitude do campo elétrico é constante, isto é:

$$E_{MAX_2} = E_{MIN_2} = \sigma E_{x0_{1+}} = 0{,}816 \cdot 73{,}7 = 60{,}1 \ mV/m$$

A Figura 5.19 mostra o comportamento da amplitude do campo elétrico em função da posição.

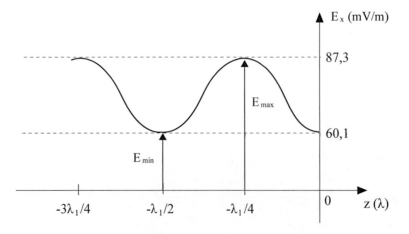

Figura 5.19: Comportamento do campo elétrico *versus* a posição.

5.9.2. Impedância de onda

Definimos impedância de onda em um ponto qualquer do espaço através da relação:

$$\dot{Z}(z) = \frac{\dot{E}(z)}{\dot{H}(z)} (\Omega) \tag{5.98}$$

Aplicando essa definição a cada um dos meios dielétricos, obtém-se o seguinte.:
No meio 2, para o qual $z > 0$, resulta:

$$\dot{Z}_2(z) = \frac{\dot{E}_{x2}(z)}{\dot{H}_{y2}(z)} = \eta_2 \tag{5.99}$$

No meio 1, para o qual $z < 0$, obtém-se:

$$\dot{Z}_1(z) = \frac{\dot{E}_{x_1}(z)}{\dot{H}_{y_1}(z)} = \eta_1 \frac{1 + \Gamma e^{2jkz}}{1 - \Gamma e^{2jkz}} \tag{5.100}$$

Conclui-se, portanto, que em meios sem reflexão a impedância de onda independe da posição e é igual à impedância intrínseca do meio e às amplitudes dos campos elétricos, e a intensidade magnética é constante.

5.9.3. Fluxo de potência eletromagnética

O fluxo de potência eletromagnética transportado pela onda eletromagnética é obtido através da avaliação do vetor do Poynting em ambos os meios. Na forma complexa, o vetor de Poynting é escrito da seguinte forma:

$$\vec{\dot{S}} = \vec{\dot{E}} \times \vec{\dot{H}}^* \tag{5.101}$$

na qual $\vec{\dot{H}}^*$ representa o vetor intensidade magnética complexo conjugado.

Fazendo $\vec{\dot{E}} = \dot{E}_x \vec{u}_x$ e $\vec{\dot{H}} = \dot{H}_y \vec{u}_y$ resulta, para o meio 1:

$$\vec{\dot{S}}_1(z) = \left\{ \frac{1}{\eta_1} \left[E_{x0_1+}^2 - E_{x0_1-}^2 \right] + j \frac{2 E_{x0_1+} E_{x0_1-}}{\eta_1} \operatorname{sen}[2k_1 z + \beta - \alpha] \right\} \vec{u}_z \tag{5.102}$$

Uma análise cuidadosa da expressão anterior mostra-nos que o vetor de Poynting complexo $\vec{\dot{S}}(x)$ é composto de duas parcelas: a primeira, correspondente à parte real de 5.102, é a potência ativa, isto é, o valor médio da potência efetivamente transmitida, a qual é dada por:

$$P_1(z) = \frac{1}{\eta_1} \left[E_{x0_1+}^2 - E_{x0_1-}^2 \right] \tag{5.103}$$

265

Lembrando que $E_{x0_1-} = \Gamma E_{x0_1+}$, podemos escrever ainda:

$$P_1(z) = \frac{E_{x0_1+}^2}{\eta_1}\left[1 - \Gamma^2\right]$$

(5.104)

A potência ativa transmitida $P_1(z)$ pode também ser decomposta em duas parcelas, a primeira dada por:

$$P_{1-}(z) = \frac{E_{x0_1+}^2}{\eta_1}$$

(5.105)

corresponde à potência ativa transmitida pela onda incidente ou progressiva. A segunda é dada por:

$$P_{1-}(z) = \frac{E_{x0_1-}^2}{\eta_1}$$

(5.106)

correspondendo à potência ativa transmitida pela onda refletida. A relação entre essas parcelas fornece a porcentagem da potência incidente que é refletida, isto é:

$$\frac{P_{1-}(z)}{P_{1+}(z)} = \frac{E_{x0_1-}^2}{E_{x0_1+}^2} = \Gamma^2$$

(5.107)

A potência reativa é a parte imaginária de 5.102, isto é:

$$Q_1(z) = \frac{2E_{x0_1+}E_{x0_1-}}{\eta_1}\,\mathrm{sen}\left[2k_1 z + \beta - \alpha\right]$$

na qual α e β são as fases de $\dot{E}_{x0_1+}$ e $\dot{E}_{x0_1-}$, respectivamente.

Como ambos os meios são dielétricos ideais, os valores médios da potência transmitida devem ser iguais, de modo que:

$$P_1(z) = P_2(z)$$

na qual:

$$P_2(z) = \frac{E_{x0_2+}^2}{\eta_2} = \frac{\sigma^2 E_{x0_1+}^2}{\eta_2}$$

(5.108)

Resulta, portanto:

$$1 - \Gamma^2 = \frac{\eta_1}{\eta_2}\sigma^2$$

(5.109)

5.10. Incidência normal em vários dielétricos

Todos já vimos uma antena protegida por uma calota esférica, frequentemente encontrada nas torres dos aeroportos. Essa calota é constituída de material dielétrico, e sua espessura é convenientemente dimensionada para minimizar atenuações do sinal quando cruza a película dielétrica. Para entendermos como um perfeito dimensionamento dessa calota reduz a níveis mínimos as atenuações, vamos analisar o problema da incidência normal de uma onda eletromagnética em vários dielétricos, como mostrado na Figura 5.20.

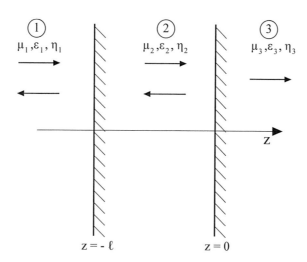

Figura 5.20: Incidência normal em vários dielétricos.

Na figura, o sinal é emitido por uma fonte situada em alguma posição no meio 1, cujas propriedades físicas são μ_1 e ε_1. Na posição $z = -l$ temos a interface de separação do meio 1 com o meio 2, cujas propriedades físicas são μ_2 e ε_2. Em $z = 0$ encontramos a interface de separação do meio 2 com o meio 3, de propriedades físicas μ_3 e ε_3. Como o meio 3 é indefinido, isto é, não há reflexão, a impedância da onda para uma posição qualquer em $z > 0$ resulta:

$$\dot{Z}_3(z) = \eta_3 \tag{5.110}$$

No meio 2, há reflexão, de modo que para $-l < z < 0$ a impedância em um ponto qualquer dessa região é dada por:

$$\dot{Z}_2(z) = \eta_2 \frac{1 + \Gamma_{23} e^{2jk_2 z}}{1 - \Gamma_{23} e^{2jk_2 z}} \tag{5.111}$$

na qual:

$$\Gamma_{23} = \frac{\eta_3 - \eta_2}{\eta_3 + \eta_2}$$

é o coeficiente de reflexão do meio 2 para o meio 3.

Essa impedância, calculada em $z = -l$, resulta:

$$\dot{Z}_2(-l) = \eta_2 \frac{1 + \Gamma_{23} e^{-2jk_2 z}}{1 - \Gamma_{23} e^{-2jk_2 z}} \tag{5.112}$$

Essa é a impedância vista pela onda ao incidir no meio 2, como mostra a Figura 5.21.

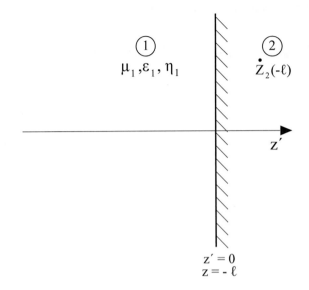

Figura 5.21: Impedância vista pela onda em z = − l.

Dessa forma, a impedância da onda no meio 1, onde $z < -l$ será escrita como segue:

$$\dot{Z}_1(z') = \eta_1 \frac{1+\dot{\Gamma}_{12} e^{2jk_2 z'}}{1-\dot{\Gamma}_{12} e^{2jk_2 z'}} \tag{5.113}$$

na qual:

$$\dot{\Gamma}_{12} = \frac{\dot{Z}_2(-l)-\eta_1}{\dot{Z}_2(-l)+\eta_1} \tag{5.114}$$

com

$$z' = z + l$$

Podemos escrever ainda:

$$\dot{Z}_1(z) = \eta_1 \frac{1+\dot{\Gamma}_{12} e^{2jk_2(z+l)}}{1-\dot{\Gamma}_{12} e^{2jk_2(z+l)}} \tag{5.115}$$

Algumas situações têm particular interesse:

1º Caso: $\eta_3 = \eta_1$ e $l = \eta\dfrac{\lambda}{2}$

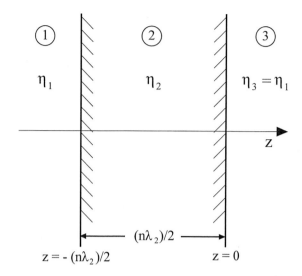

Figura 5.22: Primeiro caso: $\eta_3 = \eta_1$ e $l = \eta\dfrac{\lambda}{2}$.

Nesse caso, temos:

$$\Gamma_{23} = \frac{\eta_1 - \eta_2}{\eta_2 + \eta_1}$$

de modo que:

$$\dot{Z}_2(-\eta\frac{\lambda}{2}) = \eta_2 \frac{1 + \Gamma_{23} e^{-2jk_2\eta\frac{\lambda}{2}}}{1 - \Gamma_{23} e^{-2jk_2\eta\frac{\lambda}{2}}}$$

Lembrando que:

$$k\lambda = 2\pi$$

resulta:

$$e^{-2jk_2\eta\frac{\lambda}{2}} = e^{-j2\eta\pi} = 1$$

de modo que:

$$\dot{Z}_2(-\eta\frac{\lambda}{2}) = \eta_2 \frac{1 + \Gamma_{23}}{1 - \Gamma_{23}}$$

Substituindo-se Γ_{23} pelo seu valor na expressão anterior, resulta:

$$\dot{Z}_2(-\eta\frac{\lambda}{2}) = \eta_1$$

Assim sendo, como não há mudança de impedância na interface de separação dos meios 1 e 2, não há reflexão nessa parede.

Esse procedimento é frequentemente utilizado no dimensionamento de proteções de antenas e outros dispositivos de recepção de sinais.

2º Caso: $\eta_2 = \sqrt{\eta_1 \eta_3}$ e $l = (2n+1)\dfrac{\lambda_2}{4}$

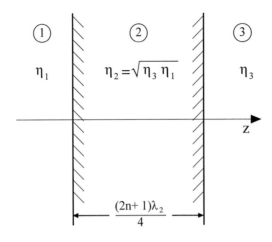

Figura 5.23: Segundo caso: $\eta_2 = \sqrt{\eta_1 \eta_3}$ e $l = (2n+1)^{\frac{\lambda_2}{4}}$.

Nessa situação, a impedância de onda na interface de separação dos meios 1 e 2 é dada por:

$$\dot{Z}_2(-(2n+1)\frac{\lambda}{4}) = \eta_2 \frac{1+\Gamma_{23}e^{-2jk_2(2n+1)\lambda/4}}{1-\Gamma_{23}e^{-2jk_2(2n+1)\lambda/4}}$$

Lembrando que:

$$k\lambda = 2\pi$$

resulta:

$$e^{-2jk_2(2n+1)\frac{\lambda}{4}} = e^{-j(2n+1)\pi} = -1$$

de modo que:

$$\dot{Z}_2(-(2n+1)\frac{\lambda}{4}) = \eta_2 \frac{1-\Gamma_{23}}{1+\Gamma_{23}}$$

E também:

$$\Gamma_{23} = \frac{\eta_3 - \eta_2}{\eta_2 + \eta_3}$$

resulta:

$$\dot{Z}_2(-(2n+1)\frac{\lambda}{4}) = \frac{\eta_2^2}{\eta_3}$$

Impondo a condição $\eta_2 = \sqrt{\eta_1 \eta_3}$ obtém-se:

$$\dot{Z}_2(-(2n+1)\frac{\lambda}{4}) = \eta_1$$

a qual evidencia uma outra condição de não reflexão na interface de separação dos meios 1 e 2.

Quanto à relação entre a potência ativa refletida e a potência ativa incidente no meio 1, demonstra-se também que:

$$\frac{P_{1-}^{(z)}}{P_{2-}^{(z)}} = \left|\dot{\Gamma}_{12}\right|^2 \tag{5.116}$$

5.10.1. Exercício Resolvido 9

Uma antena de micro-ondas banda C baseada no solo é utilizada para operações de auxílio ao pouso de aviões. Para protegê-la do tempo, a antena é envolvida por um domus confeccionado com material termoplástico ($\mu_r = 1$; $\varepsilon_r \cong 3$ e $\sigma = 0$). Para efeitos deste exercício, a onda é plana e atinge a camada protetora perpendicularmente, como mostra a Figura 5.24.

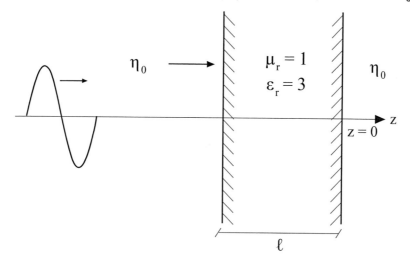

Figura 5.24: Projeto de proteções para antenas.

a: determine a mínima espessura do domus, de modo a eliminar reflexões a 5 GHz;
b: se a frequência for alterada para 4 GHz, mantida a espessura do item anterior, calcule a porcentagem da onda incidente que será refletida;
c: repita o item b para 6 GHz (mostrar LT análoga).

Solução

a: A velocidade de propagação do sinal no termoplástico é dada por:

$$v = \frac{1}{\sqrt{\mu_0 \varepsilon_r \varepsilon_0}} = \frac{c}{\sqrt{\varepsilon_r}}$$

de modo que, a 5 GHz, o comprimento de onda resulta:

$$\lambda_2 = \frac{v}{f} = \frac{c}{f\sqrt{\varepsilon_r}} \cong \frac{3 \cdot 10^8}{5 \cdot 10^9 \sqrt{3}} = 3,46 \times 10^{-2} \, m \text{ ou } 3,46 \text{ cm}$$

Como vimos, para evitar reflexão na interface ar/termoplástico, a espessura da camada protetora deve ser múltiplo de $\lambda/2$. Assim, a espessura mínima deverá ser 1,73 cm.

b: Na frequência de 4 GHz, o comprimento de onda no termoplástico será:

$$\lambda_2 = \frac{3 \cdot 10^8}{4 \cdot 10^9 \sqrt{3}} = 4,33 cm \text{ e no ar } \lambda_1 = 7,5 \, cm$$

O coeficiente de reflexão na interface de separação do meio 2 com o meio 3 resulta:

$$\Gamma_{23} = \frac{\eta_0 - \eta_2}{\eta_0 + \eta_2} = 0,268$$

A espessura do termoplástico em termos do comprimento de onda é dada por:

$$l = \frac{1,73}{4,33}\lambda = 0,4\lambda$$

Assim, a impedância vista na separação do meio 1 com o meio 2 resulta:

$$\dot{Z}_2(-l) = \eta_2 \frac{1+\Gamma_{23}e^{-2jk_2l}}{1-\Gamma_{23}e^{-2jk_2l}} = 217,7 \frac{1+0,268e^{-2jk_2(0,4\lambda)}}{1-0,268e^{-2jk_2(0,4\lambda)}} = 254e^{j28,8°}\,\Omega$$

de modo que o coeficiente de reflexão nessa interface é igual a:

$$\dot{\Gamma}_{12} = \frac{\dot{Z}_2(-l)-\eta_1}{\dot{Z}_2(-l)-\eta_1} = \frac{254e^{j28,8°}-377}{254e^{j28,8°}+377} \cong 0,321e^{j130°}$$

Assim, a fração da potência da onda incidente que será refletida será:

$$\frac{P_{1-}}{P_{1+}} = \left|\dot{\Gamma}_{12}\right|^2 = 0,321^2 = 0,103 \text{ ou } 10,3\%$$

c: Repetindo o procedimento para 6 GHz, a fração da potência da onda incidente que será refletida é também 10,3%, mostrando que, nas vizinhanças da frequência de 5 GHz, o coeficiente de reflexão varia simetricamente.

5.11 Ondas planas em meios com perdas

Até o momento, estudamos a propagação de ondas planas em dielétricos ideais, nos quais a condutividade σ é nula. Meios com essa característica são ditos meios sem perdas, pois a ausência da condutividade elimina os efeitos das perdas Joule que, como veremos, reduzem a amplitude do sinal à medida que a onda se propaga.

Ocorre, no entanto, que dielétricos ideais não existem; o que existe são meios de baixas perdas, as quais podem ser eventualmente desprezadas mediante considerações de engenharia.

Verificaremos também que a qualidade de um meio como bom dielétrico ou bom condutor vai depender de sua aplicação, não sendo mais um conceito universal independente de sua utilização.

Vamos agora escrever as equações de Maxwell no domínio da frequência, para um meio condutor e isento de cargas.

Tabela 5.9: Equações de Mawell em meios condutores no domínio da frequência

Equação	Forma Diferencial
I	$\nabla \times \dot{\vec{E}} = -j\omega\mu\,\dot{\vec{H}}$
II	$\nabla \times \dot{\vec{H}} = \dot{\vec{j}} + j\omega\varepsilon\,\dot{\vec{E}}$
III	$\nabla \cdot \dot{\vec{H}} = 0$
IV	$\nabla \cdot \dot{\vec{E}} = 0$

Aplicando o rotacional a ambos os membros da equação I, resulta:

$$\nabla \times \nabla \times \dot{\vec{E}} = -j\omega\mu\nabla \times \dot{\vec{H}} \tag{5.117}$$

O primeiro membro pode ser manipulado, aplicando-se a identidade:

Como:
$$\nabla \times \nabla \times \vec{E} = \nabla(\nabla \times \vec{E}) - \nabla^2 \vec{E}$$

$$\nabla \times \dot{\vec{E}} = 0, \quad \nabla \times \dot{\vec{H}} = \dot{\vec{J}} + j\omega\varepsilon\,\dot{\vec{E}} \quad \text{e} \quad \dot{\vec{J}} = \sigma\,\dot{\vec{E}}$$

a Equação 5.117 pode ser escrita como:

$$\nabla^2 \dot{\vec{E}} = (-\omega^2\mu\varepsilon + j\omega\mu\sigma)\,\dot{\vec{E}} \tag{5.118}$$

Particularizando os vetores de campo, de modo que:

$$\vec{E} = E_x(z,t)\,\vec{u}_x \quad \text{e} \quad \vec{H} = H_y(z,t)\,\vec{u}_y$$

obtém-se:

$$\frac{\partial^2 \dot{E}_x}{\partial z^2} = (-\omega^2\mu\varepsilon + j\omega\mu\sigma)\dot{E}_x$$

Chamando de:

$$\gamma^2 = -\omega^2\mu\varepsilon + j\omega\mu\sigma \tag{5.119}$$

resulta:

$$\frac{\partial^2 \dot{E}_x}{\partial z^2} = \gamma^2 \dot{E}_x \tag{5.120}$$

A solução dessa equação diferencial é do tipo:

$$\dot{E}_x = \dot{E}_{x0+}e^{-\gamma z} + \dot{E}_{x0-}e^{\gamma z} \tag{5.121}$$

Fazendo:

$$\dot{E}_{x+} = \dot{E}_{x0+}e^{-\gamma z} \tag{5.122}$$

$$\dot{E}_x = \dot{E}_{x0-}e^{\gamma z} \tag{5.123}$$

Podemos escrever:

$$\dot{E}_x = \dot{E}_{x+} + \dot{E}_{x-} \tag{5.124}$$

O termo γ, denominado constante de propagação, é uma constante complexa do tipo:

$$\gamma = \alpha + j\beta \tag{5.125}$$

na qual:

$$\alpha = \omega\sqrt{\frac{\mu\varepsilon}{2}\left[\sqrt{1+\left(\frac{\sigma}{\omega\varepsilon}\right)^2}-1\right]}\ np/m \quad (5.126)$$

$$\beta = \omega\sqrt{\frac{\mu\varepsilon}{2}\left[\sqrt{1+\left(\frac{\sigma}{\omega\varepsilon}\right)^2}+1\right]}\ rad/m \quad (5.127)$$

cujos significados físicos discutiremos a seguir.

Substituindo 5.125 em 5.124 e 5.123, obtém-se:

$$\dot{E}_{x+} = \dot{E}_{x0+}e^{-\alpha z}\cdot e^{-j\beta z} \quad (5.128)$$

$$\dot{E}_{x-} = \dot{E}_{x0-}e^{\alpha z}\cdot e^{j\beta z} \quad (5.129)$$

Representando-as no domínio do tempo, resulta:

$$E_{x+}(z,t) = \sqrt{2}E_{x0+}e^{-\alpha z}\cos(\omega t - \beta z + \delta) \quad (5.130)$$

$$E_{x-}(z,t) = \sqrt{2}E_{x0-}e^{-\alpha z}\cos(\omega t + \beta z + \theta) \quad (5.131)$$

Nas quais δ e θ são as fases de $\dot{E}_{x0+}$ e $\dot{E}_{x0-}$, respectivamente.

Uma análise do resultado obtido em 5.128 e 5.129 mostra que aquelas funções representam ondas de campo elétrico senoidais, que se propagam nos sentidos $z > 0$ e $z < 0$, respectivamente, com amplitudes atenuadas no sentido da propagação.

A Figura 5.25 mostra o comportamento dessas ondas de campo elétrico em função da posição.

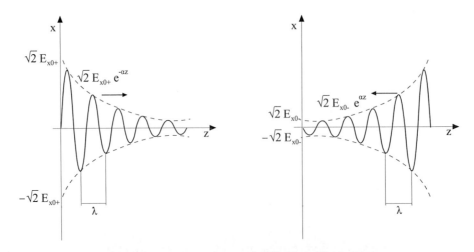

Figura 5.25: Comportamento de $E_x+(z,t)$ e $E_x-(z,t)$.

A obtenção do vetor intensidade magnética associado à onda de campo elétrico pode ser feita por analogia com o estudo da propagação de ondas eletromagnéticas nos meios sem perdas, como segue.

A segunda equação de Maxwell na forma complexa escrita para os meios sem perdas ($\sigma = 0$) é:

$$\nabla \times \dot{\vec{H}} = j\omega\varepsilon\, \dot{\vec{E}} \tag{5.132}$$

A mesma equação escrita para um meio de condutividade não nula, isto é, para um meio com perdas, pode ser escrita:

$$\nabla \times \dot{\vec{H}} = \dot{\vec{J}} + j\omega\varepsilon\, \dot{\vec{E}} \tag{5.133}$$

Lembrando que $\dot{\vec{J}} = \sigma \dot{\vec{E}}$, a Equação 5.115 pode ser reescrita como segue:

$$\nabla \times \vec{H} = j\omega\left[\varepsilon\left(1 + \frac{\sigma}{j\omega\varepsilon}\right)\right]\vec{E} \tag{5.134}$$

Comparando as Expressões 5.132 e 5.130, verifica-se que o termo no interior dos colchetes tem a dimensão de permissividade elétrica. Assim, define-se permissividade elétrica complexa a grandeza:

$$\dot{\varepsilon}_c = \varepsilon\left(1 + \frac{\sigma}{j\omega\varepsilon}\right) \tag{5.135}$$

Em vista disso, a impedância intrínseca do meio, que é um número real nos meios sem perdas, passa a ser uma grandeza complexa nos meios com dissipação, visto que:

$$\dot{\eta} = \sqrt{\frac{\mu}{\dot{\varepsilon}_c}} = r + jx \tag{5.136}$$

na qual:
  r: resistência intrínseca do meio (Ω)
  x: reatância intrínseca do meio (Ω)

Como consequência desse resultado, o campo elétrico e o campo intensidade magnética da onda plana em regime senoidal não estão mais em fase no tempo, como ocorre nos meios sem perdas, visto que são mantidas as relações:

Tabela 5.10: Relações entre os campos elétricos e intensidade magnética em meios dissipativos

Campo Incidente	Campo Refletido
$\dfrac{\dot{E}_{x+}}{\dot{H}_{y+}} = \dot{\eta}$	$\dfrac{\dot{E}_{x-}}{\dot{H}_{y-}} = -\dot{\eta}$
$\dfrac{\dot{E}_{y+}}{\dot{H}_{x+}} = -\dot{\eta}$	$\dfrac{\dot{E}_{y-}}{\dot{H}_{x-}} = \dot{\eta}$

Mais precisamente, o campo intensidade magnética está atrasado em relação ao campo elétrico e não mais em fase, como ocorre com as ondas planas em meios sem perdas. A Figura 5.26 mostra o comportamento do campo elétrico e do campo intensidade magnética em meios dissipativos.

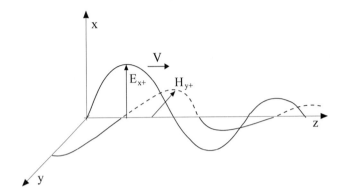

Figura 5.26: Configuração de uma onda progressiva em meio condutor.

5.11.1. Permissividade elétrica complexa

A permissividade elétrica complexa traduz as propriedades físicas presentes nos materiais quando submetidos a campos eletromagnéticos variáveis senoidalmente no tempo.

$$\dot{\varepsilon}_c = \varepsilon\left(1 + \frac{\sigma}{j\omega\varepsilon}\right) \tag{5.137}$$

Ela é composta de duas parcelas: a primeira é a permissividade elétrica, que traduz a resposta do meio ao campo elétrico na parcela referente à corrente de deslocamento; a segunda parcela, dependente da condutividade e da frequência, traduz a resposta do meio ao campo elétrico na parcela referente à corrente de condução.

A segunda parcela é aquela responsável pela dissipação, pois nela reside o efeito Joule; e o seu valor relativo diante da permissividade elétrica é um indicativo da qualidade do meio na transmissão de uma onda eletromagnética.

Assim, a grandeza:

$$tg\delta = \frac{\sigma}{\omega\varepsilon} \tag{5.138}$$

denominada "tangente de perdas" do meio é uma medida do seu grau de condução. Esse meio é dito bom condutor se $tg\delta \gg 1$. Metais nobres são considerados bons condutores para frequências acima de 100 GHz; por outro lado, um meio é dito mau condutor (ou bom isolante) se $tg\delta \ll 1$.

Nessa etapa é importante ressaltar que o conceito de bom ou mau condutor (ou, ainda, bom ou mau isolante) é dependente da frequência. A Figura 5.27 mostra o gráfico da $tg\delta$ em função da frequência para alguns materiais comumente presentes nas propagação de ondas, admitindo que as grandezas σ e ε são constantes. Para valores acima da frequência de micro-ondas (> 10 GHz), essa consideração não é válida, pois aqueles parâmetros variam sensivelmente com a frequência.

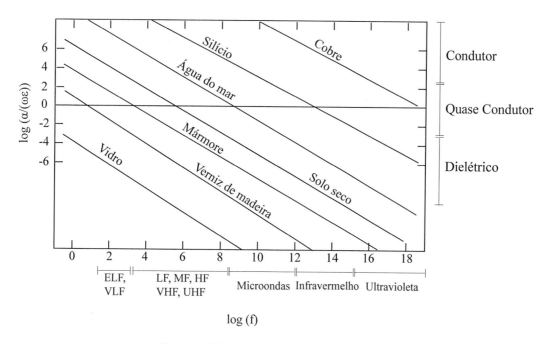

Figura 5.27: Tangente de perdas × frequência.

A Tabela 5.11 mostra os valores da permissividade relativa e da condutividade de alguns materiais selecionados.

Tabela 5.11: Permissividade relativa e condutividade

Material	Permissividade Relativa	Condutividade σg (S/m)
Cobre	1	$5,8 \times 10^7$
Água do mar	81	4
Silício dopado	12	10^3
Mel vegetal	8	10^{-5}
Madeira	2,1	$3,3 \times 10^{-9}$
Solo seco	3,4	10^{-4} a 10^{-2}
Água limpa	81	$\sim 10^{-2}$
Mica	6	10^{-15}
Vidro	10	10^{-12}

Discutimos até o momento que a dissipação de energia de um sinal em um meio é caracterizada pela sua condutividade, a qual está associada à corrente de condução. Ocorre, no entanto, que nos dielétricos reais, além das perdas oriundas da corrente de condução, temos também de considerar as perdas oriundas da polarização do dielétrico. Tais perdas são aquelas que surgem quando os átomos são deformados quando da aplicação de campo elétrico, cujos atritos entre átomos vizinhos produzem também dissipação, as quais não estão contempladas na condutividade.

Essas perdas, denominadas histeréticas, em regime permanente senoidal são caracterizadas por uma permissividade elétrica complexa do tipo:

$$\varepsilon_c = \varepsilon' - j\varepsilon'' \tag{5.139}$$

Assim, se um material apresenta ambos os tipos de perdas, isto é, perdas Joule devidas à corrente de condução e perdas por histerese devidas à polarização, para considerá-las simultaneamente utilizamos uma única condutividade, denominada condutividade efetiva, tal que:

$$\sigma_E = \sigma + \omega\varepsilon''$$ (5.140)

Destaca-se, ainda, a impossibilidade da obtenção, mediante medições em separado da condutividade σ e da parte imaginária da permissividade elétrica ε''. Nessa situação, a tangente de perdas deve ser redefinida de modo a contemplar essa nova parcela de perdas; assim, teremos:

$$tg\,\delta = \frac{\sigma + \omega\varepsilon''}{\omega\varepsilon'}$$ (5.141)

A permissividade complexa, particularmente sua parte imaginária, é fortemente dependente da frequência, ou seja, é uma característica não linear.

5.11.2. Classificação dos materiais

Vamos discutir mais um pouco essa questão da classificação dos materiais em bons e maus condutores. Como vimos, por convenção, um material é dito bom condutor quando:

$$\frac{\sigma}{\omega\varepsilon} \gg 1$$

Retomando as Expressões 5.126 e 5.127 e impondo essa condição, obtemos:

$$\alpha \cong \beta \cong \sqrt{\frac{\omega\mu\sigma}{2}}$$ (5.142)

e

$$\gamma = \sqrt{\frac{\omega\mu\sigma}{2}}(1+j) = \sqrt{\omega\mu\sigma}\angle 45°$$ (5.143)

Aplicando essa hipótese à expressão da impedância característica complexa, obtém-se:

$$\dot\eta = \sqrt{\frac{\mu}{\dot\varepsilon_C}} = \sqrt{\frac{\mu}{\varepsilon\left(1 + \dfrac{\sigma}{j\omega\varepsilon}\right)}} \cong \sqrt{j\frac{\omega\mu}{\sigma}}$$

ou, ainda:

$$\dot\eta = \sqrt{\frac{\omega\mu}{\sigma}}\,|45° = \eta\,|45°$$ (5.144)

Como a condutividade σ é alta diante da $\omega\varepsilon$, o coeficiente de atenuação α é elevado, implicando atenuação rápida do sinal. Uma análise do resultado da impedância verifica que $\dot{H}_y$ está atrasado em relação a $\dot{E}_x$ em 45° no tempo.

Tabela 5.12: Propriedade dielétrica de alguns materiais

Material	f(GHz)	ε_r'	ε_r''	T(°C)
Óxido de alumínio (Al$_2$O$_3$)	3,0	8,79	$8{,}79 \times 10^{-3}$	25
Titanato de bário (BaTiO$_3$)	3,0	600	180	26
Pão	4,6	1,2		
Pão doce	2,45	22,0	9,0	
Manteiga salgada	2,45	4,6	0,60	20
Queijo *cheddar*	2,45	16,0	8,7	20
Concreto seco	2,45	4,5	0,05	25
Concreto úmido	2,45	14,5	1,73	25
Milho	2,45	2,2	0,2	24
Óleo de milho	2,45	2,5	0,14	25
Água destilada	2,45	78	12,5	20
Solo arenoso	3,0	2,55	$1{,}58 \times 10^{-2}$	25
Clara de ovo	3,0	35,0	17,5	25
Bife congelado	2,45	4,4	0,528	−20
Mel puro	2,45	10,0	3,9	25
Gelo (destilado)	3,0	3,2	$2{,}88 \times 10^{-3}$	−12
Leite	3,0	51,0	30,1	20
Most plástico	2,45	2 a 4,5	0,002 a 0,09	20
Papel	2,45	2 a 3	0,1 a 0,3	20
Batata	3,0	81,0	30,8	25
Polietileno	3,0	2,26	$7{,}01 \times 10^{-4}$	25
Poliestireno	3,0	2,55	$8{,}42 \times 10^{-4}$	25
Teflon	3,0	2,1	$3{,}15 \times 10^{-4}$	22
Bife cru	2,45	52,4	17,3	25
Neve	3,0	1,20	$3{,}48 \times 10^{-4}$	−20
Neve comprimida	3,0	1,50	$1{,}35 \times 10^{-3}$	−6
Pyrex	2,45	~4,0	0,004 a 0,02	20
Bacon defumado	3,0	2,50	0,125	25
Óleo de soja	3,0	2,51	0,151	25
Bife	3,0	40,0	12,0	25
Cebola	2,45	53,8	13,5	22
Arroz branco	2,45	3,8	0,8	24
Madeira	2,15	1,2 a 5	0,01 a 0,5	25

Quanto ao vetor de Poynting complexo incidente, resultará neste caso:

$$\vec{\dot{S}}_+ = \vec{\dot{E}}_{x+} \times \vec{\dot{H}}_{y+}^* \tag{5.145}$$

na qual:

$$\dot{E}_{x+}=\dot{E}_{x0+}e^{-\gamma z}\vec{u}_x$$

e

$$\vec{H}_{y+}=\frac{\dot{E}_{x0+}}{\eta}e^{-\gamma z}e^{-j45°}\vec{u}_y$$

Logo:

$$\vec{S}_+=\frac{E_{x0+}^2}{\eta}e^{-2\gamma z}e^{-j45°}\vec{u}_z \tag{5.146}$$

A potência efetivamente transportada por unidade de área é o valor médio do vetor de Poynting, o qual é dado por:

$$\vec{P}=R_e\left[\dot{S}_+\right]\vec{u}_z \tag{5.147}$$

que resulta:

$$\vec{P}=\frac{E_{x0+}^2}{\eta}e^{-2\gamma z}\frac{\sqrt{2}}{2}\vec{u}_z(W/m^2) \tag{5.148}$$

A velocidade de propagação da perturbação será:

$$v=\frac{\omega}{\beta}=\sqrt{\frac{2\omega}{\mu\sigma}} \tag{5.149}$$

o que denota que, se a condutividade for elevada, a velocidade de propagação será reduzida.

A espessura:

$$\delta=\frac{1}{\alpha}=\sqrt{\frac{2}{\omega\mu\sigma}} \tag{5.150}$$

para a qual a amplitude do campo se reduz a $\frac{1}{e}$ do seu valor inicial é denominada "profundidade de penetração", como mostra a Figura 5.28.

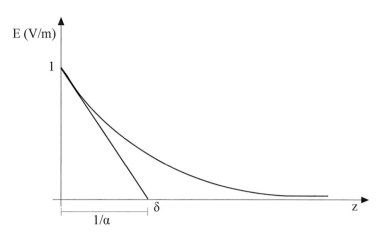

Figura 5.28: Profundidade de penetração.

A Tabela 5.13 mostra algumas características do cobre quando excitado por sinais senoidais.

Tabela 5.13: Profundidade de penetração,
comprimento de onda e velocidade de propagação para o cobre

	Frequência		
	1 MHz	30 GHz	60 Hz
Comprimento de onda no ar	300 m	10 mm	5.000 km
Profundidade de penetração	$6,6.10^{-5}$ m	$3,8.10^{-7}$ m	$8,5.10^{-3}$ m
Comprimento de onda no condutor	$4,1.10^{-4}$ m	$2,4.10^{-6}$ m	$5,3.10^{-2}$ m
Velocidade no condutor	$4,1.10^{2}$ m/s	$7,1.10^{4}$ m/s	3,2 m/s

O comprimento de onda no meio bom condutor é dado por:

$$\lambda = \frac{v}{f} = \frac{\omega}{\beta f} = 2\pi\delta \tag{5.151}$$

Por outro lado, um material é dito bom dielétrico quando:

$$\frac{\sigma}{\omega\varepsilon} \ll 1$$

Assim, nas Equações 5.126 e 5.127 podemos efetuar as seguintes aproximações:

$$\sqrt{1 + \frac{\sigma^2}{\omega^2\varepsilon^2}} \cong 1 + \frac{\sigma^2}{2\omega^2\varepsilon^2} \tag{5.152}$$

de modo que:

$$\alpha \cong \frac{\sigma}{2}\sqrt{\frac{\mu}{\varepsilon}} \tag{5.153}$$

Lembrando que β é dado por:

$$\beta = \omega\sqrt{\frac{\mu\varepsilon}{2}\left[\sqrt{1+\left(\frac{\sigma}{\omega\varepsilon}\right)^2}+1\right]} \ rad\,/\,m \qquad (5.154)$$

Aplicando 5.152 à raiz quadrada interna resulta:

$$\beta = \omega\sqrt{\frac{\mu\varepsilon}{2}\left[\sqrt{1+\frac{\sigma^2}{2\omega^2\varepsilon^2}}+1\right]} \ rad\,/\,m$$

ou, ainda:

$$\beta = \omega\sqrt{\frac{\mu\varepsilon}{2}\left[\sqrt{1+\frac{\sigma^2}{4\omega^2\varepsilon^2}}\right]} \ rad\,/\,m$$

como $\dfrac{\sigma^2}{4\omega^2\varepsilon^2}\!\ll\!1$, resulta finalmente:[1]

$$\beta = \omega\sqrt{\mu\varepsilon}\left[1+\frac{\sigma^2}{8\omega^2\varepsilon^2}\right] \ rad\,/\,m \qquad (5.155)$$

Assim, a velocidade de propagação será dada por:

$$v = \frac{\omega}{\beta} = \frac{1}{\sqrt{\mu\varepsilon}\left[1+\dfrac{\sigma^2}{8\omega^2\varepsilon^2}\right]} \ m\,/\,s \qquad (5.156)$$

Verifica-se também que, neste caso, a onda é atenuada lentamente, na medida em que α é pequeno, de modo que os campos $\vec{E}$ e $\vec{H}$ estão quase em fase no tempo.

Finalmente, em um meio em que $\sigma \cong \omega\varepsilon$, não podemos decidir se é condutor ou dielétrico. Vamos ter a solução completa. Nesse caso, a corrente de condução é da mesma ordem que a corrente de deslocamento. Isso ocorre, por exemplo, com a água do mar na frequência próxima a 900 MHz.

5.11.3. Exercício Resolvido 10

Incidência normal na interface ar/cobre: Considere uma onda plana que se propaga no ar incide normalmente sobre um bloco de cobre. Determine o porcentual da potência ativa absorvida pelo bloco a 1, 10 e 100 MHz e também para 1 GHz.

Solução

A potência absorvida pelo bloco de cobre é a potência efetivamente transmitida pela onda no ar, a qual é dada por:

$$P_{1+} = \frac{E_{x01+}^2}{\eta_1}\left[1-\Gamma^2\right]$$

---

[1] $\sqrt{1+x^2} \cong 1+\dfrac{x^2}{2} \ para \ x \ll 1.$

Como a potência transmitida pela onda incidente é dada por:

$$P_{1+} = \frac{E_{x01}^2}{\eta_1}$$

o percentual da potência absorvida pelo bloco de cobre é dado por:

$$\frac{P_1}{P_{1+}} = [1 - \Gamma^2]$$

Resta, portanto, avaliar o coeficiente de reflexão Γ. A impedância intrínseca do cobre é dada por:

$$\dot{\eta}_c = \sqrt{\frac{j\omega\mu_0}{\sigma}}$$

Lembrando que $\sigma_c = 5{,}8.10^7$ S/m, resulta uma impedância intrínseca em função da frequência dada por:

$$\dot{\eta}_c \approx 2{,}61.10^{-7}(1+j)\sqrt{f}$$

de modo que o coeficiente de reflexão, dado por:

$$\dot{\Gamma} = \frac{\dot{\eta}_c - \eta_0}{\dot{\eta}_c + \eta_0}$$

resulta em função da frequência:

$$\dot{\Gamma} \approx \frac{2{,}61.10^{-7}(1+j)\sqrt{f} - 377}{2{,}61.10^{-7}(1+j)\sqrt{f} + 377}$$

Para $f = 1$ MHz, obtém-se:

$$\dot{\Gamma} \approx 0{,}9999986 e^{j179{,}9992}$$

de modo que a porcentagem da potência absorvida pelo bloco de cobre será dada por:

$$\frac{P_1}{P_{1+}}(\%) = [1 - \Gamma^2] \cdot 100 \approx 0{,}000277\%$$

Para as demais frequências obtêm-se os valores da Tabela 5.14.

Tabela 5.14: Tabela do Exercício Resolvido 10

Frequência (MHz)	Coeficiente de Reflexão	% Potência Absorvida	Profundidade de Penetração (μm)
1	$0{,}9999986 e^{j179{,}9992}$	0,000277	66
10	$0{,}9999956 e^{j179{,}99975}$	0,000875	21
100	$0{,}9999862 e^{j179{,}99921}$	0,00277	6,6
1.000	$0{,}9999562 e^{j179{,}99749}$	0,00875	2,1

Observa-se que a porcentagem da potência incidente absorvida pelo bloco de cobre aumenta com a frequência. É importante notar também que, à medida que a potência aumenta, a potência absorvida é dissipada em uma pequena região do bloco próxima à superfície, cuja espessura é da ordem de cinco vezes a profundidade de penetração dada por 5.150, a qual depende de $\sqrt{1/f}$.

5.11.4. Exercício Resolvido 11

Blindagem em RF. Considere uma onda de radiofrequência, x-polarizada (campo elétrico na direção x), propagando-se no ar e incidindo perpendicularmente em uma folha de alumínio de espessura d, situada em z = 0, como mostrado na Figura 5.29. Determinar:

a: A relação entre a amplitude da onda transmitida e a onda incidente. Considere que a folha seja suficientemente fina de modo que podemos desprezar as múltiplas reflexões.

b: Considere uma folha de alumínio de espessura 0,025 mm, atingida perpendicularmente por uma onda incidente de frequência 100 MHz. Calcule a porcentagem da potência da onda incidente que é transmitida para o outro lado da folha.

Dados para o alumínio: $\sigma = 3{,}54 \times 10^7$ (S/m); $\mu = \mu_0$; $\varepsilon = \varepsilon_0$

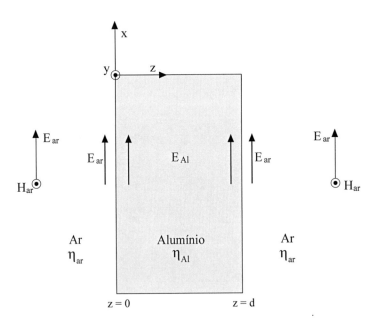

Figura 5.29: Blindagem de RF.

Solução

a: Desprezando as múltiplas reflexões é possível tratar cada interface independentemente. Assim sendo, a onda transmitida para o metal devido à incidência da onda na primeira interface é dada por:

$$|E_{AL}(z=0)| = \sigma_1 |E_{INC}(z=0)|$$

na qual σ_1 é o módulo do coeficiente de transmissão na interface ar/alumínio dado por:

$$\dot{\sigma}_1 = \frac{2\dot{\eta}_{AL}}{\dot{\eta}_{AL} + \dot{\eta}_{AR}}$$

para a qual $\eta_{AR} = 377\ \Omega$ e $\dot{\eta}_{AL} = \sqrt{j\omega\mu_0/\sigma} = \sqrt{\omega\mu_0/(2\sigma)}(1+j)$.

A onda transmitida para o alumínio decai exponencialmente à medida que se propaga na folha, de modo que na sua amplitude em z = d é:

$$|E_{AL}(z=d)| = |E_{AL}(z=0)|e^{-\frac{d}{\delta}}$$

na qual $\delta = \sqrt{\pi f \mu_0 \sigma}$ corresponde à profundidade de penetração do alumínio. A onda incidente na interface alumínio/ar é a onda transmitida para o alumínio em $z = d$ devidamente atenuada, a qual transmitirá energia para o meio 3 (ar), de modo que a amplitude da onda transmitida para o meio 3 pode ser escrita como segue:

$$|E_{AR}(z=d)| = \sigma_2 |E_{AL}(z=d)|$$

para a qual:

$$\dot{\sigma}_2 = \frac{2\eta_{AR}}{\eta_{AR} + \dot{\eta}_{AL}}$$

Isto posto, o campo elétrico incidente e o campo elétrico transmitido são relacionados por:

$$|E_{TRANS}| = \sigma_1 e^{-d/\delta} \sigma_2 |E_{INC}|$$

b: Vamos começar pelo cálculo da profundidade de penetração do alumínio a 100 MHz:

$$\delta = \frac{1}{\sqrt{\pi f \mu_0 \sigma}} = \frac{1}{\sqrt{\pi (10^8)(4\pi x 10^{-7})(3.54 x 10^7)}} \approx 8,46 \mu m$$

Comparando a espessura da folha de alumínio com a profundidade de penetração resulta $d = 2,96\delta$, que justifica a aproximação de desprezar as múltiplas reflexões, pois $d < \lambda_{AL} = 2\pi\delta$, com $\lambda_{AL} = 53,15 \mu m$. Assim sendo, a onda transmitida para o alumínio ao longo de sua trajetória dentro do metal é atenuada de um fator próximo a e^{-3} até atingir a segunda interface. Isto posto, podemos calcular:

$$\sigma_1 \sigma_2 = \left|\frac{2\dot{\eta}_{AL}}{\dot{\eta}_{AL} + \eta_{AR}}\right| \left|\frac{2\eta_{AR}}{\dot{\eta}_{AL} + \eta_{AR}}\right| = \left|\frac{4\eta_{AR}\dot{\eta}_{AL}}{(\dot{\eta}_{AL} + \eta_{AR})^2}\right|$$

Lembrando que:

$$\eta_{AR} = 377 \, \Omega$$

e

$$\dot{\eta}_{AL} = \sqrt{\omega \mu_0 /(2\sigma)}(1+j) \approx 3,34.10^{-3}(1+j) \, \Omega$$

podemos desprezar $\dot{\eta}_{AL}$ diante de η_{AR}, de modo que escrevemos:

$$\sigma_1 \sigma_2 = \left|\frac{4\eta_{AL}}{\eta_{AR}}\right| \approx \frac{4\sqrt{2}(3,34.10^{-3})}{377} \approx 5,01.10^{-5}$$

Resulta, portanto:

$$\frac{|E_{TRANS}|}{|E_{INC}|}(\%) = \sigma_1 e^{-\frac{d}{\delta}} \sigma_2 .100 \approx 6,80.10^{-10} \text{ !!!}$$

que evidencia a eficiência do alumínio na blindagem de RF a 100 MHz.

5.11.5. Aplicações biológicas

Os efeitos biológicos das ondas eletromagnéticas são um campo de pesquisa importante nos dias atuais, seja para avaliar seus efeitos sobre a saúde humana, seja no beneficiamento de produtos alimentícios através dos fornos de micro-ondas (residenciais e industriais). Quanto aos efeitos biológicos sobre a saúde, instituições como a Organização Mundial da Saúde (OMS) apontam recomendações sobre limites de exposição do ser humano a radiações não ionizantes, que são as radiações produzidas pelas emissões oriundas das linhas de transmissão de alta tensão e baixa frequência a emissões de frequência elevada produzidas, por exemplo, pelos equipamentos de telefonia celular. Quanto às aplicações em beneficiamento de produtos alimentícios, as ondas eletromagnéticas possibilitaram uma série de novos tratamentos que aceleraram os desenvolvimentos dos fornos de micro-ondas industriais. Existem, inclusive, aplicações de ondas eletromagnéticas em tratamento de hipotermia em animais, em substituição à solução clássica, que é a utilização de lâmpadas de infravermelho.

Uma dificuldade adicional que se apresenta no estudo das aplicações biológicas é a não linearidade das propriedades físicas com a frequência e com as condições de umidade.

A Tabela 5.16 mostra as propriedades físicas de alguns tecidos biológicos afetados pela frequência e pelas condições ditadas pela concentração aquosa.

Tabela 5.15: Propriedades físicas de tecidos biológicos

F(MHz)	Músculo, pele e tecidos com alta concentração aquosa		Músculo, pele e tecidos com baixa concentração aquosa	
	ε_R	$\sigma\,(S/m)$	ε_R	$\sigma\,(mS/m)$
100	71,7	0,889	7,45	19,1-75,9
300	54	1,37	5,7	31,6-107
750	52	1,54	5,6	49,8-138
915	51	1,60	5,6	55,6-147
1.500	49	1,77	5,6	70,8-171
2.450	47	2,21	5,5	96,4-213
5.000	44	3,92	5,5	162-309
10.000	39,9	10,3	4,5	324-549

5.11.6. Exercício Resolvido 12

Interface ar/músculo: Uma onda plana atinge perpendicularmente a interface ar/tecido muscular. Calcule a porcentagem da potência incidente que é absorvida pelo tecido para as frequências: a) 100 MHz; b) 300 MHz; c) 915 MHz e d) 2,45 GHz.

Solução

a)   O coeficiente de reflexão é dado por:

$$\dot{\Gamma} = \frac{\dot{\eta}_{MUS} - \eta_{AR}}{\dot{\eta}_{MUS} + \eta_{AR}}$$

para a qual $\eta_{AR} = 377\ \Omega$ e η_{MUS} dada por:

$$\dot{\eta}_{MUS} = \sqrt{\frac{\mu}{\dot{\varepsilon}_C}} = \sqrt{\frac{\mu}{\varepsilon\left(1 + \frac{\sigma}{j\omega\eta}\right)}} \approx 28,5 e^{j32,9}\ \Omega$$

para a qual foi considerado $\varepsilon_{RMUS} = 71,7$ e $\sigma_{MUS} = 0,889$ S/m.

Substituindo na expressão do coeficiente de reflexão, resulta:

$$\dot{\Gamma} = \frac{28{,}5\underline{|32{,}9°} - 377}{28{,}5\underline{|32{,}9°} + 377} = 0{,}881\underline{|175°}$$

de modo que a porcentagem da potência incidente que é absorvida pelo tecido resulta:

$$\frac{P_1}{P_{1+}}(\%) = \left[1 - \Gamma^2\right]x100 \approx \left[1 - 0{,}881^2\right]x100 \approx 22{,}4\%$$

b) Para as demais frequências, obtém-se:

Tabela 5.16: Tabela do Exercício 12

Frequência	$\dfrac{P_1}{P_{1+}}$ (%)
300 MHz	29,9
915 MHz	39,3
2,45 GHz	43

5.12 Exercícios propostos

■ Exercício 1

Onda plana uniforme: Uma estação de rádio FM se propaga no ar na direção y. O fasor representativo do vetor intensidade magnética da onda emitida pela referida estação é dado por:

$$\dot{\vec{H}}(x) = 4{,}13x10^{-3}e^{-j0{,}68\pi y}(-\vec{u}_x + j\vec{u}_z) \ (A/m)$$

a: determine a frequência (em MHz) e o comprimento de onda (em metros);
b: escreva a expressão representativa de $\dot{\vec{E}}$ (y);
c: escreva as expressões temporais de E(y,t) e H(y,t).

■ Exercício 2

Onda plana uniforme: Considere uma onda plana se propagando na direção z em um meio sem perdas e não magnético ($\mu = \mu_0$). O campo elétrico, dirigido na direção y, tem amplitude máxima 60 V/m. O comprimento de onda é igual a 20 cm e a velocidade de propagação é igual a 10^8 m/s.
a: determine a frequência da onda eletromagnética e a permissividade elétrica relativa do meio;
b: escreva as expressões completas no domínio do tempo do campo elétrico e do campo intensidade magnética.

■ Exercício 3

Onda plana uniforme: O componente do campo elétrico de uma onda eletromagnética utilizada por um avião para se comunicar com a torre de controle de tráfego pode ser representado por: $\vec{E}$ (z,t) = 0,02 cos(7,5 × 10^8t – βz) $\vec{u}_y$ (V/m). Determine o componente do campo intensidade magnética $\vec{H}$ (z,t) e a constante β.

■ Exercício 4

Transmissão de TV: O campo magnético de uma estação de televisão no ar é dado por:

$$H_{x+}(z,t) = 0{,}1sen(\omega t - 9{,}3z) \ mA/m$$

a: determine a frequência da onda;

b: determine a expressão do campo elétrico no domínio do tempo.

■ Exercício 5

Onda plana uniforme: A representação fasorial do campo elétrico de uma onda plana de 18 GHz no espaço livre é dada por:

$$\dot{E}(y) = 5e^{j\beta y}\ V/m$$

a: determine a constante de fase β e o comprimento de onda λ;

b: determine o correspondente fasor do vetor intensidade magnética.

■ Exercício 6

Onda plana uniforme: O campo magnético de uma onda plana uniforme propagando-se em um meio não magnético, para o qual $\mu = \mu_0$, é dado por:

$$B_y(x,t) = 0{,}25 sen[2\pi(10^8 t + 0{,}5x - 0{,}125)]\mu T$$

a: determine a frequência, o comprimento de onda e a constante de fase;

b: determine a permissividade relativa do meio e a impedância intrínseca do meio;

c: determine a expressão do campo elétrico no domínio do tempo;

d: determine o valor médio da potência transportada por essa onda.

■ Exercício 7

Telefonia celular: Um componente do campo elétrico de uma onda plana e uniforme no ar emitida por um sistema de comunicação móvel é dado por:

$$E_z(x,y,t) = 100\cos(\omega t + 4{,}8\pi x - 3{,}6\pi y + \theta)\ mV/m$$

a: determine a frequência e o comprimento de onda;

b: determine θ para $E_z(x,y,t) = 80{,}9$ mV/m em $t = 0$ na posição $y = 2x = 0{,}2$ m;

c: determine a representação do campo intensidade magnética correspondente;

d: o valor médio da potência transportada por essa onda.

■ Exercício 8

Sinal de TV VHF: Um componente do vetor intensidade magnética de um sinal de TV de 200 MHz que transmite uma densidade de potência de 10 mW/m² é dado por:

$$H_z(x,y,t) = H_0 sen(\omega t - ax - ay + \pi/3)$$

a: quais são os valores de H_0 e a?

b: determine o campo elétrico correspondente;

c: um observador em $z = 0$ está equipado com uma antena monopolar (fio) capaz de detectar o componente do campo elétrico ao longo do seu eixo. Determine o valor máximo a ser medido pela antena quando seu polo for orientado: **i)** ao longo do eixo x; **ii)** ao longo do eixo y; **iii)** a 45° entre os eixos x e y.

Exercício 9

Incidência normal e dielétrica: Uma onda plana de 1,5 GHz é produzida no ar e incide perpendicularmente, em $z = 0$, com a interface de separação de um dielétrico de permissividade relativa $\varepsilon_R = 9$. A 5 cm da interface de separação, o campo elétrico resultante é $E_x(z = 5 \text{ cm}) = 10$ V/m. Determine:

- **a:** o campo intensidade magnética na interface de separação;
- **b:** o campo elétrico na interface de separação;
- **c:** o campo elétrico resultante a 10 cm antes da interface de separação;
- **d:** o vetor de Poynting incidente e refletido e a relação entre eles.

Exercício 10

Propriedades físicas: A impedância intrínseca e a velocidade de propagação de uma onda plana uniforme se propagando em um material desconhecido a 2 GHz foram medidas e forneceram os seguintes valores: 98 Ω e $7,8 \times 10^7$ m/s. Determine seus parâmetros constitutivos ε_R e μ_R.

Exercício 11

Ondas em meios com perdas: O componente x de uma onda plana na direção x é dada, em $z = 0$, por:

$$E_x = 500 \cos[10^9 \pi t] \quad (mV/m)$$

O meio é caracterizado por:

$$\sigma = 0{,}25 \text{ S/m}; \varepsilon_R = 9 \text{ e } \mu_R = 400$$

Determine:

- **a:** a constante de atenuação;
- **b:** a constante de propagação;
- **c:** o comprimento de onda e a velocidade de propagação;
- **d:** a impedância intrínseca do meio;
- **e:** o vetor intensidade magnética em $z = 2$ m;
- **f:** a profundidade de penetração.

Exercício 12

Ondas em meios com perdas: A condutividade dos metais normais varia de 10^3 a 10^5 S/m e a dos dielétricos reais está na faixa de 10^{-5} a 10^{-12} S/m. Calcule os valores aproximados do fator de atenuação, do fator de propagação e o comprimento de onda, para a frequência de 100 MHz. Assuma $\mu_R = 1$ e:

- **a:** $\sigma = 10^5$ S/m e $\varepsilon_R = 1$;
- **b:** $\sigma = 10^{10}$ S/m e $\varepsilon_R = 26$.

Exercício 13

Profundidade de penetração: Uma onda plana de $E_x = 1$ V/m se propaga em um meio de $\sigma = 5{,}8 \times 10^7$ S/m e $\varepsilon = \varepsilon_0$ (cobre). A frequência é 10 kHz. A que distância o valor de E_x é $\dfrac{1}{e}$. 100% do anterior?

Exercício 14

Incidência normal em meio com perdas: Uma onda plana de 1 GHz no ar apresenta um campo elétrico de 1 V/m. Essa onda incide normalmente em uma folha de cobre. Determine a potência média absorvida pela folha por metro quadrado de área. Resposta: 166 nW/m².

■ Exercício 15

Incidência normal em meio com perdas: Para a água do mar temos: $\sigma = 5$ S/m e $\varepsilon_R = 80$. Determine a distância para a qual um sinal de rádio transmitido a 25 kHz tem sua atenuação igual a 90% da amplitude do sinal incidente. Repita o exemplo para 25 MHz.

Resposta: 3,22 m para 25 kHz e $\sim$10 cm para 25 MHz.

■ Exercício 16

Profundidade de penetração: Suponha uma onda plana com um campo elétrico de amplitude $E_{x0+} = 1000e^{j0}$ mV/m propagando-se na direção $z > 0$ na frequência de 10^8 Hz em uma região condutora que apresenta as seguintes propriedades físicas:

$$\mu_R = 1, \varepsilon_R = 4 \quad e \frac{\sigma}{\omega\varepsilon} = 1$$

Determine:

a: as grandezas: α, β e $\dot{\eta}$;

b: o campo intensidade magnética associado. Esboce a onda ao longo do eixo z no instante $t = 0$;

c: a profundidade de penetração, o comprimento de onda e a velocidade de propagação. Compare o comprimento de onda e a velocidade de propagação com seus valores obtidos em uma região sem perdas ($\sigma = 0$) e com os mesmos valores de μ e ε.

■ Exercício 17

Propagação em meio com perdas: Uma onda plana viajando no ar na direção $z > 0$ incide normalmente em um meio condutor, para o qual $\sigma = 61,7$ MS/m, $\mu_R = 1$. A superfície de separação ar/condutor está situada em $z = 0$. O campo elétrico incidente no ar tem amplitude 1,0 V/m e frequência $f = 1,5$ MHz, de modo que na interface de separação dos meios o campo elétrico é dado por:

$$\vec{E}(0,t) = 1,0 sen2\pi ft \, \vec{u}_y \, (V/m)$$

Determine $\vec{H}(z,t)$ para $z > 0$.

■ Exercício 18

Ondas eletromagnéticas no gelo: As grandes geleiras como a Antártica são camadas de gelo cujos parâmetros são $\varepsilon'_R = 3,17$ e $tg\delta = 0,002$ na faixa de frequência que vai de 100 a 600 MHz. Determine a profundidade de penetração e a atenuação (em dB/m) no gelo a:

a: 100 MHz

b: 600 MHz

Considere o gelo um meio não magnético e indefinido.

■ Exercício 19

Propagação na água do mar: A transmissão de energia eletromagnética através do oceano é praticamente impossível a altas frequências devido à elevada taxa de atenuação. Para a água do mar temos:

$$\sigma = 4 \, S/m, \varepsilon_R = 81 \, e \, \mu_R = 1$$

a: estime a frequência acima da qual a água do mar pode ser considerada um bom condutor;

b: calcule, em função da frequência, a distância aproximada para a qual o campo elétrico é reduzido a um décimo do seu valor. Apresente o resultado graficamente para frequências menores que 100 MHz.

■ Exercício 20

Comunicação submarina: Um submarino submerso no mar deseja receber um sinal oriundo de um transmissor a VLF operando a 20 kHz.

a: A que profundidade deve estar o submarino para receber 0,1% da amplitude do sinal existente logo acima da superfície?

b: Repetir o cálculo anterior supondo que o submarino adentrou um delta de um rio cuja condutividade média é dez vezes menor que a do mar.

■ Exercício 21

Incidência normal em dielétricos: Uma onda plana uniforme proveniente de um dielétrico de $\varepsilon_R = 4$ e $\mu_R = 1$ incide normalmente na interface com o ar. Se o campo incidente é dado por:

$$\vec{E}_i = 2.10^{-3} e^{jkz} \vec{u}_y \ (V/m)$$

Determine:

a: o campo intensidade magnética incidente;
b: os coeficientes de transmissão e reflexão;
c: os campos elétrico e intensidade magnética refletidos e transmitidos;
d: o fluxo de potência incidente, refletido e transmitido.

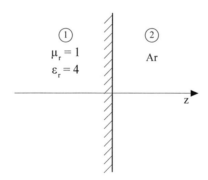

Figura 5.30: Incidência normal em dielétricos.

■ Exercício 22

Incidência normal em dielétricos: A constante dielétrica da água é 81. Calcule a porcentagem do fluxo de potência que é refletido e que é transmitido em função do fluxo de potência incidente quando uma onda incide perpendicularmente à superfície de um lago calmo. Considere a água um meio sem perdas.

■ Exercício 23

Incidência normal em dielétricos: Uma onda plana está se propagando em um meio de permissividade relativa igual a 4 e incide normalmente em um outro meio de permissividade relativa 9. Considere que ambos os meios não são ferromagnéticos e sem perdas. Determine:

a: os coeficiente de transmissão e reflexão;
b: a porcentagem da potência incidente que é transmitida;
c: a porcentagem da potência incidente que é refletida.

■ Exercício 24

Incidência normal em condutores: Uma onda plana está se propagando no espaço livre e incide normalmente em uma superfície plana perfeitamente condutora, como mostra a Figura 5.31. Como o campo elétrico incidente é dado por:

$$\vec{E}_i = 2.10^{-3} e^{jkz} \vec{u}_y \ (V/m)$$

Determine:
a: o campo elétrico refletido;
b: o campo intensidade magnética incidente e refletido;
c: a densidade superficial de corrente na superfície condutora.

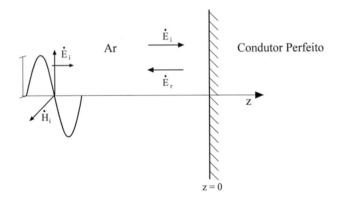

Figura 5.31: Incidência normal em condutores.

■ Exercício 25

Incidência normal em vários dielétricos: Uma onda plana está se propagando no ar e incide normalmente no semiespaço ocupado por um dielétrico de permissividade relativa igual a 4. A reflexão pode ser eliminada colocando à sua frente uma lâmina dielétrica de espessura $\lambda_1/4$ entre o ar e o dielétrico original, como mostra a Figura 5.32. Para que isso ocorra, a impedância intrínseca η_1 da lâmina deve ser igual a $\sqrt{\eta_0 \eta_2}$, na qual η_0 e η_2 são, respectivamente, as impedâncias intrínsecas do ar e o dielétrico original. Considerando que todos os dielétricos são perfeitos e de permeabilidade magnética relativa unitária, determine a permissividade relativa da lâmina dielétrica.

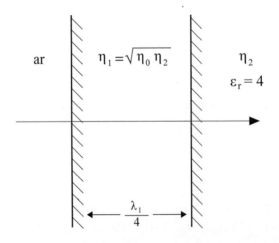

Figura 5.32: Incidência normal em vários dielétricos.

Campo Magnético

Capítulo 6

6.1. Introdução

Talvez um dos dias mais importantes da humanidade tenha sido aquele em que Hans Christian Oersted, professor da Universidade de Copenhagem, descobriu, em 1820, durante uma palestra, a ligação entre o magnetismo e a eletricidade, contrariando as previsões, muito convincentes de Coulomb, de que essas ciências não poderiam interagir.

A publicação de suas experiências, em latim clássico, provocou uma explosão de atividades científicas na ocasião.

Outros pesquisadores, como Ampère e Henry, perceberam que esssa descoberta colocava o eletromagnetismo (nome dado à nova ciência) em uma posição tal que poderia mudar o mundo de forma tão abrangente como aquela produzida pela máquina a vapor. Isso foi confirmado pouco tempo depois com a invenção do motor elétrico.

O grande passo para aquele objetivo foram os estudos subsequentes envolvendo a produção de campos magnéticos em estruturas ferromagnéticas, as quais, devido à alta permeabilidade desses materiais, possibilitaram o estabelecimento de campos magnéticos elevados.

A primeira aplicação das estruturas ferromagnéticas foi a construção dos eletroímãs, cuja primeira demonstração de funcionamento ocorreu em 23 de maio de 1825 na Royal Society pelo seu criador William Sturgeon. Utilizando uma barra cilíndrica de ferro curvada e envernizada, Sturgeon a envolveu com uma bobina condutora de fios não isolados, conseguindo levantar uma massa de 3.600 g. Foi um feito brilhante para o seu tempo.

Para sua infelicidade, James Prescott Joule estava entre seus alunos, e observando o trabalho do mestre identificou alguns erros e reconstruiu o eletroímã, conseguindo levantar, com a mesma estrutura, uma massa de 20 kg. O erro de Sturgeon foi ter utilizado na confecção do eletroímã fios condutores não isolados, diminuindo em muito a eficiência da bobina.

Inconformado por ter sido superado por um discípulo, Sturgeon construiu, em 1830, um eletroímã capaz de levantar 550 kg, corrigindo os defeitos do primeiro. Mas a essa altura dos acontecimentos ele já tinha um rival do outro lado do Atlântico, Joseph Henry, da Universidade de Yale. Henry construiu um eletroímã de apenas 300 kg capaz de levantar uma tonelada.

Em 1840, Joule novamente construiu um novo tipo de eletroímã completamente diferente dos anteriores, o qual possuía mais de dois polos, que aumentou em muito a capacidade de levantamento. Esse eletroímã, de apenas 5,5 kg levantou 1.200 kg. Ato contínuo, os eletroímãs apareceram em grande número nos laboratórios de pesquisas, em reuniões aristocráticas e até em cirurgias. Os eletroímãs tiveram participação decisiva no desenvolvimento industrial, sobretudo na siderurgia e nas minas extrativas.

Devido à importância para a engenharia elétrica, veremos a seguir técnicas de análise dos principais fenômenos eletromagnéticos presentes em dispositivos desse tipo, os quais serão úteis no entendimento do comportamento de todos os equipamentos eletromagnéticos, atuando como elemento motivador para os estudos da Convenção Eletromecânica de Energia.

6.2. Algumas propriedades magnéticas da matéria

Todas as propriedades magnéticas da matéria são explicadas em termos de movimento de elétrons e das cargas positivas associadas aos átomos e moléculas. Assim, um elétron descrevendo sua órbita se comporta como anel elementar de corrente elétrica, sendo responsável pelo aparecimento de um campo magnético elementar associado.

Fenômeno semelhante é produzido pela própria rotação do elétron, em que também está associado um campo magnético elementar ao spin.

A ação simultânea de todos esses campos elementares é traduzida em um comportamento magnético. A caracterização das propriedades magnéticas, a partir dessas análises, faz parte dos esforços da física da matéria, a qual extrapola os objetivos deste livro.

Resultado teórico e experimental: qualquer substância sob a ação de um campo magnético se comporta de uma das três formas:

- **substâncias diamagnéticas:** tornam-se magnetizadas fracamente em oposição ao campo impresso. Esse comportamento varia diretamente com a intensidade do campo, mas independe da temperatura. Exemplos de substâncias diamagnéticas: Cu, Ag, Zn, Bi, Au etc.;
- **substâncias paramagnéticas:** tornam-se fracamente magnetizadas na direção do campo impresso. Esse comportamento é proporcional ao campo impresso e varia inversamente com a temperatura absoluta. Exemplos de substâncias paramagnéticas: Pt, Mg, Al, Cr etc.;
- **substâncias ferromagnéticas:** ficam fortemente magnetizadas na direção do campo impresso. Esse comportamento, em geral, não é diretamente proporcional ao campo impresso e varia inversamente com a temperatura absoluta. Exemplos de substâncias ferromagnéticas: Fe, Co, Ni.

A propriedade física dos materiais que caracteriza o comportamento magnético de uma substância é a sua permeabilidade magnética, representada pela letra grega μ (mi), a qual, no sistema internacional, tem a dimensão Henry/metro. Na engenharia elétrica, a menor permeabilidade é aquela apresentada pelo ar (ou vácuo), cujo valor no sistema internacional (SI) é dado por $\mu_0 = 4\pi 10^{-7}$ (H/m), evidenciando a dificuldade do estabelecimento de campos magnéticos no ar, como veremos a seguir.

A permeabilidade μ dos materiais diamagnéticos e paramagnéticos difere muito pouco da permeabilidade do ar, de modo que para esses materiais podemos considerar $\mu = \mu_0$. Por outro lado, a permeabilidade magnética nem sempre é uma grandeza escalar. Nos materiais ditos "anisotrópicos", nos quais o campo magnético $\vec{B}$ não está alinhado com o vetor intensidade magnética $\vec{H}$, essa grandeza é representada por um tensor.

Materiais sólidos sob esforços, ferro ou aço que sofreram processos mecânicos e também os cristais apresentam essa propriedade.

Em um material ferromagnético, embora $\vec{B}$ e $\vec{H}$ tenham a mesma direção, não são grandezas diretamente proporcionais, visto que sua permeabilidade μ é função do campo magnético. Acrescente-se ainda o fato de que nos materiais ferromagnéticos os valores da permeabilidade relativa $\mu_R = \mu / \mu_0$ podem ser elevados, dependendo do material.

A relação entre $\vec{B}$ e $\vec{H}$ para um material ferromagnético é conhecida como curva de magnetização, e será discutida nos próximos itens.

6.3. Circuito magnético

Para o entendimento do conceito de circuito magnético, vamos calcular o fluxo magnético produzido no interior de um toróide por uma bobina de n espiras percorrida por uma corrente contínua I, como mostrado na Figura 6.1.

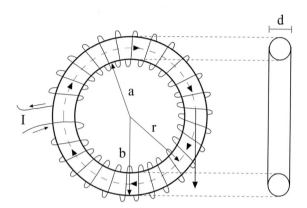

Figura 6.1: Toróide com as linhas de campo magnético.

Na mesma figura, é mostrada também a geometria das linhas de campo magnético, com seu respectivo sentido obtido a partir da aplicação da regra da mão direita ao sentido da corrente elétrica.

A própria geometria do problema permite concluir que a amplitude do vetor intensidade magnética $\vec{H}$ sobre qualquer linha de campo no interior do toroide é constante, apenas sua direção é diferente ao longo da linha de campo, na medida em que esse vetor, em cada ponto dessa linha de campo, é tangente a ela.

A determinação da amplitude do vetor intensidade magnética é obtida a partir da segunda equação de Maxwell, não considerando a presença da corrente de deslocamento, pois o enrolamento do toroide é alimentado por corrente contínua, isto é:

$$\oint_C \vec{H} \cdot d\vec{l} = \int_S \vec{J} \cdot d\vec{S} \qquad (6.1)$$

Escolhendo uma linha de campo de raio $a < r < b$ como sendo o contorno C do primeiro membro da Equação 6.1, o segundo membro da mesma equação, correspondente à corrente concatenada com o referido contorno, será igual ao produto NI, denominado força magnetomotriz (F.m.m.) da bobina. Assim, podemos escrever:

$$\oint_C \vec{H} \cdot d\vec{l} = NI \qquad (6.2)$$

Como discutido anteriormente, a amplitude de $\vec{H}$ é constante sobre C, de modo que a Equação 6.2 pode ser reescrita como segue:

$$H \oint_C dl = NI \qquad (6.3)$$

A integral de linha do primeiro membro é igual ao perímetro do contorno C, resultando, finalmente:

$$H 2\pi r = NI \qquad (6.4)$$

ou, ainda:

$$H = \frac{NI}{2\pi r} \tag{6.5}$$

Esse resultado só é válido para $a < r < b$, pois fora desse domínio ($r < a \cup r > b$), o campo magnético é nulo.

A partir da relação constitutiva $\vec{B} = \mu \vec{H}$ obtemos o campo magnético no interior do toroide, que resulta:

$$B = \frac{\mu NI}{2\pi r} \tag{6.6}$$

A Figura 6.2 mostra o comportamento do campo magnético no interior do toroide em função da sua distância em relação ao centro.

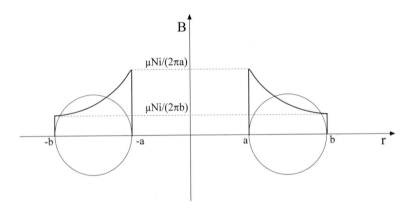

Figura 6.2: Comportamento de $\vec{B}$ em função de r.

Suponha agora que as dimensões do toroide sejam tais que $d \lll a$, ou seja, as dimensões da seção de passagem do fluxo magnético são bem menores que as dimensões do dispositivo. Essa característica é comum na maioria dos dispositivos elétricos, como os transformadores, os geradores e motores elétricos etc.

Nessas condições, a variação do campo magnético no interior do toroide não é sensível, e por essa razão o campo magnético pode ser considerado "praticamente" constante no seu interior.

Podemos, então, tomar as seguintes decisões:
1. Considerar o campo magnético no interior do toroide constante e igual ao seu valor máximo obtido em $r = a$, isto é: $B = \frac{\mu NI}{2\pi r}$.
2. Considerar o campo magnético no interior do toroide constante e igual ao seu valor mínimo obtido em $r = b$, isto é: $B = \frac{\mu NI}{2\pi r}$.
3. Considerar o campo magnético no interior do toroide constante e igual a um valor intermediário entre seus valores máximo e mínimo.

Não resta dúvida de que a última decisão é a mais razoável, pois é aquela que levará a um menor erro de aproximação.

É razoável também escolher como constante o valor do campo magnético no interior do toroide do que aquele obtido no raio médio do dispositivo, isto é, $B = B(r_{MED})$, no qual $r_{MED} = (a+b)/2$.

Assim sendo, para todos os efeitos, o campo magnético na seção transversal do toroide será constante e igual a:

$$B = \frac{\mu NI}{2\pi r_{MED}} \quad (6.7)$$

O fluxo magnético ϕ através da seção transversal do dispositivo é dado por:

$$\phi = \int_S \vec{B} \cdot d\vec{S} \quad (6.8)$$

Como as linhas de campo magnético são perpendiculares à seção transversal e o seu valor é constante nessa mesma seção, a Equação 6.8 pode ser escrita como segue:

$$\phi = B \cdot S \quad (6.9)$$

Substituindo B pelo seu valor indicado na Equação 6.7, resulta:

$$\phi = \frac{\mu NIS}{2\pi r_{MED}} \quad (6.10)$$

ou, ainda:

$$\phi = \frac{NI}{\frac{1}{\mu}\frac{l}{S}} \quad (6.11)$$

na qual $l = 2\pi r_{MED}$ representa o comprimento médio das linhas de campo magnético e coincide com o comprimento médio do toroide.

Neste ponto, é conveniente compararmos o resultado obtido na Equação 6.11 com aquele obtido no cálculo da corrente elétrica do circuito da Figura 6.3.

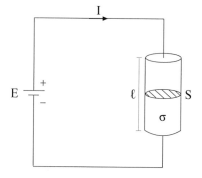

Figura 6.3: Circuito elétrico.

No circuito da Figura 6.3, obtemos, a partir da lei de Ohm:

$$I = \frac{E}{\frac{1}{\sigma}\frac{l}{S}} \quad (6.12)$$

Comparando as Equações 6.11 e 6.12, identificamos as relações exibidas na Tabela 6.1.

Tabela 6.1: Identificação de grandezas

Circuito Elétrico	Circuito Magnético
I: Corrente elétrica (A)	ϕ: Fluxo magnético (Wb)
V: Força eletromotriz (V)	$F = NI$: Força magnetomotriz (Aesp)
σ: Condutividade (S/m)	μ: Permeabilidade (H/m)

Dessa forma, podemos associar ao problema do cálculo do campo magnético no interior do toroide o circuito elétrico análogo representado na Figura 6.4.

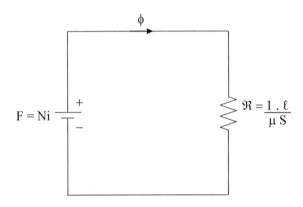

Figura 6.4: Circuito elétrico análogo.

Outras grandezas podem ser associadas entre o circuito elétrico e o circuito magnético. Essas associações são exibidas na Tabela 6.2.

Tabela 6.2: Identificação de grandezas (continuação)

Circuito Elétrico	Circuito Magnético
$J = \dfrac{I}{S}$: Densidade de corrente elétrica (A/m²)	$B = \dfrac{\phi}{S}$: Densidade de fluxo magnético (Wb/m²)
$R = \dfrac{1}{\sigma}\dfrac{l}{S}$: Resistência (Ω)	$\mathfrak{R} = \dfrac{1}{\mu}\dfrac{l}{S}$: Relutância (Aesp/Wb)
$G = 1/R$: Condutância (S)	$\wp = 1/\mathfrak{R}$: Permeância (Wb/Aesp)

Note que a associação entre o circuito elétrico e o circuito magnético levou à denominação *densidade de fluxo magnético* como sinônimo de campo magnético.

6.4. Estruturas magnéticas lineares

As estruturas magnéticas reais apresentam geometrias muito diferentes da geometria toroidal discutida no item anterior; no entanto, com algum grau de aproximação, podemos utilizar o recurso da associação de um circuito elétrico análogo ao problema magnético.

A estrutura magnética mais simples é a do reator, apresentada na Figura 6.5.

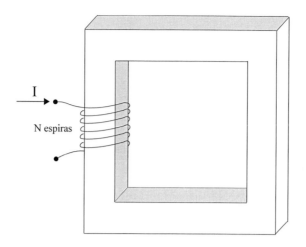

Figura 6.5: Reator.

Esse tipo construtivo é muito mais simples que o formato toroidal, no entanto algumas diferenças importantes devem ser discutidas:
1. no toroide, como o enrolamento está envolvendo toda a estrutura magnética, o fluxo magnético resultante está (na sua quase totalidade) confinado no interior dessa estrutura;
2. na construção mostrada na Figura 6.5, como o enrolamento está concentrado em apenas uma "perna" da estrutura magnética, nem todo o fluxo magnético está confinado em seu interior e, dependendo do valor da permeabilidade magnética do material do núcleo, parcela considerável desse fluxo pode se fechar pelo ar. Essa parcela do fluxo magnético produzido pela bobina é denominada "fluxo de dispersão".

A Figura 6.6 mostra as linhas de campo magnético produzidas pela circulação de corrente contínua na bobina de excitação em duas situações: permeabilidade magnética baixa e alta.

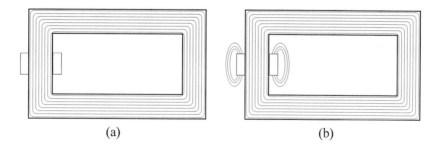

Figura 6.6: Linhas de campo magnético num reator. a) permeabilidade alta; b) permeabilidade baixa.

Note que, no caso de alta permeabilidade magnética, o fluxo magnético está praticamente confinado no interior da estrutura, implicando fluxo de dispersão virtualmente nulo.

Vamos admitir, nesse primeiro momento, que a permeabilidade magnética dos núcleos é suficientemente elevada para que possamos desprezar os fluxos de dispersão. Dessa forma, o circuito elétrico análogo para o reator mostrado na Figura 6.5 será idêntico àquele mostrado na Figura 6.4, sendo que para o cálculo da relutância são utilizadas as grandezas, mostradas na Figura 6.7.

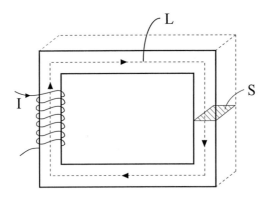

Figura 6.7: Grandezas para cálculo da relutância.
L: comprimento médio da estrutura. S: área da sessão transversal de passagem de fluxo

■ **Exercício Resolvido 1**

O reator mostrado na Figura 6.8 foi construído com material magnético de permeabilidade relativa $\mu_R = 3000$. A bobina de excitação possui 200 espiras.

Vamos calcular a corrente na bobina de excitação necessária para estabelecer uma densidade de fluxo magnético 1,2Wb/m². É dada a permeabilidade do vácuo $\mu_0 = 4\pi 10^{-7}$ (H/m).

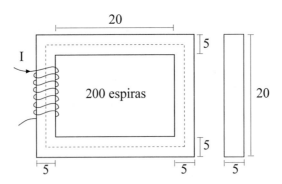

Figura 6.8: Reator – dimensões em cm.

Solução

A solução do problema se resume em montar o circuito elétrico análogo do problema magnético. Assim, para esse caso temos:

$$L = 2 \cdot (2,5 + 20 + 2,5) + 2 \cdot (20 - 2 \cdot 2,5) = 80\ cm$$

$$S = 5 \cdot 10 = 50\ cm^2 = 50 \cdot 10^{-4}\ m^2$$

Como consequência, resulta:

$$\Re = \frac{1}{\mu}\frac{L}{S} = \frac{1}{3000 \cdot 4\pi 10^{-7}} \cdot \frac{0,8}{50 \cdot 10^{-4}} = 42,44 \cdot 10^3\ (Aesp/Wb)$$

Sendo $B = 1,2\ Wb/m^2$, obtém-se $\phi = B \cdot S = 1,2 \cdot 50 \cdot 10^{-4} = 60 \cdot 10^{-4}\ Wb$.

Dessa forma, o circuito elétrico análogo é dado pela Figura 6.9.
Da análise do circuito da Figura 6.9, obtemos:

$$NI = \Re\phi$$

Figura 6.9: Circuito elétrico análogo.

Substituindo pelos seus valores, obtemos:

$$200I = 42{,}44 \cdot 10^3 \cdot 60 \cdot 10^{-4}$$

ou, ainda:

$$I = 1{,}27 A$$

As estruturas magnéticas reais, como aquelas utilizadas nos transformadores, nos motores e geradores elétricos, apresentam geometrias mais complexas que as apresentadas até o momento.

Como exemplo, a estrutura da Figura 6.10 mostra a geometria típica da estrutura magnética de um transformador monofásico.

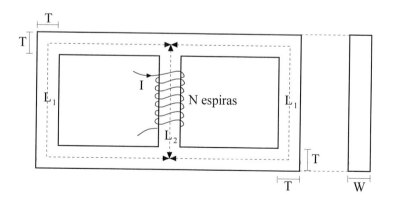

Figura 6.10: Estrutura magnética de um transformador monofásico.

O circuito elétrico análogo para uma estrutura desse tipo consistirá em um circuito elétrico com a mesma geometria, isto é, um circuito elétrico com duas malhas, com as seguintes características:

a: no braço central do circuito deverá ser colocada uma fonte de f.m.m. Ni em série com uma relutância correspondente àquele braço calculada pela Equação 6.13:

$$\Re = \frac{1}{\mu} \frac{L}{S} \qquad (6.13)$$

na qual $L = L_2$ e $S = W \cdot T$.

b: nos braços laterais, as relutâncias correspondentes também serão calculadas segundo 6.13, fazendo $L = L_1$ e $S = W \cdot T$.

Dessa forma, o circuito elétrico análogo da estrutura magnética da Figura 6.10 é o representado na Figura 6.11.

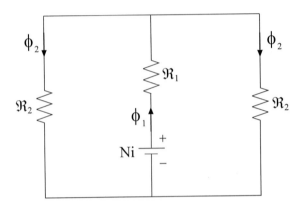

Figura 6.11: Circuito elétrico análogo.

A solução do problema, isto é, a obtenção dos fluxos magnéticos em cada braço e a f.m.m. da bobina, é obtida aplicando-se técnicas clássicas de resolução de circuitos elétricos.

■ **Exercício Resolvido 2**

A estrutura magnética da Figura 6.12 é confeccionada de material magnético de permeabilidade relativa $\mu_R = 4000$. O número de espiras da bobina de excitação é 400 espiras. Determine a f.m.m. e a corrente da bobina para estabelecer uma densidade de fluxo magnético 0,5 Wb/m² no braço direito da estrutura. *Obs.*: Todas as dimensões são expressas em cm.

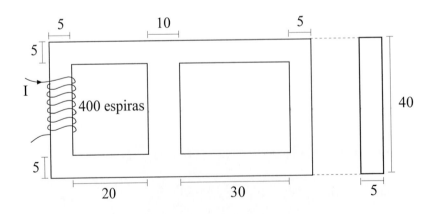

Figura 6.12: Estrutura magnética.

■ Solução

O primeiro passo na resolução do problema consiste em montar o circuito elétrico análogo, o qual possui a mesma geometria que a estrutura magnética. Assim, para o problema em questão, o circuito elétrico análogo é dado pela Figura 6.13.

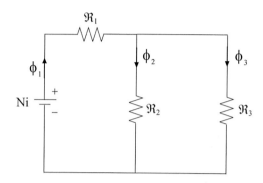

Figura 6.13: Circuito elétrico análogo.

Em seguida calculamos as relutâncias de cada trecho utilizando a Equação 6.13. Para o problema em questão resultam:

$$\Re_1 = \frac{1}{\mu}\frac{L_1}{S_1} = \frac{1}{4000 \cdot 4\pi 10^{-7}} \cdot \frac{[2 \cdot (2{,}5+20+5)+(40-2 \cdot 2{,}5)] \cdot 10^{-2}}{5 \cdot 5 \cdot 10^{-4}} = 71{,}6 \cdot 10^3 \, [Aesp/Wb]$$

$$\Re_2 = \frac{1}{\mu}\frac{L_2}{S_2} = \frac{1}{4000 \cdot 4\pi 10^{-7}} \cdot \frac{[(40-2 \cdot 2{,}5)] \cdot 10^{-2}}{10 \cdot 5 \cdot 10^{-4}} = 13{,}9 \cdot 10^3 \, [Aesp/Wb]$$

$$\Re_3 = \frac{1}{\mu}\frac{L_3}{S_3} = \frac{1}{4000 \cdot 4\pi 10^{-7}} \cdot \frac{[2 \cdot (5+30+2{,}5)+(40-2 \cdot 2{,}5)] \cdot 10^{-2}}{5 \cdot 5 \cdot 10^{-4}} = 87{,}5 \cdot 10^3 \, [Aesp/Wb]$$

No braço direito da estrutura é dado $B_3 = 0{,}5 \, Wb/m^2$, de modo que:

$$\phi_3 = B_3 \cdot S_3 = 0{,}5 \cdot 25 \cdot 10^{-4} = 12{,}5 \cdot 10^{-4} \, Wb$$

Da malha direita do circuito, obtemos:

$$\Re_2 \phi_2 = \Re_3 \phi_3$$

De modo que:

$$\phi_2 = \frac{87{,}5 \cdot 10^3 \cdot 12{,}5 \cdot 10^{-4}}{13{,}9 \cdot 10^3} = 78{,}7 \cdot 10^{-4} \, Wb$$

Aplicando a lei de Kirchoff para as correntes, obtém-se:

$$\phi_1 = \phi_2 + \phi_3 = 91{,}2 \cdot 10^{-4} \, Wb$$

Aplicando agora a lei de Kirchoff das tensões para a malha da esquerda, podemos escrever:

$$NI = \Re_1 \phi_1 + \Re_2 \phi_2$$

Resultando:

$$f.m.m. = NI = 71{,}6 \cdot 10^3 \cdot 91{,}2 \cdot 10^{-4} + 13{,}9 \cdot 10^3 \cdot 78{,}7 \cdot 10^{-4} = 762\ Aesp$$

e trambém:

$$I = \frac{f.m.m.}{N} = \frac{762}{400} = 1{,}9 A$$

6.5. Entreferros em estruturas magnéticas

Todas as estruturas magnéticas apresentam um entreferro (espaço de ar inserido entre duas porções magnéticas) em seu circuito magnético. Esse entreferro pode ser inserido propositalmente, como ocorre nos motores e geradores elétricos, como mostrado na Figura 6.14, ou involuntariamente, devido ao processo construtivo, como indicado na Figura 6.15.

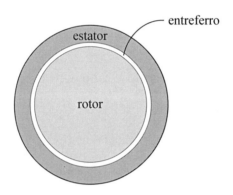

Figura 6.14: Entreferro de um motor elétrico.

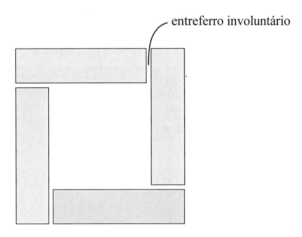

Figura 6.15: Entreferro involuntário.
A colocação de chapas lado a lado introduz um pequeno entreferro involuntário entre elas.

Qualquer que seja sua origem e tamanho, o entreferro é parte importante da estrutura magnética e deve sempre ser considerado no circuito magnético.

A Figura 6.16 mostra as linhas de campo magnético em uma estrutura com a presença de um entreferro, destacando o fenômeno do espraiamento dessas linhas nessa região.

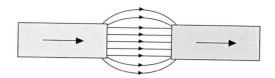

Figura 6.16: Espraiamento das linhas de campo.

O efeito do espraiamento das linhas de campo equivale a um acréscimo da área de passagem do fluxo magnético no entreferro e como tal deve ser corrigido. Algumas fórmulas empíricas nos ajudam a resolver:

a: Entreferro com faces paralelas e iguais (Figura 6.17)

Nesse caso, a área efetiva de passagem do fluxo magnético no entreferro é dada por:

$$S_g = (X + l_g) \cdot (Y + l_g) \tag{6.14}$$

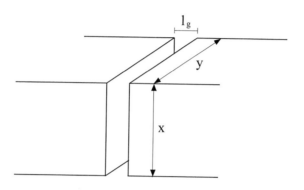

Figura 6.17: Entreferro com faces paralelas e iguais.

b: Entreferro com faces paralelas e diferentes (Figura 6.18).

Nessa condição, a área efetiva de passagem do fluxo magnético é estimada a partir da expressão:

$$S_g = (X + 2l_g) \cdot (Y + 2l_g) \tag{6.15}$$

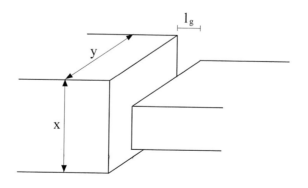

Figura 6.18: Entreferro com faces paralelas e diferentes.

■ Exercício Resolvido 3

A Figura 6.19 mostra uma estrutura magnética confeccionada com material magnético de permeabilidade relativa μ_R = 2000, na qual foi introduzido um entreferro de comprimento 1 mm. Todas as demais dimensões estão em cm. Vamos calcular a corrente na bobina de excitação, a qual possui 500 espiras, necessária para estabelecer um fluxo magnético no entreferro de $5 \cdot 10^{-4} Wb$.

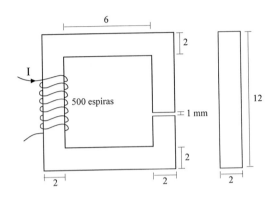

Figura 6.19: Estrutura magnética.

Solução

No circuito elétrico análogo dessa estrutura, além da fonte de f.m.m. que produz o campo magnético devemos inserir duas relutâncias em série: uma relativa à porção do núcleo magnético e outra devida ao entreferro, como mostra a Figura 6.20.

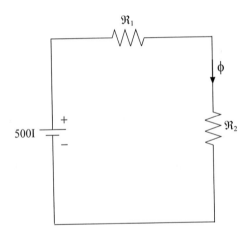

Figura 6.20: Circuito elétrico análogo.

A partir da análise de malhas, obtém-se:

$$Ni = (\Re_1 + \Re_2)\phi \tag{6.16}$$

na qual:

$$\Re_1 = \frac{1}{\mu}\frac{l_1}{S_1} = \frac{1}{2000 \cdot 4\pi \cdot 10^{-7}} \cdot \frac{[2(1+6+1)+2(12-2\cdot 1)]\cdot 10^{-2}}{2\cdot 2\cdot 10^{-4}} = 35{,}8\cdot 10^4\ Aesp/Wb$$

é a relutância do núcleo e:

$$\Re_2 = \frac{1}{\mu_0}\frac{l_2}{S_2} = \frac{1}{4\pi \cdot 10^{-7}} \cdot \frac{1\cdot 10^{-3}}{(2+0{,}1)(2+0{,}1)\cdot 10^{-4}} = 180\cdot 10^4\ Aesp/Wb$$

é a relutância do entreferro.

Observe que, apesar de o entreferro ter apenas 1 mm, sua relutância, nesse caso, é algo em torno de cinco vezes maior que a relutância do núcleo.

Sendo $\phi = 5 \cdot 10^{-4} Wb$, obtemos, a partir da Equação 6.16:

$$500 \cdot i = (35{,}8 + 180) \cdot 10^4 \cdot 5 \cdot 10^{-4}$$

Resultando:

$$i = 2{,}16 A$$

6.6. Materiais ferromagnéticos

A probabilidade de localizarmos o elétron de um átomo de material ferromagnético, como o ferro, o níquel e o cobalto, não é numa nuvem esférica de carga negativa centrada no núcleo desse átomo. O átomo desses materiais apresenta assimetrias que nos permite, dentro de certos limites, supor que ele seja constituído de um núcleo de cargas positivas envolvido por um anel no qual estão concentrados seus elétrons, como mostra a Figura 6.21.

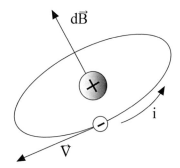

Figura 6.21: Átomo de material ferromagnético.

O movimento dos elétrons nesse anel é equivalente a um anel condutor percorrido por uma corrente elétrica, com sentido contrário ao movimento desses elétrons.

Esse pequeno anel de corrente produz um campo magnético elementar cujo sentido pode ser obtido pela aplicação da regra da mão direita no sentido da corrente.

Esses anéis de corrente comportam-se como ímãs elementares e podem produzir efeitos interessantes sob o ponto de vista magnético. Esses ímãs elementares, no interior do material, estão separados em grupos de ímãs elementares com a mesma direção de magnetização. Esse grupo de ímãs elementares com mesma orientação é denominado domínio magnético. A Figura 6.22 mostra a distribuição de domínios no interior de um material ferromagnético tal como são encontrados na natureza.

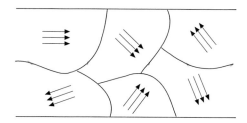

Figura 6.22: Domínios magnéticos – material não excitado.

Aplicando uma excitação magnética em dada direção, através, por exemplo, de uma bobina percorrida por corrente elétrica envolvendo o material, os domínios magnéticos começarão a se alinhar no sentido do campo impresso.

Para que esse alinhamento ocorra, a fonte deverá fornecer a energia necessária para o movimento de torção dos domínios. Essa energia é aquela denominada energia magnética armazenada no meio magnético, já discutida em capítulos anteriores deste texto.

A Figura 6.23 mostra a nova distribuição dos domínios no interior do material quando excitado por uma fonte que produz um campo magnético impresso na horizontal, da esquerda para a direita. Observe que, apesar da aplicação do campo externo, não são todos os domínios que se orientarão na direção preferencial, ficando evidente, no entanto, que em face dessa orientação os ímãs elementares contribuirão substancialmente com o acréscimo do campo magnético no interior do material.

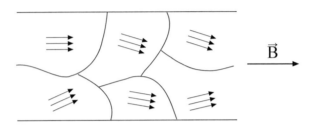

Figura 6.23: Efeito de um campo impresso na distribuição dos domínios.

Vamos agora imaginar a seguinte experiência: uma fonte de corrente alternada senoidal alimenta uma bobina que envolve um material ferromagnético (Figura 6.24). A corrente nessa bobina é, nesse caso, proporcional à amplitude do campo intensidade magnética $\vec{H}$ impresso no interior do material ferromagnético.

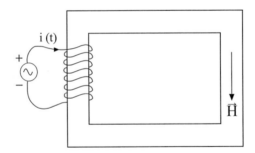

Figura 6.24: Experiência de magnetização.

Quando a corrente é nula e o material virgem (recém-extraído da natureza), o campo magnético no material é nulo, pois a distribuição dos domínios é aleatória.

Com o acréscimo da corrente, o campo intensidade magnética começará a alinhar os domínios magnéticos na sua direção. Esse alinhamento produz um crescimento rápido do campo magnético resultante, como mostrado no trecho ascendente da curva (trecho AO) da Figura 6.25.

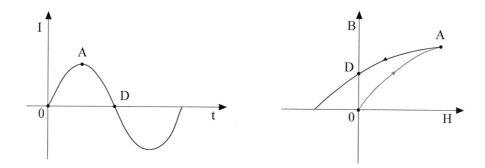

Figura 6.25: Campo magnético remanente.

Reduzindo agora a corrente da bobina, e consequentemente a amplitude de $\vec{H}$, haverá também a redução do campo magnético $\vec{B}$. Essa redução, no entanto, não acompanhará o caminho seguido quando do seu crescimento devido a atritos entre domínios que os impedem de voltar à posição original, isto é, a energia fornecida para alinhar os domínios no trecho AO não será devolvida na sua totalidade por ocasião da desmagnetização (trecho AD). Essa perda de energia é devida justamente aos atritos entre domínios contíguos, que causa aquecimento do material magnético. Denominam-se essas perdas energia por *perdas por histerese* (ou *perdas histeréticas*) do material.

É interessante tal fenômeno porque, quando a corrente elétrica na bobina volta a ser nula (ponto D da curva), não implica campo magnético $\vec{B}$ nulo no interior do material. A razão disso é que os domínios magnéticos não voltam à posição original em que se apresentam na natureza justamente devido às perdas histeréticas.

Como a distribuição dos domínios é agora diferente da posição de equilíbrio natural (campo magnético resultante nulo), o material retém um campo magnético residual, denominado *campo magnético remanente*, na medida em que a esse fenômeno dá-se o nome de *remanência*, ou também *retentividade* do material magnético. Essa propriedade é explorada na confecção dos ímãs permanentes.

O campo magnético voltará a ser nulo quando a corrente inverter seu sentido e atingir um valor correspondente a um campo intensidade magnética $-H_c$, como mostrado na Figura 6.26. A esse campo intensidade magnética dá-se o nome de *campo intensidade magnética coercitivo*. Observe, na Figura 6.26, que a corrente necessária para estabelecer esse campo é aquela correspondente ao ponto E da função senoidal.

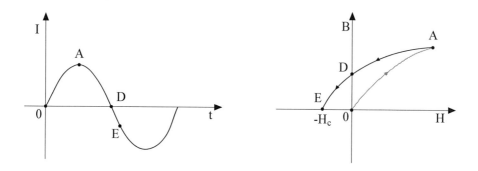

Figura 6.26: Campo intensidade magnética coercitivo.

Ao atingir seu valor máximo negativo, o campo intensidade magnética assumirá o valor $-H_{MAX}$.

Continuando o ciclo, a redução da corrente (em valor absoluto) implica redução (também em valor absoluto) do campo magnético, através de um caminho diferente daquele seguido no trecho DF, chegando ao ponto G quando a corrente voltar a ser nula. Reiniciando agora um novo ciclo, o valor máximo da corrente, o qual está associado a H_{MAX}, corresponderá a um novo valor máximo do campo magnético, diferente daquele obtido no início do ciclo, como mostrado na Figura 6.27.

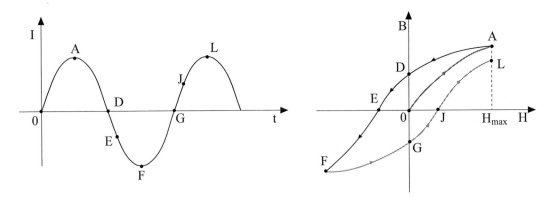

Figura 6.27: Ciclo completo.

Mantendo a excitação senoidal continuamente, estabelece-se um regime no qual, a cada ciclo da corrente, se completa um ciclo fechado da característica $B \times H$, o qual é denominado *ciclo de histerese* do material. A Figura 6.28 mostra vários ciclos de histerese superpostos, produzidos por diferentes valores de correntes senoidais.

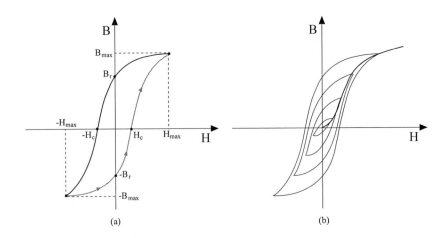

Figura 6.28: Ciclos de histerese. a) parâmetros do ciclo de histerese;
b) ciclos de histerese para diferentes correntes senoidais.

Da Figura 6.28 extrai-se uma das mais importantes características do material ferromagnético. Essa característica é o lugar geométrico das extremidades dos ciclos de histerese e é denominada *característica de magnetização do material* (Figura 6.29). Essa característica é extremamente útil na avaliação do desempenho de estruturas ferromagnéticas excitadas por correntes elétricas, como veremos a seguir, pois ela fornece o comportamento magnético médio da estrutura mediante a ação de uma corrente elétrica senoidal.

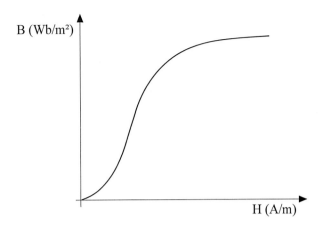

Figura 6.29: Característica de magnetização de um material ferromagnético.

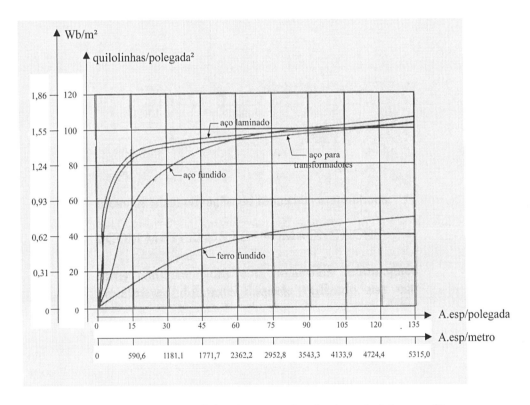

Figura 6.30: Característica de magnetização de materiais magnéticos.

As Figuras 6.30 e 6.31 mostram as características de magnetização dos principais materiais magnéticos utilizados na engenharia elétrica. É importante observar que essas curvas são fortemente afetadas por tratamentos térmicos, por ações mecânicas, como a estamparia e cortes por maçaricos ou fontes *lasers*.

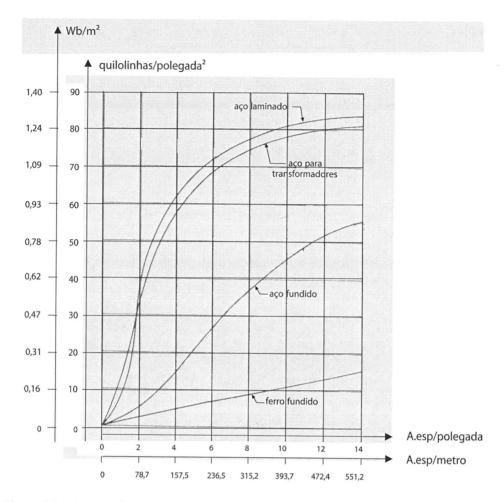

Figura 6.31: Característica de magnetização de materiais magnéticos – ampliação da escala.

6.7. Estruturas com materiais ferromagnéticos

A análise de estruturas confeccionadas com materiais ferromagnéticos é efetuada de modo totalmente diferente daquele utilizado nas estruturas lineares, visto que a permeabilidade magnética agora depende do campo magnético, impedindo-nos de avaliar a relutância da estrutura antes da solução do problema.

Como esses materiais são excelentes condutores de fluxo magnético, devido à sua elevada permeabilidade (apesar da não linearidade), podemos admitir que todo o fluxo magnético está confinado na estrutura, como mostra a Figura 6.32.

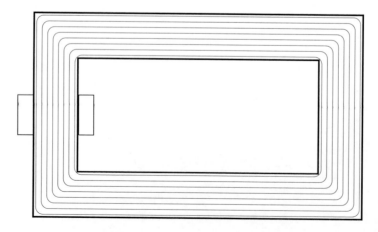

Figura 6.32: Estrutura magnética.

Essa propriedade facilita a solução, pois o campo intensidade magnética $\vec{H}$ pode ser considerado (praticamente) constante por trecho uniforme da estrutura, simplificando a aplicação da segunda equação de Maxwell. Entende-se por trecho uniforme a porção da estrutura que possui seção transversal constante e um único material. Assim, a análise do problema inicia-se pela aplicação da segunda equação de Maxwell a contornos fechados constituídos pelos segmentos médios da estrutura, nos quais é válido, com boa precisão, a aproximação, como mostrada na Equação 6.17.

$$\oint_C \vec{H} \cdot d\vec{l} = \sum_{i=1}^{n} H_i l_i \qquad (6.17)$$

Quanto ao segundo membro, têm-se:

$$\int_S \vec{J} \cdot d\vec{S} = i_t \qquad (6.18)$$

nas quais n é o número de trechos uniformes do contorno e i_t é a totalidade da corrente concatenada com o contorno.

Para facilitar o entendimento, suponha uma estrutura confeccionada com material ferromagnético com a geometria mostrada na Figura 6.33.

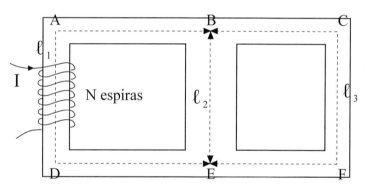

Figura 6.33: Estrutura ferromagnética.

Nessa estrutura, as dimensões l_1, l_2 e l_3 correspondem aos comprimentos médios dos seus três trechos uniformes. Assim sendo, podemos escrever:
- para a malha $ABED$

$$H_1 l_1 + H_2 l_2 = Ni$$

- para a malha $BCFE$

$$H_3 l_3 + H_2 l_2 = 0$$

Note que o percurso da malha no sentido $BCFE$ se opõe ao sentido do campo intensidade magnética H_2 no braço central, razão pela qual esse produto é afetado pelo sinal negativo.

Finalmente, na malha $ACFD$ resulta:

$$H_1 l_1 + H_3 l_3 = Ni$$

Essas relações, associadas às curvas de magnetização do material magnético, são suficientes para a avaliação do desempenho magnético da estrutura da Figura 6.34, como veremos.

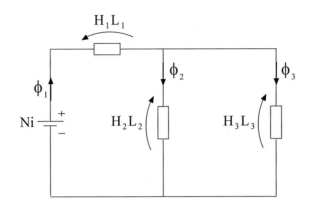

Figura 6.34: Circuito elétrico equivalente.

■ **Exercício Resolvido 4**

A estrutura ferromagnética mostrada na Figura 6.35 é confeccionada com aço fundido. Vamos determinar a corrente necessária na bobina de excitação para estabelecer um fluxo magnético de $50 \cdot 10^{-4}(Wb)$. Despreze o fluxo de dispersão.

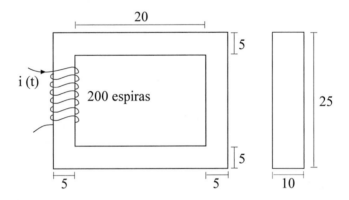

Figura 6.35: Exercício Resolvido 4 – dimensões em centímetros.

Solução

O dispositivo da figura é um circuito magnético constituído por uma única malha. Como a seção transversal de passagem do fluxo é uniforme em toda a sua extensão, podemos escrever:

$$N \cdot i = H \cdot l$$

na qual l é o comprimento médio da estrutura.

De posse do fluxo magnético e das dimensões da seção transversal, obtém-se:

$$B = \frac{\phi}{S} = \frac{50 \cdot 10^{-4}}{5 \cdot 10 \cdot 10^{-4}} = 1,0(Wb/m^2)$$

A partir da curva de magnetização do aço fundido, obtém-se:
Para $B = 1,0(Wb/m^2)$ resulta $H = 800(Aesp/m)$
Sendo $l = 2 \cdot (25 + 20) \cdot 10^{-2}$, resulta:

$$200 \cdot i = 800 \cdot 90 \cdot 10^{-2}$$

de modo que:

$$i = 3{,}6(A)$$

■ **Exercício Resolvido 5**

A estrutura ferromagnética simétrica, mostrada na Figura 6.36, é confeccionada com dois materiais diferentes: aço fundido e ferro fundido. Vamos determinar a corrente necessária na bobina de excitação para estabelecer um fluxo magnético de $2 \cdot 10^{-4}(Wb)$. Despreze o fluxo de dispersão.

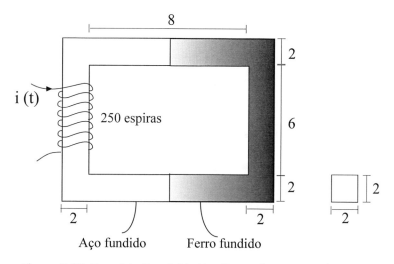

Figura 6.36: Exercício Resolvido 5 – dimensões em centímetros.

Solução

Trata-se novamente de um dispositivo cujo circuito magnético é constituído por uma única malha. Como a seção transversal de passagem do fluxo é uniforme em toda a sua extensão, podemos escrever:

$$N \cdot i = H_1 \cdot l_1 + H_2 \cdot l_2$$

na qual l_1 e l_2 são os comprimentos médios do aço fundido e do ferro fundido, respectivamente.

De posse do fluxo magnético e das dimensões da seção transversal, obtém-se:

$$B = \frac{\phi}{S} = \frac{2 \cdot 10^{-4}}{2 \cdot 2 \cdot 10^{-4}} = 0{,}5(Wb/m^2)$$

A partir da curva de magnetização do aço fundido, obtém-se:
Para $B = 0{,}5(Wb/m^2)$, resulta $H = 200(Aesp/m)$.
A partir da curva de magnetização do ferro fundido, obtém-se:
Para $B = 0{,}5(Wb/m^2)$, resulta $H = 1400(Aesp/m)$.
Sendo $l_1 = l_2 = 22 \cdot 10^{-2}(m)$, resulta:

$$250 \cdot i = 200 \cdot 22 \cdot 10^{-2} + 1400 \cdot 22 \cdot 10^{-2}$$

de modo que:

$$i = 1{,}4(A)$$

Exercício Resolvido 6

A estrutura ferromagnética da Figura 6.37 é confeccionada com chapas de aço para transformadores com fator de empacotamento 0,95. Calcule a corrente necessária na bobina de excitação para esclarecer um fluxo de $3 \cdot 10^{-4}(Wb)$ no braço direito da estrutura. Despreze os fluxos de disposição.

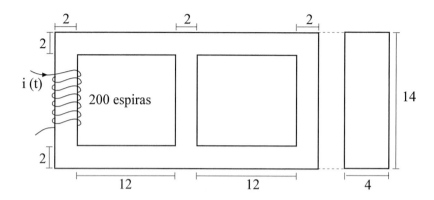

Figura 6.37: Exercício Resolvido 6 – dimensões em centímetros.

Solução

A estrutura magnética em questão apresenta um circuito magnético com três malhas (da esquerda, da direita e a malha externa), como mostra a Figura 6.38.

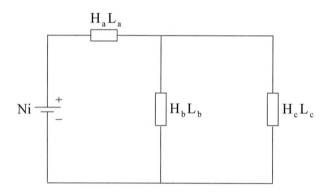

Figura 6.38: Exercício Resolvido 6 – circuito magnético.

Aplicando a lei circuital de Ampère a duas delas, obtém-se:
Malha esquerda:

$$N \cdot i - H_a \cdot l_a - H_b \cdot l_b = 0$$

Malha direita:

$$H_b \cdot l_b - H_c \cdot l_c = 0$$

Sendo dado $\phi_c = 3 \cdot 10^{-4}(Wb)$, resulta:

$$B_c = \frac{\phi}{k_f \cdot S_c} = \frac{3 \cdot 10^{-4}}{0,95 \cdot 2 \cdot 4 \cdot 10^{-4}} = 0,39(Wb/m^2)$$

Note que o produto $S_{f_e} = k_f \cdot S_C$, no qual K_f é o fator de empacotamento e S_C a área de seção geométrica da estrutura, representa a área efetiva de ferro da estrutura e também a área de passagem do fluxo magnético.

A partir da curva de magnetização do aço para transformadores, obtém-se:

Para $B_c = 0,39(Wb/m^2)$, resulta $H_c = 150(Aesp/m)$.

Substituindo esse valor na equação da malha direita, obtém-se:

$$H_b \cdot 12 \cdot 10^{-2} - 150 \cdot 40 \cdot 10^{-2} = 0$$

de modo que:

$$H_b \cdot 12 \cdot 10^{-2} - 150 \cdot 40 \cdot 10^{-2} = 0$$

A partir da curva de magnetização do aço para transformadores, obtém-se:

Para $H_b = 500(Aesp/m)$, resulta $B_b = 1,2(Wb/m^2)$.

de modo que:

$$\phi_b = B_b \cdot k_f \cdot S_b = 1,2 \cdot 0,95 \cdot 8 \cdot 10^{-4} = 9,1 \cdot 10^{-4}(Wb)$$

Note que $\phi_a = \phi_b + \phi_c$ ou $\phi_a = 12,1 \cdot 10^{-4}(Wb)$, então:

$$B_a = \frac{\phi_a}{k_f \cdot S_A} = \frac{12,1 \cdot 10^{-4}}{0,95 \cdot 2 \cdot 4 \cdot 10^{-4}} = 1,6(Wb/m^2)$$

A partir da curva de magnetização do aço para transformadores, obtém-se:

Para $B_a = 1,6(Wb/m^2)$ resulta $H_a = 2200(Aesp/m)$.

Assim sendo, substituindo na lei circuital de Ampère da malha esquerda, obtém-se:

$$2000 \cdot i - 2200 \cdot 40 \cdot 10^{-2} - 500 \cdot 12 \cdot 10^{-2} = 0$$

de modo que:

$$i = 0,5(A)$$

- **Exercício Resolvido 7**

    A estrutura ferromagnética da Figura 6.39, com dimensões idênticas à anterior, é confeccionada com chapas de aço para transformadores com fator de empacotamento 0,95. Nessa estrutura é introduzido um pequeno entreferro de 0,2 mm. Calcule a corrente necessária na bobina de excitação para estabelecer um fluxo de $1.10^{-4}(Wb)$ no braço direito da estrutura. Despreze os fluxos de dispersão mas considere o efeito de borda no entreferro.

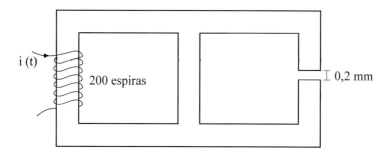

Figura 6.39: Exercício Resolvido 7.

Solução

A exemplo da estrutura magnética anterior, a mesma apresenta um circuito magnético com três malhas (da esquerda, da direita e a malha externa), como mostra a Figura 6.40.

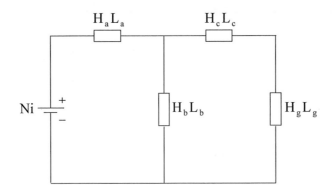

Figura 6.40: Exercício Resolvido 7 – circuito magnético.

Aplicando a lei circuital de Ampère a duas delas, obtém-se:
Malha esquerda

$$N \cdot i - H_a \cdot l_a - H_b \cdot l_b = 0$$

Malha direita

$$H_b \cdot l_b - H_c \cdot l_c - H_g \cdot l_g = 0$$

na qual o termo $H_g \cdot l_g$ refere-se à queda de f.m.m. no entreferro.
Sendo dado $\phi_c = 1 \cdot 10^{-4}(Wb)$, resulta:

$$B_c = \frac{\phi_c}{k_f \cdot S_C} = \frac{10^{-4}}{0{,}95 \cdot 2 \cdot 4 \cdot 10^{-4}} = 0{,}13(Wb/m^2)$$

Da curva de magnetização do aço para transformadores resulta:
Para $B_c = 0{,}13(Wb/m^2)$, resulta $H_c = 80(Aesp/m)$.
Para o entreferro, considerando-se o efeito de borda, obtém-se:

$$B_g = \frac{\phi_c}{(W + l_a) \cdot (T + l_a)} = \frac{10^{-4}}{(2 + 0{,}02) \cdot (4 + 0{,}02) \cdot 10^{-4}} = 0{,}12(Wb/m^2)$$

Lembrando que:

$$H_g = \frac{B_g}{\mu_0}$$

resulta:

$$H_g = \frac{0{,}12}{4\pi \cdot 10^{-7}} = 98000(Aesp/m)$$

Da equação resultante da circuitação da malha esquerda, obtém-se:

$$H_b \cdot 0{,}12 - 80 \cdot 0{,}40 - 98000 \cdot 0{,}2 \cdot 10^{-3} = 0$$

de modo que:

$$H_b = 430(Aesp/m)$$

A partir da curva de magnetização do aço para transformadores, obtém-se:
Para $H_b = 430(Aesp/m)$, resulta $B_b = 1{,}16(Wb/m^2)$
de modo que:

$$\phi_b = B_b \cdot k_f \cdot S_b = 1{,}16 \cdot 0{,}95 \cdot 8 \cdot 10^{-4} = 8{,}8 \cdot 10^{-4}(Wb)$$

Note que $\phi_a = \phi_b + \phi_c$ ou $\phi_a = 9{,}8 \cdot 10^{-4}(Wb)$, então:

$$B_a = \frac{\phi_a}{k_f \cdot S_A} = \frac{9{,}8 \cdot 10^{-4}}{0{,}95 \cdot 2 \cdot 4 \cdot 10^{-4}} = 1{,}3(Wb;m^2)$$

A partir da curva de magnetização do aço para transformadores, obtém-se:
Para $B_a = 1{,}3(Wb/m^2)$, resulta $H_a = 700(Aesp/m)$.
Assim sendo, substituindo na lei circuital de Ampère da malha esquerda, obtém-se:

$$2000 \cdot i - 700 \cdot 40 \cdot 10^{-2} - 430 \cdot 12 \cdot 10^{-2} = 0$$

de modo que:

$$i = 0{,}17(A)$$

■ **Exercício Resolvido 8**

A estrutura ferromagnética da Figura 6.41 é confeccionada com chapas de aço laminado, com fator de empacotamento 0,98. O fluxo no braço B é $8 \cdot 10^{-4}(Wb)$ e o fluxo no braço C é nulo. Determine os valores e os sentidos das correntes nas bobinas situadas nos braços A e C. Despreze os fluxos de dispersão.

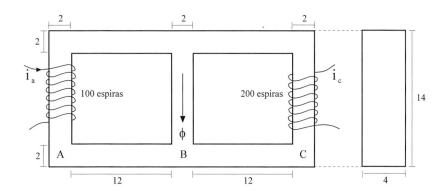

Figura 6.41: Exercício Resolvido 8 – dimensões em centímetros.

Solução

Como o fluxo do braço C é nulo, resulta que os fluxos dos braços A e B são iguais.
Assim sendo, para que isso ocorra, as polaridades das f.m.m. das bobinas devem ser as indicadas na Figura 6.42.

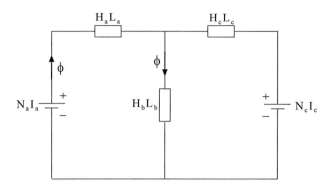

Figura 6.42: Exercício Resolvido 8 – circuito magnético.

Da malha esquerda, obtém-se:

$$N_a \cdot i_a - H_a \cdot l_a - H_b \cdot l_b = 0$$

ou, ainda

$$N_a \cdot i_a - H \cdot (l_a + l_b) = 0$$

pois

$$H_a = H_b = H$$

Da malha direita:

$$H_b \cdot l_b - N_c \cdot i_c = 0$$

Sendo dado $\phi_b = \phi_a = 8 \cdot 10^{-4} (Wb)$, resulta:

$$B_a = B_b = B = \frac{\phi}{k_f \cdot S} = \frac{8.10^{-4}}{0{,}98 \cdot 2 \cdot 4 \cdot 10^{-4}} = 1{,}02 (Wb/m^2)$$

Da curva de magnetização do aço para laminado, resulta:
Para $B_a = 1{,}02(Wb/m^2)$, resulta $H_a = 300(Aesp/m)$ de modo que:

$$100 \cdot i_a - 300 \cdot (40 + 12) \cdot 10^{-2} = 0$$

que resulta $i_a = 1{,}56(A)$ entrando pelo terminal superior da bobina.
Da equação da malha direita, obtém-se:

$$300 \cdot 12 \cdot 10^{-2} - 200 \cdot i_c = 0$$

que resulta $i_c = 0{,}18(A)$ com sentido entrando no terminal superior da bobina.

6.8. Excitação com correntes variáveis no tempo

Até o momento, estudamos o comportamento das estruturas magnéticas, lineares e não lineares, excitadas por corrente contínua. Vamos discutir agora as particularidades inerentes da excitação de estruturas com correntes variáveis no tempo, dando particular destaque à excitação com correntes variáveis senoidalmente no tempo.

A excitação de estruturas magnéticas com corrente variável no tempo implica imposição de campos intensidades magnéticas $\vec{H}$ também variáveis no tempo.

Para facilitar o entendimento, vamos analisar o comportamento da estrutura magnética mostrada na Figura 6.43, submetida a uma corrente de excitação variável no tempo.

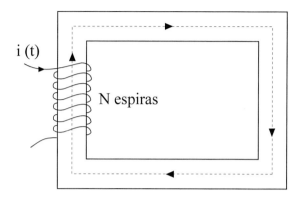

Figura 6.43: Circuito magnético.

A segunda equação de Maxwell (desprezando a corrente de deslocamento) escrita para essa estrutura fornece:

$$H(t) \cdot l = N \cdot i(t) \tag{6.19}$$

Logo:

$$H(t) = \frac{N \cdot i(t)}{l} \tag{6.20}$$

Nas estruturas magnéticas lineares, para as quais a permeabilidade magnética é constante, resulta:

$$B(t) = \mu \cdot H(t) = \frac{\mu \cdot N \cdot i(t)}{l} \tag{6.21}$$

Como consequência, $B(t)$ e $i(t)$ são grandezas diretamente proporcionais, de modo que a forma de onda de $B(t)$ é idêntica à forma de onda de $i(t)$. Supondo que $i(t)$ seja uma grandeza periódica, a Figura 6.44 apresenta o comportamento do campo magnético associado.

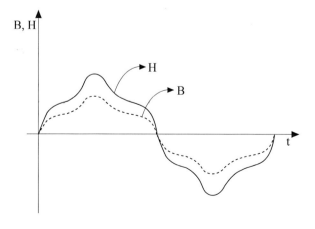

Figura 6.44: Forma de onda do campo magnético.

Nas estruturas magnéticas confeccionadas com materiais magnéticos não lineares, como os materiais ferromagnéticos, a proporcionalidade entre $B(t)$ e $i(t)$ não se reproduz na medida em que a relação entre $\vec{B}$ e $\vec{H}$ é governada por uma relação que contempla os efeitos da histerese magnética. Essa relação, quando a excitação é senoidal, é dada pela curva de histerese apresentada na Figura 6.45.

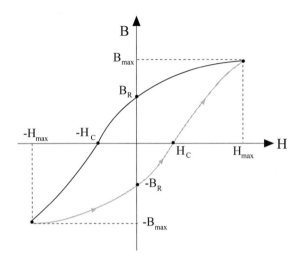

Figura 6.45: Curva de histerese para excitação senoidal.

Admitindo-se uma corrente senoidal circulando na bobina de excitação, de acordo com a Equação 6.20, o campo intensidade magnética H terá também um comportamento senoidal, na medida em que nessa estrutura essas grandezas são diretamente proporcionais, o mesmo não ocorrendo com o campo magnético. A forma de onda do campo magnético pode ser obtida graficamente através do seguinte procedimento:

1. Desenha-se a função $H = H_{MAX} \cdot \text{sen}(\omega t)$ superposta à curva de histerese, de modo que o eixo dos tempos coincida com o eixo vertical (eixo B), Figura 6.46.
2. Determina-se a forma de onda do campo magnético B ponto a ponto tomando o cuidado de identificar o setor da curva de histerese correspondente ao setor da função senoidal, como segue.
3. A origem da função senoidal, ponto O da figura, corresponde a $H = 0$. Para esse valor de H, o campo magnético B correspondente é A $(-B_R)$ da curva de histerese, pois o trecho DAB é o trecho da curva de histerese formado quando o campo intensidade magnética é crescente (derivada positiva).
4. Para um campo intensidade magnética H_1 (ponto 1), o valor do campo magnético B_1 (ponto 2) correspondente é obtido através do cruzamento da reta paralela ao eixo dos tempos com o trecho DAB da curva da histerese.
5. O ponto correspondente a B_1 na forma de onda do campo magnético, desenhada no terceiro quadrante da figura na qual o eixo horizontal é o eixo dos tempos, é localizado no mesmo instante de tempo de H_1 (ponto 3), como indicado na figura.
6. Esse procedimento é repetido para todos os pontos da função $H = H_{MAX} \cdot \text{sen}(\omega t)$, tomando-se o cuidado de que o trecho descendente da função (derivada negativa), o trecho da curva de histerese a ser considerado, seja o trecho BCD.

Observa-se, portanto, que para uma corrente imposta senoidal o campo magnético gerado não é senoidal. O inverso também é verdade, isto é, um campo magnético imposto senoidal implica corrente não senoidal.

Nota importante: Se a forma de onda da corrente for periódica e não senoidal, esse procedimento não deverá ser aplicado na curva de histerese gerada para excitações senoidais.

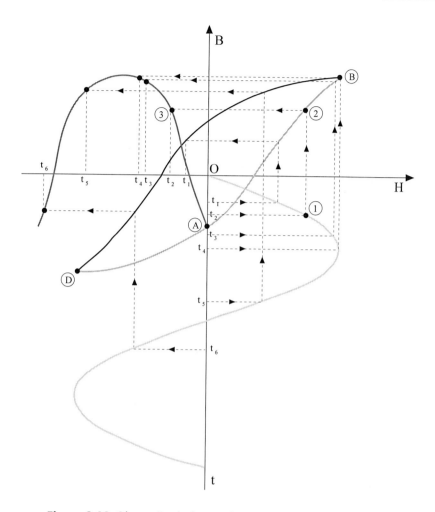

Figura 6.46: Obtenção da forma de onda do campo magnético.

6.9. Circuito elétrico equivalente

É sempre conveniente associar um circuito elétrico para representar fenômenos eletromagnéticos presentes nos dispositivos elétricos. Essa prática visa não apenas a facilitar a análise do problema, mas também a facilitar a tomada de decisões de projeto mediante as diversas opções que se apresentam durante a atividade de concepção.

Como exemplo, vamos associar um circuito ao dispositivo magnético da Figura 6.43 com chapas de aço laminado tratado e envolvido por uma bobina, denominada bobina de excitação, alimentada por uma fonte de tensão senoidal.

O princípio do circuito equivalente consiste em associar cada imperfeição do dispositivo a um elemento de circuito (R, L ou C) que seja representativo daquela imperfeição. Assim, temos:

Perdas Joule na bobina de excitação: A representação das perdas Joule na bobina do reator é realizada através da inserção de um resistor, cuja potência nele dissipada é numericamente igual às perdas Joule na bobina de excitação. O valor dessa resistência é o valor da resistência própria da bobina, a qual pode ser medida com instrumento adequado. Isto posto, a representação das perdas Joule através de uma resistência externa ao dispositivo, como mostrado na Figura 6.47, torna a bobina do reator uma bobina ideal sem perdas.

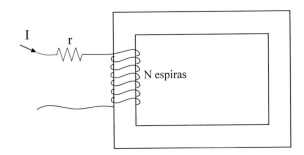

Figura 6.47: Representações das perdas Joule na bobina de excitação.

Efeito da dispersão do fluxo magnético: O fenômeno da distorção do campo magnético sob excitação senoidal, devido à curva de histerese, não é o único fenômeno presente na estrutura magnética que diferencia seu comportamento da excitação por corrente contínua.

A presença de um campo magnético B variável no tempo concatenado com a bobina induz uma f.e.m. nela mesma. Essa f.e.m. é calculada pela lei de Faraday, como segue:

$$e = \frac{d\lambda}{dt} = -N\frac{d\phi}{dt} \qquad (6.22)$$

na qual $\phi = B(t) \cdot S$ e S na seção transversal do núcleo. A Figura 6.48 representa essa situação.

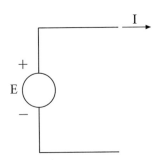

Figura 6.48: Convenção da lei de Faraday.

Neste ponto é conveniente refletir um pouco sobre o sinal negativo da Equação 6.22. Como discutido no Capítulo 3, o sinal negativo da lei de Farady evidencia o fato de que a f.e.m. induzida gera no circuito uma corrente elétrica em sentido tal a evitar a variação do fluxo magnético concatenado com esse circuito. Esse fenômeno corresponde essencialmente ao comportamento de um gerador, na medida em que a corrente e a f.e.m. induzida estão no mesmo sentido. Na maioria das situações, é conveniente tratar uma bobina como um elemento de circuito receptor. Como, na convenção do receptor, a f.e.m. e a corrente no elemento estão em sentidos opostos, a lei de Faraday escrita nessa convenção deverá ser a equação 6.22 com sinal trocado, isto é:

$$e = \frac{d\lambda}{dt} = N\frac{d\phi}{dt} \qquad (6.23)$$

A Figura 6.49 representa essa outra situação.

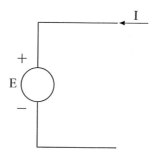

Figura 6.49: Convenção do receptor da lei de Faraday.

Ocorre ainda que, devido à permeabilidade do núcleo ser finita, uma parcela desse fluxo magnético não se fecha pelo núcleo, como mostra a Figura 6.50. A essa parcela do fluxo produzido pela bobina que se fecha pelo ar dá-se o nome de fluxo de dispersão ϕ_d.

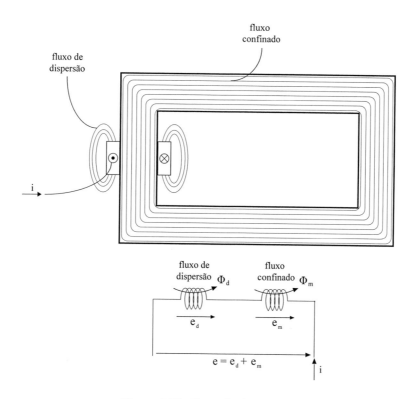

Figura 6.50: Fluxo de dispersão.

Assim sendo, podemos escrever:

$$\phi = \phi_m + \phi_d \tag{6.24}$$

na qual ϕ_m é a parcela do fluxo que se fecha pelo núcleo, ϕ_d é a parcela do fluxo denominada fluxo de dispersão e ϕ é o fluxo magnético total produzido pela bobina.

Substituindo 6.24 em 6.23, resulta:

$$e = N\frac{d\phi}{dt} = N\frac{d\phi_m}{dt} + N\frac{d\phi_d}{dt} \tag{6.25}$$

ou, ainda:

$$e = e_m + e_d \tag{6.26}$$

na qual:

$$e_m = N\frac{d\phi_m}{dt} \tag{6.27}$$

é a parcela da f.e.m. induzida devido ao fluxo que se fecha pelo núcleo e

$$e_d = N\frac{d\phi_d}{dt} \tag{6.28}$$

é a parcela da f.e.m. induzida devido ao fluxo de dispersão.

Assim sendo, podemos considerar que a bobina sujeita a um fluxo magnético total ϕ pode ser representada pela associação série de duas bobinas idênticas à original, na qual uma delas está sujeita ao fluxo de dispersão ϕ_d e a outra sujeita ao fluxo que se fecha pelo núcleo ϕ_m, como mostra a Figura 6.51.

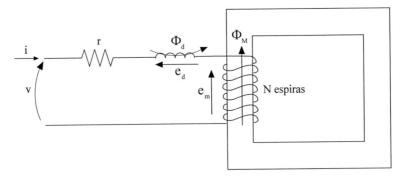

Figura 6.51: Equivalência entre f.m.s.

Como fluxo concatenado e corrente, em meios lineares, são grandezas diretamente proporcionais, podemos escrever:

$$\lambda_d = L_d i$$

ou, ainda:

$$N\phi_d = L_d i \tag{6.29}$$

cuja constante de proporcionalidade L_d é denominada indutância (de dispersão, no caso). Substituindo esse resultado na Equação 6.28, obtém-se:

$$e_d = \frac{d(N \cdot \Phi_d)}{dt} = \frac{d(L_d \cdot i)}{dt}$$

ou, ainda:

$$e_d = L_d \frac{di}{dt} \tag{6.30}$$

Note que na representação dos efeitos do fluxo de dispersão através de uma indutância externa ao dispositivo, como mostra a Figura 6.52, resulta que o reator tem bobina de excitação ideal e é isento de fluxo de dispersão, ou seja, naquele reator o único fluxo presente é o fluxo que se fecha pelo núcleo.

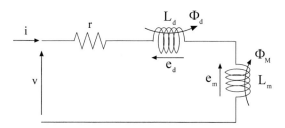

Figura 6.52: Circuito equivalente parcial do reator.

Aplicando o mesmo procedimento para a parcela da f.e.m. induzida pelo fluxo que se fecha pelo núcleo, podemos escrever:

$$\lambda_m = L_m i \tag{6.31}$$

ou, ainda:

$$N\phi_m = L_m i \tag{6.32}$$

na qual a constante de proporcionalidade L_m é denominada indutância de magnetização do núcleo. Feito isso, o circuito equivalente parcial é o representado na Figura 6.53. Observe que cada elemento de circuito representa um fenômeno real presente no reator.

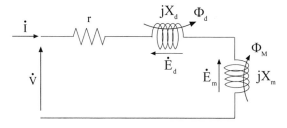

Figura 6.53: Circuito equivalente parcial do reator — excitação senoidal.

Supondo excitação senoidal, o circuito anterior pode ser representado no domínio da frequência utilizando a notação complexa, como mostra a Figura 6.54.

Neste último circuito, as grandezas tensão e corrente são representadas pelos seus respectivos *fasores*, e seus elementos de circuito por suas respectivas impedâncias, de modo que definimos:

$$X_d = \omega L_d : \text{reatância de dispersão}$$
$$X_m = \omega L_m : \text{reatância de magnetização}$$

nas quais: $\omega = 2\pi f \,[rad/s]$.

Para completarmos o circuito equivalente do reator, devemos discutir as perdas que ocorrem no material ferromagnético quando submetido a campos magnéticos variáveis senoidalmente no tempo. Elas podem ser classificadas em dois tipos: *perdas por histerese* e *perdas Foucault*, as quais passaremos a discutir.

Perdas por histerese: O estabelecimento de um campo magnético envolve sempre uma quantidade de energia elétrica, por exemplo, se o campo magnético em um material ferromagnético é $-B_r$ e queremos levá-lo a um valor qualquer diferente através de uma excitação senoidal, a fonte de tensão deverá fornecer a energia elétrica para tal. Essa energia pode ser avaliada pelo produto da área hachurada da Figura 6.54 pelo volume do material submetido ao campo magnético desejado. Reduzindo a corrente de excitação, isto é, reduzindo o valor do campo intensidade magnética H, apenas uma parcela da energia elétrica fornecida é devolvida à fonte, como mostrado na área hachurada da Figura 6.54b. A razão dessa diferença já foi discutida no início do capítulo. A diferença das áreas hachuradas mostradas nas Figuras 6.54a e 6.54b corresponde à energia perdida (ou dissipada) no núcleo e será responsável pelo seu aquecimento. Mudando a polaridade da corrente elétrica (e também do campo intensidade magnética H), o campo magnético sai do seu valor B_R até atingir o valor $-B_{MAX}$ no instante em que a corrente atinge seu valor máximo negativo. Nesse processo, a fonte volta a fornecer energia elétrica para que isso ocorra, na medida em que há um novo realinhamento dos domínios magnéticos. Novamente, o produto da área hachurada pelo volume do material ferromagnético fornece a quantidade da energia elétrica fornecida pela fonte nesse intervalo. Com a redução da corrente (no trecho negativo), o campo magnético volta a cair, seguindo um caminho diferente do anterior, o qual, pela mesma razão anterior, evidencia uma nova parcela de dissipação de energia elétrica, medida pela diferença de áreas nos dois trechos.

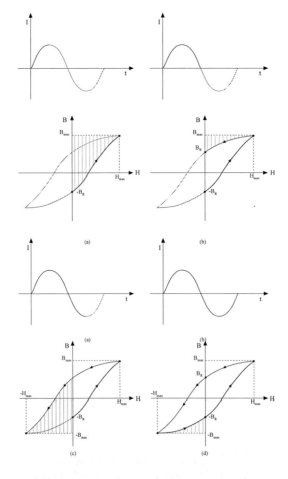

Figura 6.54: Perdas por histerese magnética.

Finalmente, voltando ao trecho positivo da corrente nesse quarto de onda restante, o campo magnético será levado do valor $-B_R$ a B_{MAX}, completando o ciclo. Fica evidente que a área interna da curva de histerese é proporcional à energia elétrica dissipada no ciclo, mais precisamente o produto do seu valor pelo volume do material submetido a esse ciclo fornece a energia elétrica dissipada em um ciclo de variação do campo magnético.

Uma fórmula empírica creditada a Steinmetz, extraída da prática da engenharia, permite avaliar as perdas por histerese, com relativa precisão, dentro de uma faixa de frequência e amplitudes de campo magnético reduzidas, como segue:

$$P_h = K_1 \cdot V \cdot f \cdot B_{MAX}^n \qquad (6.33)$$

na qual:

K_1: coeficiente de histerese, o qual depende do material, do tratamento térmico e mecânico dado à chapa;
V: volume ativo do núcleo (m³);
f: frequência de variação da execitação (Hz);
B_{MAX}: amplitude do campo magnético (WB/m²);
n: coeficiente que depende de B_{MAX}, atingindo valores de 1,6 a 1,7 para B_{MAX} de 1,2 Wb/m² a 1,4 Wb/m².

Perdas Foucault: Esse tipo de perdas no núcleo ferromagnético é oriundo do fato de que esse material é também um bom condutor. Assim sendo, um campo magnético variável no tempo, presente neste meio condutor, induz correntes elétricas em forma de anéis, como mostra a Figura 6.55. Tais correntes elétricas dão origem a perdas Joule no núcleo, denominadas perdas Foucault, em homenagem a Jean Bernard Leon Foucault (1819-1868), que observou correntes elétricas desse tipo induzidas em um disco condutor girando sob um campo magnético produzido no entreferro de um eletroímã.

Figura 6.55: Correntes induzidas – perdas Foucault.

Pode ser demonstrado que as perdas Foucault são dadas por:

$$P_F = K_2 \cdot V \cdot (e \cdot B_{MAX} \cdot f)^2 \qquad (6.34)$$

na qual:

K_2: coeficiente que depende da condutividade do material;
V: volume ativo do núcleo (m³);
e: espessura da chapa (m);
f: frequência de variação da excitação (Hz);
B_{MAX}: amplitude do campo magnético (Wb/m²).

Perdas no ferro: A soma das perdas histerese e Foucault é, genericamente, denominada perdas no ferro. A Equação 6.35 resume essa ideia.

$$P_{FE} = P_h + P_F \qquad (6.35)$$

Nosso objetivo agora consiste em determinar o valor de um elemento de circuito (no caso de perdas Joule, esse elemento é um resistor) a ser inserido no circuito da Figura 6.53, tal que a potência nele dissipada seja numericamente igual às perdas no ferro.

F.e.m. induzida em regime senoidal: Em regime permanente senoidal, o campo magnético e, por sua vez, o fluxo magnético são grandezas variáveis senoidalmente no tempo, de modo que o cálculo da f.e.m. induzida nesse caso é muito simples.

Sendo

$$e = N \frac{d\phi}{dt}$$

com

$$\phi = \phi_{MAX} \, \mathrm{sen}(\omega t)$$

resulta

$$e = \omega N \varphi_{MAX} \cos(\omega t)$$

Assim sendo a f.e.m. induzida é também uma grandeza senoidal, com a mesma frequência de variação do campo magnético e com valor máximo dado por:

$$E_{MAX} = \omega N \phi_{MAX}$$

Em regime periódico, é comum representar as grandezas através de seu valor eficaz. No caso do regime permanente senoidal, o valor eficaz da f.e.m. induzida é tal que:

$$E_{ef} = \frac{E_{MAX}}{\sqrt{2}}$$

ou, ainda:

$$E_{ef} = 4,44 \cdot fN\phi_{MAX}$$

Representação das perdas no ferro: Como vimos, em um núcleo ferromagnético o fluxo magnético produzido pela bobina de excitação pode ser dividido em duas partes: uma parcela denominada fluxo de dispersão, oriunda do fato de a permeabilidade do material ser finita, cujo caminho das linhas está em sua maior parte no ar, e outra parcela (ϕ_M) cujas linhas se fecham exclusivamente pelo núcleo ferromagnético.

Assim sendo, é evidente que apenas a parcela do fluxo total produzido pela bobina de excitação, que se fecha pelo núcleo (ϕ_M), deve ser considerada na avaliação das perdas no ferro.

Como aproximação, podemos considerar, sem incorrer em erros apreciáveis, que nas condições normais de operação os materiais ferromagnéticos operam com os seguintes carregamentos:

- frequência de operação entre 50 Hz e 60 Hz;
- campo magnético máximo situado na faixa de 1,5 Wb/m² a 1,8 Wb/m².

Nessa condição podemos considerar que tanto as perdas Foucault como as perdas por histerese dependem do quadrado do valor máximo do campo magnético para uma frequência fixa na faixa de 50 Hz a 60 Hz, de modo que podemos escrever:

$$P_{FE} \approx K B_{MAX}^2 \qquad (6.36)$$

Por outro lado, o valor eficaz da tensão induzida pelo fluxo no núcleo, como vimos, é dado por:

$$E_m = 4{,}44 f N \phi_{MAX}$$

ou, ainda:

$$E_m = K_E B_{MAX} \qquad (6.37)$$

na qual:

$$K_E = 4{,}44 f N S$$

sendo S a área da seção transversal do núcleo.

Isolando B_{MAX} na Equação 6.37 e introduzindo o resultado obtido na Equação 6.36, obtemos:

$$P_{FE} \approx \frac{K}{K_E^2} E_M^2 \qquad (6.38)$$

Selecionando um resistor R_{FE}, tal que a potência nele dissipada seja numericamente igual às perdas no ferro, devemos impor:

$$P_{FE} \approx \frac{E_M^2}{R_{FE}} \qquad (6.39)$$

resulta que:

$$R_{FE} \approx \frac{K_M^2}{K} \qquad (6.40)$$

Tal resistência, denominada resistência de perdas no ferro, deverá ser inserida no circuito equivalente em paralelo com a f.e.m. induzida pelo fluxo no núcleo, como mostra a Figura 6.56.

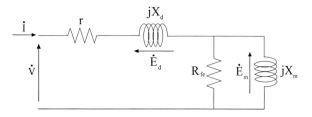

Figura 6.56: Circuito equivalente final – representação das perdas no ferro.

Exercício Resolvido 9

Um reator confeccionado com material ferromagnético de alta qualidade foi submetido a ensaios para determinação de seus parâmetros fornecendo os seguintes resultados:

a: medida da resistência própria da bobina: 1,2 Ω;
b: medida da tensão aplicada ao reator: 20 V a 60 Hz;
c: medida da corrente no reator 5 A;
d: medida da potência ativa consumida pelo reator 130 W.

Obs.: Para este problema, o fluxo de dispersão é desprezível.

Solução

De posse da resistência própria da bobina, podemos calcular suas perdas Joule, que resultam:

$$P_J \approx rI^2 = 1,2 \cdot 5^2 = 30 \ W$$

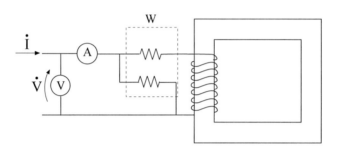

Figura 6.57: Ensaio do reator.

A potência ativa medida é a soma das perdas Joule na bobina com as perdas no ferro, isto é:

$$P = P_J + P_E$$

Então:

$$P_{FE} = 130 - 30 = 100 \ W$$

Sabendo que $P = 130$ W e $S = 200 \cdot 5 = 1000$ VA, resulta:

$$\cos(\varphi) = \frac{P}{S} = 0,13 \Rightarrow \varphi = 82,5°$$

Como temos um circuito indutivo, a corrente está atrasada em relação à tensão. Assumindo a tensão como referência de fase igual a zero, temos:

$$\dot{V} = 200e^{j0} = 200\angle 0°$$

$$\dot{I} = 5e^{-j82,5} = 5\angle -82,5°$$

Do circuito da Figura 6.57 podemos escrever:
$$\dot{E} = \dot{V} - r\dot{I}$$
$$\dot{E} = 200e^{j0} - 1,2 \cdot 5e^{-j82,5}$$
$$\dot{E} = 199,3e^{j71,5} [V]$$

De posse dessas grandezas, resulta:

$$R_{FE} = \frac{E^2}{P_{FE}} = 397 \; \Omega$$

A potência reativa é dada por:

$$Q = \sqrt{S^2 - P^2}$$
$$Q = \sqrt{1000 - 130}$$
$$Q = 991,5 \; VAr$$

De modo que a reatância de magnetização será dada por:

$$X_M = \frac{E^2}{Q}$$
$$X_M = \frac{199,3^2}{991,5} = 40 \; \Omega$$

Se quisermos saber o valor da indutância de magnetização basta efetuarmos a operação:

$$L_M = \frac{X_M}{\omega} = \frac{40}{377} = 106 \; mH$$

A Figura 6.58 mostra o circuito elétrico equivalente do reator.

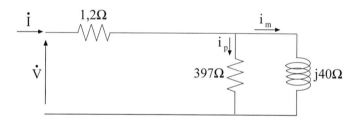

Figura 6.58: Circuito equivalente final.

6.10. Circuitos magneticamente acoplados

Até o momento discutimos a ação de campos magnéticos variáveis no tempo em circuitos magnéticos contendo apenas uma bobina de excitação. Ocorre, no entanto, que a grande maioria dos dispositivos eletromagnéticos que operam com campos magnéticos variáveis no tempo apresenta, em sua estrutura, duas ou mais bobinas compartilhando fluxos magnéticos, isto é, bobinas montadas sobre o mesmo circuito magnético, que denominamos magneticamente acoplados.

Em estruturas magnéticas desse tipo, parte do fluxo magnético produzido por uma das bobinas se concatenará com todas as demais bobinas do circuito magnético. A Figura 6.59 mostra um caso geral de n bobinas (ou circuitos) magneticamente acopladas.

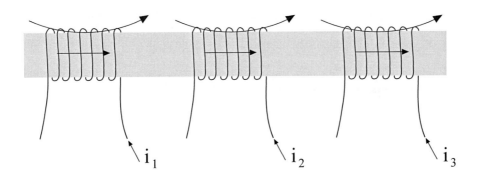

Figura 6.59: N bobinas magneticamente acopladas.

Se concentrarmos nossa atenção no k-ésimo circuito, o fluxo concatenado com esse circuito devido à circulação de corrente em todas as bobinas (ou circuitos) pode ser escrito como segue:

$$\lambda_K = \lambda_{K1} + \lambda_{K2} + ... + \lambda_{KK} + ... + \lambda_{KN} \tag{6.41}$$

na qual λ_{KJ} é o fluxo concatenado com o circuito k devido à circulação de corrente no circuito j.

Em circuitos magnéticos lineares, nos quais a permeabilidade é constante, o fluxo concatenado é diretamente proporcional à corrente, de modo que podemos escrever:

$$\lambda_{KJ} = M_{KJ} \cdot i_J \tag{6.42}$$

de modo que:

$$\lambda_K = M_{K1} \cdot i_1 + M_{K2} \cdot i_2 + ... + L_K \cdot i_K + ... + M_{KN} \cdot i_N$$

ou, ainda:

$$\lambda_K = L_K \cdot i_K + \sum_{j=1(j \neq k)}^{n} M_{KJ} \cdot i_J \tag{6.43}$$

Os coeficientes da Equação 6.43 são denominados:
L_K: indutância própria do circuito k;
M_{KJ}: mútua indutância entre o circuito k e o circuito j.

Demonstra-se que, em circuitos lineares, $M_{KJ} = M_{JK}$.

A Equação 6.43 segue um procedimento para a obtenção da indutância própria de um circuito e da mútua indutância entre esse circuito e um outro qualquer. Assim, se quisermos determinar a indutância própria do circuito k, devemos excitar a bobina k com uma corrente i_k qualquer com as demais correntes nulas e medir o fluxo concatenado com esse circuito e realizar a operação:

$$L_K = \left. \frac{\lambda_K}{i_K} \right|_{\substack{i_m=0 \\ m \neq k}} \tag{6.44}$$

No caso em que o objetivo é a determinação da mútua indutância entre o circuito *k* e o circuito *j*, devemos excitar apenas a bobina *j* com as demais correntes nulas e medir o fluxo concatenado com o circuito *k* e realizar a operação:

$$M_{KJ} = \left.\frac{\lambda_K}{i_J}\right|_{\substack{i_m=0 \\ m\neq k}} \tag{6.45}$$

■ **Exercício Resolvido 10**

A Figura 6.60 mostra uma estrutura magnética simétrica, confeccionada com material magnético linear, de permeabilidade magnética $\mu = 10^{-3} H/m$. Calcular:
a: a indutância própria da bobina A e da bobina B;
b: a mútua indutância entre a bobina A e a bobina B;
Obs.: as dimensões indicadas estão em cm.

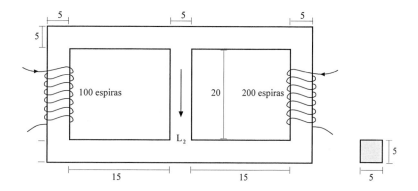

Figura 6.60: Estrutura magnética – dimensões em cm.

Solução

Cálculo das relutâncias:
  Braços laterais

$$l_1 = 0,65\ m$$

$$S = 25 \cdot 10^{-4}\ m^2$$

$$R_1 = \frac{0,65}{10^{-3} \cdot 25 \cdot 10^{-4}} = 2,6 \cdot 10^5\ (Aesp/m)$$

  Braço central

$$l_2 = 0,25\ m$$

$$S = 25 \cdot 10^{-4}\ m^2$$

$$R_2 = 1,0 \cdot 10^5\ (Aesp/m)$$

Cálculo da indutância própria da bobina A

Para o cálculo da indutância própria da bobina A, devemos alimentá-la com uma corrente $I_A \neq 0$ com $I_B = 0$. Assim, o circuito elétrico análogo assume a seguinte configuração vista na Figura 6.61.

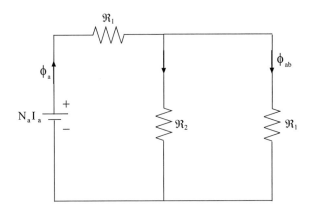

Figura 6.61: Circuito elétrico análogo.

A partir do circuito da Figura 6.61, obtém-se:

$$N_a i_a = R_{eq1} \cdot \phi_a$$

Logo:

$$\phi_a = \frac{N_a i_a}{R_{eq1}}$$

de modo que:

$$\lambda_a = N_a \phi_a = \frac{N_a^2 i_a}{R_{eq1}}$$

Lembrando que:

$$L_a = \left. \frac{\lambda_a}{I_a} \right|_{I_b = 0}$$

resulta:

$$L_a = \frac{N_a^2}{R_{eq1}}$$

Com

$$R_{eq1} = \frac{R_1 \cdot R_2}{R_1 + R_2} + R_1$$

Note que a indutância própria é diretamente proporcional ao quadrado do número de espiras e inversamente proporcional à relutância "vista" pela bobina.

Numericamente, temos:

$$L_a = \frac{100^2}{3{,}32 \cdot 10^5} = 30 \; mH$$

Cálculo da indutância própria da bobina B

Como a estrutura é simétrica, o cálculo da indutância própria da bobina B é totalmente idêntico ao da bobina A, de modo que:

$$L_b = \frac{200^2}{3,32 \cdot 10^5} = 120 \; mH$$

Cálculo da mútua indutância entre a bobina B e a bobina A

Para o cálculo da mútua indutância entre a bobina B e a bobina A, devemos alimentar a bobina A com uma corrente $I_A \neq 0$ com $I_B = 0$ e calcular o fluxo concatenado com a bobina B. Assim fazendo, o circuito elétrico análogo será o mesmo da Figura 6.61, de modo que:

$$\phi_{ab} = \frac{R_2}{R_1 + R_2} \phi_a$$

O fluxo concatenado com a bobina B será:

$$\lambda_b = N_b \phi_{ab}$$

ou, ainda:

$$\lambda_b = N_b \frac{R_2}{R_1 + R_2} \phi_a$$

Mas

$$\phi_a = \frac{N_a i_a}{R_{eq1}}$$

De forma que:

$$\lambda_b = N_b \frac{R_2}{R_1 + R_2} \cdot \frac{N_a i_a}{R_{eq1}}$$

Então:

$$M_{ab} = \left. \frac{\lambda_b}{i_a} \right|_{i_b=0}$$

resulta:

$$M_{ab} = \frac{N_a N_b R_2}{(R_1 + R_2) R_{eq1}}$$

Note que a mútua indutância depende diretamente do produto do número de espiras de cada bobina. Numericamente, obtém-se:

$$M_{ab} = 16,7 \; mH$$

Coeficiente de acoplamento

É comum definir um coeficiente indicativo da qualidade do acoplamento magnético existente entre duas bobinas. Tal coeficiente, denominado coeficiente de acoplamento, é originário do fato de que:

$$L_1 L_2 - M^2 > 0 \tag{6.46}$$

Define-se, portanto, o coeficiente de acoplamento k, tal que:

$$k^2 L_1 L_2 - M^2 = 0$$

ou, ainda:

$$k = \frac{M}{\sqrt{L_1 L_2}} \tag{6.47}$$

6.11. Energia armazenada no campo magnético em função das indutâncias próprias e mútuas

No Capítulo 4 introduzimos o conceito de energia elétrica armazenada no campo magnético, da qual derivou o conceito de histerese magnética. Nos circuitos magnéticos lineares, nos quais as propriedades físicas são constantes, é possível expressar essa energia em função das indutâncias próprias e das mútuas indutâncias dos circuitos (ou bobinas) magneticamente acoplados.

Como mostramos naquela ocasião, a densidade de energia elétrica armazenada no campo magnético é dada pela expressão:

$$\omega_m = \frac{1}{2} BH \left[\frac{J}{m^3} \right] \tag{6.48}$$

Em um circuito magnético linear, os campos magnéticos e intensidade magnética são constantes por trechos, de modo que a energia armazenada no seu volume é dada por:

$$W_m = \frac{1}{2} BHVol[J]$$

ou, ainda:

$$W_m = \frac{1}{2} (B \cdot \Delta S)(H \cdot \Delta l)$$

de modo que podemos expressar a energia elétrica armazenada no campo magnético como segue:

$$W_m = \frac{1}{2} \phi F$$

Lembrando que $F = Ni$ e que $\lambda = N\phi$, resulta também:

$$W_m = \frac{1}{2} \lambda i$$

Para um conjunto de n bobinas magneticamente acopladas, teremos:

$$W_m = \frac{1}{2} \sum_n \lambda_i i_1 \quad (i = 1,2,..,n)$$

Lembrando que:

$$\lambda_1 = L_1 i_i + \sum_{j=1(j \neq i)}^{n} M_j i_j$$

resulta:

$$W_m = \frac{1}{2}\sum_i L_i^2 i_i + \frac{1}{2}\sum_i \sum_{j(j\neq i)} M_{ij} i_i i_j \quad (i, j = 1,2,..,n) \tag{6.49}$$

No caso de duas bobinas magneticamente acopladas, o leitor poderá verificar que a energia elétrica armazenada pelo campo magnético é dada por:

$$W_m = \frac{1}{2}L_1 i_1^2 + \frac{1}{2}L_2 i_2^2 + M i_1 i_2$$

6.11.1. O condutor singelo

O estudo da distribuição de campo magnético produzido pela circulação de corrente em um condutor singelo leva-nos a identificar uma série de suas propriedades relevantes. A Figura 6.62 mostra esse condutor singelo cilíndrico, de cobre, percorrido pela corrente contínua I.

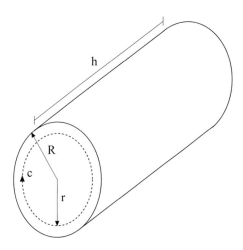

Figura 6.62: Condutor singelo.

Restringindo nossa análise apenas ao seu interior (o exterior será discutido adiante), vamos aplicar a *lei circuital de Ampère* (segunda equação de Maxwell) ao contorno C circular de raio $r < R$, como indicado na Figura 6.62.

A lei circuital de Ampère estabelece que:

$$\oint_C \vec{H}\cdot d\vec{l} = \int_S \vec{J}\cdot d\vec{S}$$

na qual desprezamos os efeitos da corrente de deslocamento $\frac{\partial \vec{D}}{\partial t} = 0$.

O leitor pode facilmente identificar por simetria que H é constante sobre C, de modo que:

$$\oint_C \vec{H}\cdot d\vec{l} = H 2\pi r$$

A corrente concatenada com C é uma parcela da corrente total e é calculada como segue:

$$\int_S \vec{J}\cdot d\vec{S} = \frac{I}{\pi R^2}\pi r^2$$

ou, ainda:

$$\int_s \vec{J} \cdot d\vec{S} = \frac{I}{R^2} r^2$$

de modo que podemos escrever:

$$H 2\pi r = \frac{I}{R^2} r^2$$

ou seja:

$$H = \frac{I}{2\pi R^2} r$$

O campo magnético resultante é dado por:

$$B = \frac{\mu_0 I}{2\pi R^2} r$$

A Figura 6.63 mostra o comportamento do campo magnético no interior do condutor em função de r.

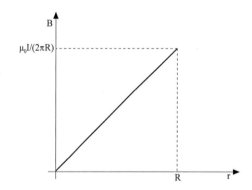

Figura 6.63: Campo magnético em função do raio.

Cálculo de parâmetros

O cálculo dos parâmetros (R, L ou C) dos componentes utilizados em eletricidade é de fundamental importância para a previsão do seu desempenho quando inserido em um circuito elétrico. No caso de condutor singelo, a resistência em corrente contínua (pois a resistência em corrente alternada pode ser diferente) é avaliada facilmente pela expressão:

$$R_C = \frac{h}{\sigma \pi R^2} [\Omega]$$

Quanto à indutância, podemos seguir dois caminhos distintos: o primeiro consiste em determinar o fluxo magnético concatenado com um contorno retangular de lados iguais ao raio e ao comprimento do condutor, como mostra a Figura 6.64.

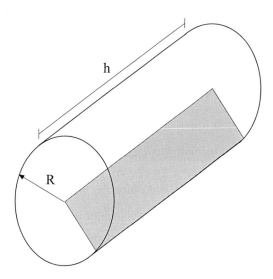

Figura 6.64: Área de cálculo do fluxo.

Esse procedimento é apresentado em detalhes por W. Stevenson. O segundo caminho é adotar um procedimento de cálculo com base na energia elétrica armazenada pelo campo magnético, a qual pode ser avaliada pela expressão:

$$W_m = \int_\tau \omega_M d\tau$$

na qual τ é o volume do condutor singelo e ω_M é a densidade volumétrica de energia armazenada que, em meios lineares, é dada por:

$$\omega_M = \frac{1}{2} BH$$

A energia elétrica armazenada pelo campo magnético também pode ser expressa por:

$$W_M = \frac{1}{2} L_{in} i^2$$

na qual L_{in} é a indutância devida ao campo magnético interno, também denominada "indutância interna" do condutor, de modo que podemos escrever:

$$\frac{1}{2} L_{in} i^2 = \int_\tau \frac{1}{2} BH d\tau$$

Substituindo B e H por seus valores na expressão anterior, obtém-se:

$$\frac{1}{2} L_{in} i^2 = \int_0^R \frac{1}{2} \cdot \frac{\mu_0 i}{2\pi R^2} \cdot r \cdot \frac{i}{2\pi R^2} \cdot rh 2\pi r dr$$

ou, ainda:

$$\frac{1}{2} L_{in} i^2 = \frac{\mu_0 i^2 h}{16\pi}$$

Portanto:

$$L_{in} = \frac{\mu_0 h}{8\pi}$$

Repare que a indutância própria do cabo singelo não depende do raio. É comum expressar essa indutância por unidade de comprimento. Para tal, basta impor na expressão anterior $h = 1$ m, resultando:

$$L_{in} = \frac{\mu_0}{8\pi} = 50 \cdot \left[\frac{pH}{m}\right]$$

É interessante esse resultado, pois a indutância interna por unidade de comprimento independe das dimensões do condutor.

6.11.2. Linha de transmissão de cabos paralelos

A mais simples das linhas de transmissão é aquela constituída por dois cabos singelos idênticos e paralelos. A Figura 6.65 mostra as duas vistas dessa linha: uma vista transversal, na qual estão indicadas as dimensões, e uma vista longitudional (ou superior).

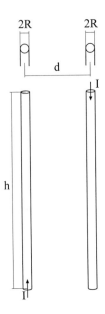

Figura 6.65: Linha de transmissão.

Vamos nos preocupar apenas com a distribuição de campo magnético externo aos condutores; o efeito do campo interno já foi discutido anteriormente.

O procedimento para a obtenção da indutância dessa linha de transmissão através da avaliação da energia não é interessante nesse caso, pois o volume que contém o campo magnético se estende ao infinito, prejudicando o cálculo da energia elétrica armazenada.

A maneira mais fácil de resolver o problema consiste em imaginar que a linha de transmissão seja constituída de uma sucessão de espiras, como mostra a Figura 6.66. Note que nos lados contíguos as correntes se cancelam.

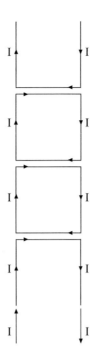

Figura 6.66: Espiras equivalentes da linha de transmissão.

Dessa forma, vamos calcular o fluxo concatenado com a espira devido à circulação de corrente I nela mesma. Nesse caso, precisamos determinar o comportamento do campo magnético B externo ao condutor singelo para poder calcular o fluxo concatenado com a espira.

A lei circuital de Ampère aplicada ao contorno circular de raio $r > R$ nos fornece:

$$B = \frac{\mu_0 I}{2\pi r}$$

Seja P o ponto genérico entre os condutores distante r do centro do condutor esquerdo e $d - r$ do centro do condutor direito. O campo magnético resultante, devido à circulação de corrente nos dois condutores, é igual a:

$$B = B_1 + B_2$$

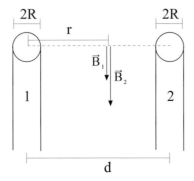

Figura 6.67: Cálculo do campo magnético.

na qual

$$B_1 = \frac{\mu_0 I}{2\pi r}$$

$$B_2 = \frac{\mu_0 I}{2\pi(d-r)}$$

Note que os campos são concordantes, de modo que:

$$B = \frac{\mu_0 I}{2\pi}\left(\frac{1}{r} + \frac{1}{d-r}\right)$$

O fluxo magnético (que também é igual ao fluxo concatenado, pois temos apenas uma espira) é dado por:

$$\lambda = \phi = \int_S \vec{B} \cdot d\vec{S}$$

$$\lambda = \int_R^{d-R} \frac{\mu_0 I}{2\pi}\left(\frac{1}{r} + \frac{1}{d-r}\right) h \cdot dr$$

Atente para os limites de integração, pois estamos contemplando apenas o fluxo externo aos condutores singelos, de modo que:

$$\lambda = \frac{\mu_0 I h}{\pi} \cdot \ln\left(\frac{d-R}{R}\right)$$

Como vimos, também: $\lambda = L_{ext} I$. Logo:

$$L_{ext} = \frac{\mu_0 h}{\pi} \cdot \ln\left(\frac{d-R}{R}\right)$$

por unidade de comprimento ($h = 1$ m):

$$L_{ext} = \frac{\mu_0}{\pi} \cdot \ln\left(\frac{d-R}{R}\right) \left[H/m\right]$$

Como, geralmente, $d \gg R$, podemos simplificar a expressão anterior, obtendo:

$$L_{ext} = \frac{\mu_0}{\pi} \cdot \ln\left(\frac{d}{R}\right) \left[H/m\right]$$

Finalmente, estamos em condições de calcular a indutância total, por unidade de comprimento, da linha de transmissão de dois condutores singelos e paralelos, de modo que podemos escrever:

$$L = 2L_{in} + L_{ext}$$

que resulta:

$$L = \frac{\mu_0}{4\pi} + \frac{\mu_0}{\pi} \cdot \ln\left(\frac{d}{R}\right) \left[H/m\right]$$

Note que foram contempladas as indutâncias internas dos dois condutores singelos.

6.11.3. Mútua indutância entre duas linhas

Todos já ouviram falar das influências de uma linha de transmissão em outras que estão nas suas proximidades. Esse efeito, genericamente denominado *crosstalk* quando as linhas são utilizadas em comunicações, é um dos grandes problemas que a engenharia elétrica enfrenta nas instalações de pequeno e grande porte, sobretudo nos dias atuais, quando convivemos com um grande número de redes aéreas, como linhas de transmissão de energia, linhas telefônicas físicas, redes de computadores etc. Esse inconveniente pode às vezes ser eliminado, afastando-se as linhas suficientemente; em outros, em face da impossibilidade do afastamento, convive-se com o fenômeno, tomando as devidas precauções de proteção contra transferências de tensões elevadas que podem ocasionar operação indevida ou até destruição de equipamentos sofisticados.

Um caso muito comum é o acoplamento magnético entre linhas de energia e linhas telefônicas. Vamos analisar uma situação como essa, na qual se quer determinar a mútua indutância entre as duas linhas. A Figura 6.68 mostra a situação física dessas duas linhas, na qual $a - a'$ é a linha de transmissão de energia percorrida pela corrente I (fonte) e $b - b'$ é a linha telefônica (vítima).

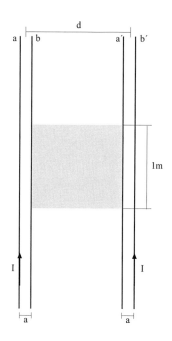

Figura 6.68: Mútua indutância entre linhas de transmissão.

A exemplo do item anterior, vamos considerar que as linhas sejam constituídas por uma sucessão de espiras retangulares, de modo que, para calcular a mútua indutância entre a linha telefônica e a linha de energia, devemos avaliar o fluxo concatenado com a linha telefônica desenergizada devido à circulação de corrente na linha de transmissão de energia.

Para tal, basta calcularmos o fluxo magnético na área compreendida pela linha telefônica como segue, tomando $h = 1$ m:

$$\lambda_{ba} = \int_{a}^{d-a} \frac{\mu_0 I}{2\pi} \left(\frac{1}{r} + \frac{1}{d-r} \right) \cdot dr$$

Note que nesse caso desprezamos as dimensões da seção transversal da linha telefônica, resultando:

$$\lambda_{ba} = \frac{\mu_0 I}{2\pi} \cdot \ln\left(\frac{d-a}{a} \right)$$

Mas $\lambda_{ba} = M \cdot I$, de modo que:

$$M = \frac{\mu_0}{2\pi} \cdot \ln\left(\frac{d-a}{a}\right) [H/m]$$

6.12. Transformador ideal

A mais importante aplicação dos circuitos magneticamente acoplados é o transformador. Sua invenção, no final do século XIX, consolidou a utilização da distribuição da energia elétrica através da corrente alternada senoidal, a qual acarretou um surto de desenvolvimento mundial inigualável até os dias atuais.

Sua constituição simples possibilitou o surgimento de um parque industrial imenso associado àquele invento, que elevou a qualidade de vida de uma parcela substancial da população do planeta.

A Figura 6.69 mostra a disposição física dos elementos constituintes de um transformador elementar, na qual identificamos:

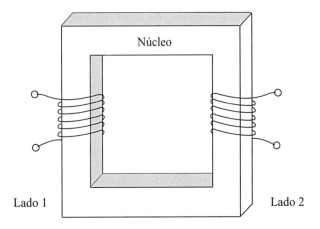

Figura 6.69: Transformador.

Núcleo: Confeccionado com material magnético de alta permeabilidade, como as chapas de aço silício laminadas, empilhadas e isoladas eletricamente umas das outras.

Enrolamentos: Confeccionados com material de alta condutividade, como o cobre, cujos condutores são revestidos com um material isolante, normalmente um verniz, e isolados eletricamente do núcleo. Os dois enrolamentos são diferentes no que concerne ao número de espiras e seção transversal do condutor, no entanto seus volumes são muito próximos. O lado 1, também denominado "primário", é conectado à fonte de alimentação e possui N_1 espiras; o lado 2, denominado "secundário", é conectado à carga e possui N_2 espiras.

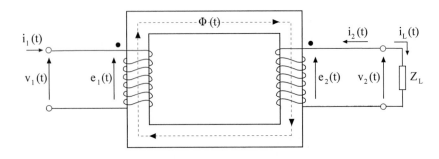

Figura 6.70: Convenções.

A Figura 6.70 mostra uma vista em corte do transformador na qual identificamos as seguintes grandezas elétricas:

$v_1(t)$: tensão no primário, normalmente imposta pela fonte;
$e_1(t)$: f.e.m. induzida no primário;
$v_2(t)$: tensão no secundário;
$e_2(t)$: f.e.m. induzida no secundário;
$i_1(t)$: corrente no primário;
$i_2(t)$: corrente no secundário;
ϕ_t: fluxo magnético mútuo.

Os sentidos indicados para as tensões e correntes obedecem à convenção do receptor.

Conceito de polaridade

Um conceito fundamental que envolve bobinas magneticamente acopladas é o conceito de polaridade de seus terminais, o qual estabelece: "dois terminais de bobinas distintas, magneticamente acopladas, apresentam a mesma polaridade quando correntes elétricas entrando simultaneamente por esses terminais produzirem fluxos magnéticos concordantes". Para indicar essa propriedade, esses terminais são demarcados com um mesmo símbolo, como o ponto, por exemplo. Observe, na Figura 6.70, os terminais que apresentam essa característica.

Circuito elétrico análogo

O circuito elétrico análogo do circuito magnético do transformador é mostrado na Figura 6.71, na qual identificamos:

$F_1 = N_1 i_1$: f.m.m. do primário

$F_2 = N_2 i_2$: f.m.m. do secundário

$R = \dfrac{1}{\mu}\dfrac{l}{S}$: relutância do circuito magnético

ϕ : fluxo magnético mútuo

O leitor deve observar os sentidos atribuídos às f.m.m, oriundos do conceito de polaridade das bobinas, como mostra a Figura 6.71.

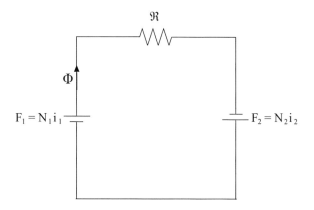

Figura 6.71: Circuito elétrico análogo.

Da análise do circuito elétrico análogo, obtém-se:

$$N_1 i_1 + N_2 i_2 = R\phi \qquad (6.50)$$

Características do transformador ideal

O transformador ideal apresenta as seguintes características:

- O núcleo tem permeabilidade magnética infinita; consequentemente, a relutância do núcleo tende a zero, de modo que todo o fluxo magnético está confinado em seu interior.
- O material condutor dos enrolamentos é ideal, isto é, com condutividade infinita; consequentemente, as resistências próprias das bobinas são nulas.

Como resultado dessas características, aplicando a lei de Faraday nos enrolamentos do primário e do secundário, obtêm-se:

$$e_1 = -N_1 \frac{d\phi}{dt}$$
$$e_2 = -N_2 \frac{d\phi}{dt}$$

resultando:

$$\frac{e_1}{e_2} = \frac{N_1}{N_2} = a$$

A relação $a = \frac{N_1}{N_2}$ é denominada relação de transformação do transformador. Note que, no transformador ideal, não há fluxo de dispersão, razão pela qual o fluxo magnético através dos dois enrolamentos é o mesmo.

A partir da aplicação da lei de Kirchoff ao primário e ao secundário, obtém-se:

$$v_1 = e_1 + r_1 i_1$$
$$v_2 = e_2 + r_2 i_2$$

Como $r_1 = r_2 = 0$ resulta:

$$v_1 = e_1$$
$$v_2 = e_2$$

Consequentemente:

$$\frac{v_1}{v_2} = \frac{e_1}{e_2} = a \qquad (6.51)$$

Como a relutância tende a zero, a relação 6,50 se reduz a:

$$N_1 i_1 + N_2 i_2 = 0$$

de modo que:

$$\frac{i_1}{i_2} = -\frac{1}{a} \qquad (6.52)$$

Da análise dos resultados obtidos nas relações 6.51 e 6.52, concluímos que as f.e.m apresentam polaridades concordantes, e as correntes, sentidos opostos, de modo que não é possível, em um transformador ideal, correntes elétricas entrando simultaneamente pelos terminais de mesma polaridade.

Potência elétrica instantânea

A potência elétrica instantânea fornecida ao primário é dada por:

$$p_1 = v_1 i_1$$

A potência elétrica instantânea fornecida ao secundário, por sua vez, é tal que:

$$p_2 = v_2 i_2 \qquad (6.53)$$

Aplicando as relações 6.50 e 6.51 em 6.52 obtém-se:

$$p_1 = (av_2)\left(-\frac{i_2}{a}\right)$$

ou, ainda:

$$p_1 = -v_2 i_2$$

de modo que

$$p_1 = -p_2 \qquad (6.54)$$

Conclui-se, portanto, que não é possível fornecer potência elétrica simultaneamente aos dois enrolamentos do transformador ideal, visto que a potência fornecida ao primeiro é igual à potência de saída do secundário.

Transformador ideal em carga

A Figura 6.72 mostra um esquema de transformador ideal no qual uma carga de impedância Z_L está conectada no secundário.

As grandezas envolvidas são as seguintes:

v_1: tensão aplicada ao primário;
e_1: f.e.m. induzida no primário;
v_2: tensão aplicada à carga;
e_2: f.e.m. induzida no secundário;
i_1: corrente no primário;
i_2: corrente no secundário;
$i_L = -i_2$: corrente na carga;
Z_L: impedância da carga [Ω].

No secundário, a impedância Z_L é tal que:

$$\frac{v_2}{i_L} = Z_L$$

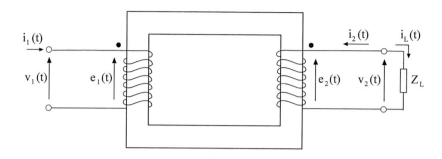

Figura 6.72: Transformador ideal em carga.

Essa impedância conectada no secundário é "vista" pelo primário apresentando um valor tal que:

$$Z'_L = \frac{v_1}{i_1}$$

Aplicando as relações 6.51 e 6.52, obtém-se:

$$Z'_L = \frac{av_2}{\frac{i_L}{a}}$$

ou, ainda:

$$Z'_L = a^2 Z_L \tag{6.55}$$

Conclui-se, pela relação 6.55, que uma impedância conectada no secundário é "refletida" para o primário a^2 vezes maior.

A Figura 6.75 mostra a equivalência do conjunto carga-transformador sob o ponto de vista da fonte.

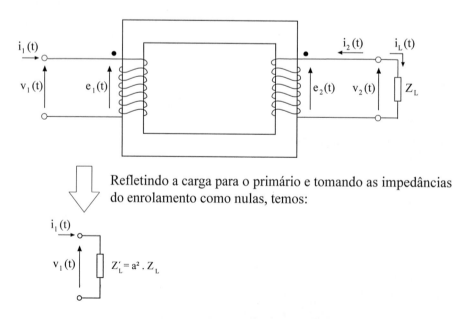

Figura 6.73: Reflexão de impedâncias.

Obs.: O conjunto transformador ideal alimentando uma carga de impedância Z_L é equivalente a uma carga de impedância $Z'_L = a^2 \cdot Z_L$ alimentada diretamente pela fonte.

6.13. Balanço de energia em sistemas eletromecânicos

Quando analisamos, no Capítulo 3, o fluxo de potência no eletromagnetismo através do teorema de Poynting, chegamos à seguinte expressão:

$$-\int_\tau \vec{E}_i \cdot \vec{J}\, d\tau - \oint_\Sigma \vec{E} \times \vec{H} \cdot d\vec{S} = \int_\tau \vec{E}_J \cdot \vec{J}\, d\tau + \int_\tau \vec{H} \cdot \frac{\partial \vec{B}}{\partial t}\, d\tau + \int_\tau \vec{E} \cdot \frac{\partial \vec{D}}{\partial t}\, d\tau \qquad (6.56)$$

Cada termo dessa expressão está associado a um determinado tipo de potência presente no fenômeno estudado. Assim, o primeiro termo do primeiro membro corresponde à potência elétrica gerada no volume através dos geradores de energia elétrica; o segundo termo, que é o fluxo do vetor de Poynting na superfície que delimita o volume, corresponde à potência elétrica que cruza essa superfície. O primeiro termo do segundo membro são as perdas Joule no volume; o segundo termo é a potência elétrica necessária para produzir o campo magnético e, finalmente, o último termo é a potência elétrica necessária para produzir o campo elétrico presente. Note que, nessa expressão, estão envolvidas apenas as potências elétricas associadas ao fenômeno eletromagnético, visto que se supõe a ausência de qualquer tipo de energia diferente da energia elétrica.

Ocorre que, nos dispositivos eletromagnéticos, nos quais há conversão de energia elétrica em mecânica ou vice-versa, devemos inferir outros termos na Equação 6.56 para contemplar uma eventual injeção de potência mecânica. Supondo que o dispositivo sob análise esteja envolvido por uma superfície fechada e excitado por fontes de baixa frequência (portanto, não há propagação!), concluímos:

1. O campo elétrico em um ponto dessa superfície distante r do centro de cargas é função de $1/r^2$ (lembre-se do campo elétrico produzido por carga pontual).
2. O campo magnético produzido pelos condutores em um ponto da superfície distante r do condutor é função de $1/r$. Consequentemente, o núcleo do vetor de Poynting é função de $1/r^3$. Integrando-o na superfície (isto é, multiplicando por uma função de r^2), resulta que o fluxo do vetor de Poynting sobre uma superfície envolvendo o dispositivo é uma função de $1/r$.

Estendendo essa superfície indefinidamente, isto é, fazendo $r \to \infty$, o fluxo do vetor de Poynting tende a zero. Nesse caso, devemos considerar a existência de uma eventual fonte de potência mecânica, a qual, convertida em potência elétrica, é a responsável pelo primeiro termo do teorema de Poynting.

Assim a Equação 6.56 pode ser escrita como:

$$P_{MEC} - \int_\tau \vec{E}_i \cdot \vec{J}\, d\tau = \int_\tau \vec{E}_J \cdot \vec{J}\, d\tau + \int_\tau \vec{H} \cdot \frac{\partial \vec{B}}{\partial t}\, d\tau + \int_\tau \vec{E} \cdot \frac{\partial \vec{D}}{\partial t}\, d\tau \qquad (6.57)$$

Multiplicando ambos os membros por dt, a expressão anterior se traduz na Expressão 6.58:

$$dE_{MECint} + dE_{GERint} = dE_{PERDAS} + dE_{MAG} + dE_{EL} \qquad (6.58)$$

na qual:

dE_{MECint}: energia mecânica total introduzida no sistema;

dE_{GERint}: energia elétrica introduzida no sistema;

dE_{PERDAS}: acréscimo de energia dissipada por efeito Joule;

dE_{MAG}: variação da energia elétrica armazenada no campo magnético.

A parcela dE_{MACint} contempla não apenas a energia mecânica introduzida no sistema através de algum agente externo, como também as variações de energia cinética e/ou potencial e as perdas por atrito existentes entre as partes móveis do dispositivo.

A energia mecânica total introduzida no sistema se relaciona com a energia mecânica fornecida pelo dispositivo ou retirada dele pela relação 6.59:

$$dE_{MECint} = -dE_{MECfor} \tag{6.59}$$

de modo que podemos rearranjar a Expressão 6.58 como segue:

$$dE_{MECfor} = dE_{GERint} - dE_{PERDAS} - dE_{MAG} - dE_{EL} \tag{6.60}$$

6.13.1. Sistema eletromagnético multiexcitado

Os dispositivos eletromagnéticos, como motores elétricos, geradores, atuadores e outros, apresentam vários enrolamentos acoplados magneticamente e com peças móveis que possibilitam movimentos de rotação ou lineares. Nesses equipamentos, o campo predominante é o campo magnético estabelecido nos materiais ferromagnéticos, de modo que a energia elétrica armazenada no campo elétrico é irrelevante em face da energia elétrica armazenada no campo magnético.

Dessa forma, a Equação 6.58 se reduz à expressão:

$$dE_{MECfor} = dE_{GERint} - dE_{PERDAS} - dE_{MAG} \tag{6.61}$$

O primeiro termo, como foi citado, contempla a energia mecânica total desenvolvida pelo sistema no intervalo dt, a qual inclui a energia mecânica útil, as perdas de energia por atrito entre as partes móveis e as variáveis de energia cinética e potencial no intervalo dt. Para cada enrolamento podemos escrever a relação :

$$v_i = e_i + r_i i_i \tag{6.62}$$

de modo que a variação da energia elétrica gerada é dada por:

$$dE_{GERint} = \sum_{i=1}^{N} v_i i_i dt$$

ou, ainda,

$$dE_{GERint} = \sum_{i=1}^{N} e_i i_i dt + \sum_{i=1}^{N} r_i i_i^2 dt \tag{6.63}$$

Sabemos, no entanto, que:

$$e_i = \frac{d\lambda_i}{dt}$$

e

$$\lambda_i = L_i i_i + \sum_{j=1(j\neq i)}^{N} M_{ij} i_j$$

de modo que:

$$e_i = \frac{d}{dt}(L_i i_i) + \frac{d}{dt}(\sum_{j=1(j\neq 1)}^{N} M_{ij} i_j)$$

ou, ainda:

$$e_i = L_i \frac{di_i}{dt} + i_i \frac{dL_i}{dt} + \sum_{j=1(j\neq i)}^{N} i_j \frac{dM_{ij}}{dt} + \sum_{j=1(j\neq i)}^{N} M_{ij} \frac{di_j}{dt} \qquad (6.64)$$

O acréscimo das perdas Joule no intervalo de tempo considerado é dado pela expressão:

$$dE_{PERDAS} = \sum_{i=1}^{N} r_i i_i^2 dt \qquad (6.65)$$

Quanto à variação da energia magnética armazenada, partimos da expressão da energia magnética expressa em função das indutâncias próprias e mútuas, como segue:

$$E_{MAG} = \frac{1}{2}\sum_{i=1}^{N} L_i i_i^2 + \frac{1}{2}\sum_{i}^{N} \sum_{j(j\neq i)}^{N} M_{ij} i_i i_j$$

de modo que:

$$dE_{MAG} = \frac{1}{2}\sum_{i=1}^{N} i_i^2 dL_i + \sum_{i=1}^{N} L_i i_i di_i + \frac{1}{2}\sum_{i}^{N} \sum_{j(j\neq i)}^{N} i_i i_j dM_{ij} + \sum_{i}^{N} \sum_{j(j\neq i)}^{N} M_{ij} i_i di_j \qquad (6.66)$$

Substituindo essas grandezas em 6.61, obtém-se a expressão:

$$dE_{MAGfor} = \frac{1}{2}\sum_{i=1}^{N} i_i^2 dL_i + \frac{1}{2}\sum_{i}^{N} \sum_{j(j\neq i)}^{N} i_i i_j dM_{ij} \qquad (6.67)$$

Admitindo um movimento de translação, podemos escrever:

$$dE_{MECfor} = F_{DES} \cdot dx$$

ou de rotação:

$$dE_{MECfor} = C_{DES} \cdot d\theta$$

de modo que a força desenvolvida no movimento de translação é dada pela expressão:

$$F_{DES} = \frac{1}{2}\sum_{i=1}^{N} i_i^2 \frac{dL_i}{dx} + \frac{1}{2}\sum_{i}^{N}\ \sum_{j(j\neq i)}^{N} i_i i_j \frac{dM_{ij}}{dx} \qquad (6.68)$$

e o conjugado desenvolvido em um dispositivo eletromagnético de rotação dado pela expressão :

$$C_{DES} = \frac{1}{2}\sum_{i=1}^{N} i_i^2 \frac{dL_i}{d\theta} + \frac{1}{2}\sum_{i}^{N}\ \sum_{j(j\neq i)}^{N} i_i i_j \frac{dM_{ij}}{d\theta} \qquad (6.69)$$

Convém, neste ponto, refletir um pouco sobre o resultado obtido. A produção de força ou conjugado por um dispositivo eletromagnético é a essência da conversão de energia e o princípio fundamental dos motores e geradores elétricos.

Note que, para que ocorra a conversão de energia elétrica, é necessário que durante o movimento ocorra uma das seguintes situações:

1. Variação da indutância própria com o movimento para os dispositivos eletromagnéticos simplesmente excitados, isto é, nos dispositivos de translação:

$$\frac{dL_i}{dx} \neq 0$$

nos dispositivos rotativos:

$$\frac{dL_i}{d\theta} \neq 0$$

2. Variação da mútua indutância entre os enrolamentos nos dispositivos multiplamente excitados, isto é, nos dispositivos de translação:

$$\frac{dM_{ij}}{dx} \neq 0$$

nos dispositivos rotativos:

$$\frac{dM_{ij}}{d\theta} \neq 0$$

Em equipamentos em que isso não ocorre não é possível a conversão de energia elétrica em mecânica e vice-versa.

6.14. As equações de Maxwell para meios em movimento

Em algumas situações, frequentemente encontradas nos equipamentos eletromecânicos, um campo magnético constante no tempo envolve um contorno em movimento.

Durante o movimento do contorno, o fluxo magnético com ele concatenado pode variar no tempo, induzindo uma força eletromotriz, apesar do campo magnético constante no tempo.

A Figura 6.76 ilustra um contorno rígido, dotado de velocidade e imerso em uma região onde a distribuição de campo magnético é constante no tempo.

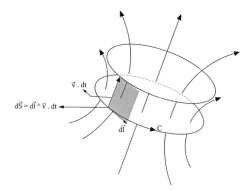

Figura 6.74: Contorno em movimento.

A variação elementar do fluxo magnético concatenado devido ao movimento do contorno ($d\phi$) é dada por:

$$d\phi = \oint_C \vec{B} \cdot (d\vec{l} \times \vec{v}\, dt)$$

de modo que:

$$e = -\frac{d\phi}{dt} = -\oint_C \vec{B} \cdot (d\vec{l} \times \vec{v})$$

Aplicando ao integrando a identidade vetorial $-\vec{A} \cdot (\vec{B} \times \vec{C}) = (\vec{C} \times \vec{A}) \cdot \vec{B}$, resulta:

$$e = -\frac{d\phi}{dt} = \oint_C (\vec{v} \times \vec{B}) \cdot d\vec{l} \tag{6.70}$$

A f.e.m. induzida devido ao movimento do contorno com campo magnético constante no tempo é denominada força eletromotriz mocional, ao passo que a f.e.m. induzida dada por

$$e = -\frac{d\phi}{dt} = -\oint_S \frac{\partial \vec{B}}{\partial t} \cdot d\vec{S} \tag{6.71}$$

devida à variação temporal do campo magnético é denominada força eletromotriz *variacional*.

Em situações em que, além do movimento do contorno há também uma variação temporal do campo magnético, a f.e.m. resultante terá as duas parcelas, de modo que a f.e.m. resultante nesse caso é dada por:

$$e = -\frac{d\phi}{dt} = -\oint_S \frac{\partial \vec{B}}{\partial t} \cdot d\vec{S} + \oint_C (\vec{v} \times \vec{B}) \cdot d\vec{l} \tag{6.72}$$

Assim sendo, a primeira equação de Maxwell reescrita para essa condição é dada por:

$$\oint_C \vec{E} \cdot d\vec{l} = -\oint_S \frac{\partial \vec{B}}{\partial t} \cdot d\vec{S} + \oint_C (\vec{v} \times \vec{B}) \cdot d\vec{l} \tag{6.73}$$

Apesar dessa distinção de tipos de f.e.m., a expressão

$$e = -\frac{d\phi}{dt} = -\frac{d}{dt}\oint_S \vec{B} \cdot d\vec{S} \tag{6.74}$$

é geral, pois ela pode também ser aplicada nos casos de campo magnético constante no tempo com o contorno em movimento, bastando para tanto expressar como o fluxo magnético concatenado varia no tempo com o deslocamento do contorno.

É interessante discutir o campo elétrico resultante quando temos presente apenas a f.e.m. de natureza mocional. Para tal devemos manipular 6.70 como segue:

$$\oint_C \vec{E} \cdot d\vec{l} = \oint_C (\vec{v} \times \vec{B}) \cdot d\vec{l}$$

ou, ainda:

$$\oint_C (\vec{E} - \vec{v} \times \vec{B}) \cdot d\vec{l} = 0$$

Aplicando o teorema de Stokes ao primeiro membro, obtém-se:

$$\int_X \nabla \times (\vec{E} - \vec{v} \wedge \vec{B}) \cdot d\vec{S} = 0$$

de modo que resulta:

$$\nabla \times (\vec{E} \rightarrow \vec{v} \times \vec{B}) = 0 \tag{6.75}$$

Como o rotacional é nulo, definimos, à semelhança de procedimentos anteriores, o potencial elétrico escalar como segue:

$$\vec{E} - \vec{v} \times \vec{B} = -\nabla V$$

de modo que:

$$\vec{E} = -\nabla V + \vec{v} \times \vec{B} \tag{6.76}$$

Uma análise do resultado obtido mostra que o campo elétrico tem dois componentes: o primeiro, resultante das cargas elétricas distribuídas no meio, denominado campo elétrico eletrostático, e o segundo, de natureza mocional, também denominado campo elétrico induzido, devido ao movimento relativo do contorno em relação ao campo magnético. São raríssimas as situações em que o campo magnético estacionário está presente em meios carregados com cargas elétricas, de modo que o primeiro termo do segundo membro de 6.76 é frequentemente nulo.

Fazendo:

$$\vec{E}' = -\nabla V$$

podemos escrever:

$$\vec{E} = \vec{E}' + \vec{v} \times \vec{B}$$

Uma última análise baseada no resultado anterior nos permite concluir que $\vec{E}$ é o campo elétrico visto pelo observador que está em movimento com o contorno, ao passo que $\vec{E}'$ é o mesmo campo elétrico visto pelo observador que está parado em relação ao campo magnético.

6.15. Exercícios propostos

■ Exercício 1

Circuito magnético linear: Em um anel de material de permeabilidade magnética relativa igual a 100, na forma de um toroide de raio médio 30 cm e seção transversal de 4 cm², é estabelecido um fluxo magnético de 10^{-7} Wb quando sua bobina é percorrida por uma corrente contínua de 0,4 A. Determine o número de espiras da bobina.

■ Exercício 2

Circuito magnético linear: Um toroide de madeira de seção transversal igual a 3 cm² e circunferência média igual a 20 cm é envolvido por uma bobina de excitação de 2.500 espiras. Determine:
a: o fluxo produzido por uma corrente contínua de 2 A;
b: a amplitude média do vetor intensidade de campo magnético;
c: a corrente contínua necessária para estabelecer um fluxo magnético de 10^{-4} Wb.

■ Exercício 3

Circuito magnético linear: A estrutura mostrada na Figura 6.75 é feita de material magnético de permeabilidade relativa 100. Uma corrente de 6,4 A circula na bobina de excitação, a qual tem 100 espiras. São dadas:
Relutância do trecho *ba f e*: 10^6 Aesp/m.
Relutância do trecho *be*: 10^6 Aesp/m
Relutância do trecho *bcde*: 10^6 Aesp/m

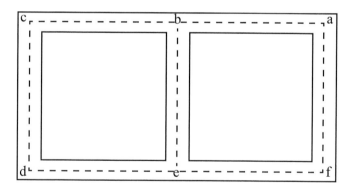

Figura 6.75: Exercício 3.

a: Desenhe o circuito elétrico análogo.
b: Calcule os fluxos magnéticos nos três braços do circuito magnético.

■ Exercício 4

Circuito magnético linear: Na estrutura do exercício anterior, determine a corrente necessária para estabelecer um fluxo magnético de $2 \cdot 10^{-4}$ Wb no trecho *bcde*.

■ Exercício 5

Circuito magnético não linear: Um toroide de aço fundido de seção transversal uniforme de 8 cm² tem circunferência média de 0,6 m. A bobina de excitação, uniformemente distribuída ao longo de toda a sua extensão, possui 300 espiras. Determine o fluxo em Webers quando a corrente contínua da bobina for igual a:

a: 1 A;
b: 2 A;
c: 4 A.

Responda às seguintes perguntas:
d: Quando a corrente duplica o fluxo também duplica? Explique.
e: Encontre o valor da corrente que deve circular na bobina para estabelecer no toroide o fluxo de $8 \cdot 10^{-4}$ Wb.

■ Exercício 6

Circuito magnético não linear: Determine a corrente necessária para estabelecer o fluxo de $7,6 \cdot 10^{-6}$ Wb na estrutura magnética da Figura 6.76. O núcleo é confeccionado com chapas de aço laminado com fator de empacotamento 0,95.

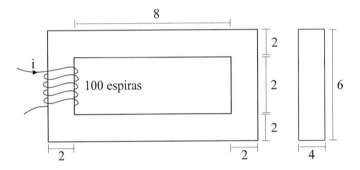

Figura 6.76: Exercício 6.

■ Exercício 7

Circuito magnético não linear: Para qual valor a corrente na bobina do exercício anterior deve ser aumentada devido à inserção de um entreferro não intencional de espessura igual a 1 mm no núcleo? Despreze eventual existência de fluxo de dispersão.

■ Exercício 8

Circuito magnético não linear: Na estrutura magnética da Figura 6.77, a densidade de fluxo magnético é igual a 0,8 Wb/m². O núcleo é constituído de chapas de aço laminado com fator de empacotamento igual a 0,9. Determine a f.m.m. e a corrente da bobina de excitação. Despreze o fluxo de dispersão na bobina.

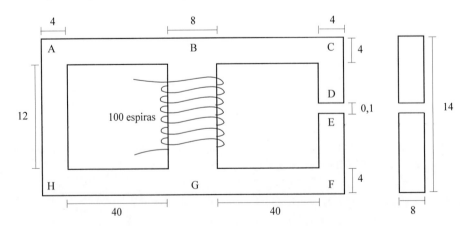

Figura 6.77: Exercício 8 – dimensões em cm

Exercício 9

Circuito magnético não linear: O núcleo magnético da Figura 6.78 é confeccionado de chapas de aço para transformadores. O fator de empacotamento é 0,85. O fluxo no entreferro é $6 \cdot 10^{-4}\,Wb$. Determine a f.m.m. e a corrente na bobina de excitação desprezando os fluxos de dispersão.

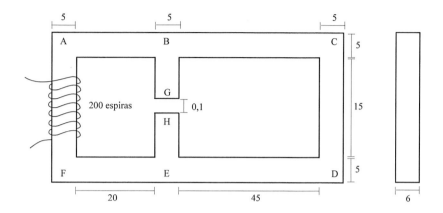

Figura 6.78: Exercício 9 – dimensões em cm.

Exercício 10

Circuito magnético não linear: O núcleo da Figura 6.79 é confeccionado de chapas de aço laminado. O fator de empacotamento é 0,90. Os fluxos nos três braços são: $\phi_A = 4 \cdot 10^{-4}\,Wb$, $\phi_B = 6 \cdot 10^{-4}\,Wb$ e $\phi_C = 2 \cdot 10^{-4}\,Wb$ nas direções indicadas. Determine a corrente em cada bobina dando sua intensidade e sentido.

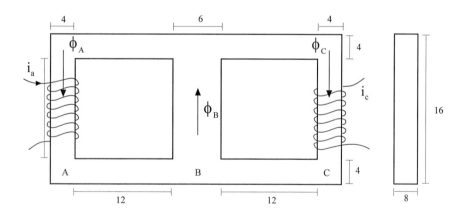

Figura 6.79: Exercício 10 – dimensões em cm.

Exercício 11

Circuito magnético não linear: No exercício anterior, se os fluxos nos braços A e B forem iguais a $4 \cdot 10^{-4}\,Wb$, no sentido anti-horário e o fluxo no braço C igual a zero, determine a intensidade e o sentido das correntes nas bobinas de excitação.

Exercício 12

Circuito magnético não linear: O núcleo magnético da Figura 6.80 tem seção transversal uniforme de 8 cm × 8 cm. Apresenta duas bobinas, uma no braço A e outra no braço B. A bobina A tem 1.000 espiras e é percorrida pela corrente contínua de 0,5 A no sentido indicado. Determine a corrente e seu respectivo sentido, que deve circular na bobina B de modo que se tenha fluxo nulo no braço central. A bobina B tem 200 espiras.

359

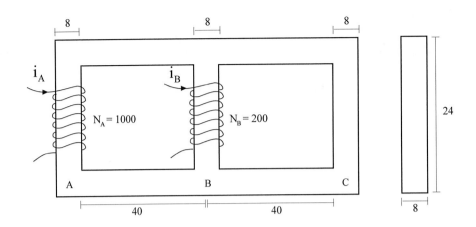

Figura 6.80: Exercício 12 – dimensões em cm.

■ Exercício 13

Circuito magnético não linear: A estrutura magnética da Figura 6.81 é confeccionada com chapas de aço laminado. Os braços laterais são simétricos e a seção transversal tem 5 cm × 5 cm. O fluxo magnético no entreferro é $25 \cdot 10^{-4}$ Wb. Determine a f.m.m. na bobina desprezando o fluxo de disposição, mas considerando o efeito de borda no entreferro.

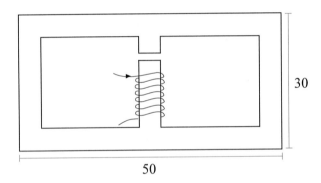

Figura 6.81: Exercício 13 – dimensões em cm.

■ Exercício 14

Excitação com corrente alternada: Um reator de núcleo de ferro tem perímetro médio de 1 m. A área da seção transversal é 60 cm². O número de espiras da bobina de excitação é 200. Determine a amplitude do campo magnético B_{MAX} no núcleo quando alimentado por uma tensão senoidal de 200 V eficaz a uma frequência de 60 Hz. A resistência da bobina pode ser desprezada.

■ Exercício 15

Excitação com corrente alternada: O perímetro médio do problema anterior é alterado para 1,5 m; tudo o mais permanece inalterado. Encontre B_{MAX} e justifique o resultado.

■ Exercício 16

Excitação com corrente alternada: Um entreferro de 1 mm de espessura é introduzido no núcleo do reator do Exercício 14; tudo o mais permanece inalterado. Encontre B_{MAX} e justifique o resultado.

Exercício 17

Autoindutância e mútua indutância: A estrutura magnética da Figura 6.82 é confeccionada com material magnético linear de permeabilidade relativa $\frac{10^4}{\pi}$. As bobinas dos braços A e B possuem 200 e 150 espiras, respectivamente. Determine:

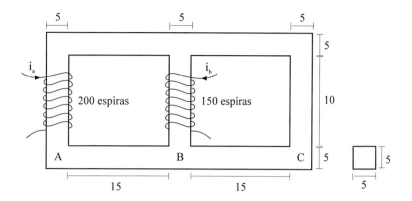

Figura 6.82: Exercício 17 – dimensões em cm.

a: a indutância própria das duas bobinas;
b: a mútua indutância entre elas;
c: o fator de acoplamento.

Exercício 18

Autoindutância e mútua indutância: Duas linhas de transmissão, uma de energia (A-A') e outra de telefonia (B-B'), são constituídas por condutores cilíndricos de raios 10 mm e 0,1 mm, respectivamente, dispostas como mostra a Figura 6.83. Determine:

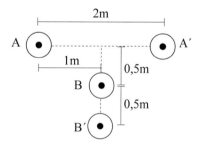

Figura 6.83: Exercício 18.

a: a indutância própria da linha de energia;
b: a indutância própria da linha de telefonia;
c: a mútua indutância entre as linhas.

Exercício 19

Transformadores: Um transformador é utilizado para o casamento de impedâncias entre um amplificador de som de impedância de saída 10 Ω e uma caixa de som de impedância 8 Ω. Qual deve ser a relação de transformação desse transformador?

Exercício 20

Transformadores: Um transformador monofásico ideal representado na Figura 6.84, apresenta as grandezas instantâneas indicadas. Complete a Tabela 6.3 indicando os terminais de mesma polaridade e os sentidos reais das tensões e correntes envolvidas.

Tabela 6.3: Exercício 20

Lado	V (V)	I (A)	N (esp.)	P (W)
Primário	440	138		
Secundário	13.800		1.200	

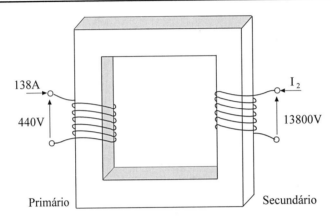

Figura 6.84: Exercício 20

Exercício 21

Transformadores: Um transformador monofásico ideal é alimentado por uma fonte de tensão senoidal de tensão $V_1 = 13.800$ V. A tensão na carga de impedância $\dot{Z} = (40 + j30)$ Ω é $V_2 = 4.000$ V. Determine:

- **a:** a corrente na carga e o respectivo fator de potência;
- **b:** a corrente no primário;
- **c:** a impedância vista pela fonte e o respectivo fator de potência;
- **d:** a potência ativa consumida pela carga;
- **e:** a potência ativa fornecida pela fonte.

Exercício 22

Transformadores: Determine as correntes nominais de um transformador de potência monofásico de 11 MV A, 13,8/0,66 kV e 60 Hz.

Exercício 23

Atuadores: Um eletroímã em forma de disco representado na Figura 6.85, é confeccionado com material magnético de alta permeabilidade, de modo que a f.m.m. necessária para estabelecer o fluxo magnético em seu interior é nula. A bobina, também circular, tem 400 espiras. Determine a força exercida na armadura do eletroímã para entreferros de 1 mm, 2 mm e 4 mm. Esboce a característica força × entreferro desprezando os efeitos de borda e do fluxo de dispersão.

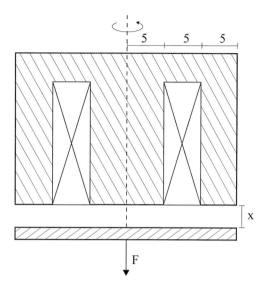

Figura 6.85: Exercício 23 – eletroímã.

■ Exercício 24

Meios em movimento: Uma bobina retangular de dimensões a e b com N espiras, representada na Figura 6.86, está imersa em um campo magnético constante de valor B_0, na direção indicada. A referida bobina gira em torno do seu eixo com velocidade angular $\omega(rad/s)$. Determine:

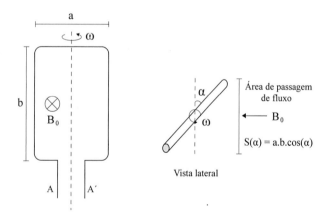

Figura 6.86: Exercício 24.

- **a:** a f.e.m. induzida na bobina aplicando o conceito de f.e.m. mocional a partir da relação $e = \oint_C (\vec{v} \wedge \vec{B}) \cdot d\vec{l}$, na qual C é o contorno da bobina;
- **b:** a f.e.m. induzida na bobina aplicando o conceito de f.e.m. variacional a partir da relação $e = -\dfrac{d\phi}{dt} = -\oint_S \dfrac{\partial \vec{B}}{\partial t} \cdot d\vec{S}$, na qual S é a área da bobina;
- **c:** o valor eficaz da tensão medida nos terminais AA';
- **d:** compare os resultados obtidos;
- **e:** repita os itens a, b e c supondo que o campo magnético seja variável no tempo e dado por $B_0 = \sqrt{2} \cdot B \cdot \cos(\omega t)$.

Campo Elétrico

Capítulo 7

7.1. Introdução

Uma das atividades mais interessantes da minha época de estudante foi quando visitamos a usina de Ilha Solteira, na divisa do estado de São Paulo com o estado de Mato Grosso. Estávamos no final de nosso curso, e aquela obra era o mais importante desafio do setor elétrico na época. Sua grandiosidade, aliada às modernas técnicas de projeto e construção, fascinava o nosso grupo e nos animava a enfrentar a vida profissional que estava para se iniciar.

Fomos recepcionados por vários engenheiros, os quais, após a divisão do nosso grupo em equipes, levaram-nos a passear pela obra. Vários equipamentos elétricos, de cuja existência sabíamos apenas por fotografias e desenhos, eram agora apresentados a nós em toda a sua plenitude.

Como a usina ainda não estava concluída, conseguimos penetrar nas partes internas dos hidrogeradores, dos condutores forçados, da turbina, que, em vista de suas dimensões, fazia nos sentir como insetos naquele ambiente.

O ponto alto (ao menos para mim) foi a visita à subestação de energia elétrica, a qual já funcionava, recebendo energia elétrica dos poucos hidrogeradores operantes e dirigindo-a para as linhas de transmissão, que a levaria para os grandes centros consumidores do estado de São Paulo.

Aquela subestação, construída em uma plataforma suspensa sobre o rio Grande, evidenciava que a quantidade de energia elétrica manipulada era enorme. Adentramos o ambiente da subestação e passamos sob barramentos energizados a 440 kV. O ruído era, no mínimo, preocupante. Nosso cicerone sugeriu que levantássemos o braço para sentir uma experiência única em nossa vida. A sensação foi estranha porque, além de ter sido possível ver claramente nossos pelos eriçados, nosso sangue parecia em ebulição.

Achamos melhor parar com a brincadeira e nos dirigir a um ambiente em que podíamos nos sentir mais seguros. Enfim nos foi explicado que tínhamos acabado de sentir o CAMPO ELÉTRICO!

Finalmente, algo que para mim era abstrato tornou-se palpável e sensível. Será que dá para sentirmos também o campo magnético? Pensei comigo.

Um grande passo no estudo da eletricidade foi a medida da força elétrica entre corpos carregados. Apesar de muito pouco difundido, Benjamin Franklin teve participação importante nesse importante acontecimento.

Em uma reunião na Royal Society, durante uma de suas muitas viagens a Londres como representante da colônia da Pensilvânia junto à coroa britânica, ele relatou a Joseph Priestley, descobridor do oxigênio (houve uma disputa com Lavoisier sobre a primazia dessa descoberta), sua peculiar descoberta envolvendo uma pequena bola de cortiça pendurada por uma linha e uma esfera metálica carregada. Quando a bola de cortiça é colocada no exterior da esfera metálica carregada, ela é fortemente atraída pela esfera, mas, quando a bola de cortiça é colocada no interior da esfera, nada acontece.

Priestley imediatamente associou esse efeito a relatos de Newton nos *Principia*, no qual demonstrava que uma pequena massa esférica no interior de uma casca esférica não poderia sofrer atração gravitacional desta como consequência do fato de a força gravitacional ser função do inverso do quadrado da distância entre os centros de massa. No entanto, não evoluiu nesses estudos.

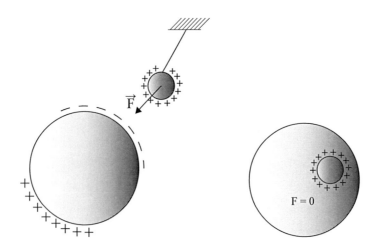

Figura 7.1: Experiência com esferas carregadas.

Inspirado nos argumentos de Priestley, o jovem pesquisador Henry Cavendish montou o experimento e constatou as observações de Franklin e, utilizando as ideias de Newton, demonstrou que a força de ação entre corpos eletricamente carregados era função do produto das cargas e inversamente proporcional ao quadrado da distância entre seus centros de cargas. Curiosamente, Cavendish não publicou seus resultados, e sua grande descoberta permaneceu desconhecida (só veio a ser conhecida quase cem anos após sua morte).

Cavendish foi um dos pesquisadores que cultivou a filosofia natural (nome dado à ciência a partir da Renascença) no seu sentido pleno, durante o século XVIII, e seu trabalho alcançou a mais profunda importância para a época. Era um milionário excêntrico que vivia recluso em casa e cujo trabalho só foi difundido e reconhecido através de suas palestras na Royal Society. Seu interesse envolvia química, física, mecânica, meteorologia, eletricidade e calor. Entre suas contribuições citamos a descoberta da composição da água, as propriedades do hidrogênio e a determinação da massa da Terra. Apesar dessas contribuições, Henry Cavendish é muito pouco lembrado nas biografias dos grandes cientistas, embora o significado de seu trabalho, a perfeição de sua técnica experimental e sua grande competência teórica sejam comparáveis às dos grandes cientistas de sua época, como Galileo, Newton, Lavoisier, Faraday e outros. Era extremamente tímido e reticente, e raramente publicava os resultados de suas pesquisas, razão pela qual só viemos a conhecer a lei da força de atração das cargas elétricas com o trabalho cuidadoso do militar francês Charles Augustin Coulomb (1736-1806) em 1785. Até hoje, a fórmula matemática descrevendo a força entre corpos carregados separados pelo ar é conhecida como lei de Coulomb. A moderna representação dessa lei é dada por:

$$\vec{F} = \frac{1}{4\pi\varepsilon_0} \cdot \frac{q_1 q_2}{r^2} \vec{u}_R \qquad (7.1)$$

na qual:

r: distância entre os centros de cargas em metros;
$\vec{u}_R$: vetor unitário na direção dos centros de carga;
ε_0: constante denominada permissibilidade dielétrica do ar (ou vácuo).

No Sistema Internacional, $\varepsilon_0 = \frac{10^{-9}}{36\pi}$ (faraday/metro).

Assim sendo, em uma região onde há presença de cargas elétricas, além das forças existentes entre elas, o espaço envolvente adquire propriedades que não apresentavam quando essas cargas não estavam presentes. Essa propriedade, que em sua essência consiste na capacidade de aplicar uma força em uma carga qualquer colocada nesse espaço envolvente, denomina-se campo elétrico ($\vec{E}$). Uma forma de dar uma dimensão a esse campo é medir a força resultante por unidade de carga elétrica presente nele. Adotando esse procedimento, o campo elétrico pode ser expresso da seguinte forma:

$$\vec{E} = \frac{\vec{F}}{q} \tag{7.2}$$

A dimensão do campo elétrico é newton/coulomb (N/C) ou ainda volts/metro (V/m), como veremos a seguir.

Note que o campo elétrico é uma grandeza vetorial e como tal tem característica pontual, de modo que:

$$\vec{E} = \vec{E}(x, y, z)$$

No Capítulo 3 foi introduzido o conceito de diferença de potencial, o qual representa o trabalho realizado por um agente externo para arrastar (muito lentamente) uma carga elétrica unitária entre dois pontos de um espaço (A e B, por exemplo) imerso em um campo elétrico. Essa diferença de potencial é escrita como segue:

$$V_{AB} = \frac{\tau}{q} = -\int_{A-B} \vec{E} \cdot d\vec{l} \tag{7.3}$$

A dimensão da diferença de potencial no Sistema Internacional é (Joule/Coulomb) denominada Volt ou simplesmente V. Uma análise dimensional de 7.3 mostra que o campo elétrico pode ser expresso em V/m. Uma relação importante, derivada da primeira equação de Maxwell em regime estacionário ($\frac{\partial}{\partial t} = 0$), já tocada marginalmente no Capítulo 4, é aquela na qual foi definida a função potencial elétrico.

Reescrevendo a primeira equação de Maxwell em regime estacionário na forma diferencial, obtém-se:

$$\nabla \times \vec{E} = 0 \tag{7.4}$$

A característica da função potencial elétrico provém da identidade vetorial:

$$\nabla \times \nabla f = 0 \tag{7.5}$$

a qual estabelece que o rotacional do gradiente de uma função escalar é identicamente nulo, qualquer que seja aquela função, de modo que podemos supor que o campo elétrico presente em 7.4 seja derivado do gradiente de uma função escalar; podemos então escrever:

$$\vec{E} = -\nabla V \tag{7.6}$$

na qual V é uma função escalar, denominada função potencial elétrico, cujo sinal negativo foi ali colocado por mera conveniência.

Convém tecer algumas considerações sobre essa função. A função potencial elétrico é uma função escalar que descreve como varia a diferença de potencial entre um ponto qualquer do espaço e um ponto fixo adotado como referência, para o qual a referida função assume um valor constante (costuma-se adotar valor nulo para a função nesse ponto). Ela também é tal que a diferença entre seus valores calculados em dois pontos distintos é numericamente igual à diferença de potencial entre esses dois pontos, a qual pode ou não ser medida através de instrumentos, isto é:

$$V_{AB} = V(B) - V(A) = -\int_{A-B} \vec{E} \cdot d\vec{l} \tag{7.7}$$

na qual $V(A)$ e $V(B)$ são os valores da função potencial, também chamados de potenciais absolutos, nos pontos A e B, respectivamente. Não é demais destacar que o potencial absoluto de um ponto nada mais é do que a diferença de potencial entre esse ponto e uma referência arbitrária escolhida para dar unicidade à função potencial.

No sistema de coordenadas cartesianas, o gradiente da função potencial é calculado como segue:

$$\nabla V = \frac{\partial V}{\partial x}\vec{u}_x + \frac{\partial V}{\partial y}\vec{u}_y + \frac{\partial V}{\partial z}\vec{u}_z \tag{7.8}$$

7.2. A eletrostática

A eletrostática se resume na obtenção da distribuição de campo elétrico em uma região do espaço, em regime estacionário, conhecidas as cargas elétricas com suas respectivas posições e as propriedades elétricas do dielétrico que as separa. Apenas a primeira e a quarta equações de Maxwell são necessárias nesse estudo (Tabela 7.1), as quais, somadas à definição da função potencial:

$$\vec{E} = -\nabla V$$

e a relação constitutiva:

$$\vec{D} = \varepsilon \vec{E}$$

fornecem todas as ferramentas suficientes para o completo estudo da eletrostática.

Tabela 7.1: Equações de Maxwell

Equação	Forma Integral	Forma Diferencial
I	$\oint_C \vec{E} \cdot d\vec{l} = 0$	$\nabla \times \vec{E} = 0$
IV	$\oint_\Sigma \vec{D} \cdot d\vec{S} = \int_\tau \rho_v d\tau$	$\nabla \cdot \vec{D} = \rho_v$

Observe que as equações da eletrostática são independentes do campo magnético, evidenciando um desacoplamento (existência de um sem a necessidade da existência do outro) entre o campo elétrico e o campo magnético em regime estacionário.

7.3. As Equações de Poisson e Laplace

As equações anteriores descrevem suficientemente a eletrostática e, a princípio, resolvem qualquer problema dessa natureza. Uma manipulação destas equações muitas vezes facilita sua solução, na medida em que explora com propriedade as facilidades introduzidas pela função potencial.

Trabalhando com as equações de Maxwell na forma diferencial:

$$\nabla \times \vec{E} = 0 \tag{7.9}$$

$$\nabla \cdot \vec{D} = \rho_v \tag{7.10}$$

com a relação constitutiva:

$$\vec{D} = \varepsilon \vec{E} \tag{7.11}$$

e com a definição da função potencial elétrico:

$$\vec{E} = -\nabla V \tag{7.12}$$

podemos escrever, substituindo 7.12 em 7.11 e o resultado obtido em 7.10, o que se segue:

$$\nabla \cdot \varepsilon \nabla V = -\rho_v \tag{7.13}$$

a qual é denominada equação de Poisson. Para obter a correspondente equação homogênea de 7.14, basta fazer $\rho_v = 0$, denominada equação de Laplace, isto é:

$$\nabla \cdot \varepsilon \nabla V = 0 \tag{7.14}$$

Ambas são válidas em meios não homogêneos, isto é, meios cuja propriedade física pode variar com a posição $\varepsilon = \varepsilon(x, y, z)$. Aplicando a 7.14 a identidade vetorial:

$$\nabla \cdot a\vec{B} = a\nabla \cdot \vec{B} + \vec{B} \cdot \nabla a$$

na qual a é uma função escalar e $\vec{B}$ um campo vetorial qualquer, resulta:

$$\nabla V \cdot \nabla \varepsilon + \varepsilon \nabla \cdot (\nabla V) = -\rho_v \tag{7.15}$$

Em um meio homogêneo, no qual as propriedades físicas são constantes em toda a sua extensão, temos $\nabla \varepsilon = 0$ e, desde que $\nabla(\nabla)V = \nabla^2 V$, obtém-se:

$$\nabla^2 V = -\frac{\rho_v}{\varepsilon} \tag{7.16}$$

A correspondente equação homogênea (equação de Laplace) é dada por:

$$\nabla^2 V = 0 \tag{7.17}$$

Vários problemas são resolvidos através da integração direta da equação de Poisson (ou Laplace). Dois casos se apresentam: aqueles em que a função potencial elétrico depende de uma única variável do sistema de coordenadas e aqueles em que a função potencial depende de duas ou de todas elas.

No primeiro caso, a integração é muito simples, mas na segunda situação a solução dos problemas exige técnicas mais avançadas, como técnica da separação de variáveis, transformação de Fourier, mapeamento conforme ou métodos numéricos, dentre os quais destacamos o método das diferenças finitas, o método dos momentos, o método dos elementos finitos.

Vamos nos restringir apenas aos casos simples, cujo bom entendimento conferirá alto grau de análise para problemas mais complexos.

Nos casos em que a função potencial depende de mais de uma variável de integração, a solução analítica de alguns poucos problemas, apesar da elegância matemática, não será objeto de estudo neste texto, visto que o desenvolvimento avançado dos recursos computacionais priorizou os métodos numéricos em detrimento das técnicas analíticas.

■ Exercício Resolvido 1

Um capacitor de placas paralelas e planas, separadas por uma distância d é submetido a uma diferença de potencial V_0, como mostra a Figura 7.2. Determinar a função potencial e o campo elétrico no dielétrico, desprezando o efeito de borda das extremidades das placas.

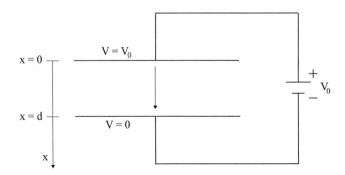

Figura 7.2: Exercício Resolvido 1.

Solução

Primeiramente, vamos adotar uma referência para a função potencial. Como essa adoção é arbitrária, vamos impor potencial nulo na placa inferior e, como consequência, o potencial absoluto da placa superior deve ser V_0.

Como o efeito de borda é desprezado, a função potencial depende apenas da variável x, ou seja $V = V(x)$, que é a mesma direção do campo elétrico.

Como o dielétrico é homogêneo e isento de cargas, a equação de Laplace deve ser obedecida, isto é:

$$\nabla^2 V = 0$$

ou, ainda:

$$\frac{\partial^2 V}{\partial x^2} + \frac{\partial^2 V}{\partial y^2} + \frac{\partial^2 V}{\partial z^2} = 0$$

Como, devido à simetria:

$$\frac{\partial V}{\partial y} = \frac{\partial V}{\partial z} = 0$$

resulta:

$$\frac{\partial^2 V}{\partial x^2} = 0$$

Integrando a equação diferencial anterior em relação a x duas vezes, obtém-se:

$$V(x) = C_1 x + C_2$$

As constantes de integração C_1 e C_2 são obtidas através das condições de contorno do problema, as quais para $x = 0$ resulta $V(0) = V_0$ e para $x = d$ resulta $V(d) = 0$, de modo que se obtém:

$$V_0 = C_2$$

$$0 = C_1 d + V_0$$

resultando, para a função potencial, a seguinte função:

$$V(x) = -\frac{V_0}{d} x + V_0$$

Conclui-se, portanto, que o potencial absoluto entre as placas de um capacitor de placas planas e paralelas varia linearmente com a posição.

De posse da função potencial, obtém-se facilmente o campo elétrico a partir de 7.6 como segue:

$$\vec{E} = -\nabla V = -\frac{\partial V}{\partial x}\vec{u}_x - \frac{\partial V}{\partial y}\vec{u}_y - \frac{\partial V}{\partial z}\vec{u}_z$$

obtendo-se:

$$\vec{E} = -\nabla V = -\frac{\partial V}{\partial x}\vec{u}_x = \frac{V_0}{d}\vec{u}_x$$

o qual resulta constante entre as placas do capacitor.

■ **Exercício Resolvido 2**

Um cabo coaxial é confeccionado com um condutor interno cilíndrico de raio a e uma casca condutora cilíndrica externa de raio b, concêntrica ao condutor interno. Esses dois condutores são separados por um dielétrico. Uma diferença de potencial V_0, constante, é aplicada entre os condutores. Determine a função potencial e a distribuição de campo elétrico no dielétrico.

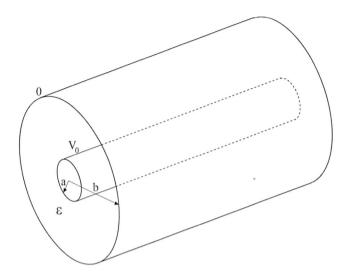

Figura 7.3: Exercício Resolvido 2 – cabo coaxial.

Solução

Devido à simetria do cabo, o sistema de coordenadas adequado para esse problema é o sistema de coordenadas cilíndricas, com o eixo z coincidente com o eixo do cabo. Como referência para o potencial absoluto, atribuiremos potencial nulo à casca cilíndrica. Como consequência, um potencial absoluto V_0 deverá ser imposto ao condutor interno.

A simetria nos sugere também que o potencial absoluto é função exclusiva de r (distância de um ponto qualquer do dielétrico ao centro do cabo), de modo que podemos escrever $V = V(r)$. Essa simetria só pode ser considerada se o cabo for suficientemente longo, de modo a se poder desprezar os efeitos do espraiamento presente em suas extremidades.

Note que as superfícies equipotenciais (superfícies cujos pontos têm o mesmo potencial absoluto) são superfícies cilíndricas centradas com o eixo do cabo. Temos, então, as seguintes condições de contorno: $V(a) = V_0$ e $V(b) = 0$.

Supondo o dielétrico isento de cargas elétricas ($\rho_v = 0$) e homogêneo, pode-se aplicar a equação de Laplace na sua solução.

Lembrar que, em coordenadas cilíndricas, o laplaciano é expresso por:

$$\nabla^2 V = \frac{1}{r}\frac{\partial}{\partial r}(r\frac{\partial V}{\partial r}) + \frac{1}{r^2}\frac{\partial^2 V}{\partial \phi^2} + \frac{\partial^2 V}{\partial z^2}$$

Diante do exposto, obtém-se:

$$\nabla^2 V = \frac{1}{r}\frac{\partial}{\partial r}(r\frac{\partial V}{\partial r}) = 0 \qquad (7.18)$$

pois:

$$\frac{\partial V}{\partial \phi} = \frac{\partial V}{\partial z} = 0$$

Integrando 7.18 em relação a r, obtém-se:

$$r\frac{\partial V}{\partial r} = C_1$$

ou, ainda:

$$\frac{\partial V}{\partial r} = \frac{C_1}{r}$$

Integrando novamente em relação a r, resulta:

$$V = C_1 \ln r + C_2$$

Impondo-se as condições de contorno especificadas, obtém-se:

$$V_0 = C_1 \ln a + C_2$$

e

$$0 = C_1 \ln b + C_2$$

resulta:

$$C_1 = -\frac{V_0}{\ln(\frac{b}{a})}$$

$$C_2 = \frac{V_0}{\ln(\frac{b}{a})} \cdot \ln b$$

De modo que:

$$V = -\frac{V_0}{\ln(\frac{b}{a})} \ln r + \frac{V_0}{\ln(\frac{b}{a})} \cdot \ln b$$

ou, ainda:

$$V = \frac{V_0}{\ln(\frac{b}{a})} \cdot \ln(\frac{b}{r})$$

O campo elétrico é facilmente obtido aplicando-se 7.6, a qual expressa em coordenadas cilíndricas resulta:

$$\vec{E} = -\nabla V = -\frac{\partial V}{\partial r}\vec{u}_r - \frac{1}{r}\frac{\partial V}{\partial \phi}\vec{u}_\phi - \frac{\partial V}{\partial z}\vec{u}_z$$

com:

$$\frac{\partial V}{\partial \phi} = \frac{\partial V}{\partial z} = 0$$

resulta:

$$\vec{E} = -\nabla V = \frac{V_0}{r \ln(\frac{b}{a})}\vec{u}_r \qquad (7.19)$$

Convém discutir um pouco o resultado obtido em 7.19 e entender algumas implicações tecnológicas que esse resultado impõe. O gráfico da Figura 7.4 mostra o comportamento da amplitude do campo elétrico no dielétrico em função de r.

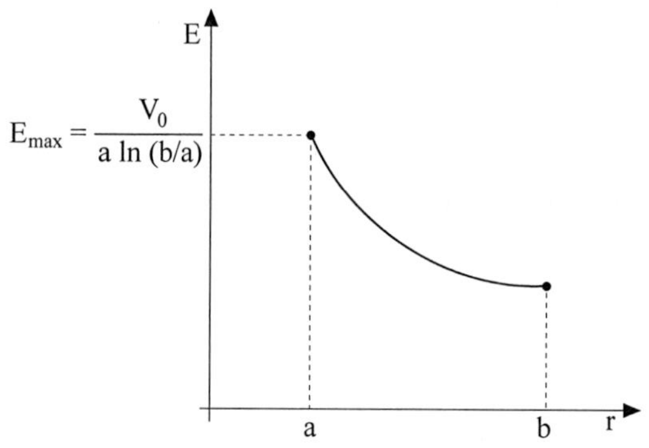

$$E_{max} = \frac{V_0}{a \ln (b/a)}$$

Figura 7.4: Variação de E em função de r.

Fica evidente que o valor máximo do campo elétrico é observado na superfície do condutor interno e é tal que:

$$E_{MAX} = \frac{V_0}{a \ln(\frac{b}{a})}$$

Nos cabos de energia que são submetidos à alta tensão, o campo elétrico atinge valores elevados e deve ser controlado de modo a não ultrapassar a rigidez dielétrica do isolante (rigidez dielétrica é o máximo campo elétrico suportável por um isolante; o ar seco, por exemplo, apresenta rigidez dielétrica de 3 kV/mm). Cuidado adicional deve ser dado à superfície externa do condutor interno, de maneira a minimizar o surgimento de irregularidades (p. ex., "fiapos") oriundas da extrusão, a maioria das quais visíveis apenas por microscópio (podendo chegar a dimensões de dezenas de mícrons), pois o campo elétrico nas suas extremidades pode facilmente superar a rigidez dielétrica do isolante, tornando-se uma fonte potencial de defeito no cabo.

■ **Exercício Resolvido 3**

Um capacitor esférico é constituído de uma esfera condutora interna de raio *a*, envolvida por uma casca esférica concêntrica de raio *b* > *a* separadas por um dielétrico. O acesso à esfera interna é realizado através de um fio fino introduzido por um pequeno orifício na esfera externa. Determinar a função potencial elétrico e a distribuição de campo elétrico no dielétrico, supondo-o homogêneo e isento de cargas, quando uma diferença de potencial V_0 é aplicada entre as placas.

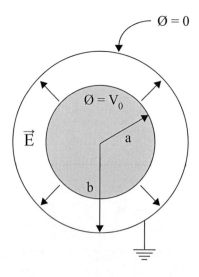

Figura 7.5: Capacitor esférico.

Solução

Devido à simetria, o sistema de coordenadas adequado para esse problema é o sistema de coordenadas esféricas, com a origem coincidente com o centro do capacitor. Como referência para o potencial absoluto, atribuiremos potencial nulo à casca esférica externa. Como consequência, um potencial absoluto V_0 deverá ser imposto à esfera interna.

A exemplo do problema anterior, a simetria sugere também que o potencial absoluto é função exclusiva de r (distância de um ponto qualquer do dielétrico ao centro do cabo), de modo que podemos escrever $V = V(r)$.

Note que as superfícies equipotenciais são esféricas e concêntricas aos condutores. Temos, então, as seguintes condições de contorno: $V(a) = V_0$ e $V(b) = 0$.

Como o dielétrico é homogêneo e isento de cargas, a equação de Laplace é novamente aplicada.

Lembrar que, em coordenadas esféricas, o *laplaciano* é expresso por:

$$\nabla^2 V = \frac{1}{r^2}\frac{\partial}{\partial r}(r^2 \frac{\partial V}{\partial r}) + \frac{1}{r^2 \operatorname{sen}\theta}\frac{\partial}{\partial \theta}(\operatorname{sen}\theta \frac{\partial V}{\partial \phi}) + \frac{1}{r^2 \operatorname{sen}^2 \theta}\frac{\partial^2 V}{\partial \phi^2}$$

Diante do exposto, obtém-se:

$$\nabla^2 V = \frac{1}{r^2}\frac{\partial}{\partial r}(r^2 \frac{\partial V}{\partial r}) = 0 \qquad (7.20)$$

pois:

$$\frac{\partial V}{\partial \phi} = \frac{\partial V}{\partial z} = 0$$

Integrando 7.20 em relação a r, obtém-se:

$$r^2 \frac{\partial V}{\partial r} = C_1$$

ou, ainda:

$$\frac{\partial V}{\partial r} = \frac{C_1}{r^2}$$

Integrando novamente em relação a r, resulta:

$$V = -\frac{C_1}{r} + C_2$$

Impondo as condições de contorno especificadas, obtém-se:

$$V_0 = -\frac{C_1}{a} + C_2$$

e

$$0 = -\frac{C_1}{b} + C_2$$

Assim sendo:

$$C_1 = -\frac{ab}{b-a}V_0$$

$$C_2 = -\frac{a}{b-a}V_0$$

De modo que, após alguma manipulação matemática, resulta:

$$V = \frac{a}{b-a} \cdot \frac{b-r}{r}V_0$$

O campo elétrico é facilmente obtido aplicando 7.6, a qual, expressa em coordenadas esféricas, resulta:

$$\vec{E} = -\nabla V = -\frac{\partial V}{\partial r}\vec{u}_r - \frac{1}{r}\frac{\partial V}{\partial \theta}\vec{u}_\theta - \frac{1}{r\,\text{sen}\,\theta}\frac{\partial V}{\partial \phi}\vec{u}_\phi$$

com:

$$\frac{\partial V}{\partial \phi} = \frac{\partial V}{\partial \theta} = 0$$

resulta:

$$\vec{E} = -\nabla V = \frac{ab}{r^2(b-a)}V_0\vec{u}_r \tag{7.21}$$

O gráfico da Figura 7.6 mostra o comportamento da amplitude do campo elétrico no dielétrico em função de r, evidenciando que o valor máximo do campo elétrico é observado na superfície da esfera interna e é tal que:

$$E_{MAX} = \frac{b}{a(b-a)}V_0$$

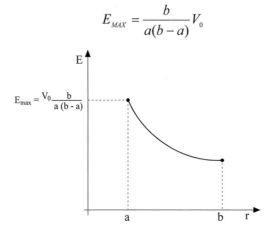

Figura 7.6: Variação de E em função de r.

Devido à dificuldade de construção, o capacitor esférico tem apenas interesse didático. É possível demonstrar que o capacitor esférico é, dentre os demais, o que fornece maior capacidade por unidade de volume, isto é, apresenta o menor volume de material por unidade de capacitância.

■ **Exercício Resolvido 4**

Um cabo coaxial de raio interno a e externo b é preenchido por um dielétrico não homogêneo, isento de cargas, cuja permissibilidade elétrica é dada por $\varepsilon = \dfrac{k}{r}$ ($a \le r \le b$). Uma diferença de potencial V_0, constante, é aplicada ao cabo. Determine a função potencial e o campo elétrico no dielétrico desse cabo.

Solução

Como discutido no Exercício Resolvido 3, a simetria permite-nos adotar $V = V(r)$. No entanto, como o dielétrico não é homogêneo e isento de cargas, a equação a ser aplicada é a equação de Laplace completa, expressa em 7.14, isto é:

$$\nabla \cdot \varepsilon \nabla V = 0 \qquad (7.22)$$

sendo $V = V(r)$ a expressão, os operadores gradiente e divergente se reduzem a:

$$\nabla V = \frac{\partial V}{\partial r} \vec{u}_r$$

e

$$\nabla \cdot \vec{F} = \frac{1}{r} \frac{\partial}{\partial r}(rF_r)$$

na qual:

$$F_r = \varepsilon \frac{\partial V}{\partial r} = \frac{k}{r} \frac{\partial V}{\partial r}$$

Substituindo esses resultados em 7.22, obtém-se:

$$\frac{1}{r} \frac{\partial}{\partial r}\left[k \frac{\partial V}{\partial r}\right] = 0$$

cuja solução é do tipo:

$$V = \frac{C_1}{k} r + C_2$$

As constantes de integração C_1 e C_2 são obtidas a partir da aplicação das condições de contorno, de modo que podemos escrever:

$$V_0 = \frac{C_1}{k} a + C_2$$

$$0 = \frac{C_1}{k} b + C_2$$

resultando:

$$C_1 = -\frac{k}{b-a} V_0$$

$$C_2 = \frac{b}{b-a} V_0$$

Como consequência, a função potencial, após alguma manipulação matemática, é dada por:

$$V = \frac{b-r}{b-a} V_0$$

e o campo elétrico resultante, por:

$$\vec{E} = -\frac{\partial V}{\partial r} \vec{u}_r = \frac{V_0}{b-a} \vec{u}_r$$

7.4. Capacitância

A Universidade de Leiden, na Holanda, é um centro destacado de pesquisa científica. Já forneceu ganhadores do Prêmio Nobel, sendo o mais lembrado o prêmio dado a Pieter Zeeman (1865-1943) e compartilhado com Hendrick Lorentz, devido à sua descoberta (experiência realizada escondida de seus superiores) dos efeitos do campo magnético na luz, em 1902.

Essa universidade também ficou conhecida por ter sido o local em que ocorreu o primeiro acidente creditado à eletricidade, com o pesquisador Peter van Musschenbrock (1692-1761).

Musschenbrock conectou os terminais de um gerador (que naquele tempo era do tipo eletrostático, isto é, gerava energia elétrica através do atrito de materiais isolantes como o enxofre, a madeira e outros materiais; o primeiro gerador desse tipo foi o construído por Otto von Guericke, em 1660, na Universidade de Magdeburgo, na Alemanha, conhecida pela famosa experiência dos hemisférios puxados por cavalos) a uma garrafa metálica, a qual tinha uma rolha perfurada por um tubo também metálico. Cada terminal do gerador foi devidamente ligado a seu condutor correspondente, um terminal conectado ao tubo metálico e outro à garrafa propriamente dita. O único fenômeno físico visual observado foram algumas faíscas na ligação. Ao desfazer o circuito inadvertidamente, levou um choque elétrico de grandes proporções ao tocar simultaneamente o tubo e o seu invólucro. Esse fenômeno é muito conhecido dos estudantes a partir das experiências de carga e descarga de capacitores em circuitos elétricos.

A experiência de Musschenbrock foi o advento da descoberta do capacitor como grande armazenador de energia elétrica, e a garrafa de Leiden entrou para a história como o primeiro capacitor da eletricidade.

Faraday também contribuiu para o entendimento das propriedades do capacitor ao observar que um circuito excitado por fonte de tensão variável no tempo permanecia fechado ao introduzir um capacitor, descobrindo o que veio a ser chamado mais tarde por Maxwell de corrente de deslocamento.

Para o eletromagnetismo, dois condutores quaisquer separados por um dielétrico constituem um capacitor, de modo que naqueles conectados a uma fonte de tensão uma quantidade de carga elétrica Q é transferida de um condutor para outro, tornando um dos condutores carregado com carga positiva (+Q) e o outro condutor carregado com carga negativa (–Q), como mostra a Figura 7.7.

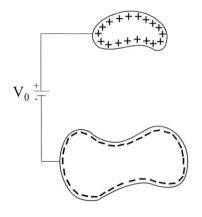

Figura 7.7: Capacitor.

Nos capacitores confeccionados com um ou vários dielétricos lineares, isto é, aqueles em que a permeabilidade é constante, a quantidade de carga separada é diretamente proporcional à diferença de potencial aplicada, de modo que definimos sua capacidade C pela relação:

$$C = \frac{Q}{V}$$

sendo

$$V = V_a - V_b = -\int_{A-B} \vec{E} \cdot d\vec{l}$$

a diferença de potencial entre os condutores.

A dimensão da capacidade do capacitor no Sistema Internacional é o Coulomb/Volt (C/V), também denominado faraday (F).

A carga elétrica armazenada é calculada a partir da lei de Gauss (quarta equação de Maxwell) aplicada a uma superfície fechada envolvendo um dos condutores. Podemos, então, expressar a capacitância de um sistema eletrostático como segue:

$$C = \frac{\oint_\Sigma \vec{D} \cdot d\vec{S}}{-\int_{A-B} \vec{E} \cdot d\vec{l}} \qquad (7.23)$$

Na expressão anterior, a superfície de integração consiste em uma superfície fechada envolvendo a placa do capacitor carregada positivamente, e o caminho A-B é um caminho (qualquer) ligando as duas placas, de modo que o ponto A está sobre a placa negativa e o ponto B sobre a placa positiva.

■ **Exercício Resolvido 5**

Determine a capacitância de um capacitor de placas paralelas e planas de área S, separadas por uma distância d por meio de um dielétrico homogêneo de permissividade elétrica ε desprezando o efeito de borda nas extremidades das placas.

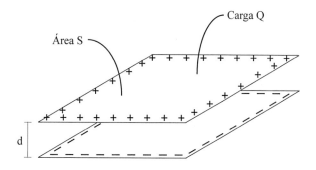

Figura 7.8: Capacitor de placas paralelas.

Solução

À superfície fechada Σ envolvendo a placa superior vamos aplicar a quarta equação de Maxwell (lei de Gauss da eletrostática), isto é:

$$\oint_\Sigma \vec{D} \cdot d\vec{S} = Q \qquad (7.24)$$

Note que apenas a parte da superfície sob a placa está sujeita a um fluxo do vetor deslocamento. Sobre a placa, o campo elétrico é nulo e, como consequência, o fluxo do vetor deslocamento na parte superior da superfície Σ é nula. Não estamos considerando o efeito do espraiamento das linhas de campo nas bordas da placa, visto que normalmente sua influência não é relevante na avaliação da capacitância. Assim sendo, podemos escrever:

$$\oint_\Sigma \vec{D} \cdot d\vec{S} = DS$$

pois E e, consequentemente, D são constantes sob a placa. Resulta, então:

$$DS = Q$$

Lembrando que $\vec{D} = \varepsilon \vec{E}$ e que $E = \dfrac{V_0}{d}$, obtém-se:

$$\varepsilon \frac{V_0}{d} S = Q$$

Logo:

$$C = \frac{Q}{V_0} = \frac{\varepsilon S}{d} (F)$$

Uma análise da expressão anterior possibilita avaliar que, para conseguir capacitância elevada em um capacitor de placas paralelas, devemos ter placas com grandes superfícies e distância entre as placas reduzida. Um procedimento para atingir esse objetivo consiste em construir as placas com folhas finas condutoras (p. ex., alumínio), separadas por uma camada de papelão isolante e enrolá-las como um rocambole. Como a separação entre as placas é pequena, o campo elétrico pode ser elevado, de modo que todo cuidado deve ser tomado para que ele não supere a rigidez dielétrica do isolante.

■ **Exercício Resolvido 6**

Determinar a capacitância por unidade de comprimento de um cabo coaxial de raio interno a e raio externo b. Esses dois condutores são separados por um dielétrico de permissividade elétrica ε.

Solução

A Figura 7.9 mostra o cabo coaxial de comprimento l, energizado com uma diferença de potencial V_0, idêntico ao cabo do Exercício Resolvido 3. Nessa figura está indicada uma superfície fechada cilíndrica (Σ), de raio $a < r < b$ centrada com o cabo, sobre o qual vamos aplicar a quarta equação de Maxwell.

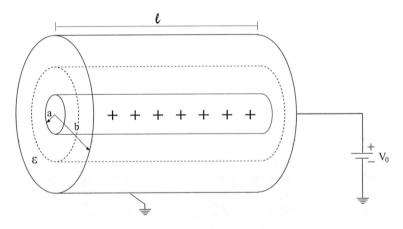

Figura 7.9: Cabo coaxial.

Como o campo elétrico é radial ($\vec{E} = E\vec{u}_r$), o fluxo do vetor deslocamento ($\oint_\Sigma \vec{D} \cdot d\vec{S}$) se dará apenas pela superfície lateral da superfície cilíndrica, visto que nas tampas frontal e traseira o vetor deslocamento ($\vec{D} = D\vec{u}_r$) e o vetor área elementar ($d\vec{S}$) são ortogonais.

Por outro lado, sobre a superfície (Σ) r é constante, de modo que o campo elétrico, e consequentemente o vetor deslocamento, é constante sobre Σ, de modo que podemos escrever:

$$\oint_\Sigma \vec{D} \cdot d\vec{S} = DS$$

Resulta, então:

$$DS = Q$$

Lembrando que $\vec{D} = \varepsilon \vec{E}$ e que $E = V_0 / [r \ln(\frac{b}{a})]$, obtém-se:

$$\varepsilon \frac{V_0}{r \ln(\frac{b}{a})} \cdot 2\pi r l = Q$$

então:

$$C = \frac{Q}{V_0} = \frac{2\pi \varepsilon l}{\ln(\frac{b}{a})} (F)$$

Por unidade de comprimento:

$$\frac{C}{l} = \frac{2\pi \varepsilon}{\ln(\frac{b}{a})} (F/m)$$

Obs.: Note que sempre se procura uma superfície de integração particular, tal que sobre ela o campo elétrico seja constante porque, assim fazendo, a realização da integral torna-se muito simples.

■ **Exercício Resolvido 7**

Vamos calcular agora a capacitância do capacitor esférico do Exercício Resolvido 3.

Solução:

Nesse caso, a superfície fechada S mais conveniente é uma superfície esférica de raio $a < r < b$, sobre a qual o campo elétrico é constante. diante da simetria, podemos escrever:

$$DS = Q$$

Lembrando $E = \frac{ab}{r^2(b-a)} V_0$, obtém-se:

$$\varepsilon \frac{ab}{r^2(b-a)} V_0 \cdot 4\pi r^2 = Q$$

Então:

$$C = \frac{Q}{V_0} = \frac{4\pi \varepsilon}{\frac{1}{a} - \frac{1}{b}} (F)$$

Uma aplicação interessante desse resultado é a avaliação da capacitância de uma esfera metálica suspensa no espaço. Esferas desse tipo são muito utilizadas em laboratórios de alta tensão para a realização de ensaios de sobretensão.

Como essas esferas estão suspensas sobre um plano perfeitamente condutor, denominado plano de terra, podemos supor que a esfera metálica seja o condutor interno de um capacitor esférico de raio igual ao seu raio envolvido por uma casca condutora esférica de raio infinito.

Assim sendo, a capacitância dessa esfera de raio a é obtida a partir da capacitância do capacitor esférico, com $b \to \infty$, resultando:

$$C_{ESF} = \frac{Q}{V_0} = 4\pi\varepsilon a (F)$$

■ **Exercício Resolvido 8**

As placas de área S de um capacitor de placas paralelas estão separadas por dois dielétricos de permissividade ε_1 e ε_2, como mostra a Figura 7.10. Determinar a capacitância desse capacitor.

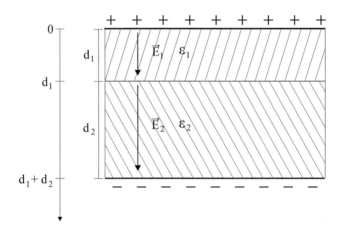

Figura 7.10: Capacitor com dois dielétricos.

Solução

Seguindo o procedimento indicado, envolvemos a placa superior por uma superfície fechada e aplicamos a quarta equação de Maxwell.

$$\oint_\Sigma \vec{D} \cdot d\vec{S} = Q$$

Como já discutimos, o "fluxo" do vetor deslocamento não depende do meio, de modo que, para a superfície fechada em questão, obtemos o mesmo resultado anterior, isto é:

$$D = \frac{Q}{S}$$

Quanto ao campo elétrico em cada região, em face da diferença de permissividade elétrica, resulta:

$E_1 = \dfrac{D}{\varepsilon_1} = \dfrac{Q}{\varepsilon_1 S}$, para a região de espessura d_1;

$E_2 = \dfrac{D}{\varepsilon_2} = \dfrac{Q}{\varepsilon_2 S}$, para a região de espessura d_2.

A diferença de potencial entre as placas pode ser expressa como segue:

$$V_0 = -\int_{d_1+d_2}^{0} \vec{E} \cdot d\vec{l} = -\int_{d_1+d_2}^{d_1} \vec{E}_2 \, d\vec{l} - \int_{d_1}^{0} \vec{E}_1 \cdot d\vec{l}$$

ou, ainda:

$$V_0 = E_2 d_2 + E_1 d_1$$

Substituindo E_1 e E_2 por seus valores, obtém-se:

$$V_0 = \frac{Q d_2}{\varepsilon_2 S} + \frac{Q d_1}{\varepsilon_2 S}$$

de modo que a capacitância resultante é tal que:

$$C = \frac{Q}{V_0} = \frac{1}{\dfrac{d_1}{\varepsilon_1 S} + \dfrac{d_2}{\varepsilon_2 S}}$$

Note que esse resultado é idêntico à capacitância equivalente da associação série de dois capacitores parciais, tais que:

$C_1 = \dfrac{d_1}{\varepsilon_1 S}$: capacitor de placas paralelas de área S e separação entre placas d_1;

$C_2 = \dfrac{d_2}{\varepsilon_2 S}$: capacitor de placas paralelas de área S e separação entre placas d_2.

Assim sendo, podemos escrever:

$$C = \frac{Q}{V_0} = \frac{1}{\dfrac{1}{C_1} + \dfrac{1}{C_2}}$$

■ **Exercício Resolvido 9**

As placas de área S de um capacitor de placas paralelas estão separadas por dois dielétricos de permissividades ε_1 e ε_2, como mostra a Figura 7.11. Determinar a capacitância desse capacitor.

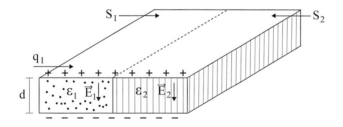

Figura 7.11: Capacitor com dois dielétricos.

Solução

Essa configuração de dielétricos implica campos elétricos paralelos na superfície de separação. Aplicando as condições de contorno dos componentes tangenciais do campo elétrico, em que $E_{t1} = E_{t2}$, resulta:

$$E_1 = E_2 = E = \frac{V_0}{d}$$

de modo que o vetor deslocamento em cada meio pode ser escrito como segue:

$$D_1 = \frac{Q_1}{S_1} = \varepsilon_1 E, \text{ para a região de } \varepsilon = \varepsilon_1$$

383

$$D_2 = \frac{Q_2}{S_2} = \varepsilon_2 E \text{, para a região de } \varepsilon = \varepsilon_2$$

A carga total nas placas é a soma das cargas parciais de cada região; como consequência, podemos escrever:

$$Q = Q_1 + Q_2 = \varepsilon_1 S_1 E + \varepsilon_2 S_2 E$$

ou, ainda:

$$Q = Q_1 + Q_2 = \frac{V_0}{d}(\varepsilon_1 S_1 + \varepsilon_2 S_2)$$

resultando:

$$C = \frac{Q}{V_0} = \frac{\varepsilon_1 S_1}{d} + \frac{\varepsilon_2 S_2}{d}$$

Esse mesmo resultado é obtido fazendo-se a associação em paralelo de dois capacitores parciais C_1 e C_2, tais que:

$C_1 = \frac{\varepsilon_1 S_1}{d}$: capacitor de placas paralelas de área S_1, distância entre placas d_1 e dielétrico com permissividade elétrica ε_1;

$C_2 = \frac{\varepsilon_2 S_2}{d}$: capacitor de placas paralelas de área S_2, distância entre placas d_2 e dielétrico com permissividade elétrica ε_2.

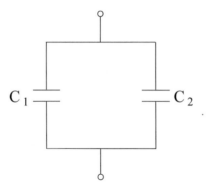

Figura 7.12: Capacitor equivalente.

Importante: Os resultados obtidos nos Exercícios Resolvidos 8 e 9 podem ser generalizados para qualquer número de dielétricos.

7.5. Energia em sistemas eletrostáticos

Seja q_1 uma carga elétrica pontual. As superfícies equipotenciais são esféricas em virtude de a distribuição de potencial elétrico variar exclusivamente com r, a distância de um ponto qualquer à carga.

Seguindo procedimento idêntico ao aplicado ao capacitor esférico, a equação de Laplace se reduz a:

$$\nabla^2 V = \frac{1}{r^2}\frac{\partial}{\partial r}(r^2 \frac{\partial V}{\partial r}) = 0$$

pois:

$$\frac{\partial V}{\partial \phi} = \frac{\partial V}{\partial z} = 0$$

Integrando-a uma vez em relação a r, obtém-se:

$$\frac{\partial V}{\partial r} = \frac{C_1}{r^2}$$

Integrando novamente em relação a r, resulta:

$$V = -\frac{C_1}{r} + C_2$$

O campo elétrico é tal que:

$$\vec{E} = -\frac{\partial V}{\partial r}\vec{u}_R = -\frac{C_1}{r^2}\vec{u}_R$$

E o vetor deslocamento:

$$\vec{D} = \varepsilon_0 \vec{E} = -\varepsilon_0 \frac{C_1}{r^2}\vec{u}_R$$

Integrando-o sobre uma superfície esférica de raio r envolvendo a carga e com centro sobre ela, pela quarta equação de Maxwell resulta a própria carga, isto é:

$$\oint_\Sigma \vec{D} \cdot d\vec{S} = q_1$$

que, diante da simetria, produz:

$$D 4\pi r^2 = q_1$$

de modo que:

$$-\varepsilon_0 \frac{C_1}{r^2} 4\pi r^2 = q_1$$

Portanto:

$$C_1 = -\frac{q_1}{4\pi\varepsilon_0}$$

Impondo uma referência tal que para $r \to \infty$ resulte $V = 0$, obtém-se $C_2 = 0$, de modo que:

$$V = \frac{q_1}{4\pi\varepsilon_0 r}$$

Esse resultado já é conhecido do leitor desde ensino médio, e é uma expressão que faz parte do dia a dia no estudo da eletricidade.

Vamos agora calcular o trabalho necessário para levar uma carga q_2 de um ponto remoto no infinito até uma posição r da carga q_1, como mostra a Figura 7.13.

Figura 7.13: Trabalho sobre a carga q₂.

Supondo que o esforço aplicado à carga q_2 provoque um movimento quase estacionário, o trabalho dado por:

$$\tau = \int_{\infty}^{r} \vec{F}_{ext} \cdot d\vec{l}$$

pode ser escrito como segue:

$$\tau = -q_2 \int_{\infty}^{r} \vec{E} \cdot d\vec{l}$$

que resulta:

$$\tau = \frac{q_1 q_2}{4\pi\varepsilon_0 r}$$

Esse trabalho é armazenado tal como uma energia potencial, de modo que a energia elétrica armazenada (nome dado a essa energia potencial) pode ser escrita como:

$$W_{12} = \frac{q_1 q_2}{4\pi\varepsilon_0 r}$$

Se uma terceira carga q_3 for trazida do infinito, a energia elétrica armazenada total será:

$$W_{12} + W_{13} = \frac{q_1 q_2}{4\pi\varepsilon_0 r_{12}} + \frac{q_1 q_3}{4\pi\varepsilon_0 r_{13}} \tag{7.25}$$

na qual:
r_{12}: distância entre as cargas q_1 e q_2;
r_{13}: distância entre as cargas q_1 e q_3.
Note que a Equação 7.25 pode ser expressa como segue:

$$W_{123} = \frac{1}{2}\sum_{i=1}^{3} q_1 \sum_{i=1}^{3} \frac{q_j}{4\pi\varepsilon_0 r_{ij}} \; i \neq j \tag{7.26}$$

Para um sistema eletrostático com N cargas pontuais, obtém-se:

$$W_E = \frac{1}{2}\sum_{i=1}^{N} q_1 \sum_{i=1}^{N} \frac{q_j}{4\pi\varepsilon_0 r_{ij}} \; i \neq j \tag{7.27}$$

Note que o termo:

$$V_i = \sum_{i=1}^{N} \frac{q_j}{4\pi\varepsilon_0 r_{ij}} \tag{7.28}$$

corresponde ao potencial eletrostático do ponto onde está situada a *i*-ésima carga, devido à ação de todas as cargas do sistema (exceto dela mesma).

Temos, então:

$$W_E = \frac{1}{2}\sum_{i=1}^{N} q_i V_i \qquad (7.29)$$

O resultado anterior pode ser generalizado para um volume carregado com cargas elétricas distribuídas segundo uma densidade volumétrica de cargas elétricas $\rho(C/m^3)$. Nesse caso, a Equação 7.29 resulta:

$$W_E = \frac{1}{2}\int_{\tau} \rho V d\tau \qquad (7.30)$$

Da quarta equação de Maxwell na forma diferencial podemos reescrever 7.30 como segue:

$$W_E = \frac{1}{2}\int_{\tau} (\nabla \cdot \vec{D}) V d\tau$$

Aplicando a identidade vetorial:

$$\nabla \cdot (V\vec{D}) = V \nabla \cdot \vec{D} + \vec{D} \cdot \nabla V$$

resulta:

$$W_E = \frac{1}{2}\int_{\tau} (\nabla \cdot V\vec{D}) \cdot d\tau - \frac{1}{2}\int_{\tau} \vec{D} \cdot (\nabla V) V d\tau$$

Aplicando o teorema de Stokes ao primeiro termo do segudo membro, obtém-se:

$$W_E = \frac{1}{2}\oint_{S} V \vec{D} \cdot d\vec{S} - \frac{1}{2}\int_{\tau} \vec{D} \cdot (\nabla V) V d\tau$$

Agora cabe uma reflexão sobre o resultado anterior. Para que ela seja verdadeira, a região deve envolver todos os campos e, para tal, a superfície deve se estender ao infinito. Como V é função de $1/r$, D de $1/r^2$ e a área de r^2, resulta que a integral de superfície se extinguirá quando a referida superfície se estender ao infinito.

Lembrando ainda que $\vec{E} = -\nabla V$, podemos escrever:

$$W_E = \frac{1}{2}\int_{\tau} \vec{D} \cdot \vec{E} d\tau \qquad (7.31)$$

Esse resultado já foi demonstrado quando discutimos o balanço de energia em sistemas eletromagnéticos, no Capítulo 6.

Uma aplicação simples, porém interessante, é o caso do capacitor de placas paralelas, para o qual a energia elétrica armazenada é dada por $W_E = \frac{1}{2}CV^2$, comumente obtida pela integração do produto da tensão e da corrente instantânea ao longo do carregamento do capacitor.

Esse mesmo resultado pode ser obtido a partir de 7.31 utilizando resultados do Exercício Resolvido 1, no qual obtemos:

$$D = \varepsilon \frac{V}{d}$$

de modo que a energia elétrica armazenada resulta:

$$W_E = \frac{1}{2} DE Vol$$

ou, ainda:

$$W_E = \frac{1}{2} \varepsilon \frac{V}{d} \frac{V}{d} S \cdot d$$

Reescrevendo a expressão anterior obtém-se o resultado já discutido:

$$W_E = \frac{1}{2}(\frac{\varepsilon S}{d})V^2 = \frac{1}{2}CV^2$$

Em algumas situações é conveniente utilizar expressões equivalentes à anterior aplicando a relação $Q = CV$. Assim sendo, podemos escrever:

$$W_E = \frac{1}{2}QV = \frac{1}{2}\frac{Q^2}{C} \qquad (7.32)$$

7.6. Forças e conjugados em sistemas eletrostáticos

A aplicação do campo elétrico no desenvolvimento de forças e conjugados está restrita a pequenos dispositivos. Com o advento da microeletrônica, e agora da manotecnologia, tem sido possível construir motores eletrostáticos de dimensões micrométricas, com aplicações destinadas à cirurgia médica de alta tecnologia e outras aplicações. Os princípios eletromecânicos sobre os quais estão assentadas essas tecnologias serão agora discutidos.

Um sistema eletrostático é constituído por um conjunto de corpos carregados eletricamente e separados por um dielétrico. Na Figura 7.14 é mostrado um caso simples, que apresenta dois corpos carregados com cargas $+q$ e $-q$, alimentados por uma fonte de tensão, constituindo um capacitor cujas placas são livres para se movimentar.

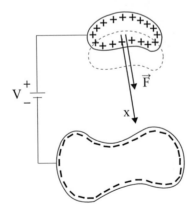

Figura 7.14: Sistema de cargas elétricas.

No Capítulo 6 discutimos em detalhes o balanço de energia em sistemas eletromecânicos, com predominância daqueles baseados na ação do campo magnético (que são os mais comuns). Naqueles sistemas, a ação do campo elétrico é irrelevante, visto que as forças de origem magnética (devido ao campo magnético) são extremamente superiores às forças de natureza elétrica (devido ao campo elétrico).

Nos sistemas eletrostáticos, as correntes elétricas envolvidas são suficientemente reduzidas de modo a ser possível desprezar o campo magnético por elas gerado, e a equação do balanço de energia em sistemas eletromecânicos (item 6.13):

$$dE_{MECfor} = dE_{GERint} - dE_{PERDAS} - dE_{MAG} - dE_{EL}$$

se reduz a:

$$dE_{GERint} = dE_{MECfor} + dE_{PERDAS} + dE_{EL}$$

Negligenciando, em um primeiro momento, as perdas obtém-se:

$$dE_{GERint} = dE_{MECfor} + dE_{EL} \tag{7.33}$$

Duas situações se apresentam em um sistema eletrostático, e eles são vistos a seguir.

7.6.1. Tensão constante

Nessa condição, a fonte de alimentação mantém a diferença de potencial entre as placas constante, independentemente do movimento.

A energia fornecida pelas fontes ao sistema é obtida a partir da potência elétrica, a qual é dada por:

$$P_{GER} = Vi = V\frac{dq}{dt}$$

de modo que, em um intervalo de tempo dt, a energia elétrica gerada introduzida no sistema é dada por:

$$dE_{GERint} = Vidt = V\frac{dq}{dt} \cdot dt = Vdq$$

Lembrar que a energia elétrica armazenada no sistema eletrostático pode ser expressa por:

$$W_E = \frac{1}{2}qV$$

Sua variação no mesmo intervalo, para V constante, é dada por:

$$dE_{EL} = \frac{1}{2}Vdq$$

Substituindo esses valores na expressão do balanço de energia, obtém-se:

$$Vdq = dE_{MECfor} + \frac{1}{2}Vdq$$

que resulta:

$$dE_{MECfor} = \frac{1}{2}Vdq \tag{7.34}$$

Uma análise do resultado anterior nos permite concluir que o *trabalho desenvolvido pelas forças de origem eletrostática é igual à variação da energia elétrica armazenada*.

A energia fornecida pelas fontes durante o deslocamento é o dobro do trabalho realizado pelas forças de origem eletrostática.

Supondo que esse trabalho imponha um deslocamento dx na direção da força desenvolvida, podemos escrever:

$$dE_{EL} = F_{DES} dx$$

de modo que:

$$F_{DES} = \frac{dE_{EL}}{dx}(V = cte)$$

Substituindo dE_{MECfor} por seu valor obtido em 7.34, obtém-se:

$$F_{DES} = \frac{1}{2}V\frac{dq}{dx}$$

Como:

$$\frac{dq}{dx} = \frac{d(CV)}{dx} = V\frac{dC}{dx}$$

para V = constante, resulta:

$$F_{DES} = \frac{1}{2}V^2\frac{dC}{dx} \tag{7.35}$$

Convém fazer uma reflexão sobre o resultado obtido:

i. O movimento natural dos corpos carregados ($F_{DES} > 0$) é no sentido de alcançar a máxima capacitância, pois devemos ter, nesse caso, $\frac{dC}{dx} > 0$.

ii. A inversão da polaridade da fonte não altera o sentido da força, pois esta depende do quadrado da tensão aplicada.

7.6.2. Carga constante

Suponha que o sistema de cargas uma vez carregado seja desconectado da fonte. Sendo o meio isolante um dielétrico perfeito, qualquer modificação na posição relativa dos corpos não implicará mudança da quantidade de cargas elétricas armazenadas, razão pela qual o trabalho realizado é efetuado a carga constante.

Em vista disso, a equação do balanço de energia se reduz a:

$$0 = dE_{MECfor} + dE_{EL} \tag{7.36}$$

Note que $dE_{GERint} = 0$ devido à inexistência de fontes. Podemos, então, afirmar que:

$$dE_{MECfor} = -dE_{EL}$$

de modo que o trabalho desenvolvido em um sistema a carga constante é efetuado à custa da variação da energia elétrica armazenada.

Assim sendo, a força desenvolvida é dada por:

$$F_{DES} = \frac{dE_{MECfor}}{dx} = -\frac{dE_{EL}}{dx}(q = cte)$$

Lembrando que a energia elétrica armazenada pode ser expressa por:

$$W_{EL} = \frac{1}{2}\frac{q^2}{C}$$

a força desenvolvida será dada por:

$$F_{DES} = \frac{1}{2}q^2 \frac{d}{dx}\left(\frac{1}{C}\right)$$

ou, ainda:

$$F_{DES} = \frac{1}{2}\frac{q^2}{C^2}\frac{dC}{dx} \qquad (7.37)$$

■ **Exercício Resolvido 10**

Tensão constante: Um capacitor de placas planas e paralelas de área de 1 m² e distância entre placas de 1 mm, com o vácuo como dielétrico, é submetido a uma tensão constante $V = 1.000$ V, como mostra a Figura 7.15. Determinar a força de ação entre as placas indicando se é de atração ou de repulsão.

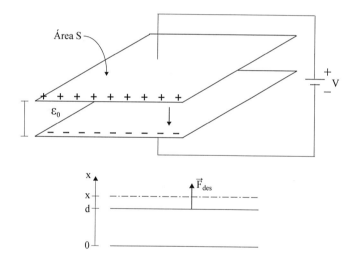

Figura 7.15: Capacitor plano.

Solução

No sistema de referência adotado, a placa inferior, situada na origem, é fixa, ao passo que a placa superior, situada na posição $x = d$ (sendo d a distância entre as placas), é livre para se movimentar.

Na formulação apresentada, a força atua no sentido do movimento, de modo que, supondo um movimento no sentido de $x > 0$, devemos também supor a existência de uma força no mesmo sentido, como mostra a Figura 7.15.

Assim sendo, sob ação da suposta força F_{DES} a placa superior sofrerá um deslocamento da sua posição original $x = d$ para uma posição x qualquer.

Na posição x, a capacitância do capacitor é dada por:

$$C(x) = \frac{\varepsilon_0 S}{x}$$

Para o cálculo da força desenvolvida precisamos da primeira derivada da capacitância em relação à posição, que resulta:

$$\frac{dC(x)}{dx} = -\frac{\varepsilon_0 S}{x^2}$$

Sendo:

$$F_{DES} = \frac{1}{2}V^2 \frac{dC}{dx}$$

obtém-se:

$$F_{DES}(x) = -\frac{1}{2}V^2 \frac{\varepsilon_0 S}{x^2}$$

Para determinar a força de ação atuante entre as placas, basta impor $x = d$ na expressão anterior, logo:

$$F_{DES} = -\frac{1}{2}V^2 \frac{\varepsilon_0 S}{d^2}$$

Refletindo sobre o resultado obtido, verifica-se que o sentido real da força de ação entre as placas é de atração (como era de esperar!), o que justifica o seu sinal negativo.

Substituindo as grandezas por seus valores numéricos, resulta:

$$F_{DES} = -4,4N$$

Observe que o capacitor apresenta dimensões razoáveis e é alimentado por tensão elevada e, apesar disso, a força de atração entre as placas é muito pequena, evidenciando por que a utilização de sistemas eletrostáticas na produção de força não é empregada com frequência nas aplicações industriais.

■ **Exercício Resolvido 11**

Tensão constante: Suponha que o capacitor do exercício anterior tenha entre suas placas um dielétrico ideal de permissividade relativa $\varepsilon_R = 2,8$. Determinar a força de atração entre as placas.

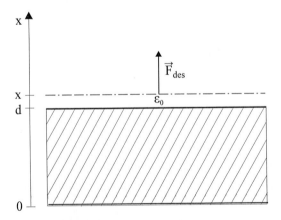

Figura 7.16: Capacitor plano.

Solução

Adotando procedimento idêntico ao aplicado no exercício anterior, calculamos a capacitância em função da posição, lembrando apenas que, durante o movimento da posição $x = d$ para uma posição x qualquer, o espaço entre essas posições é preenchido pelo ar. Por essa razão, a capacitância resultante é obtida através da associação série de dois capacitores planos, tais que:

$$C_1 = \frac{\varepsilon_R \varepsilon_0 S}{d}$$

que corresponde ao capacitor (original!) compreendido entre $x = 0$ e $x = d$ e

$$C_2 = \frac{\varepsilon_0 S}{x - d}$$

corresponde ao capacitor compreendido entre $x = d$ e x qualquer maior que d. Com a placa superior na posição x, a capacitância resultante do capacitor é dada por:

$$C(x) = \frac{1}{\frac{1}{C_1} + \frac{1}{C_2}}$$

ou, ainda:

$$C(x) = \frac{1}{\frac{d}{\varepsilon_R \varepsilon_0 S} + \frac{x - d}{\varepsilon_0 S}}$$

Derivando a expressão anterior em relação a x obtém-se:

$$\frac{dC(x)}{dx} = -\frac{\varepsilon_R^2 \varepsilon_0 S}{[d + \varepsilon_R (x - d)]^2}$$

Substituindo o resultado obtido na expressão da força desenvolvida, obtém-se:

$$F_{DES}(x) = -\frac{1}{2} V^2 \frac{\varepsilon_R^2 \varepsilon_0 S}{[d + \varepsilon_R (x - d)]^2}$$

A força de atração entre as placas é obtida da expressão anterior impondo-se $x = d$, logo:

$$F_{DES} = -\frac{1}{2} V^2 \frac{\varepsilon_R^2 \varepsilon_0 S}{d^2}$$

ou, numericamente:

$$F_{DES} = -34{,}6 N$$

Refletindo sobre o resultado, verifica-se que a força entre as placas de um capacitor plano preenchido com um dielétrico é ε_R^2 vezes maior que a força exercida entre as placas de um capacitor cujo dielétrico é o ar.

■ Exercício Resolvido 12

Tensão constante: No capacitor de placas paralelas da Figura 7.17, o dielétrico de permissividade ε_r está parcialmente inserido entre suas placas. Determinar a força que será exercida nesse dielétrico quando aplicarmos aos seus terminais uma bateria de tensão V.

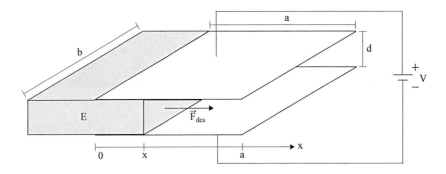

Figura 7.17: Capacitor plano.

Solução

Com o dielétrico na posição x indicada, a capacitância resultante é obtida a partir da associação em paralelo de dois capacitores parciais tal que:

$$C_1 = \frac{\varepsilon_R \varepsilon_0 x b}{d}$$

que corresponde ao capacitor compreendido entre a origem e x e

$$C_2 = \frac{\varepsilon_0 (a-x) b}{d}$$

corresponde ao capacitor compreendido entre x e $x = a$, de modo que podemos escrever:

$$C(x) = \frac{\varepsilon_R \varepsilon_0 x b}{d} + \frac{\varepsilon_0 (a-x) b}{d}$$

Derivando essa expressão em relação a x, obtém-se:

$$\frac{dC(x)}{dx} = -\frac{b}{d}(\varepsilon_R - 1)\varepsilon_0$$

resultando para a força desenvolvida:

$$F_{DES} = \frac{1}{2} V^2 \frac{b}{d}(\varepsilon_R - 1)\varepsilon_0$$

Uma análise do resultado obtido mostra que a força desenvolvida é positiva, de modo que a tendência é levar o dielétrico para o centro do capacitor, por outro lado, independemente da posição.

■ **Exercício Resolvido 13**

Carga constante: O capacitor de placas paralelas da Figura 7.18 é carregado com uma carga Q e desconectado da fonte. Determinar a força de atração entre as placas supondo que o dielétrico tenha permissividade relativa ε_R.

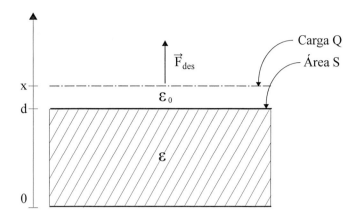

Figura 7.18: Capacitor plano.

Solução

Recuperando resultados do Exercício Resolvido 11, temos:

$$C(x) = \frac{1}{\frac{d}{\varepsilon_R \varepsilon_0 S} + \frac{x-d}{\varepsilon_0 S}}$$

$$\frac{dC(x)}{dx} = -\frac{\varepsilon_R^2 \varepsilon_0 S}{[d + \varepsilon_R(x-d)]^2}$$

Para um sistema eletrostático a carga constante, a força desenvolvida é dada por:

$$F_{DES} = \frac{1}{2}\frac{q^2}{C^2}\frac{dC}{dx}$$

de modo que a força desenvolvida é dada por:

$$F_{DES}(x) = -\frac{1}{2}\frac{Q^2}{2\varepsilon_0 S}$$

O interesse nesse resultado é que a força de atração entre as placas do capacitor, com carga constante, independe do dielétrico!

■ **Exercício Resolvido 14**

Carga constante: O capacitor cilíndrico da Figura 7.19 é carregado com uma carga Q e desconectado da fonte. Determinar a força atuante no condutor interno.

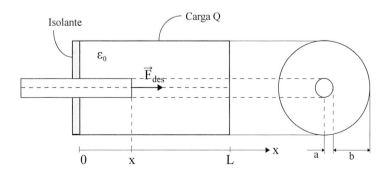

Figura 7.19: Capacitor cilíndrico.

Solução

Desprezando o efeito do suporte isolante que mantém centrado o êmbolo interno, a capacitância em função da posição desse êmbolo é dada por:

$$C(x) = \frac{2\pi\varepsilon_0 x}{\ln(b/a)}$$

de modo que:

$$\frac{dC(x)}{dx} = \frac{2\pi\varepsilon_0}{\ln(b/a)}$$

substituindo esses resultados na expressão da força desenvolvida a carga constante, obtém-se:

$$F_{DES}(x) = \frac{1}{2}\frac{Q^2 \ln(b/a)}{2\pi\varepsilon_0 x^2}$$

■ Exercício Resolvido 15

Carga constante: Os capacitores planos da Figura 7.20 estão carregados com cargas elétricas constantes e idênticas, de valor Q. O dielétrico apresenta permissividade relativa k. Determine a posição x de equilíbrio indicando se o equilíbrio é estável, instável ou indiferente.

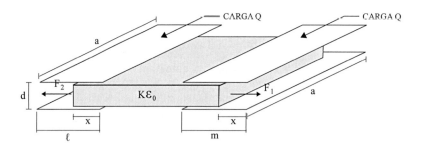

Figura 7.20: Capacitores planos.

Solução

Nesse caso, dois capacitores de placas planas e paralelas têm seus interiores parcialmente preenchidos por um dielétrico de permissividade relativa k.

Como já foi discutido, há uma tendência de centrar o dielétrico, razão pela qual duas forças opostas irão atuar no material, sendo que o equilíbrio será conseguido quando:

$$\left|\vec{F}_1\right| = \left|\vec{F}_2\right|$$

i. Determinação de F_1

$$C_1(x) = \frac{\varepsilon_0 x a}{d} + \frac{k\varepsilon_0(m-x)a}{d}$$

$$\frac{dC_1(x)}{dx} = \frac{\varepsilon_0 a}{d} - \frac{k\varepsilon_0 a}{d}$$

Resultando:

$$F_1 = \frac{1}{2}\frac{Q^2}{\frac{\varepsilon_0 a}{d}\left[x+k(m-x)\right]}\frac{k-1}{}$$

ii. Determinação de F_2

$$C_2(x) = \frac{\varepsilon_0(1-x)a}{d} + \frac{k\varepsilon_0 xa}{d}$$

$$\frac{dC_2(x)}{dx} = \frac{\varepsilon_0 a}{d}(k-1)$$

Resultando:

$$F_2 = \frac{1}{2}\frac{Q^2}{\frac{\varepsilon_0 a}{d}\left[x+k(m-x)\right]^2}\frac{k-1}{}$$

Impondo-se a condição de equilíbrio, obtém-se:

$$x + k(m-x) = l + (k-1)x$$

Portanto:

$$x = \frac{1}{2}\left(\frac{l-km}{1-k}\right)$$

Para concluir, observe que o equilíbrio é estável, pois um acréscimo em x resulta $\left|\vec{F}_1\right| > \left|\vec{F}_2\right|$, que restaura a posição de equilíbrio.

Conjugados de origem eletrostática: Alguns dispositivos são confeccionados para deslocamentos angulares, como é o caso dos motores elétricos eletrostáticos e alguns instrumentos de medida. Nesses casos, o que se busca é a determinação do conjugado desenvolvido, o qual se relaciona com a energia elétrica armazenada da seguinte forma:

$$C_{DES} = \frac{dE_{EL}}{d\theta}(V=cte)$$

para sistemas eletrostáticos a tensão constante, e

$$C_{DES} = \frac{dE_{EL}}{d\theta}(q=cte)$$

para os sistemas a carga constante.

Substituindo as expressões da energia elétrica armazenada nas equações anteriores, obtém-se:

$$C_{DES} = \frac{1}{2}V^2\frac{dC}{d\theta} \tag{7.38}$$

para tensão constante, e

$$C_{DES} = \frac{1}{2}\frac{q^2}{C^2}\frac{dC}{d\theta} \tag{7.39}$$

para carga constante.

■ **Exercício Resolvido 16**

Tensão constante: O capacitor setorial da Figura 7.21 está submetido a uma tensão constante $V_0 = 1.000$ V. As dimensões principais desse capacitor são: $a = 1$ cm; $b = 5$ cm; $\alpha = 5°$ e h (profundidade) $= 5$ cm. O dielétrico é o ar. Determine:
a: a capacitância desse capacitor;
b: o conjugado desenvolvido entre as placas.

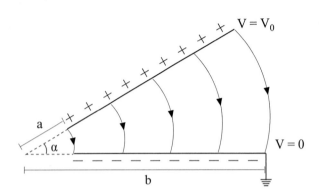

Figura 7.21: Capacitor setorial.

Solução

a: Determinação da capacitância
Como o dielétrico é o ar, podemos aplicar a equação de Laplace

$$\nabla^2 V = 0$$

que, em coordenadas cilíndricas, pode ser escrita como:

$$\nabla^2 V = \frac{1}{r}\frac{\partial}{\partial r}(r\frac{\partial V}{\partial r}) + \frac{1}{r^2}\frac{\partial^2 V}{\partial \phi^2} + \frac{\partial^2 V}{\partial z^2}$$

Como, por simetria, identifica-se que $V = V(\phi)$, resulta:

$$\nabla^2 V = \frac{1}{r^2}\frac{\partial^2 V}{r^2 \partial \phi^2} = 0$$

pois:

$$\frac{\partial V}{\partial r} = \frac{\partial V}{\partial z} = 0$$

Integrando a expressão anterior em relação a ϕ, obtém-se:

$$\frac{\partial V}{\partial \phi} = C_1$$

Integrando novamente em relação a ϕ, resulta:

$$V = C_1 \phi + C_2$$

Impondo as condições de contorno especificadas, obtém-se:
Para $\phi = \alpha$, tem-se $V = V_0$

$$V_0 = C_1 \alpha + C_2$$

Para $\phi = 0$, tem-se $V = 0$

$$0 = C_2$$

Assim sendo:

$$C_1 = \frac{V_0}{\alpha}$$

de modo que:

$$V = \frac{V_0}{\alpha}\phi$$

O campo elétrico é obtido aplicando 7.6, a qual, expressa em coordenadas cilíndricas, resulta:

$$\vec{E} = -\nabla V = -\frac{\partial V}{\partial r}\vec{u}_r - \frac{1}{r}\frac{\partial V}{\partial \phi}\vec{u}_\phi - \frac{\partial V}{\partial z}\vec{u}_z$$

Com:

$$\frac{\partial V}{\partial r} = \frac{\partial V}{\partial z} = 0$$

resulta:

$$\vec{E} = -\nabla V = -\frac{1}{r}\frac{\partial V}{\partial \phi}\vec{u}_\phi$$

ou, ainda:

$$\vec{E} = -\nabla V = -\frac{1}{r}\frac{V_0}{\alpha}\vec{u}_\phi$$

Sendo $\vec{D} = \varepsilon \vec{E}$ resulta:

$$\vec{D} = -\frac{\varepsilon_0}{r}\frac{V_0}{\alpha}\vec{u}_\phi$$

de modo que a carga elétrica presente na placa superior, obtida a partir de:

$$\oint_\Sigma \vec{D} \cdot d\vec{S} = Q$$

resulta:

$$\oint_\Sigma \vec{D} \cdot d\vec{S} = \int_a^b \frac{\varepsilon_0}{r}\frac{V_0}{\alpha} h\,dr = Q$$

de modo que:

$$Q = \frac{\varepsilon_0 V_0 h}{\alpha}\left[\frac{1}{a^2} - \frac{1}{b^2}\right]$$

Note que o vetor área elementar é dado por $d\vec{S} = -dS\vec{u}_\phi$, como mostra a Figura 7.22.

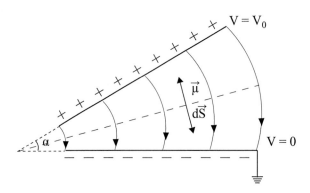

Figura 7.22: Geometria.

Finalmente, obtemos:

$$C = \frac{\varepsilon_0 h}{\alpha}\left[\frac{1}{a^2} - \frac{1}{b^2}\right]$$

b: Determinação do conjugado desenvolvido

Admitindo que sob ação do conjugado a placa superior sofra um deslocamento para uma posição ϕ, a capacitância nessa posição é dada por:

$$C(\phi) = \frac{\varepsilon_0 h}{\phi}\left[\frac{1}{a^2} - \frac{1}{b^2}\right]$$

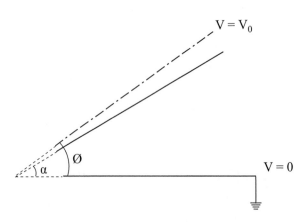

Figura 7.23: Ação do conjugado desenvolvido.

Sob tensão constante, a partir de 7.38 o conjugado desenvolvido é dado por:

$$C_{DES} = \frac{1}{2}V^2 \frac{dC}{d\phi}$$

de modo que resulta:

$$C_{DES}(\phi) = -\frac{1}{2}V^2 \frac{\varepsilon_0 h}{\phi^2}\left[\frac{1}{a^2} - \frac{1}{b^2}\right]$$

O sinal negativo na expressão do conjugado desenvolvido evidencia que o esforço ocorre no sentido de juntar as placas, isto é, o conjunto é de atração.

Impondo agora $\phi = \alpha$, resulta:

$$C_{DES} = -\frac{1}{2}V^2 \frac{\varepsilon_0 h}{\alpha^2}\left[\frac{1}{a^2} - \frac{1}{b^2}\right]$$

Substituindo as grandezas da expressão anterior pelos seus valores numéricos, obtém-se:

$$C_{DES} = 24,3 mN$$

Observe que o conjunto (e também a força) de origem eletrostática é reduzido em face do baixo valor da permissividade elétrica do ar.

7.7. O campo elétrico na matéria

7.7.1. Campo elétrico na presença de condutores maciços

A presença do campo elétrico em meios condutores produz, de imediato, circulação de corrente elétrica devido à ação desse campo nos elétrons do meio condutor. Se o condutor estiver isolado no espaço, essa circulação de corrente elétrica é transitória, tendendo a zero quando as cargas elétricas (nesse caso os elétrons) se estabelecerem na superfície externa do corpo condutor.

Essa característica é fruto da propriedade intrínseca que o material condutor possui de ter sua superfície externa equipotencial, isto é, a diferença de potencial entre dois pontos quaisquer dessa superfície é nula.

É muito interessante ver como isso ocorre. Para tal suponha que um corpo condutor qualquer, de condutividade σ e permissividade elétrica ε, esteja carregado com cargas elétricas distribuídas em seu volume, de modo que no instante $t = 0$ tenhamos $\rho = \rho_0$.

Essa distribuição de cargas produzirá uma distribuição de campo elétrico no corpo condutor cujo vetor densidade de corrente deve obedecer à equação da continuidade dada por:

$$\oint_\Sigma \vec{J} \cdot d\vec{S} = -\int_\tau \frac{\partial \rho}{\partial t} d\tau \tag{7.40}$$

Por outro lado, a lei de Gauss da eletrostática aplicada à mesma superfície fornece:

$$\oint_\Sigma \vec{D} \cdot d\vec{S} = \int_\tau \rho d\tau \tag{7.41}$$

Lembrando as relações constitutivas $\vec{J} = \sigma \vec{E}$ e $\vec{D} = \varepsilon \vec{E}$, a Equação 7.41 pode ser reescrita como:

$$\frac{\sigma}{\varepsilon} \oint_\Sigma \vec{D} \cdot d\vec{S} = -\int_\tau \frac{\partial \rho}{\partial t} d\tau$$

Aplicando a lei de Gauss ao primeiro membro da equação anterior, resulta:

$$\frac{\sigma}{\varepsilon} \int_\tau \rho d\tau = -\int_\tau \frac{\partial \rho}{\partial t} d\tau$$

ou, ainda:

$$\int_\tau \left[\frac{\sigma}{\varepsilon}\rho + \frac{\partial \rho}{\partial t}\right] d\tau = 0$$

de modo que a densidade volumétrica de cargas elétricas deve obedecer à seguinte equação diferencial:

$$\frac{\sigma}{\varepsilon}\rho + \frac{\partial \rho}{\partial t} = 0$$

cuja solução é dada por:

$$\rho = \rho_0 e^{-\frac{t}{T}}$$

na qual $T = \frac{\varepsilon}{\sigma}(s)$ é denominada constante de tempo de relaxação.

Uma análise desse resultado mostra que a densidade volumétrica de cargas no interior de um meio condutor tende a zero para t tendendo a infinito, com decaimento exponencial e constante de tempo igual ao tempo de relaxação.

Uma vez que a densidade volumétrica tende a zero, as cargas elétricas não terão alternativa que não seja se estabelecerem na superfície externa do corpo condutor e distribuídas de tal ordem que o campo elétrico interno ao condutor seja nulo.

7.7.2. Campo elétrico na superfície do condutor maciço

Conhecida a densidade superficial de cargas elétricas na superfície do condutor pode-se, facilmente, obter o campo elétrico na sua superfície aplicando as condições de fronteira das componentes normais e tangenciais do campo elétrico, dadas por (Capítulo 4):

$$\varepsilon_1 E_{n1} - \varepsilon_2 E_{n2} = \rho_s$$

$$E_{t1} = E_{t2}$$

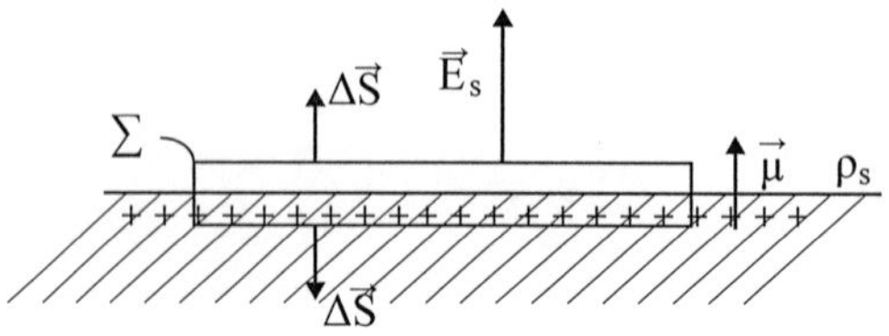

Figura 7.24: Campo na superfície do condutor.

Como o meio 1 é o ar e o meio 2 é o condutor, resulta:

$$E_{n2} = E_{t2} = 0$$

de modo que:

$$\varepsilon_0 E_s = \rho_s$$

ou, ainda:

$$E_s = \frac{\rho_s}{\varepsilon_0} \tag{7.42}$$

7.7.3. Campo elétrico em placas condutoras

As placas condutoras metálicas, com espessura elementar, apresentam um comportamento particular quando carregadas com cargas elétricas. Vamos admitir que essas cargas estejam distribuídas segundo uma densidade superficial de cargas ρ_s, como mostra a Figura 7.25.

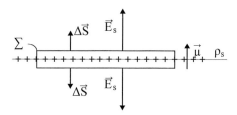

Figura 7.25: Campo elétrico em placas condutoras.

Para determinar o campo elétrico na superfície dessa placa, vamos escolher uma superfície fechada de dimensões elementares, como mostrado na Figura 7.25.

Aplicando a lei de Gauss $\oint_\Sigma \vec{D} \cdot d\vec{S} = \int_\tau \rho d\tau$ a essa superfície resulta:

$$\varepsilon_0 E_s \Delta S \vec{u} + \varepsilon_0 (-E_s)(-\vec{u})\Delta S = \rho_s \Delta S$$

na qual $\vec{u}$ é um vetor unitário normal à superfície, de modo que resulta:

$$E_s = \frac{\rho_s}{2\varepsilon_0} \tag{7.43}$$

Note que o campo elétrico na superfície de uma placa condutora é metade do campo elétrico na superfície de condutor maciço.

7.7.4. A blindagem com cavidades condutoras

Um dos grandes problemas da engenharia elétrica é a proteção contra ações adversas do campo elétrico. A ação do campo elétrico nas instalações industriais pode produzir atuações indevidas de instrumentos digitais, prejudicando o funcionamento de uma planta industrial. Os equipamentos mais sensíveis são os instrumentos digitais das subestações de energia elétrica, responsáveis por seu controle e operação. Destacam-se os relés digitais, responsáveis pela proteção de todo o sistema elétrico associado, normalmente instalados nas salas de controle das subestações, os quais são altamente suscetíveis às ações do campo elétrico produzido pelos próprios equipamentos da referida subestação, como também por campos elétricos oriundos de descargas atmosféricas em suas instalações.

A prática mais eficiente para proteção desses equipamentos é envolvê-los por uma caixa metálica, denominada cavidade condutora, a qual garante um campo elétrico nulo em seu interior. Ocorre que raramente essa cavidade é totalmente fechada, pois existem aberturas para passagens dos cabos para conexões com o meio externo que, por menores que sejam, as tornam violáveis à ação agressiva dos campos elétricos.

Para entender seu funcionamento, suponha uma cavidade como a mostrada na Figura 7.26.

Figura 7.26: Cavidade condutora.

Vamos escolher a superfície fechada tal que seus limites estejam contidos no interior da região condutora, como mostra a Figura 7.27. Vamos aplicar a lei de Gauss da eletrostática a essa superfície. Visto que o campo elétrico no condutor é nulo, ela deve obedecer a:

$$\oint_\Sigma \vec{D} \cdot d\vec{S} = 0$$

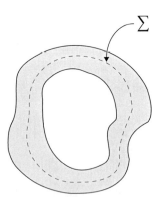

Figura 7.27: Lei de Gauss na cavidade.

Pode-se, portanto, concluir que a quantidade de cargas elétricas interna também é nula. Resta verificar se as cargas elétricas na superfície interna são constituídas de quantidades iguais de cargas elétricas positivas e negativas.

Para tal, suponha que as cargas elétricas positivas e negativas, de mesma intensidade, estejam depositadas na superfície interna da cavidade condutora, como mostra a Figura 7.28.

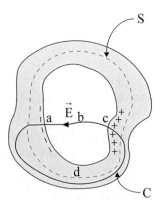

Figura 7.28: Cargas elétricas internas à cavidade condutora.

Para determinar sua intensidade, vamos aplicar a primeira equação de Maxwell em um contorno fechado, como indicado na Figura 7.28.

Para esse contorno, podemos escrever:

$$\oint_C \vec{E} \cdot d\vec{l} = 0$$

ou, ainda:

$$\int_{abc} \vec{E} \cdot d\vec{l} + \int_{cda} \vec{E} \cdot d\vec{l} = 0$$

Como no trecho CDA o campo elétrico é nulo, pois está no interior do condutor, resulta:

$$\int_{abc} \vec{E} \cdot d\vec{l} = 0$$

de modo que podemos concluir que a diferença de potencial entre os pontos A e C é nula, o que só pode ocorrer se as cargas elétricas indicadas não existirem. Assim sendo, podemos afirmar que a quantidade de cargas na superfície interna da cavidade é nula. Como consequência dessa constatação pode-se garantir que o campo elétrico em seu interior seja nulo, o que garante uma blindagem do campo elétrico no interior da cavidade.

É interessante que a eficiência na blindagem elétrica interna à cavidade não se reproduza quando se busca blindar o meio externo do efeito do campo elétrico produzido internamente a uma cavidade. A Figura 7.29 mostra a cavidade contendo em seu interior uma carga elétrica Q positiva responsável pela produção de um campo elétrico. Pelo princípio da indução eletrostática serão induzidas cargas negativas na superfície externa da cavidade. Para manter o equilíbrio das cargas, a superfície será sede de cargas positivas em quantidade igual a Q.

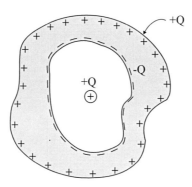

Figura 7.29: Carga elétrica no interior da cavidade.

Essas cargas situadas na superfície externa produzirão uma distribuição de campo elétrico no meio que a circunda idêntico àquela que seria produzida se a cavidade não existisse, isto é, para a carga elétrica interna, a cavidade metálica é transparente.

No Capítulo 3 introduzimos o vetor polarização ($\vec{P}$), o qual é representativo do acréscimo do vetor deslocamento ($\vec{D}$) na presença da matéria. Esse acréscimo do vetor deslocamento nos dielétricos, supondo o modelo mais simplificado para o átomo, é dado à deformação da sua nuvem eletrônica, a qual torna diferentes os centros geométricos das cargas positivas e das cargas negativas, o que faz cada átomo se comportar como um dipolo elétrico, cujos efeitos discutiremos em breve.

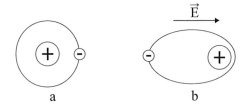

Figura 7.30: Átomo sob ação do campo elétrico. A. Modelo simplificado do átomo sem ação do campo elétrico. B. Nuvem eletrônica alongada devido à ação do campo elétrico com os centros de cargas positivas e negativas modificados.

Polarizibilidade: O arranjo molecular do material é também responsável por comportamentos diferenciados dos diversos dielétricos. Em função desse arranjo classificamos os materiais em dois tipos: os *não polarizados* e os *polarizados*. Os materiais *não polarizados* são constituídos de moléculas que não apresentam polarização permanente, isto é, quando não há a ação do campo elétrico o centro das cargas positivas coincide com o centro das cargas negativas (nuvem eletrônica); os *polarizados* (p. ex., NaCl) são constituídos de moléculas que, naturalmente, apresentam centros de cargas positivas e negativas diferentes, ou seja, constituem dipolos elétricos naturais, os quais são orientados randomicamente quando isentos da ação do campo elétrico.

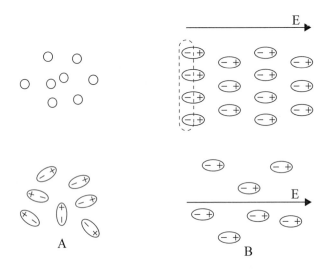

Figura 7.31: Dielétricos polarizados e não polarizados sob ação do campo elétrico. A. Molécula não polarizada sem e sob ação do campo elétrico. B. Molécula polarizada sem ação do campo elétrico randomicamente orientada devido à agitação térmica; o campo elétrico aplicado alinha os dipolos naturais na sua direção.

Todos esses efeitos da polarização do dielétrico são traduzidos em um valor para a sua permissividade elétrica (ou constante dielétrica), que depende de uma série de fatores como: temperatura, frequência de variação do campo elétrico no caso de campos variáveis senoidalmente no tempo, e também, em alguns casos, do tratamento mecânico dado ao material.

A Tabela 7.2 mostra valores da permissividade elétrica e da rigidez dielétrica (que voltaremos a discutir mais adiante) de alguns materiais selecionados. Note que a permissividade relativa da maioria dos materiais varia de 1 a 25, com as exceções da água destilada, do dióxido de titânio e do titanato de bário. A água, por apresentar elevada permissividade elétrica, pode nos levar a deduzir que isso é devido à polarização parcial de suas moléculas, no entanto, materiais como a mica e o quartzo, que também apresentam polarização parcial, não apresentam alta constante dielétrica como a água destilada, evidenciando que o seu elevado valor está intrinsecamente ligado à estrutura molecular microscópica dessa substância. O dióxido de titânio também é uma substância polarizada, mas é uma substância anisotrópica, isto é, sua constante dielétrica depende da direção do campo elétrico aplicado. O valor de ε_R para o dióxido de titânio é 89 quando o campo elétrico aplicado está na direção de um dos eixos do cristal e 173 quando o campo elétrico aplicado é normal àquele eixo. O quartzo também apresenta anisotropia, no entanto a diferença entre as permissividades elétricas entre as duas direções características varia pouco, da ordem de 4,7 a 5,1. O $BaTiO_3$ (titanato de bário) é também uma substância anisotrópica com $\varepsilon_R \approx 160$ ao longo do seu eixo principal e $\varepsilon_R \approx 5000$ na direção normal a esse eixo, na temperatura ambiente; em uma distribuição randômica de seus cristais, a permissividade elétrica média apresentada pelo titanato de bário é da ordem de 1.200.

Tabela 7.2: Constantes e rigidez dielétricas

Material	Constante Dielétrica — Temperatura Ambiente	Rigidez Dielétrica (MV/m) — Temperatura Ambiente
Ar	1	3
Alumina (Al_2O_3)	8,8	
Âmbar	2,7	
Baquelite	4,8	25
Titanato de bário ($BaTiO_3$)	1.200	7,5
Freon	1	8
Quartzo	3,9	1.000
Arsenato de gálio (GaAs)	13,1	40
Germânio (Ge)	16	10
Vidro	4-9	30
Glicerina	50	
Gelo	3,2	
Mica	5,4	200
Náilon	3,6-4,5	
Óleo	2,3	15
Papel	1,5-4	15
Parafina	2,1	30
Plexiglass	3,4	
Polietileno	2,26	
Poliestireno	2,56	20
Porcelana	5-9	11
Borracha	2,4-3,0	25
Óxido de titânio (TiO_2)	100	
Silício	11,9	30
Nitreto de silício (Si_3N_4)	7,2	1.000
Cloreto de sódio (NaCl)	5,9	
Enxofre	4	
Pentóxido de tântano (Ta_2O_5)	25	
Teflon	2,1	
Vaselina	2,16	
Água destilada	81	
Madeira	1,4	

Os titanatos (combinações do TiO_2 com outros óxidos) pertencem à classe de materiais conhecidos como *ferroelétricos*, os quais apresentam polarização espontânea; esse termo é cunhado do magnetismo, pois os materiais *ferromagnéticos* são aqueles que podem apresentar magnetização espontânea, como os ímãs permanentes.

Esses materiais são utilizados na confecção de capacitores compactos para uso geral, de pequenas dimensões mas de capacitância relativamente elevada, na faixa de 5 pF a 0,1 μF. A permissividade dos titanatos depende sensivelmente da temperatura e também do campo elétrico aplicado. Esta última propriedade pode ser muito útil nos circuitos não lineares.

Rigidez dielétrica: Os átomos dos materiais dielétricos deformam-se sob ação de um campo elétrico, de modo que, para campos reduzidos, essa deformação é proporcional à intensidade do campo elétrico impresso; no entanto, quando a intensidade de campo atinge valores elevados, essa linearidade deixa de ser válida. Enquanto o átomo, apesar de deformado, mantiver-se íntegro, o material continua apresentando suas características dielétricas. Ocorre, no entanto, que existe um determinado valor de campo elétrico para o qual a integridade do átomo é violada, isto é, alguns elétrons escapam desse átomo e transferem-se para outros, tal como ocorre nos materiais condutores quando submetidos à ação de um campo elétrico. Esse valor máximo de campo elétrico para o qual o átomo está no limiar de sua integridade é denominado *rigidez dielétrica* (E_0) do material. Qualquer dielétrico submetido a um campo elétrico igual ou superior à sua rigidez dielétrica deixa de ser um bom isolante para tornar-se um bom condutor.

A *rigidez dielétrica* de um material depende de uma série de fatores, dentre os quais destacamos: defeitos microestruturais (trincas), impurezas, formato do dielétrico, modo pelo qual foi preparado; também o ambiente afeta sensivelmente essa propriedade. Nos gases, a rigidez dielétrica é proporcional à pressão.

O *rompimento do dielétrico* (quando o campo elétrico supera a rigidez dielétrica) gasoso não afeta, após sua extinção, a rigidez dielétrica dessa substância, razão pela qual é muito usado em câmaras de extinção de arcos voltaicos nos disjuntores, ao passo que nos dielétricos sólidos o rompimento do dielétrico provoca sua destruição e a rigidez dielétrica não é mais recuperada, sobretudo devido à formação de canais e trilhas em forma de árvore de matéria carbonizada.

■ Exercício Resolvido 17

Rigidez dielétrica: Um cabo monopolar (monofásico) de energia é constituído por um condutor metálico cilíndrico de diâmetro 10 mm. Envolvendo esse condutor existe uma camada de 1 mm de espessura de poliestireno ($\varepsilon_r = 2,56$), o qual é por sua vez envolvido por um dielétrico composto de papel e óleo, cuja permissividade relativa resultante é da ordem de 2,3 com rigidez dielétrica de $E_0 = 2,5$ MV/m. O sistema é contido por uma casca condutora metálica de diâmetro 30 mm concêntrica ao condutor interno, como mostra a Figura 7.32. Determine a máxima diferença de potencial V_0 que pode ser aplicada a esse cabo (entre o condutor interno e a casca condutora externa) de modo a não ocorrer o rompimento dos dielétricos.

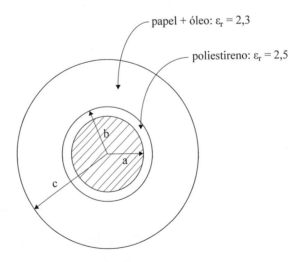

Figura 7.32: Cabo monopolar de energia.

Solução

A capacitância do cabo monopolar da Figura 7.32 é obtida a partir da associação série de dois capacitores parciais, tais que:

$$C_1 = \frac{2\pi\varepsilon_{R1}\varepsilon_0}{\ln(\frac{b}{a})}(F/m)$$

para o qual:

$$\varepsilon_{R1} = 2{,}56$$

$$a = 5 \cdot 10^{-3} m$$

$$b = 6 \cdot 10^{-3} m$$

e

$$C_2 = \frac{2\pi\varepsilon_{R2}\varepsilon_0}{\ln(\frac{c}{b})}(F/m)$$

para o qual:

$$\varepsilon_{R2} = 2{,}3$$

$$c = 15 \cdot 10^{-3} m$$

que resulta:

$$C_1 = 88{,}2\varepsilon_0 (F/m)$$

$$C_2 = 15{,}8\varepsilon_0 (F/m)$$

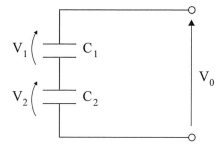

Figura 7.33: Capacitor equivalente.

Aplicando a teoria de circuitos elétricos, obtém-se:

$$V_1 = \frac{C_2}{C_1 + C_2}V_0$$

e

$$V_2 = \frac{C_1}{C_1 + C_2}V_0$$

Substituindo C_1 e C_2 por seus valores nas expressões anteriores, obtém-se:

$$V_1 = 0{,}152 V_0$$

$$V_2 = 0{,}848 V_0$$

O valor máximo do campo elétrico em cada região ocorre em seu menor raio, de modo que:

$$E_{MAX1} = \frac{V_1}{a \ln(b/a)}$$

e

$$E_{MAX2} = \frac{V_2}{b \ln(c/b)}$$

Lembrando que $E_{MAX1} = 20 \; MV/m$, resulta:

$$20 = \frac{0{,}152 V_0}{5 \cdot 10^{-3} \ln(6/5)}$$

Logo, para o poliestireno a rigidez dielétrica será atingida com $V_0 = 119 \; kV$. Para o óleo, $E_{MAX2} = 2{,}5 \; MV/m$, de modo que:

$$2{,}5 = \frac{0{,}848 V_0}{6 \cdot 10^{-3} \ln(15/6)}$$

resultando para o óleo uma tensão máxima aplicada de $V_0 = 16{,}2$ kV. Por essa razão, o limite inferior deve ser adotado como sendo o limite de operação desse cabo.

Obs.: Aplica-se sempre um fator de segurança nesses casos, o qual pode chegar a 1/10 do menor valor, para garantir um horizonte de operação do cabo de várias décadas; assim sendo, a tensão máxima de operação admissível para um cabo com as características apresentadas é da ordem de 1,5 kV.

7.8. O equacionamento do dipolo elétrico

Como discutido na seção anterior, a ação do campo elétrico sobre os átomos produz um deslocamento dos centros de carga, de modo que o centro geométrico das cargas negativas não mais coincide com o centro magnético das cargas positivas. Um modelo para o átomo sob ação de um campo elétrico, que fornece resultado adequado em uma vasta faixa de operações, é a proposta denominada "dipolo elétrico", o qual consiste em duas cargas pontuais muito próximas, de mesmo valor, porém de sinais opostos. O campo elétrico produzido por essas cargas a uma distância muito maior, quando comparada com a distância da separação dos centros de carga, é uma aproximação muito boa para a avaliação do acréscimo do campo elétrico devido à polarização.

A Figura 7.34 mostra duas cargas pontuais opostas separadas por uma distância d.

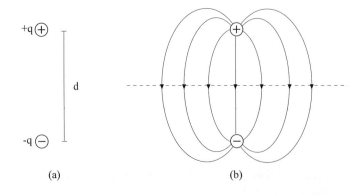

Figura 7.34: Geometria e campo de um dipolo elétrico. A. Geometria. B. Distribuição de campo elétrico.

O potencial elétrico no ponto P de coordenadas (0, y, z) devido à carga +q é obtido a partir da expressão deduzida na Seção 7.5, de modo que:

$$V_+ = \frac{q}{4\pi\varepsilon_0 r_+}$$

Da mesma forma, o potencial nesse ponto devido à carga –q é dado por:

$$V_- = \frac{q}{4\pi\varepsilon_0 r_-}$$

Como o meio é linear, o potencial no ponto P devido às duas cargas é obtido por superposição, isto é:

$$V = V_+ + V_- = \frac{q}{4\pi\varepsilon_0}\left(\frac{1}{r_+} - \frac{1}{r_-}\right)$$

Em face da hipótese de que $r \gg d$, podemos, em primeira aproximação, considerar:

$$r_+ = r - \frac{d}{2}\cos\theta$$

e

$$r_- = r + \frac{d}{2}\cos\theta$$

pois basta projetar os segmentos AO e OB sobre a direção OP para chegar ao resultado indicado; assim sendo:

$$\frac{1}{r_+} - \frac{1}{r_-} = \frac{1}{r - \frac{d}{2}\cos\theta} - \frac{1}{r + \frac{d}{2}\cos\theta}$$

ou, ainda:

$$\frac{1}{r_+} - \frac{1}{r_-} = \frac{d\cos\theta}{r^2 - (\frac{d}{2}\cos\theta)^2}$$

Lembrando, novamente, que $r \gg d$, resulta finalmente:

$$\frac{1}{r_+} - \frac{1}{r_-} = \frac{d\cos\theta}{r^2}$$

$$V = \frac{qd\cos\theta}{4\pi\varepsilon_0 r^2} \tag{7.44}$$

Denominando momento do dipolo elétrico o termo $p = qd$, resulta:

$$V = \frac{p\cos\theta}{4\pi\varepsilon_0 r^2} \tag{7.45}$$

A determinação do campo elétrico é obtida a partir de $\vec{E} = -\nabla V$ e, como em coordenadas esféricas V não depende de ϕ, podemos escrever:

$$\vec{E} = -\nabla V = -\frac{\partial V}{\partial r}\vec{u}_r - \frac{1}{r}\frac{\partial V}{\partial \theta}\vec{u}_\theta$$

que resulta:

$$\vec{E} = \frac{p\cos\theta}{2\pi\varepsilon_0 r^3}\vec{u} + \frac{p\sen\theta}{4\pi\varepsilon_0 r^3}\vec{u}_\theta$$

ou, ainda:

$$\vec{E} = \frac{p}{4\pi\varepsilon_0 r^3}(2\cos\theta\,\vec{u}_r + \sen\theta\,\vec{u}_\theta) \qquad (7.46)$$

Note que essa expressão do campo elétrico em um ponto P distante r de um dipolo elétrico só é válida para pontos afastados deste, visto que foi imposta a condição $r \gg d$.

A Figura 7.34B mostra as linhas de campo elétrico e as linhas equipotenciais traçadas no plano. Insistimos, novamente, que nas vizinhanças do dipolo elétrico os resultados 7.45 e 7.46 não são aplicados em face das aproximações consideradas.

Assim sendo, para campos distantes, o campo elétrico "cai" com $1/r^3$, ao passo que para campos próximos o campo elétrico, como sabemos pela lei de Coulomb, "decai" com $1/r^2$.

7.9. O método das imagens

O método das imagens é uma metodologia muito empregada quando envolve a presença de um plano condutor no sistema eletrostático, em face da propriedade do plano condutor de constituir uma superfície equipotencial, a qual impõe ortogonalidade entre esse plano e as linhas de campo elétrico.

A título de exemplo, suponha que se deseje calcular a capacitância de um cabo singelo paralelo a um plano condutor, situado a uma altura h desse plano, como mostra a Figura 7.35.

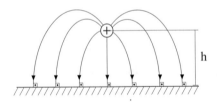

Figura 7.35: Condutor carregado paralelo a um plano condutor.

A Figura 7.35 mostra as linhas de campo elétrico produzidas pelo cabo carregado com densidade linear de cargas elétricas $+\rho_L$, em que fica evidente a ortogonalidade dessas linhas com o plano.

Note que essas linhas de campo elétrico são exatamente as mesmas produzidas por um par de cabos, nos quais um deles é o cabo original, carregado com densidade linear $+\rho_L$ e o outro um cabo idêntico ao anterior, situado na posição da imagem do primeiro (supondo que o plano condutor seja um espelho plano), carregado, porém, com uma densidade linear $-\rho_L$, como mostra a Figura 7.36.

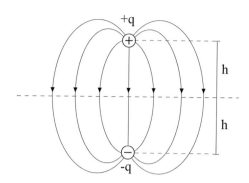

Figura 7.36: Sistema de cabos equivalentes ao sistema da Figura 7.35.

Assim sendo, para avaliar a capacitância do cabo singelo paralelo ao plano condutor, podemos chegar a essa grandeza calculando a capacitância de uma linha constituída por dois cabos paralelos idênticos separados pela distância 2 h, como a seguir.

O primeiro passo consiste em determinar o vetor deslocamento produzido por um cabo singelo carregado com densidade linear de cargas elétricas $+\rho_L$ isolado no espaço. Para tal, basta envolvê-lo por uma superfície cilíndrica e calcular o fluxo do vetor deslocamento sobre essa superfície a partir da quarta equação de Maxwell.

Como o campo elétrico (e também o vetor deslocamento) é radial, o fluxo do vetor deslocamento ocorre apenas pela superfície lateral, de modo que podemos escrever:

$$\oint_\Sigma \vec{D} \cdot d\vec{S} = D 2\pi r l$$

e

$$Q = \rho_L l$$

que resulta:

$$D 2\pi r l = \rho_L l$$

ou, ainda:

$$D = \frac{\rho_L}{2\pi r}$$

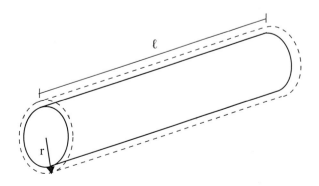

Figura 7.37: Superfície.

Voltando aos dois condutores equivalentes ao sistema eletrostático, no ponto distante r do condutor superior, o vetor deslocamento resultante é obtido por superposição e resulta:

$$D = D_+ + D_-$$

na qual:

$$D_+ = \frac{\rho_L}{2\pi r}$$

e

$$D_- = \frac{\rho_L}{2\pi(2d-r)}$$

de modo que:

$$D = \frac{\rho_L}{2\pi}\left(\frac{1}{r} - \frac{1}{2d-r}\right)$$

Portanto, o campo elétrico será dado por:

$$E = \frac{\rho_L}{2\pi\varepsilon_0}\left(\frac{1}{r} - \frac{1}{2d-r}\right)$$

Note que o campo elétrico está alinhado com o segmento que une os centros dos condutores e, por essa razão, o cálculo do vetor deslocamento é realizado por simples soma algébrica das amplitudes de cada cabo.

Para a avaliação da capacitância, precisamos da diferença de potencial entre os cabos, a qual é calculada por:

$$V_0 = -\int_A^B \vec{E} \cdot d\vec{l}$$

cujos limites estão indicados na Figura 7.38.

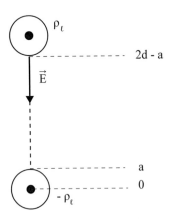

Figura 7.38: Cabos equivalentes.

Podemos, então, escrever:

$$V_0 = \int_{2d-a}^{a} \frac{\rho_L}{2\pi\varepsilon_0}\left(\frac{1}{r} - \frac{1}{2d-r}\right) \cdot dr$$

pois $d\vec{l} = dr \cdot \vec{u}_R$, de modo que resulta:

$$V_0 = \frac{\rho_L}{\pi\varepsilon_0} \ln\frac{2d-a}{a}$$

A capacitância por unidade de comprimento da linha com dois condutores é dada por:

$$C = \frac{\rho_L}{V_0} = \frac{\pi\varepsilon_0}{\ln\frac{2d-a}{a}}(F/m)$$

Lembrando que $d \gg a$, a expressão anterior se reduz a:

$$C = \frac{\rho_L}{V_0} = \frac{\pi\varepsilon_0}{\ln\frac{2d}{a}}(F/m) \tag{7.47}$$

ou, ainda:

$$C = \frac{\rho_L}{V_0} = \frac{27,8}{\ln\frac{2d}{a}}(F/m) \tag{7.48}$$

Como exemplo, a capacitância por quilômetro de uma linha monofásica de 115 kV constituída por dois condutores de alumínio com alma de aço (ACSR), de raio $a = 1,407$ cm e separada por $2d = 3$ m resulta $C = 5,19$ nF/km.

As expressões anteriores são válidas apenas para o caso de $d \gg a$. Uma análise mais acurada obtém:

$$C = \frac{\pi\varepsilon_0}{\ln(\frac{d}{a}+\sqrt{(d/a)^2-1})}(F/m)$$

ou, ainda:

$$C = \frac{27,8}{\ln(\frac{d}{a}+\sqrt{(d/a)^2-1})}(pF/m)$$

Note que a capacitância entre dois condutores singelos se relaciona com a capacitância de um único condutor singelo paralelo a um plano condutor, como segue:

$$C_1 = 2C$$

Assim sendo, a capacitância de um condutor singelo paralelo a um plano condutor e situado a uma distância d desse plano é dada por:

$$C_1 = \frac{2\pi\varepsilon_0}{\ln\frac{2d}{a}}(F/m) \tag{7.49}$$

Esse procedimento pode ser generalizado para mais de um plano condutor, como indicam as equivalências da Figura 7.40.

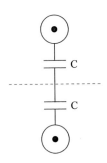

Figura 7.39: Capacitâncias equivalentes.

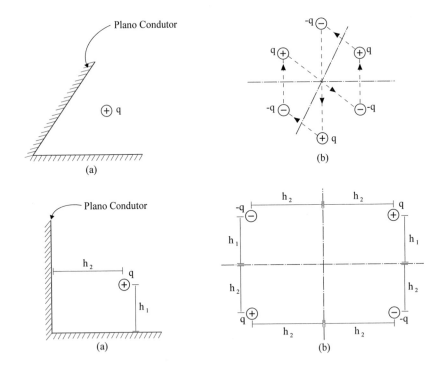

Figura 7.40: Método das imagens. A. Sistema real. B. Sistema de cargas equivalentes.

7.10. A eletro quase estática

A eletrostática é o estudo do campo elétrico no ar ou na matéria em uma situação muito particular. Nesse estudo, todas as grandezas envolvidas são constantes no tempo. Assim, as cargas elétricas, os potenciais e, como resultado, o campo elétrico são "estáticos" no tempo.

Ocorre que, na vida real, são poucas as situações em que isso acontece, de modo que sempre existe uma variação temporal dessas grandezas.

A questão que se apresenta é: em que situações podemos tratar um problema com grandezas variáveis no tempo como se fosse um problema "estático" no tempo?

Para que um problema seja considerado eletrostático, mesmo com grandezas variáveis no tempo, a intensidade da corrente elétrica deve ser tal que as forças produzidas pelo campo magnético sejam bem menores que as forças eletrostáticas calculadas pela lei de Coulomb.

7.11. A eletrocinética

Enquanto a eletrostática estuda os efeitos do campo elétrico nos dielétricos, a eletrocinética estuda seus efeitos nos condutores.

A diferença essencial reside no fato de que a presença do campo elétrico em meios condutores está associada a um movimento de cargas elétricas, isto é, à presença da corrente elétrica. A Figura 7.41 mostra a essência de um problema eletrocinético, no qual temos alguns condutores ideais energizados separados por um meio condutor de condutividade finita em regime estacionário ($d/dt = 0$).

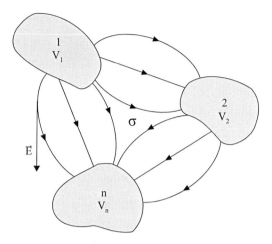

Figura 7.41: Eletrocinética.

O fenômeno da eletrocinética é governado pela primeira equação de Maxwell e pela equação da continuidade, que reescrevemos por conveniência:

Tabela 7.3: Primeira equação de Maxwell

Equação	Forma integral	Forma diferencial
I	$\oint_C \vec{E} \cdot d\vec{l} = 0$	$\nabla \times \vec{E} = 0$
Continuidade	$\oint_\Sigma \vec{J} \cdot d\vec{S} = 0$	$\nabla \cdot \vec{J} = 0$

Somadas à definição da função potencial extraída da primeira equação de Maxwell:

$$\vec{E} = -\nabla V$$

e à relação constitutiva (lei de Ohm):

$$\vec{J} = \sigma \vec{E}$$

fornecem as ferramentas suficientes para o completo estudo da eletrocinética.

7.12. A resistência elétrica

A Figura 7.42 mostra dois condutores ideais submetidos a uma diferença de potencial V_0. O meio entre eles é preenchido por um material condutor de condutividade σ. A figura mostra também as linhas de campo elétrico ($\vec{E}$); como o campo elétrico está alinhado com o vetor densidade de corrente ($\vec{J}$), essas linhas também representam as linhas de corrente elétrica.

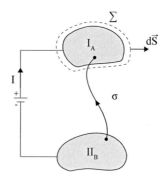

Figura 7.42: Resistência elétrica.

A resistência elétrica entre os condutores I e II, pela lei de Ohm, é dada por:

$$R = \frac{V_0}{I} \tag{7.50}$$

na qual:

$$V_0 = -\int_{A-B} \vec{E} \cdot dl$$

sendo A um ponto qualquer no condutor II e B um ponto qualquer do condutor I. O caminho de integração de A para B é qualquer, e:

$$I = \oint_{\Sigma} \vec{J} \cdot d\vec{S}$$

na qual Σ é uma superfície envolvendo o condutor II. Podemos, então, escrever:

$$R = \frac{-\int_{A-B} \vec{E} \cdot dl}{\oint_{\Sigma} \vec{J} \cdot d\vec{S}} \tag{7.51}$$

7.13. As equações de Laplace e Poisson da eletrocinética

Uma manipulação das equações que governam a eletrocinética nos leva às equações de Laplace e Poisson, de forma semelhante ao desenvolvimento realizado para a eletrostática.

Trabalhando com a equação da continuidade na forma diferencial:

$$\nabla \cdot \vec{J} = 0 \tag{7.52}$$

com a relação constitutiva:

$$\vec{J} = \sigma \vec{E} \tag{7.53}$$

e com a definição da função potencial elétrico:

$$\vec{E} = -\nabla V \tag{7.54}$$

podemos escrever, substituindo 7.54 em 7.53 e o resultado obtido em 7.52, o que segue:

$$\nabla \cdot \sigma \nabla V = 0 \tag{7.55}$$

a qual é a equação de Laplace da eletrocinética.

A Equação 7.55 é válida para meios não homogêneos, de condutividade $\sigma = \sigma(x, y, z)$, ao passo que para os meios homogêneos, de σ = *constante*, aquela equação se reduz a:

$$\nabla^2 V = 0 \tag{7.56}$$

Como já foi discutido na eletrostática, a solução analítica da equação de Laplace só é possível em situações de alta simetria, ao passo que para geometrias mais complexas deve-se recorrer a soluções numéricas.

7.14. A condutividade elétrica

A condutividade elétrica é uma propriedade dos materiais que caracteriza sua capacidade de condução da corrente elétrica. Essa grandeza depende, dentre outros fatores, diretamente da quantidade de elétrons livres por unidade de volume do material, também denominada densidade de condução de elétrons (para o cobre seu valor é $8,45.10^{28}$ elétrons/m^3). Tal densidade é elevada nos materiais condutores e muito baixa nos dielétricos. A condutividade elétrica é também diretamente proporcional à distância média entre duas colisões dos elétrons e inversamente proporcional à velocidade térmica dos elétrons.

A unidade da condutividade é o Siemens/metro (S/m). Para os materiais mais frequentes na engenharia elétrica, diferentemente da permissividade elétrica, a condutividade elétrica varia muito, saindo de valores da ordem de 10^{-17} S/m para o quartzo fundido a $5,8.10^7$ S/m para o cobre.

A temperatura é um fator preponderante no valor da condutividade, e sua influência varia muito entre os metais, semicondutores e dielétricos.

Nos metais puros, em particular, a condutividade é fortemente afetada pela temperatura, decaindo algo em torno de $\approx$ 0,1-0,5% por grau Celsius, dependendo do tipo de material. Especificamente, se σ_{20} é a condutividade do metal a 20° C, sua condutividade a uma temperatura T qualquer (em graus Celsius) é dada por:

$$\frac{1}{\sigma} \cong \frac{1}{\sigma_{20}}[1 + \alpha(T - 20)] \tag{7.57}$$

O coeficiente α é denominado coeficiente de temperatura e apresenta valores variáveis na faixa de 0,001-0,005 para a maioria dos metais. Encontramos, no entanto, valores negativos para esse coeficiente nos não metais, indicando que a condutividade desses materiais aumenta com a temperatura.

A Tabela 7.4 fornece os valores da condutividade e o coeficiente de temperatura para alguns materiais.

Tabela 7.4: Condutividade e coeficientes de temperatura

Material	Condutividade σ (S/m) (a 20ºC)	Coeficiente de Temperatura α (ºC^{-1})
Alumínio	$3,82.10^7$	0,0039
Bismuto	$8,70.10^5$	0,004
Bronze (66 Cu, 34 Zn)	$2,56x10^7$	0,002
Grafite	$7,14.10^4$	−0,0005
Constantan (55 Cu, 45 Ni)	$2,26.10^6$	0,0002
Cobre eletrolítico	$5,8.10^7$	0,0039
Solo seco	10^{-3}	
Água destilada	10^{-4}	
Água gelada	$10{-2}$	
Germano	2,13	−0,048
Vidro	10^{-12}	−0,07
Ouro	$4,1.10^7$	0,0034
Ferro	$1,03.10^7$	0,0052-0,0062
Chumbo	$4,56.10^6$	0,004
Solo arado	10^{-2}	
Mercúrio líquido	$1,04.10^6$	0,008915
Mica	10^{-15}	−0,07
Nicromo (65 Ni, 12 Cr, 23 Fe)	$1,00.10^6$	0,00017
Níquel	$1,45.10^7$	0,0047
Nióbio	$8,06.10^6$	
Platina	$9,52.10^6$	0,003
Poliestireno	10^{-6}	
Porcelana	10^{-14}	
Quartzo	10^{-17}	
Borracha rígida	10^{-15}	
Água do mar	4	
Silício	$4,35.10^{-4}$	
Prata	$6,17.10^7$	0,0038
Sódio	$2,17.10^7$	
Aço inox	$1,11.10^6$	.
Enxofre	10^{-15}	
Estanho	$8,77.10^6$	0,0042
Titânio	$2,09.10^6$	
Tungstênio	$1,82.10^7$	0,0045
Y Ba$_2$Cu$_3$O$_7$ (supercondutor)	1020 (a <80 K)	
Madeira	10^{-11} a 10^{-8}	
Zinco	$1,67.10^7$	0,0037

■ **Exercício Resolvido 18**

Resistência: Determinar a resistência de um cilindro de seção transversal S e altura l, confeccionado com material condutor de condutividade σ.

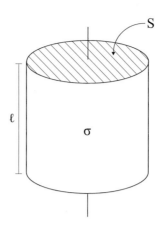

Figura 7.43: Resistor cilíndrico.

Solução

Vamos calcular o fluxo do vetor densidade de corrente sobre uma superfície fechada envolvendo o contato superior.

Pela equação da continuidade, resulta:

$$\int_\Sigma \vec{J} \cdot d\vec{S} - I = 0$$

ou, ainda:

$$I = \oint_\Sigma \vec{J} \cdot d\vec{S}$$

Como, na face inferior da superfície fechada, a distribuição de corrente é uniforme, isto é, o vetor densidade de corrente é constante sobre essa face, resulta:

$$I = JS$$

A diferença de potencial entre os contatos é dada por:

$$V_0 = -\int_{A-B} \vec{E} \cdot dl$$

Como o campo elétrico no interior do condutor é constante, a expressão anterior se reduz a:

$$V_0 = E \cdot l$$

Lembrando a relação constitutiva $J = \sigma E$, a expressão anterior pode ser escrita como segue:

$$V_0 = \frac{J}{\sigma} l$$

de modo que a resistência do cilindro será dada por:

$$R = \frac{V_0}{I} = \frac{\frac{J}{\sigma}l}{JS}$$

ou, ainda:

$$R = \frac{1}{\sigma}\frac{l}{S} \, (\Omega)$$

Esse resultado é conhecido do leitor desde o ensino médio. Insistimos em deduzi-la nesse exercício para enfatizar os passos que devem ser seguidos no cálculo da resistência de qualquer condutor.

■ **Exercício Resolvido 19**

Resistência: Determinar a resistência de isolação por unidade de comprimento de um cabo coaxial cujo condutor interno tem raio *a* e o condutor externo, concêntrico ao condutor interno, tem raio *b*. Esses dois condutores são separados por um dielétrico não ideal de condutividade σ.

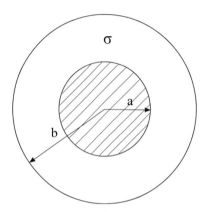

Figura 7.44: Cabo coaxial.

Solução

Um material dielétrico real, por melhor que seja sua qualidade, apresenta quantidade mínima de elétrons livres não o isentando da existência de correntes de condução quando submetido a um campo elétrico. A intensidade da corrente de condução nos dielétricos reais é, frequentemente, desprezível; no entanto, sua intensidade atesta a qualidade do dielétrico. Nos cabos coaxiais, denomina-se "corrente de fuga" à corrente de condução no dielétrico, e à resistência oferecida a essa corrente, "resistência de fuga" (esse parâmetro é um índice de qualidade do cabo coaxial e submetido a limites estabelecidos por normas técnicas).

A Figura 7.45 mostra uma superfície cilíndrica de raio compreendido entre *a* e *b*. Estando o condutor submetido a uma diferença de potencial V_0, com a polaridade indicada, uma corrente de condução fluirá do condutor interno para o condutor externo na direção radial, pois essa é também a direção do campo elétrico.

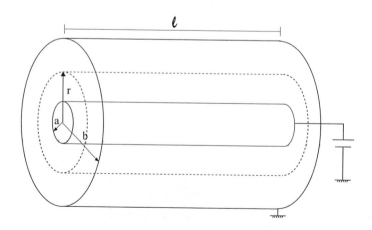

Figura 7.45: Superfície de integração.

O campo elétrico, por sua vez, obtido a partir da integração da equação de Laplace (Exercício Resolvido 2 deste capítulo), que resulta:

$$E = \frac{V_0}{r \ln(b/a)}$$

de modo que:

$$J = \sigma E = \frac{\sigma V_0}{r \ln(b/a)}$$

Aplicando a equação da continuidade, obtém-se:

$$I = \oint_\Sigma \vec{J} \cdot d\vec{S} = \frac{\sigma V_0}{r \ln(b/a)} \cdot 2\pi r l$$

ou, ainda:

$$I = \frac{\sigma V_0}{r \ln(b/a)} \cdot 2\pi l$$

Note que sobre a superfície Σ o vetor densidade de corrente J tem amplitude constante, de forma que J é colocado em evidência na integral. Por outro lado, a corrente de fuga cruza apenas a superfície lateral, cuja área é igual a $2\pi r l$.

Da expressão anterior extraímos a "resistência de fuga", fazendo:

$$R = \frac{V_0}{I} = \frac{\ln(b/a)}{2\sigma \pi l} (\Omega)$$

Como exemplo, suponha um cabo coaxial constituído por um condutor interno de raio $a = 5$ mm e raio externo $b = 15$ mm, cujo isolante seja o poliestireno. Nesse caso, a condutância de isolação (inverso da resistência de fuga) por unidade de comprimento é dada por:

$$G_{FUGA} = \frac{2.10^{-6} \pi}{\ln(15/5)} = 6,9 \times 10^{-6} (S/m)$$

Como a resistência de fuga é um parâmetro da linha de transmissão que está em paralelo com a capacitância (Capítulo 1), é conveniente, para a manipulação matemática, representá-la pela sua condutância por unidade de comprimento, como indicado.

Resistência de aterramento: A Figura 7.46 mostra um sistema elétrico muito simples, constituído por uma linha de transmissão monofásica (dois fios), na qual em uma de suas extremidades tem-se um gerador e na outra ponta da linha uma carga; tanto o gerador quanto a carga são protegidos por uma carcaça metálica. Por questões de segurança pessoal, as carcaças do gerador e da carga são "aterradas", isto é, são conectadas eletricamente a uma malha de condutores enterrada no solo a baixa profundidade (normalmente em torno de 50 cm), denominada "malha de terra". Em condições normais de operação, a corrente que flui para o solo é nula, no entanto, se ocorrer um curto-circuito "fase-terra", que consiste em o condutor tocar a carcaça metálica de equipamento elétrico, como ocorre quando o cabo é rompido, uma corrente elevada é injetada no solo no ponto de defeito e retorna ao gerador. Como o solo é um meio de baixa condutividade (quando comparado com a condutividade dos metais), a corrente de defeito "enxergará" uma resistência no seu caminho de volta para o gerador. Essa resistência é denominada "resistência de aterramento". O produto da corrente de defeito pela resistência de aterramento será igual à diferença de potencial entre o ponto de defeito e os terminais do gerador.

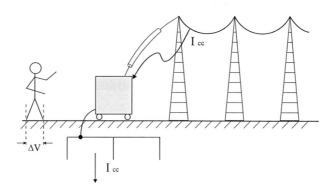

Figura 7.46: Resistência de aterramento. A. Sistema elétrico em condições normais de operação – não há circulação de corrente para o solo. B. Curto-circuito fase-terra – há circulação da corrente de defeito no solo.

Como a resistência de aterramento se distribui ao longo do percurso, ocorrerá também uma distribuição de potencial ao longo desse caminho, de modo que, se uma pessoa estiver caminhando nas proximidades do ponto em que ocorreu o defeito (denominado "ponto de defeito"), poderá estar sujeita a uma diferença de potencial perigosa entre os pés. O máximo valor que essa diferença de potencial pode atingir é denominado "potencial de passo", e deve ser avaliado com relativa segurança para garantir proteção adequada aos seres humanos.

A maneira mais elementar utilizada como aterramento é o caso de uma haste metálica enterrada verticalmente no solo condutor, como se faz nos aterramentos residenciais. Nos casos em que a corrente de defeito atinge valores elevados, a prática consiste em utilizar uma malha de condutores mesclada de condutores horizontais interligados, formando quadrículas, e hastes verticais conectadas aos condutores horizontais nos seus vértices, como mostrado na Figura 7.47.

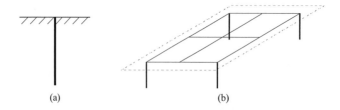

Figura 7.47: Malhas de terra. A. Haste singela utilizada em aterramentos residenciais.
B. Malha de terra industrial mesclada com condutores horizontais e verticais.

A discussão das malhas de terra industriais, para a qual existe uma série de obras que tratam do assunto com profundidade, não faz parte do escopo deste livro, no entanto, vamos analisar a distribuição de potencial produzida por uma haste vertical, submetida a uma corrente de curto-circuito.

Fonte pontual de corrente: Para introdução ao problema da haste enterrada precisamos considerar uma situação hipotética de uma fonte pontual de corrente imersa em um solo homogêneo de condutividade σ conhecida.

A Figura 7.48 ilustra essa situação.

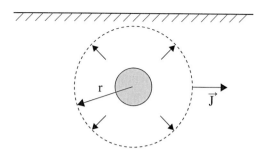

Figura 7.48: Fonte pontual de corrente.

A equação de Laplace expressa em 7.56, a qual, por conveniência está reproduzida, é o ponto de partida para a obtenção da distribuição de potencial produzida pela fonte pontual de corrente:

$$\nabla^2 V = 0$$

Em face da simetria, vamos utilizar o sistema de coordenadas esféricas, para o qual podemos escrever:

$$\nabla^2 V = \frac{1}{r^2}\frac{\partial}{\partial r}(r^2 \frac{\partial V}{\partial r}) = 0$$

pois:

$$\frac{\partial V}{\partial \phi} = \frac{\partial V}{\partial \theta} = 0$$

Integrando uma vez em relação a *r*, obtém-se:

$$r^2 \frac{\partial V}{\partial r} = C_1$$

ou, ainda:

$$\frac{\partial V}{\partial r} = \frac{C_1}{r^2}$$

Integrando novamente em relação a *r*, resulta:

$$V = -\frac{C_1}{r} + C_2$$

Impondo a referência dos potenciais tal que para $r \to \infty$ resulta $V = 0$, obtém-se:

$$C_2 = 0$$

de modo que:

$$V = -\frac{C_1}{r}$$

A obtenção de C_1 é conseguida a partir do campo elétrico produzido pela fonte pontual de corrente no meio condutor.

Lembrar que, devido à simetria radial do problema, o vetor densidade de corrente tem amplitude dada por:

$$J = \frac{I}{4\pi r^2}$$

resulta, para o campo elétrico:

$$E = \frac{J}{\sigma} = \frac{I}{4\pi\sigma r^2}$$

No entanto, o campo elétrico radial pode ser expresso a partir da função potencial como segue:

$$E = -\frac{\partial V}{\partial r}$$

ou, ainda:

$$E = -\frac{C_1}{r^2}$$

Identificando os resultados, obtém-se:

$$C_1 = -\frac{I}{4\pi\sigma}$$

de modo que:

$$V = \frac{I}{4\pi\sigma r} \tag{7.57}$$

Cilindro finito injetando corrente em meio condutor: Suponha agora que um cilindro finito de raio R e comprimento $2l = b - a$, envolvido por um meio de condutividade σ, injete nesse meio uma corrente elétrica de intensidade I. A Figura 7.49 ilustra a geometria do problema.

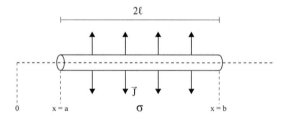

Figura 7.49: Cilindro finito injetando corrente.

Para efeito da avaliação da distribuição de potencial produzida pelo cilindro podemos supor inicialmente que o cilindro se assemelhe a um segmento finito emitindo corrente I para o meio. Admitindo que a corrente que "sai" do cilindro é uniformemente distribuída em toda a sua extensão, podemos escrever que a corrente emitida por um segmento elementar de comprimento dx do cilindro é dada por:

$$dI = \frac{I dx}{2l} \tag{7.58}$$

de modo que o potencial produzido por essa fonte elementar de corrente, com característica pontual, em um ponto P de coordenadas (x_0, y_0), de acordo com 7.57 é dado por:

$$dV = \frac{I}{8\pi\sigma lr} dx \qquad (7.59)$$

A função potencial é obtida integrando 7.59 em toda a extensão do cilindro, isto é:

$$V = \frac{I}{8\pi\sigma l} \int_a^b \frac{dx}{r}$$

ou, ainda:

$$V = \frac{I}{8\pi\sigma l} \int_a^b \frac{dx}{\sqrt{(x_0 - x)^2 + y_a^2}}$$

que resulta:

$$V = \frac{I}{8\pi\sigma l} \ln \frac{(x_0 - a) + \sqrt{y_0^2 + (x_0 - a)^2}}{(x_0 - b) + \sqrt{y_0^2 + (x_0 - b)^2}} \qquad (7.60)$$

Posicionando o cilindro de modo que a origem do sistema de coordenadas coincida com o seu ponto médio, isto é, fazendo $-a = b = l$, podemos escrever:

$$V = \frac{I}{8\pi\sigma l} \ln \frac{(x_0 - l) + \sqrt{y_0^2 + (x_0 + l)^2}}{(x_0 - l) + \sqrt{y_0^2 + (x_0 - l)^2}} \qquad (7.61)$$

As superfícies equipotenciais são tais que:

$$\frac{(x_0 - l) + \sqrt{y_0^2 + (x_0 + l)^2}}{(x_0 - l) + \sqrt{y_0^2 + (x_0 - l)^2}} = cte$$

cujas geometrias são elipsoides com focos nas extremidades do condutor, como mostra a Figura 7.50.

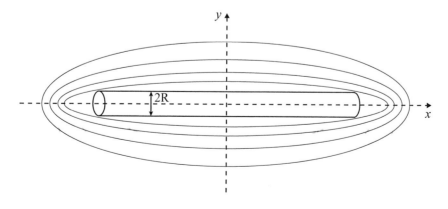

Figura 7.50: Superfícies equipotenciais.

O potencial do cilindro pode ser obtido a partir da expressão 7.61 impondo-se $x_0 = 0$ e $y_0 = R$, isto é:

$$V = \frac{I}{8\pi\sigma l} \ln \frac{l + \sqrt{R^2 + l^2}}{-l + \sqrt{R^2 + l^2}} \qquad (7.62)$$

ou, ainda:

$$V = \frac{I}{8\pi\sigma l} \ln \frac{l + l\sqrt{1 + \frac{R^2}{l^2}}}{-l + \sqrt{1 + \frac{R^2}{l^2}}} \qquad (7.63)$$

Utilizando a aproximação:

$$\sqrt{1 + a^2} = 1 + \frac{a^2}{2} + \cdots \qquad (7.64)$$

válida para $a \gg 1$, como é o nosso caso, podemos reescrever 7.63 como segue:

$$V = \frac{I}{8\pi\sigma l} \ln \frac{l + l + \frac{R^2}{2l}}{-l + l + \frac{R^2}{2l}} \qquad (7.65)$$

ou, ainda:

$$V = \frac{I}{4\pi\sigma l} \ln \frac{2l}{R}$$

pois $R \gg l$.

A resistência entre o cilindro e um ponto remoto suficientemente afastado do cilindro, isto é, um ponto tal que $x_0, y_0 \to \infty$ é dada por:

$$R_C = \frac{V}{I} = \frac{1}{4\pi\sigma l} \ln \frac{2l}{R} \qquad (7.66)$$

Resistência de aterramento de uma haste: Esse resultado pode auxiliar no cálculo da resistência de aterramento de uma haste de comprimento l enterrada em um solo de condutividade σ, como mostrado na Figura 7.51.

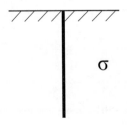

Figura 7.51: Haste enterrada em solo condutor.

Como a distribuição de potencial do cilindro apresenta uma linha de simetria, podemos entender que sua resistência de aterramento é devida à associação em paralelo de duas resistências idênticas de valor $2R_C$, onde $2R_C$ é a resistência de metade do cilindro.

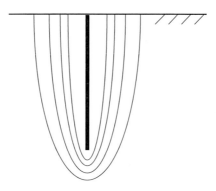

Figura 7.52: Distribuição de potencial no solo devido à haste.

Assim sendo, retirando o semiespaço correspondente à metade do cilindro e em seu lugar colocando o ar, que é um meio isolante, a distribuição de potencial no solo, no semiespaço da haste, não se altera, como mostra a Figura 7.52.

Resulta, portanto, que a resistência de aterramento de uma haste de comprimento l enterrada em solo condutor de condutividade σ é dada por:

$$R_{TERRA} = 2R_C = \frac{1}{2\pi\sigma l}\ln\frac{2l}{R} \qquad (7.67)$$

■ Exercício Resolvido 20

Aterramento: Uma haste de aço revestida com uma película de cobre de 250 μm tem 3 m de comprimento e diâmetro 1/2 pol. É utilizada como aterramento de uma caixa de entrada de uma residência. A rede primária de alimentação, tocando no poste da residência, injeta no solo, através da haste de aterramento, uma corrente de 100 A. Vamos determinar:
a: a resistência de aterramento da haste, supondo um solo uniforme de resistividade 20 Ω m;
b: a elevação do potencial da haste;
c: o potencial de passo resultante;
d: o tempo máximo que o ser humano pode suportar o potencial de passo calculado no item anterior.

Solução

a: A resistência de aterramento da haste é calculada a partir de 7.67, resultando:

$$R_{TERRA} = \frac{25}{2\pi 3}\ln\frac{2x3}{6{,}35x10^{-3}} = 7{,}3\,\Omega$$

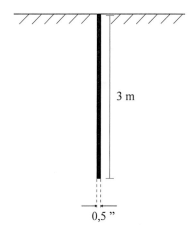

Figura 7.53: Haste de aterramento.

b: A elevação de potencial da haste é dada por:
$$V_{HASTE} = R_{TERRA} I_C = 7{,}3 \cdot 100 = 730 \text{ V!!!}$$

c: O potencial de passo resultante é a máxima diferença de potencial entre dois pontos separados pela distância de 0,8 m, o qual é o comprimento médio do passo humano. Essa diferença de potencial máxima é obtida entre a superfície da haste e um ponto a 80 cm na direção radial, isto é:

$$V_{PASSO} = V_{HASTE} - V(0{,}08)$$

na qual:

$$V(0{,}0.8) = \frac{100 \cdot 25}{8\pi \cdot 3} \ln \frac{(0+3) + \sqrt{0{,}8^2 + (0+3)^2}}{(0-3) + \sqrt{0{,}8^2 + (0+3)^2}} = 135 \text{ V!!!}$$

de modo que:

$$V_{PASSO} = 595 \text{ V!!!}$$

Note que os valores dos potenciais de passo e de elevação da haste são significantes e, por essa razão, os critérios de proteção devem ser seguidos com rigor.

d: O tempo máximo admissível que um ser humano pode suportar uma determinada diferença de potencial é expresso, de forma aproximada, pela expressão:

$$V_{PASSO}(kV) = \frac{0{,}116}{\sqrt{t}}$$

de modo que:

$$0{,}595 = \frac{0{,}116}{\sqrt{t}}$$

que resulta:

$$t = 38 \ ms$$

Esse intervalo de tempo corresponde ao tempo máximo admissível que um ser humano suporta 595 V sem dano para a sua saúde. De modo que, se uma pessoa estiver tocando o poste nesse instante, o defeito deve ser eliminado antes de atingir esse estágio de risco. Assim, calibra-se o tempo de abertura do disjuntor de proteção baseado nesse parâmetro de segurança.

Linha infinita em meio condutor: Vamos admitir que uma fonte de corrente constituída por uma linha infinita, imersa em um meio condutor, drene para esse meio uma corrente elétrica de intensidade I por unidade de comprimento, como mostra a Figura 7.54.

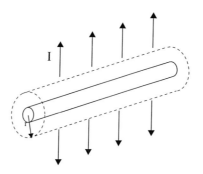

Figura 7.54: Linha infinita em meio condutor.

Vamos aplicar a equação de Laplace para determinar a distribuição de potencial no espaço ao redor da linha infinita.

Em coordenadas cilíndricas, o laplaciano é expresso por:

$$\nabla^2 V = \frac{1}{r}\frac{\partial}{\partial r}(r\frac{\partial V}{\partial r}) + \frac{1}{r^2}\frac{\partial^2 V}{\partial \phi^2} + \frac{\partial^2 V}{\partial z^2}$$

Em face da simetria do problema, obtém-se:

$$\nabla^2 V = \frac{1}{r}\frac{\partial}{\partial r}(r\frac{\partial V}{\partial r}) = 0$$

pois:

$$\frac{\partial V}{\partial \phi} = \frac{\partial V}{\partial z} = 0$$

Integrando em relação a r, obtém-se:

$$r\frac{\partial V}{\partial r} = C_1$$

ou, ainda:

$$\frac{\partial V}{\partial r} = \frac{C_1}{r}$$

Integrando novamente em relação a r, resulta:

$$V = C_1 \ln r + C_2$$

O campo elétrico, na direção radial, é dado por:

$$E = -\frac{\partial V}{\partial r} = -\frac{C_1}{r}$$

de modo que o vetor densidade de corrente é tal que:

$$J = \sigma E = -\sigma \frac{C_1}{r} \tag{7.68}$$

Lembrando que o fluxo do vetor densidade de corrente:

$$I = \oint_\Sigma \vec{J} \cdot d\vec{S}$$

sobre uma superfície cilíndrica de raio r e comprimento unitário, concêntrica à linha infinita, resulta:

$$I = J2\pi r$$

Obtém-se:

$$J = \frac{1}{2\pi r} \tag{7.69}$$

Identificando 7.68 com 7.69, resulta:

$$-\sigma \frac{C_1}{r} = \frac{I}{2\pi r}$$

de modo que:

$$C_1 = -\frac{I}{2\pi r}$$

Resulta, portanto:

$$V = -\frac{I}{2\pi\sigma} \ln r + C_2$$

A determinação de C_2 não é possível, pois não podemos impor $V = 0$ para $r \to \infty$. A razão dessa indeterminação reside no fato de que a fonte se estende ao infinito, mas isso não é relevante para o nosso objetivo final.

Distribuição de potencial produzido por duas linhas infinitas em meio condutor: Suponha agora que duas linhas infinitas e paralelas, separadas pela distância d, injetem no meio correntes $+I$ e $-I$ por unidade de comprimento, respectivamente, como mostra a Figura 7.55.

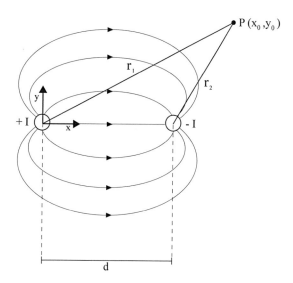

Figura 7.55: Duas linhas infinitas de corrente.

O potencial elétrico de um ponto P de coordenadas (x_0, y_0) devido às duas fontes é dado por:

$$V = V_+ + V_-$$

na qual V_+ e V_- são os potenciais devidos a $+I$ e $-I$, respectivamente, de modo que:

$$V = -\frac{I}{2\pi\sigma}\ln r_1 + C_2 + \frac{I}{2\pi\sigma}\ln r_2 - C_2$$

Resulta, então:

$$V = \frac{I}{2\pi\sigma}\ln\frac{r_2}{r_1}$$

Expressando r_1 e r_2 em função de suas coordenadas cartesianas, obtém-se:

$$V = \frac{I}{2\pi\sigma}\ln\frac{\sqrt{(x_0-d)^2 + y_0^2}}{\sqrt{x_0^2 + y_0^2}} \qquad (7.70)$$

As superfícies equipotenciais devem satisfazer:

$$\frac{\sqrt{(x_0-d)^2 + y_0^2}}{\sqrt{x_0^2 + y_0^2}} = k$$

Na qual k é uma constante que depende da condutividade do meio e do potencial.

Após alguma manipulação matemática, a expressão anterior se reduz a:

$$(x_0 + \frac{d}{k^2-1})^2 + y_0^2 = (\frac{dk}{k^2-1})^2 \qquad (7.71)$$

o que evidencia que as superfícies equipotenciais são cilíndricas, cujas seções circulares estão centradas na posição $\left[-\frac{d}{k^2-1};0\right]$ com raio igual a $\frac{dk}{k^2-1}$. A Figura 7.56 mostra a geometria das linhas equipotenciais no plano perpendicular às fontes de corrente.

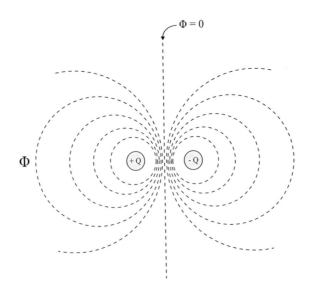

Figura 7.56: Linhas equipotenciais.

Tubulações metálicas enterradas: A situação discutida no caso anterior é útil para resolver um problema frequente que se apresenta quando temos de calcular a resistência por unidade de comprimento entre tubulações metálicas enterradas (também denominadas *pipelines*) à grande profundidade em solo condutor, como mostra a Figura 7.57.

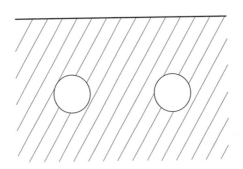

Figura 7.57: Tubulações metálicas enterradas.

Como as superfícies externas das tubulações são equipotenciais, podemos resolver o problema encaixando-as na correspondente superfície equipotencial do problema anterior e, feito isso, determinar as duas linhas infinitas de corrente equivalentes que geram aquelas superfícies equipotenciais que coincidem com as superfícies externas das tubulações metálicas.

Fixando nossa atenção na linha infinita situada na origem do sistema de coordenadas da Figura 7.56, a superfície da tubulação metálica correspondente deve estar para a esquerda, com seu centro deslocado $\frac{dk}{k^2-1}$ da origem. Por outro lado, para a outra tubulação metálica, o afastamento do seu centro da fonte de corrente $-I$ é idêntico ao anterior, só que para a direita, como mostra a Figura 7.58.

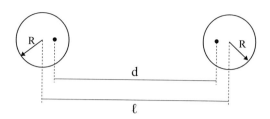

Figura 7.58: Tubulações metálicas – relações geométricas.

Isto posto, verifica-se que a distância entre os centros das tubulações é dado por:

$$l = \frac{d(k^2+1)}{k^2-1}$$

e o seu raio deve ser tal que:

$$R = \frac{dk}{k^2-1}$$

Assim sendo, podemos escrever:

$$\frac{l}{R} = \frac{k^2+1}{k}$$

cuja solução em relação a k resulta:

$$k = \frac{l \pm \sqrt{l^2-4R^2}}{2R}$$

Voltando à Expressão 7.70, calculamos o potencial da superfície da tubulação esquerda fazendo:

$$V_D = \frac{I}{2\pi\sigma} \ln \frac{l+\sqrt{l^2-4R^2}}{2R}$$

e, para a tubulação direita:

$$V_E = \frac{I}{2\pi\sigma} \ln \frac{l-\sqrt{l^2-4R^2}}{2R}$$

Como consequência, a diferença de potencial entre as duas tubulações é tal que:

$$V_0 = V_D - V_E$$

de modo que:

$$V_0 = \frac{I}{\pi\sigma} \ln \frac{l+\sqrt{l^2-4R^2}}{2R}$$

Lembrando que a resistência entre as tubulações é dada por:

$$R = \frac{V_0}{I}$$

resulta:

$$R = \frac{1}{\pi\sigma} \ln \frac{l+\sqrt{l^2-4R^2}}{2R} \, (\Omega\, m) \tag{7.72}$$

Note que, quando a separação entre as tubulações é muito maior que o seu raio, isto é, $l >> R$, podemos escrever:

$$R \approx \frac{1}{\pi\sigma}\ln\frac{l}{R}\,(\Omega\,m) \qquad (7.73)$$

Finalizando, a técnica apresentada para avaliar os potenciais e a resistência entre tubulações metálicas pode ser estendida a várias outras situações encontradas no dia a dia da engenharia elétrica, visto que é comum encontrarmos instalações com grandes extensões nas aplicações industriais que se assemelham as tubulações metálicas infinitas. O engenheiro eletricista deve sempre refletir sobre como encaixar seu problema nas soluções dos problemas clássicos, muitos dos quais foram discutidos neste capítulo.

7.15. Exercícios propostos

■ Exercício 1

Lei de Gauss: O campo elétrico no solo sob determinadas condições atinge o valor de 300 V/m e, a 1.400 m de altura, nas mesmas condições, se reduz a 20 V/m. Determine o valor médio da densidade volumétrica de cargas nessa camada.

■ Exercício 2

Lei de Gauss: O condutor externo de um cabo coaxial tem raio b e o condutor interno tem raio a. Determine o raio a desse cabo de modo que, para uma dada diferença de potencial V_0, o campo elétrico na superfície desse condutor seja mínimo. Sugestão: utilize os resultados do Exercício Resolvido 2.

■ Exercício 3

Lei de Gauss: Para um capacitor esférico de raio externo b, determine o raio do condutor interno de modo que, para uma dada diferença de potencial V_0, o campo elétrico em $r = a$ seja mínimo.

■ Exercício 4

Rigidez dielétrica: Em condições normais, o ar se comporta como um bom dielétrico para campos elétricos de intensidade até $E_0 = 3$ kV/mm, aproximadamente. Para valores acima de E_0, o ar se comporta como um bom condutor. Determine a máxima quantidade de cargas que pode ser armazenada em um condutor esférico de raio $a = 1$ m situado no ar. Determine o potencial da esfera nesse caso. Sugestão: trate o condutor esférico como se fosse o condutor interno de um capacitor esférico de raio externo infinito.

■ Exercício 5

Rigidez dielétrica: O raio da Terra é aproximadamente $6.37.10^6$ metros. Considerando a Terra como um condutor perfeito imerso no ar, para o qual $E_0 = 3$ kV/mm, determinar a máxima quantidade de cargas que ela pode armazenar. Qual o potencial da Terra nesse caso? E a sua capacitância?

■ Exercício 6

Rigidez dielétrica: Determine a capacitância de um capacitor de placas paralelas com placas de área $S = 0,01$ m^2 e distância entre placas de $d = 0,1$ mm. Qual a máxima diferença de potencial que pode ser aplicada aos eletrodos desse capacitor se o dielétrico for o ar?

■ Exercício 7

Capacitância: A diferença de potencial entre as placas do capacitor do exercício 6 é 100 V. A distância entre as placas é alterada de 0,1 mm para 1 mm com a fonte desconectada. Qual a nova diferença de potencial entre as placas? Explique o resultado.

■ Exercício 8

Capacitância: A Figura 7.59 mostra uma bucha de isolação de alta tensão, muito utilizada no acesso aos terminais de transformadores. A referida bucha é composta de várias camadas de um dielétrico de permissividade ε com cascas condutoras entre as diversas camadas. Calcule a capacitância da bucha.

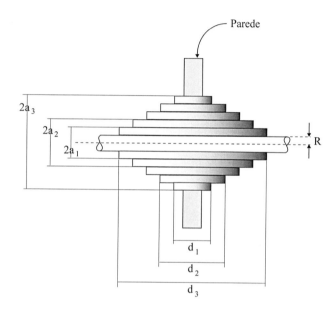

Figura 7.59: Bucha de isolação.

■ Exercício 9

Capacitância: Determine a capacitância por unidade de comprimento do cabo coaxial da Figura 7.60.

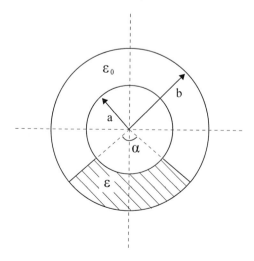

Figura 7.60: Cabo coaxial.

■ Exercício 10

Capacitância: Determine a capacitância por unidade de comprimento do cabo coaxial da Figura 7.61.

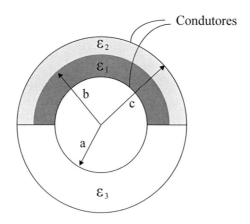

Figura 7.61: Cabo coaxial com três dielétricos.

■ Exercício 11

Dielétrico não linear: Um capacitor de placas paralelas e área *A* está preenchido por um dielétrico não linear de permissividade elétrica descrita por:

$$\varepsilon = \varepsilon_0 (1 + \frac{\varepsilon_R}{d} y)$$

na qual $y = 0$ está uma das placas e em $y = d$ está a outra. O campo elétrico entre as placas é dado por:

$$\vec{E} = B(\frac{y}{d})^2 \vec{u}_y$$

na qual *B* é uma constante. Determine, desprezando os efeitos de borda:
a: a densidade volumétrica de cargas elétricas entre as placas;
b: a densidade superficial de cargas elétricas nas placas;
c: o valor total de cargas elétricas entre as placas;
d: o valor das cargas elétricas em cada uma das placas.

■ Exercício 12

Dielétrico não linear: Um capacitor de placas paralelas e área *A* está preenchido por um dielétrico não linear de permissividade elétrica descrita por:

$$\varepsilon = \varepsilon_0 (1 + \frac{\varepsilon_R}{d} y)$$

na qual $y = 0$ está uma das placas e em $y = d$ está a outra. Determine a capacitância desse capacitor.

■ Exercício 13

Capacitância: As placas condutoras da Figura 7.62 têm dimensões $(b - a)/h$. Para esse capacitor, determinar:
a: a função potencial entre as placas;
b: o campo elétrico entre as placas;
c: a capacitância entre os condutores.

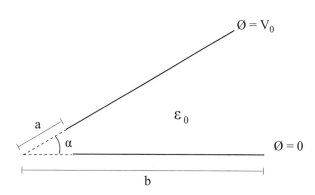

Figura 7.62: Capacitor.

■ Exercício 14

Rigidez dielétrica: Dado que a mais alta intensidade de campo possível no ar é $E_0 = 3$ kV/mm, calcule o raio mínimo de uma esfera isolada e carregada no potencial de 500 kV.

■ Exercício 15

Força eletrostática: O condutor interno de um cabo coaxial pode se mover livremente através de uma cavidade formada pelo dielétrico sólido do cabo. A permissividade do dielétrico é ε, o raio do condutor interno (móvel) é a e o raio do condutor externo é b. Determine a amplitude e a direção da força que atua no condutor interno considerando que a diferença de potencial entre os cabos condutores é V_0. Despreze o atrito. É possível inverter o sentido dessa força? Justifique.

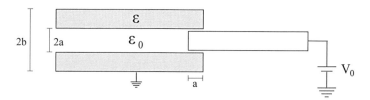

Figura 7.63: Cabo coaxial.

■ Exercício 16

Força eletrostática: As placas e um capacitor plano são imersos verticalmente em um dielétrico líquido de permissividade ε e densidade ρ_m. A distância entre os eletrodos é d e o dielétrico acima do líquido é o ar. Determine a altura h indicada na Figura 7.64 quando uma fonte de tensão constante V_0 é aplicada entre as placas do capacitor.

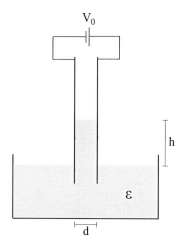

Figura 7.64: Capacitor plano.

■ Exercício 17

Força eletrostática: Os capacitores cilíndricos da Figura 7.65 estão carregados com carga elétrica Q constante. Determine a posição x de equilíbrio. O equilíbrio é estável? Justifique.

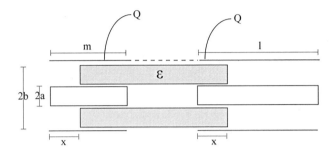

Figura 7.65: Capacitores cilíndricos.

■ Exercício 18

Força eletrostática: Um capacitor cilíndrico possui raio interno a, raio externo b e comprimento h. Calcular a força recebida por um dielétrico de permissividade relativa k com formato igual ao espaço entre a e b no momento em que o dielétrico já tenha penetrado uma distância axial x. Supor aplicada uma tensão constante V_0 ao capacitor. Calcular também a variação da energia elétrica armazenada, a energia mecânica desenvolvida e a mesma fornecida pela fonte desde $x = 0$ a $x = h$.

■ Exercício 19

Método das imagens: Determine o potencial de uma linha infinita carregada com densidade linear de cargas elétricas ρ_l em relação ao plano condutor, admitindo $R >> d$. Sugestão: aplique o método das imagens e utilize os resultados obtidos na avaliação da capacitância de uma linha de transmissão de condutores paralelos.

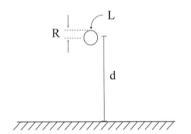

Figura 7.66: Linha infinita sobre plano condutor.

■ Exercício 20

Resistência elétrica: Calcule a resistência em corrente contínua, por unidade de comprimento, da coroa cilíndrica condutora de um cabo coaxial de raio interno a, raio externo b e a condutividade é σ.

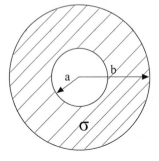

Figura 7.67: Coroa cilíndrica condutora.

Capítulo 7 | Campo Elétrico

■ Exercício 21

Resistência elétrica: Calcule a resistência elétrica em corrente contínua entre as duas faces de um cone sólido metálico truncado, de condutividade σ, como mostra a Figura 7.68.

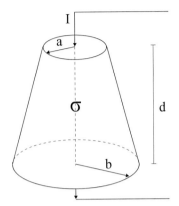

Figura 7.68: Cone sólido truncado.

■ Exercício 22

Vetor densidade de corrente: Seja um cilindro de seção transversal constante, cujo eixo é o eixo z, percorrido por corrente elétrica distribuída segundo o vetor densidade de corrente $\vec{J} = 3 \cdot 10^{-2} r^2 \vec{u}_r (A/mm^2)$. Determine a corrente total do cilindro sabendo que seu diâmetro é 3 mm.

■ Exercício 23

Resistência elétrica: A Figura 7.69 mostra um setor cilíndrico de raio interno a, raio externo b e espessura d. Seja σ a condutividade do material. Determine:

a: a resistência entre as faces A e B do setor cilíndrico;
b: a resistência entre as faces C e D do setor cilíndrico.

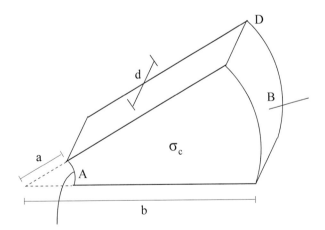

Figura 7.69: Setor cilíndrico condutor.

■ Exercício 24

Resistência elétrica: Duas tubulações metálicas de uma instalação de gás, de diâmetro 1 m, estão parcialmente enterradas em solo condutor de condutividade 0,01 S/m, como mostra a Figura 7.70. Determine a resistência por unidade de comprimento entre as tubulações, sabendo que a distância entre os seus centros é 4 m. Sugestão: particularize o resultado obtido em teoria.

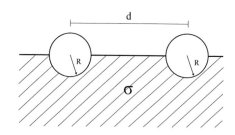

Figura 7.70: Tubulação metálica em solo condutor.

■ Exercício 25

Perdas Joule: Um cabo coaxial de raio interno *a* e raio externo *b* é preenchido por dielétrico real de condutividade σ. Uma diferença de potencial V_0 é aplicada entre os condutores. Para esse cabo, determine:
- **a:** a resistência de isolação do cabo por unidade de comprimento;
- **b:** as perdas Joule no dielétrico a partir da expressão.

■ Respostas

1. $1{,}77.10^{-12}$ C/m²
2. $b/a = e = 2{,}7182\ldots$
3. $b/a = 2$
4. $0{,}33\ \mu C$; 3.000 kV
5. 20.10^{12} V; $13{,}53.10^{3}$ C e $0{,}71$ mF
6. $0{,}9$ nF e 300 V
7. 1.000 V
9. $[(2\pi - \alpha)\varepsilon_0\,\alpha\varepsilon]/\ln(b/a)$
10. $C_1 = \pi\varepsilon_1/\ln(b/a); C_2 = \pi\varepsilon_2/\ln(c/b); C_3 = \pi\varepsilon_0/\ln(c/a); C = [C_1 C_2/(C_1+C_2)] + C_3$
11. $[\varepsilon_0 B y/d^2][2 + 3\varepsilon_r y/d]; y = 0\ \rho_s = 0, y = d\ \rho_s = \varepsilon_0 B(1+\varepsilon_r); \varepsilon_0 BA(1+\varepsilon_r);$
    $y = 0\ Q = 0, y = d\ Q = \varepsilon_0 BA(1+\varepsilon_r)$
12. $\varepsilon_0\varepsilon A/d$
13. $\varepsilon_0 h \ln(b/a)/\alpha$
14. 167 mm
15. $\pi\varepsilon V^2/\ln(b/a)$
16. $[V^2(\varepsilon - \varepsilon_0)]/[2\rho_m d^2]$
17. $[\varepsilon m - \varepsilon_0 l]/[2(\varepsilon - \varepsilon_0)]$
18. $\pi V^2 \varepsilon_0(\varepsilon_r - l)/\ln(b/a); W_e = W_m = W_f/2 = \pi h V^2 \varepsilon_0(\varepsilon_r - l)/\ln(b/a)$
19. $[\rho_l \ln(d/R)]/(2\pi\varepsilon_0)$
20. $l/[\pi(b^2 - a^2)\sigma]$
21. $L/[\pi a b \sigma]$
22. $3{,}8$ A
23. $\ln(b/a)/\alpha\sigma h; \alpha/\sigma h \ln(b/a)$
24. $88\ \Omega$
25. $\ln(b/a)/2\pi\sigma V_0^2/\ln(b/a)$

Métodos Numéricos no Eletromagnetismo

Capítulo 8

8.1. Introdução

Com a evolução da tecnologia e o acirramento mercadológico devido à concorrência entre os grandes conglomerados industriais, passou-se a exigir dos equipamentos elétricos melhor desempenho na sua operação, associado a um alto rendimento e baixo custo. Esse desafio levou ao desenvolvimento de novas técnicas de projeto para atender aos requisitos desejados.

Dentre essas novas técnicas destacaram-se os métodos numéricos, os quais só se tornaram uma ferramenta útil após a grande evolução dos computadores observada a partir do início da década de 1970.

Vários métodos foram criados desde então, cada um com suas especificidades e aplicações, que seria necessário escrever um outro livro, como já existem vários específicos para esse tema. Assim, este capítulo abordará apenas dois métodos com o objetivo de apresentar uma introdução aos métodos numéricos utilizados no eletromagnetismo e estimular o leitor a procurar literatura mais avançada, no caso de interesse em se aprofundar nesse ramo da ciência que ainda apresenta pela frente um longo caminho a ser percorrido diante dos novos recursos computacionais disponibilizados pela tecnologia da informação.

Os métodos que discutiremos são o MDF (método das diferenças finitas) e o MEF (método dos elementos finitos), aplicados a problemas lineares estáticos e bidimensionais, ou seja, aqueles problemas em que as propriedades elétricas dos materiais utilizados na sua confecção são constantes e podem ser representados pela sua seção transversal.

O MDF tem a primazia de ter sido o primeiro método numérico utilizado no eletromagnetismo, ainda no início da década de 1960, ao passo que o MEF, concebido para analisar fuselagens aeronáuticas, teve sua introdução no eletromagnetismo no final daquela década.

Apesar de ter sido o primeiro, o MDF quase foi abandonado com o surgimento do MEF devido à maior flexibilidade e facilidade de implementação computacional deste último, como veremos. O MDF foi, no entanto, reabilitado com grandes avanços na década de 1990, com os estudos dos fenômenos eletromagnéticos de alta frequência, para os quais apresenta forte adaptabilidade.

8.2. O método das diferenças finitas

O MDF (método das diferenças finitas) foi concebido para resolver numericamente a equação de Laplace nos problemas da eletrostática. O objetivo desse método consiste em determinar a distribuição de potencial elétrico em um domínio de estudo que apresenta algumas partes metálicas submetidas a um potencial elétrico conhecido, separadas por um meio dielétrico perfeito e isento de cargas elétricas, no interior do qual se pretende conhecer a distribuição de potencial elétrico e, a partir dela, determinar a distribuição de campo elétrico em todo o domínio.

Apesar de restringir nosso estudo a problemas bidimensionais, a mesma metodologia pode ser expandida para o estudo de problemas tridimensionais seguindo a mesma lógica básica que será descrita a seguir.

A Figura 8.1 mostra uma seção transversal genérica de um problema bidimensional composto por duas peças metálicas energizadas com potenciais V_1 e V_0, separadas por um dielétrico ideal.

Nosso objetivo é determinar como o potencial elétrico se distribui no dielétrico e, em seguida, calcular a distribuição de campo elétrico.

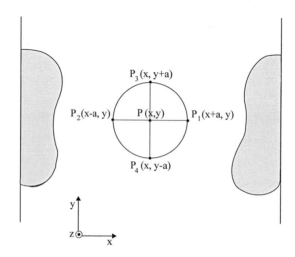

Figura 8.1: Geometria para a solução numérica da equação de Laplace.

A equação de Laplace que governa esse fenômeno é dada por:

$$\nabla^2 V = 0 \tag{8.1}$$

As condições de contorno são os potenciais V_1 e V_0 das partes metálicas.

Para a solução numérica dessa equação, é necessário representá-la através de diferenças finitas em vez de sua forma original. Para tal, vamos escolher um ponto $P(x,y)$ qualquer no interior do dielétrico, e seja $V(x,y)$ o potencial elétrico desse ponto.

Conhecido o potencial desse ponto pode-se expressar, com o auxílio da expansão de $V(x,y)$ em série de Taylor, o potencial dos pontos P_1, P_2, P_3 e P_4, vizinhos do ponto $P(x,y)$, como segue:

Para o ponto P_1

$$V(x+a, y) = V(x, y) + a \frac{\partial V}{\partial x} + a^2 \frac{\partial^2 V}{\partial x^2} + \ldots \tag{8.2}$$

Para o ponto P_2

$$V(x-a, y) = V(x, y) - a \frac{\partial V}{\partial x} + a^2 \frac{\partial^2 V}{\partial x^2} + \ldots \tag{8.3}$$

Desprezando os termos de ordem superior, somando as Equações 8.2 e 8.3 e em seguida isolando o termo $\dfrac{\partial^2 V}{\partial x^2}$, resulta:

$$\frac{\partial^2 V}{\partial x^2} \cong \frac{V(x+a,y)+V(x-a,y)-2V(x,y)}{a^2} \tag{8.4}$$

Aplicando procedimento análogo aos pontos P_3 e P_4, obtém-se a segunda derivada parcial em relação a y, ou seja, $\dfrac{\partial^2 V}{\partial y^2}$, que é dada por:

$$\frac{\partial^2 V}{\partial y^2} \cong \frac{V(x,y+a)+V(x,y-a)-2V(x,y)}{a^2} \tag{8.5}$$

Lembrando que a equação de Laplace para um campo bidimensional em coordenadas cartesianas é escrita como segue:

$$\nabla^2 V = \frac{\partial^2 V}{\partial x^2} + \frac{\partial^2 V}{\partial y^2} = 0 \tag{8.6}$$

resulta, a partir de 8.4 e 8.5, que:

$$\frac{1}{a^2}\left[V(x+a,y)+V(x-a,y)+V(x,y+a)+V(x,y-a)-4V(x,y)\right]=0$$

de modo que:

$$V(x,y) = \frac{1}{4}\left[V(x+a,y)+V(x-a,y)+V(x,y+a)+V(x,y-a)\right] \tag{8.7}$$

Analisando o resultado obtido em 8.7 verifica-se que o potencial do ponto $P(x,y)$ é a média aritmética dos potenciais dos pontos P_1, P_2, P_3 e P_4 localizados em sua vizinhança.

O resultado de 8.7 pode ser escrito também da seguinte forma:

$$V(x+a,y)+V(x-a,y)+V(x,y+a)+V(x,y-a)-4V(x,y) = 0$$

Como um método numérico não é exato, durante o processo de resolução do problema, a equação anterior é satisfeita de forma aproximada, de modo que resulta sempre um resíduo de aproximação R_0, tal que:

$$V(x+a,y)+V(x-a,y)+V(x,y+a)+V(x,y-a)-4V(x,y) = R_0$$

Assim, nosso objetivo é reduzir esse resíduo a um mínimo considerado aceitável para a precisão desejada.

Um exemplo simples servirá para ilustrar o método. Suponha que se queira determinar a distribuição de potencial em um conduto quadrado contendo um fio redondo localizado em seu centro, como mostra a Figura 8.2. Como a geometria apresenta simetria, somente um oitavo dessa geometria necessita ser manipulada.

Para tornar o problema tão simples quanto possível, somente uma linha do reticulado, distinta dos limites do domínio, será usada para a primeira solução. Desse modo, apenas dois pontos dentro dos limites necessitam ser considerados. O potencial do fio interno é tomado como +100 V e o conduto quadrado como 0 V.

Como suposição inicial, o potencial em todos os pontos que não estejam nos condutores será tomado como 50 V. Esses valores são escritos abaixo dos pontos da malha. Em seguida, os resíduos são calculados e escritos sobre os potenciais entre parênteses. O maior resíduo (–100 V) é em seguida reduzido a zero mediante o aumento do potencial nesse ponto de um quarto do resíduo. Um resíduo de (–50 V) é, em consequência, criado nos pontos adjacentes (segundo estágio). Esse resíduo é, por seu turno, reduzido a zero aplicando o mesmo procedimento.

Esse processo se repete, e a cada estágio o resíduo máximo vai se reduzindo. No quinto estágio desse processo, os resíduos tornam-se (–6V) e (–2V); nenhum benefício trará maior refinamento nos resíduos em uma malha tão grosseira como essa. A última figura mostra uma solução do mesmo problema com uma malha um pouco mais refinada e com o condutor interno a 1.000 V.

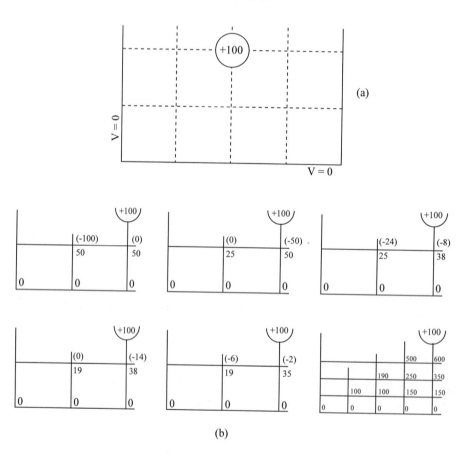

Figura 8.2: Conduto metálico retangular.

Apesar de interessante, a distribuição de potencial, normalmente, não apresenta muita informação sobre o problema. O que realmente se procura em um problema desse tipo é a distribuição de campo elétrico no dielétrico, a partir da qual se pode avaliar se o dielétrico permanecerá íntegro sob ação dessa distribuição de potencial. Para determinar o campo elétrico no ponto $P(x,y)$, deve-se lembrar que:

$$\vec{E} = -\nabla V \tag{8.8}$$

que, em coordenadas cartesianas, é dado por:

$$\vec{E} = -\nabla V = -\frac{\partial V}{\partial x}\vec{u}_x - \frac{\partial V}{\partial y}\vec{u}_y \qquad (8.9)$$

A determinação das derivadas parciais é feita também por diferenças finitas, de modo que para o ponto *P(x,y)* podemos escrever:

$$\frac{\partial V}{\partial x} = \frac{V(x+a,y) - V(x-a,y)}{2a} \qquad (8.10)$$

$$\frac{\partial V}{\partial y} = \frac{V(x,y+a) - V(x,y-a)}{2a} \qquad (8.11)$$

Como exemplo, vamos calcular o campo elétrico no ponto da Figura 8.2 cujo potencial elétrico é igual a 250 V, cujos pontos vizinhos apresentam os potenciais indicados na Figura 8.3

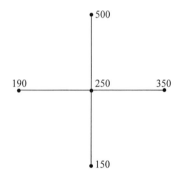

Figura 8.3: Cálculo do campo elétrico.

Aplicando 8.10 e 8.11, e supondo que a malha seja constituída por quadrados de lado 5 mm, obtém-se:

$$\frac{\partial V}{\partial x} = \frac{350 - 190}{2.5.10^{-3}} = 16 \; kV/m$$

$$\frac{\partial V}{\partial y} = \frac{500 - 150}{2.5.10^{-3}} = 35 \; kV/m$$

de modo que o campo elétrico nesse ponto é dado por:

$$\vec{E} = -\nabla V = -16\vec{u}_x - 35\vec{u}_y \; (kV/m)$$

8.3. O método dos elementos finitos

O método dos elementos finitos (MEF), desenvolvido para calcular esforços em fuselagens aeronáuticas em meados da década de 1950, foi aplicado pela primeira vez na resolução de problemas eletromagnéticos no final da década de 1960.

Seu princípio consiste em subdividir o domínio em estudo, que vamos supor bidimensional, em pequenos subdomínios denominados elementos finitos. Essa subdivisão pode ser feita utilizando diversos tipos de polígonos; no entanto, vamos dedicar nossos esforços ao caso em que o domínio é subdividido em elementos finitos triangulares.

A Figura 8.4 mostra a seção transversal de um domínio bidimensional, de profundidade unitária, dividida em elementos triangulares, os quais são numerados de 1 a NE. Os vértices desses elementos, denominados nós da malha de elementos finitos, são também numerados de 1 a NN.

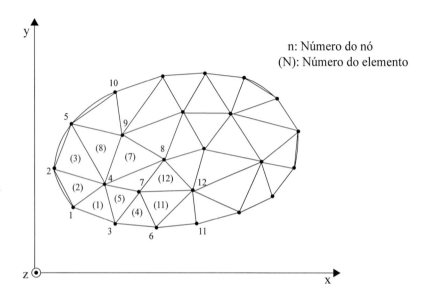

Figura 8.4: Domínio bidimensional dividido em elementos triangulares.

Vamos envolver cada nó desse domínio por um prisma de seção transversal poliédrica constituída pela união de segmentos de reta que ligam os baricentros ao meio dos lados dos elementos. Note que a profundidade desse prisma poliédrico é também unitária.

A Figura 8.5 mostra um detalhe da malha de elementos finitos, com destaque para dois prismas, um envolvendo um nó interno à malha (nó 7) e outro envolvendo um nó da fronteira do domínio (nó 3).

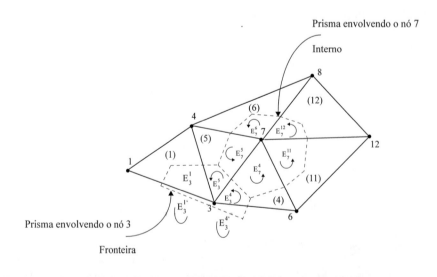

Figura 8.5: Prismas poliédricos envolvendo os nós.

A figura seguinte destaca um elemento finito genérico extraído do domínio para o qual se estabelece as seguintes numerações:

Numeração local: Os vértices são numerados de 1 a 3 no sentido anti-horário, escolhendo-se arbitrariamente o vértice 1.

Numeração global: São os números que aqueles vértices adquiriram na numeração dos vértices da malha de 1 a NN. Sejam p, q e r esses números.

Os segmentos $\overline{PO}, \overline{OS}$ e $\overline{OG}$ são partes das superfícies prismáticas que envolvem os nós 1, 2 e 3. Note que o ponto O é o baricentro do elemento, e os pontos P, S e G, o meio dos lados do mesmo elemento.

Vamos desenvolver a aplicação do MEF para um problema bidimensional da eletrostática, no qual condutores energizados estão separados por dielétricos ideais.

O ponto de partida para esse desenvolvimento é a quarta equação de Maxwell (lei de Gauss da eletrostática) dada por:

$$\oint_\Sigma \vec{D}.d\vec{S} = Q_i \tag{8.12}$$

na qual:

$\vec{D}$: é o vetor deslocamento (C/m²)

Q_i: é a quantidade de carga interna à superfície Σ.

O vetor deslocamento e o vetor campo elétrico estão relacionados pela relação constitutiva $\vec{D} = \varepsilon \vec{E}$, na qual ε é a permissividade elétrica do meio.

O vetor campo elétrico e a função potencial são associados pela relação:

$$\vec{E} = -\nabla V \tag{8.13}$$

■ Função de interpolação

A partida para o MEF se inicia definindo uma função, denominada função de interpolação, que permite calcular o potencial elétrico em um ponto qualquer no interior do elemento conhecendo-se os potenciais elétricos de seus vértices.

A Figura 8.6 mostra um elemento qualquer, numerado localmente de 1 a 3, para o qual se conhece os potenciais V_1, V_2 e V_3 de seus vértices.

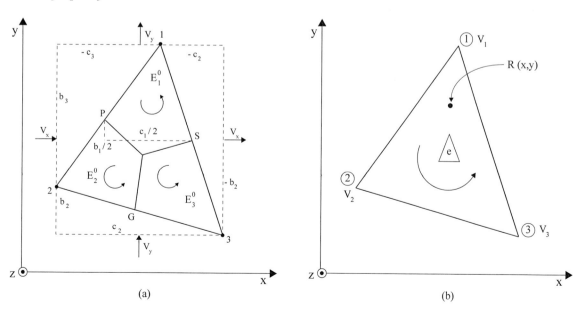

Figura 8.6: Elemento genérico.

Seja $R(x,y)$ um ponto qualquer no interior do elemento. Como a função potencial é uma função contínua e bem comportada, podemos expressar o potencial naquele ponto por uma função linear do tipo:

$$V = \alpha_1 + \alpha_2 x + \alpha_3 y \tag{8.14}$$

na qual os coeficientes α_1, α_2 e α_3 são funções de V_1, V_2 e V_3.

Para determiná-los basta substituir x e y de 8.14 pelas coordenadas dos vértices do elemento, que resultará no seguinte sistema de equações:

$$V_1 = \alpha_1 + \alpha_2 x_1 + \alpha_3 y_1$$
$$V_2 = \alpha_1 + \alpha_2 x_2 + \alpha_3 y_2 \tag{8.15}$$
$$V_3 = \alpha_1 + \alpha_2 x_3 + \alpha_3 y_3$$

A solução de 8.15 em relação aos coeficientes α resulta:

$$\alpha_1 = \frac{1}{2\Delta}\left(a_1 V_1 + a_2 V_2 + a_3 V_3\right)$$
$$\alpha_2 = \frac{1}{2\Delta}\left(b_1 V_1 + b_2 V_2 + b_3 V_3\right) \tag{8.16}$$
$$\alpha_3 = \frac{1}{2\Delta}\left(c_1 V_1 + c_2 V_2 + c_3 V_3\right)$$

nas quais:

$$a_1 = x_2 y_3 - x_3 y_2; \qquad b_1 = y_2 - y_3; \qquad c_1 = x_3 - x_2 \qquad e \qquad \Delta = (b_1 c_2 - b_2 c_1):2$$

Os demais coeficientes a, b e c são obtidos por rotação cíclica dos seus índices e Δ é a área do elemento.

Substituindo 8.16 em 8.14 obtém-se a expressão do potencial em um ponto qualquer no interior do elemento, através de uma interpolação linear dos potenciais em seus vértices, como segue:

$$V(x,y) = N_1 V_1 + N_2 V_2 + N_3 V_3 \tag{8.17}$$

na qual:

$$N_i = \frac{1}{2\Delta}\left(a_i + b_i x + c_i y\right) \ i = 1,2,3$$

As funções $N_i(x,y)$ são denominadas funções de forma do elemento e observam a seguinte propriedade:

$$N_i = \delta_{ij} \tag{8.18}$$

na qual δ_{ij} é o símbolo de Kronecker, e é tal que:

$$\delta_{ij} = \begin{cases} 1, \ se \ i = j \\ 0, \ se \ i \neq j \end{cases}$$

A Figura 8.7 apresenta uma interpretação geométrica dessa função.

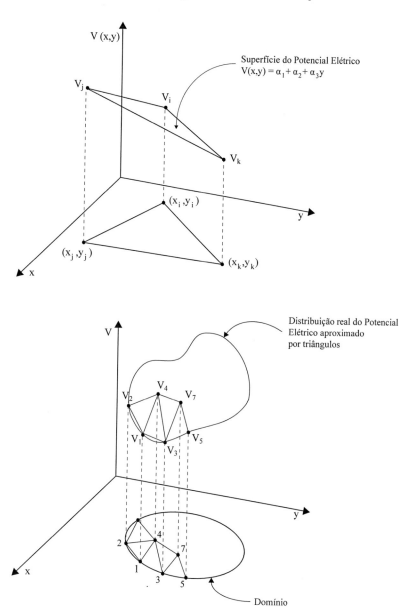

Figura 8.7: Interpretação geométrica da função de interpolação.

Pode-se observar que, utilizando esse tipo de interpolação, uma superfície curva qualquer é aproximada por uma superfície ladrilhada com elementos triangulares, de modo que, quanto maior o número de elementos, a princípio consegue-se melhor precisão na representação da referida superfície.

A partir de $\vec{E} = -\nabla V$, obtêm-se as expressões de cada componente do campo elétrico como segue:

$$E_x = -\frac{\partial V}{\partial x} = -\frac{1}{2\Delta}(b_1 V_1 + b_2 V_2 + b_3 V_3)$$
$$E_y = -\frac{\partial V}{\partial y} = -\frac{1}{2\Delta}(c_1 V_1 + c_2 V_2 + c_3 V_3)$$

(8.19)

Uma análise das expressões anteriores mostra que, para uma interpolação linear da função potencial $V(x,y)$, resulta um campo elétrico constante no interior do elemento, como era de esperar!

A aplicação da quarta equação de Maxwell a superfícies fechadas prismáticas de profundidade unitária e seção transversal idêntica aos polígonos mostrados na Figura 8.5 pode ser calculada por partes obedecendo ao seguinte procedimento:

Para o prisma que envolve o nó 7, podemos escrever:

$$\oint_{\Sigma_7} \vec{D}.d\vec{S} = E_7^4 + E_7^{11} + E_7^{12} + E_7^6 + E_7^5$$

na qual:

$$E_i^e = \int_S \vec{D}.d\vec{S} \tag{8.20}$$

representa o fluxo do vetor deslocamento na porção da superfície Σ_i que envolve o nó i pertencente ao elemento e.

No caso do nó 3, que pertence à fronteira do domínio, resulta:

$$\oint_{\Sigma_3} \vec{D}.d\vec{S} = E_3^4 + E_3^5 + E_3^1 + E_3^{1'} + E_3^{4'} \tag{8.21}$$

Em todos os problemas eletrostáticos na fronteira do domínio, o campo elétrico é nulo ou tangente a esta, de modo que as duas últimas parcelas da expressão 8.21 são nulas.

Assim sendo, para cada elemento finito pode-se calcular três parcelas de integrais de superfície, sendo uma parcela da integral de superfície que envolve o nó 1 $\left(E_1^e \right)$; uma que envolve o nó 2 $\left(E_2^e \right)$ e outra que envolve o nó 3 $\left(E_3^e \right)$, como mostrado na Figura 8.5.

O cálculo de $\left(E_1^e \right)$ sobre aquele elemento genérico é obtido facilmente, pois o campo elétrico no interior do elemento é constante, simplificando o cálculo da integral de superfície 8.20. Assim na face POS de S_1 (Fig. 8.6) podemos escrever:

$$E_i^e = \int_{S_i} \vec{D}.d\vec{S}$$

Nesse caso, a superfície S_i indicada é aquela cujos lados no plano x,y são os segmentos $\overline{PO}$ e $\overline{OS}$ com profundidade unitária no sentido do eixo z.

Lembrando que $\vec{D}$ e $d\vec{S}$ são dados por:

$$\vec{D} = \varepsilon E_x \vec{u}_x + \varepsilon E_y \vec{u}_y$$

$$d\vec{S} = -\Delta y \vec{u}_x - \Delta x \vec{u}_y$$

resulta:

$$E_i^e = \int_{S_i} \vec{D}.d\vec{S} = -\varepsilon E_x \Delta y - \varepsilon E_y \Delta x \tag{8.22}$$

Substituindo E_x e E_y por seus valores expressos em 8.19 e notando que:

$$\Delta x = x_s - x_p = \frac{1}{2}(x_3 - x_2) = \frac{c_1}{2}$$

$$\Delta y = y_p - y_s = \frac{1}{2}(y_2 - y_3) = \frac{b_1}{2}$$

resulta:

$$E_i^e = \frac{\varepsilon}{4\Delta}\left[\left(b_1 b_1 + c_1 c_1\right) + \left(b_1 b_2 + c_1 c_2\right) + \left(b_1 b_3 + c_1 c_3\right)\right] \qquad (8.23)$$

O cálculo de E_2^e, que representa o fluxo do vetor deslocamento na porção da superfície Σ_2 que envolve o nó (2) pertencente ao elemento (e), é calculado de forma semelhante a E_1^e, fazendo:

$$E_2^e = \int_{S_2} \vec{D}.d\vec{S} = \varepsilon E_x \Delta y + \varepsilon E_y \Delta x \qquad (8.24)$$

Na qual:

$$\Delta x = x_g - x_p = \frac{1}{2}(x_3 - x_1) = -\frac{c_2}{2}$$

$$\Delta y = y_p - y_g = \frac{1}{2}(y_1 - y_3) = -\frac{b_2}{2}$$

Resultando:

$$E_2^e = \frac{\varepsilon}{4\Delta}\left[\left(b_2 b_1 + c_2 c_1\right)V_1 + \left(b_2 b_2 + c_2 c_2\right)V_2 + \left(b_2 b_3 + c_2 c_3\right)V_3\right] \qquad (8.25)$$

Seguindo procedimento análogo, o leitor poderá facilmente deduzir que:

$$E_3^e = \frac{\varepsilon}{4\Delta}\left[\left(b_3 b_1 + c_3 c_1\right)V_1 + \left(b_3 b_2 + c_3 c_2\right)V_2 + \left(b_3 b_3 + c_3 c_3\right)V_3\right] \qquad (8.26)$$

Resumindo, as contribuições dos fluxos do vetor deslocamento através das porções das superfícies que envolvem os nós 1, 2 e 3 do elemento (e) podem ser expressas utilizando a notação matricial como segue:

$$\begin{bmatrix} E_1^e \\ E_2^e \\ E_3^e \end{bmatrix} = \frac{\varepsilon}{4\Delta} \begin{pmatrix} b_1 b_1 + c_1 c_1 & b_1 b_2 + c_1 c_2 & b_1 b_3 + c_1 c_3 \\ b_2 b_1 + c_2 c_1 & b_2 b_2 + c_2 c_2 & b_2 b_3 + c_2 c_3 \\ b_3 b_1 + c_3 c_1 & b_3 b_2 + c_3 c_2 & b_3 b_3 + c_3 c_3 \end{pmatrix} \begin{bmatrix} V_1 \\ V_2 \\ V_3 \end{bmatrix} \qquad (8.27)$$

A matriz quadrada da expressão anterior é denominada Matriz do Elemento e apresenta as características de simetria e singularidade.

O segundo membro da quarta equação de Maxwell é igual à carga interna a superfície. Assim sendo, para a superfície fechada que envolve o nó 7 da Figura 8.5 podemos escrever:

$$Q_7 = Q_7^4 + Q_7^{11} + Q_7^{12} + Q_7^6 + Q_7^5$$

Na qual Q_i^e é a parcela da carga total contida no interior da superfície Σ_i que envolve o nó (i) pertencente ao elemento (e).

Reportando-se ao elemento genérico da Figura 8.6, os segmentos de reta $\overline{PO}, \overline{OS}$ e $\overline{OG}$, com O sendo o baricentro do elemento, dividem o elemento triangular em 3 polígonos de áreas iguais a 1/3 da área total do triângulo. Admitindo que as cargas elétricas nele contidas sejam distribuídas de modo uniforme no volume delimitado pelo prisma de base triangular e altura unitária, segundo uma densidade volumétrica constante ρ (C/m^3), pode-se escrever:

$$Q_1^e = Q_2^e = Q_3^e = \rho \frac{\Delta}{3}$$

ou, na forma matricial:

$$\begin{bmatrix} Q_1^e \\ Q_2^e \\ Q_3^e \end{bmatrix} = \begin{bmatrix} \rho\Delta/3 \\ \rho\Delta/3 \\ \rho\Delta/3 \end{bmatrix} \tag{8.28}$$

O vetor coluna da Expressão 8.28 é denominado vetor das ações local, o qual está associado às cargas elétricas que são as fontes do campo elétrico.

Finalmente, a aplicação da quarta equação de Maxwell numa superfície fechada envolvendo o nó (i) pode ser escrita como segue:

$$\sum_{e=1}^{NE} E_i^e = \sum_{e=1}^{NE} Q_i^e \quad i = 1, 2, \ldots NN \tag{8.29}$$

Na qual NE é o número total de elementos da malha e NN seu o número total de nós.

Destaca-se que os termos das somatórias indicadas em (8.29) só terão valor não nulo nos elementos (e´s) que admitirem o nó (i) como vértice. Esta expressão também gera um sistema de NN equações com NN incógnitas, cujas incógnitas são os potencias elétricos dos nós. De modo que se pode escrever:

$$[C][V] = [Q] \tag{8.30}$$

Como a matriz $[C]$ é montada a partir das matrizes dos elementos, e sendo estas matrizes singulares resulta que a mesma também é singular. Esta singularidade é levantada após a introdução das condições de contorno do problema, como será discutido a seguir. A montagem deste sistema de equações é feita de forma expedita através de um algoritmo muito simples que será discutido nos próximos itens.

Capítulo 8 | Métodos Numéricos no Eletromagnetismo

A resolução do sistema de equações obtido após a introdução das condições de contorno fornece os potenciais em todos os nós do domínio que, uma vez conhecidos, permite calcular, além da intensidade de campo elétrico no interior dos elementos, as demais grandezas de interesse, tais como: capacitâncias, energia elétrica armazenada, forças e conjugados de natureza eletrostática etc.

■ Eletrocinética – campo de correntes estacionária

Outro fenômeno governado por equações similares à da eletrostática é a eletrocinética, também denominado campo de correntes estacionárias. Neste estudo, condutores perfeitos energizados estão imersos em meios condutores reais resultando com isso um fluxo de corrente elétrica através destes meios. Situações deste tipo ocorrem nos resistores, nas malhas de terra e outros dispositivos.

O ponto de partida para este desenvolvimento é a Equação da Continuidade (ou Lei da Conservação das Cargas) dada por:

$$\oint_{\Sigma} \vec{J}.d\vec{S} = 0 \tag{8.31}$$

na qual:

$\vec{J}$: é o vetor densidade de corrente (A/m²);

O vetor densidade de corrente e o vetor campo elétrico estão relacionados pela relação constitutiva $\vec{J} = \sigma\vec{E}$, na qual σ é a condutividade elétrica do meio medida em (S/m).

Como já discutido, o vetor campo elétrico e a função potencial são associados pela relação:

$$\vec{E} = -\nabla V \tag{8.32}$$

A tabela a seguir mostra uma comparação entre as equações da eletrostática e da eletrocinética, que facilita o nosso processo dedutivo.

Tabela 8.1: Dualidade eletrostática/eletrocinética

Eletrostática	Eletrocinética
$\oint_{\Sigma} \vec{D}.d\vec{S} = Q_i$	$\oint_{\Sigma} \vec{J}.d\vec{S} = 0$
$\vec{E} = -\nabla V$	$\vec{E} = -\nabla V$
$\vec{D} = \varepsilon\vec{E}$	$\vec{J} = \sigma\vec{E}$
$\vec{D}\,(C/m^2)$	$\vec{J}\,(A/m^2)$
$\varepsilon\,(F/m)$	$\sigma\,(S/m)$

Assim sendo, fazendo-se as substituições adequadas ($\vec{D}$ por $\vec{J}$ e ε por σ) nas equações da eletrostática, obtêm-se as equações da eletrocinética, de modo que a equação matricial (8.27) para a eletrocinética é escrita como segue:

455

$$\begin{bmatrix} E_1^e \\ E_2^e \\ E_3^e \end{bmatrix} = \frac{\sigma}{4\Delta} \begin{pmatrix} b_1 b_1 + c_1 c_1 & b_1 b_2 + c_1 c_2 & b_1 b_3 + c_1 c_3 \\ b_2 b_1 + c_2 c_1 & b_2 b_2 + c_2 c_2 & b_2 b_3 + c_2 c_3 \\ b_3 b_1 + c_3 c_1 & b_3 b_2 + c_3 c_2 & b_3 b_3 + c_3 c_3 \end{pmatrix} \begin{bmatrix} V_1 \\ V_2 \\ V_3 \end{bmatrix} \qquad (8.33)$$

Como o segundo membro da Equação da Continuidade 8.31 é nulo, não há um vetor correspondente ao (8.28), de modo que a Equação 8.29 se reduz a:

$$\sum_{e=1}^{NE} E_i^e = 0 \quad i = 1, 2, ... NN \qquad (8.34)$$

Que pode ser expressa na forma matricial como segue:

$$[G][V] = [0] \qquad (8.35)$$

A semelhança do sistema (8.30) o sistema (8.35) também é indeterminado. A indeterminação será eliminada com a introdução das condições de contorno do problema, como veremos.

■ Magnetostática

A formulação matemática da magnetostática, apesar de diferente das formulações da eletrostática e da eletrocinética leva, curiosamente, a resultados totalmente semelhantes como veremos.

A magnetostática estuda o campo magnético produzido por correntes elétricas constantes no tempo (corrente contínua). Neste caso a equação que governa o fenômeno é a segunda equação de Maxwell dada por:

$$\oint_C \vec{H}.d\vec{l} = \int_S \vec{J}.d\vec{S} \qquad (8.36)$$

A relação constitutiva a ser considerada é a que relaciona o vetor intensidade magnética $(\vec{H})$ e o vetor campo magnético $(\vec{B})$:

$$\vec{H} = \nu \vec{B}$$

na qual $\nu = 1 / \mu$ é denominada relutividade do meio.

Como já discutido, o fato de $\nabla.\vec{B} = 0$ permite definir o vetor potencial magnético $\vec{A}$, tal que:

$$\vec{B} = \nabla \times \vec{A} \qquad (8.37)$$

e impõe-se ainda que: $\nabla.\vec{A} = 0$.

No caso dos campos bidimensionais da magnetostática, as correntes elétricas fluem no direção normal ao plano de estudo *(perpendicular à folha)*, de modo que $\vec{J} = J(x, y)\vec{u}_z$.

Como $\vec{J}$ e $\vec{A}$ estão alinhados, pode-se escrever:

$$\vec{A} = A(x, y)\vec{u}_z$$

Assim sendo, a equação (8.37) é escrita como segue:

$$\vec{B} = \frac{\partial A}{\partial y}\vec{u}_x - \frac{\partial A}{\partial x}\vec{u}_y \tag{8.38}$$

Como os componentes do vetor potencial magnético possuem as mesmas propriedades de continuidade da função potencial elétrico, podemos estimar o valor do componente *(z)* do vetor potencial magnético em um ponto qualquer no interior do elemento através da mesma função de interpolação, isto é:

$$A(x,y) = N_1 A_1 + N_2 A_2 + N_3 A_3 \tag{8.39}$$

Então, a partir de (8.38) obtém-se:

$$B_x = \frac{\partial A}{\partial y} = \frac{1}{2\Delta}(c_1 A_1 + c_2 A_2 + c_3 A_3)$$

$$B_y = -\frac{\partial A}{\partial y} = -\frac{1}{2\Delta}(b_1 A_1 + b_2 A_2 + b_3 A_3)$$

Aplicando a relação constitutiva $\vec{H} = \nu\vec{B}$, resulta:

$$H_x = \nu B_x = \frac{\nu}{2\Delta}(c_1 A_1 + c_2 A_2 + c_3 A_3)$$
$$H_y = \nu B_y = -\frac{\nu}{2\Delta}(b_1 A_1 + b_2 A_2 + b_3 A_3) \tag{8.40}$$

Voltando ao elemento genérico da Figura 8.6, que está reproduzido por conveniência, definem-se as seguintes integrais de linha:

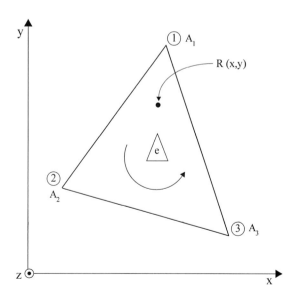

Figura 8.8: Elemento genérico para a magnetostática

457

$$E_1^e = \int_{POS} \vec{H}.\vec{dl} = H_x \Delta x - H_y \Delta y \qquad (8.41)$$

que representa uma parcela da circuitação de $\vec{H}$ no contorno fechado envolvendo o nó *(1)* que pertence ao elemento genérico *(e)*. De modo semelhante, definem-se as integrais $E_2^e = \int_{GOP} \vec{H}.\vec{dl}$ e $E_3^e = \int_{SOG} \vec{H}.\vec{dl}$, que são parcelas das circuitações de $\vec{H}$ nos contornos fechados envolvendo os nós *(2)* e *(3)*, respectivamente.

Substituindo-se H_x e H_y por seus valores expressos em (8.40) e notando que:

$$\Delta x = x_s - x_p = \frac{1}{2}(x_3 - x_2) = \frac{c_1}{2}$$
$$\Delta y = y_p - y_s = \frac{1}{2}(y_2 - y_3) = \frac{b_1}{2}$$

Resulta:

$$E_1^e = \frac{\nu}{4\Delta}\left[\left(b_1 b_1 + c_1 c_1\right)A_1 + \left(b_1 b_2 + c_1 c_2\right)A_2 + \left(b_1 b_3 + c_1 c_3\right)A_3\right] \qquad (8.42)$$

Para a parcela da circuitação de $\vec{H}$ no contorno que envolve o nó *(2)* do *e*-ésimo elemento pode-se escrever:

$$E_2^e = \int_{GOP} \vec{H}.\vec{dl} = H_x \Delta x + H_y \Delta y \qquad (8.43)$$

Com:

$$\Delta x = x_p - x_g = \frac{c_2}{2}$$
$$\Delta y = y_p - y_g = -\frac{b_2}{2}$$

Substituindo-se H_x e H_y por seus valores expressos em (8.40) e Δx e Δy por seus valores da expressão anterior, obtém-se:

$$E_2^e = \frac{\nu}{4\Delta}\left[\left(b_2 b_1 + c_2 c_1\right)A_1 + \left(b_2 b_2 + c_2 c_2\right)A_2 + \left(b_2 b_3 + c_2 c_3\right)A_3\right] \qquad (8.44)$$

Para o caso da circuitação de $\vec{H}$ no contorno que envolve o nó *(3)* do *e*-ésimo, obtém-se por procedimento análogo:

$$E_3^e = \frac{\nu}{4\Delta}\left[\left(b_3 b_1 + c_3 c_1\right)A_1 + \left(b_3 b_2 + c_3 c_2\right)A_2 + \left(b_3 b_3 + c_3 c_3\right)A_3\right] \qquad (8.45)$$

Os resultados obtidos em (8.42), (8.44) e (8.45) podem ser representados na forma matricial como segue:

$$\begin{bmatrix} E_1^e \\ E_2^e \\ E_3^e \end{bmatrix} = \frac{\nu}{4\Delta} \begin{pmatrix} b_1b_1 + c_1c_1 & b_1b_2 + c_1c_2 & b_1b_3 + c_1c_3 \\ b_2b_1 + c_2c_1 & b_2b_2 + c_2c_2 & b_2b_3 + c_2c_3 \\ b_3b_1 + c_3c_1 & b_3b_2 + c_3c_2 & b_3b_3 + c_3c_3 \end{pmatrix} \begin{bmatrix} A_1 \\ A_2 \\ A_3 \end{bmatrix} \qquad (8.46)$$

O segundo membro da segunda equação de Maxwell corresponde à corrente concatenada com o contorno fechado. Assim, a corrente que flui no elemento contribuirá com a corrente concatenada total de três contornos distintos; um ao redor de cada nó; de modo que podemos escrever que:

$$I_1^e = J\frac{\Delta}{3}$$

Representa a parcela da corrente do elemento genérico que está concatenada com o contorno que envolve o nó *(1)*. Da mesma forma identificamos as demais parcelas como segue:

$$I_2^e = I_3^e = J\frac{\Delta}{3}$$

representando os resultados anteriores na forma matricial, resulta:

$$\begin{bmatrix} I_1^e \\ I_2^e \\ I_3^e \end{bmatrix} = \begin{bmatrix} J\Delta/3 \\ J\Delta/3 \\ J\Delta/3 \end{bmatrix} \qquad (8.47)$$

Finalmente, a aplicação da segunda equação de Maxwell no contorno fechado que envolve o nó *(i)* pode ser escrita como segue:

$$\sum_{e=1}^{NE} E_i^e = \sum_{e=1}^{NE} I_i^e \quad i = 1, 2, ... NN \qquad (8.48)$$

Na qual *NE* é o número total de elementos da malha e *NN* o seu número total de nós.

Destaca-se, novamente, que os termos das somatórias indicadas em (8.48) só terão valor não nulo nos elementos *(e´s)* que admitirem o nó *(i)* como vértice. À semelhança de (8.29), esta expressão também gera um sistema de *NN* equações com *NN* incógnitas, cujas incógnitas são os componentes *(z)* do vetor potencial magnético dos nós. De modo que se pode escrever:

$$[S][A] = [I] \qquad (8.49)$$

À semelhança da matriz $[C]$ da eletrostática e da matriz $[G]$ da eletrocinética, a matriz $[S]$ da Magnetostática também tem determinante nulo, de modo que o sistema (8.49) é indeterminado.

Note que os elementos das matrizes dos três tipos de estudo são praticamente idênticos, de modo que uma rotina escrita para a eletrostática também pode ser aproveitada para os outros dois tipos de estudos.

Montagem do Sistema Global de Equaçõess

Diante da característica da metodologia apresentada, a montagem do sistema global de equações é feita segundo um algoritmo muito simples que passaremos a descrevê-lo.

Cada elemento do domínio é tratado separadamente e associamos aos seus vértices (ou nós) duas numerações. A primeira, denominada numeração global, é aquela oriunda da numeração sequencial de todos os nós da malha de elementos finitos que vai de *(1)* a *(NN)*. Não há um critério definido para esta numeração, a qual é feita de modo aleatório. A segunda numeração é denominada numeração local, a qual consiste em numerar os vértices de cada elemento de (1) a (3) no sentido anti-horário, como mostra a Figura 8.9.

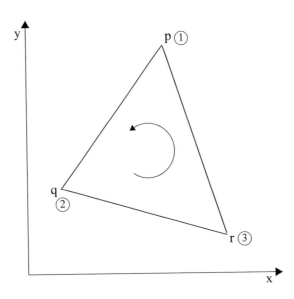

Figura 8.9: Numeração global e numeração local.

A correspondência entre estas numerações está mostrada na Tabela 8.2 a seguir:

Tabela 8.2: Numeração local e numeração global

Numeração Local	1	2	3
Elemento (e)	p	q	r

De posse das propriedades físicas do elemento, das coordenadas de seus vértices e das fontes (cargas ou densidade de corrente) montam-se as duas matrizes: a matriz do elemento *(C, G ou S)* de dimensão *(3x3)* e o vetor das ações *(Q ou I)* de dimensão *(3x1)*.

A matriz global é iniciada montando uma matriz quadrada de ordem NN constituída de elementos nulos.

A matriz do elemento é então transportada para esta matriz global, seguindo a relação de correspondência entre as numerações local e global. Assim, o elemento *(1,1)* da matriz do elemento é somado ao elemento *(p,p)* da matriz global; o elemento *(1,2)* é somado ao elemento *(p,q)* da matriz global e assim por diante.

A montagem do vetor das ações global é semelhante. Inicia-se o processo montando-se um vetor coluna de elementos nulos com *(NN)* linhas. Cada elemento contribuirá com três elementos deste vetor coluna, de modo que a linha *(1)* do vetor das ações do elemento é adicionada a linha *(p)* do vetor das ações global a linha *(2)* a linha *(q)* e a linha *(3)* a linha *(r)*, repetindo-se este processo para todos os elementos da malha.

Como a matriz global resultante é simétrica e esparsa, convém, com o objetivo de gerenciar adequadamente a memória computacional disponível, utilizar rotinas de compactação para sua execução.

Para um melhor entendimento desta operação, vamos mostrar como se monta o sistema global de equações do domínio simples da Figura 8.10, o qual é constituído por quatro elementos (numerados de 1 a 4) e seis nós (numerados de 1 a 6).

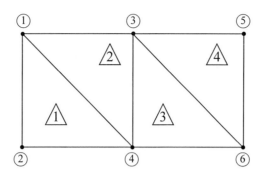

Figura 8.10: Domínio em estudo.

As correspondências entre as numerações local e global de todos os elementos do domínio estão mostradas na Tabela 8.3.

Tabela 8.3: Correspondências entre numerações

Numeração Local	1	2	3
Elemento (1)	1	2	4
Elemento (2)	1	4	3
Elemento (3)	3	4	6
Elemento (4)	3	6	5

Representando por (▲) os valores das matrizes do elemento 1, obtém-se duas matrizes associadas ao elemento *(1)*, como segue:

$$\begin{pmatrix} \blacktriangle & \blacktriangle & \blacktriangle \\ \blacktriangle & \blacktriangle & \blacktriangle \\ \blacktriangle & \blacktriangle & \blacktriangle \end{pmatrix} \text{Matriz do elemento 1} \quad \begin{pmatrix} \blacktriangle \\ \blacktriangle \\ \blacktriangle \end{pmatrix} \text{Vetor das ações do elemento 1}$$

Para os valores das matrizes do elemento (2) utilizaremos o símbolo (□) de modo que para este elemento se obtém as seguintes matrizes:

$$\begin{pmatrix} \square & \square & \square \\ \square & \square & \square \\ \square & \square & \square \end{pmatrix} \text{Matriz do elemento 2} \quad \begin{pmatrix} \square \\ \square \\ \square \end{pmatrix} \text{Vetor das ações do elemento 2}$$

Idem para os elementos *(3)* e *(4)*.

$$\begin{pmatrix} \triangle & \triangle & \triangle \\ \triangle & \triangle & \triangle \\ \triangle & \triangle & \triangle \end{pmatrix} \text{Matriz do elemento 3} \quad \begin{pmatrix} \triangle \\ \triangle \\ \triangle \end{pmatrix} \text{Vetor das ações do elemento 3}$$

$$\begin{pmatrix} * & * & * \\ * & * & * \\ * & * & * \end{pmatrix} \text{Matriz do elemento } 4 \qquad \begin{pmatrix} * \\ * \\ * \end{pmatrix} \text{Vetor das ações do elemento } 4$$

O sistema global de equações resultante é dado por:

$$\begin{pmatrix} \blacktriangle\square & \blacktriangle & \square & \blacktriangle\square & 0 & 0 \\ \blacktriangle & \blacktriangle & 0 & \blacktriangle & 0 & 0 \\ \square & 0 & \vartriangle^*\square & \vartriangle\square & * & *\vartriangle \\ \blacktriangle\square & \blacktriangle & \vartriangle\square & \square\blacktriangle\vartriangle & 0 & \vartriangle \\ 0 & 0 & * & 0 & * & * \\ 0 & 0 & \vartriangle^* & \vartriangle & * & *\vartriangle \end{pmatrix} \cdot \begin{pmatrix} \theta_1 \\ \theta_2 \\ \theta_3 \\ \theta_4 \\ \theta_5 \\ \theta_6 \end{pmatrix} = \begin{pmatrix} \blacktriangle\square \\ \blacktriangle \\ \square^*\vartriangle \\ \blacktriangle\square\vartriangle \\ * \\ \vartriangle^* \end{pmatrix}$$

$$(a) \qquad\qquad\qquad (b) \qquad (c)$$

Figura 8.11: Sistema Global de Equações.

(a) Matriz Global
(b) Vetor das incógnitas (A ou V)
(c) Vetor das ações global

Onde estamos?

Até o momento, aprendemos a montar um sistema de equações indeterminado resultante da transformação de um problema de campo eletromagnético, descrito pelas equações de Maxwell, em um sistema de equações algébrico.

Na sua forma geral, para qualquer tipo de estudo, o sistema global de equações pode ser posto na forma:

$$[K].[\theta]=[P] \tag{8.50}$$

Dependendo do tipo de estudo $[K]$ pode ser $[C]$, $[G]$ ou $[S]$; $[\theta]$ igual a $[V]$ ou $[A]$ e finalmente $[P]$ igual a $[Q]$, $[0]$ ou $[I]$.

Como em um problema envolvendo integrais e/ou diferenciais, a solução final só é obtida após a introdução das condições de contorno, e estas condições de contorno são valores da solução em determinadas posições do espaço. É neste ponto em que estamos.

Quando se analisa o desempenho de um dispositivo pelo método dos elementos finitos precisa-se levar em conta a fonte externa conectada a ele, a qual aplica potenciais em algumas partes de seus limites. Como exemplo, suponha um simples capacitor conectado a uma fonte de tensão (E_0). Neste caso, as placas deste capacitor estão energizadas, de modo que podemos atribuir a uma delas um potencial elétrico ($V=+E_0$) e a outra um potencial elétrico nulo ($V=0$), pois a diferença de potencial entre elas coincidirá com a diferença de potencial imposta pela fonte.

A divisão do domínio em elementos finitos locará nas placas alguns nós (vértices de elementos), cujos potenciais são conhecidos. Como as equações destes nós fazem parte do sistema de equações global precisamos modificar o referido sistema de modo que, após a sua resolução, os potenciais dos nós das placas resultem nos valores impostos.

Para tal, suponha que seja (*M*) um nó da malha de elementos finitos cujo potencial é conhecido e de valor (*Φ*). Para que se tenha, após a resolução do sistema de equações, $\theta_M = \Phi$ basta modificar a matriz global e o vetor das ações impondo:

$$K_{MM} = 1 \quad e \quad K_{MJ} = 0 \quad para\ j \neq m \quad e \quad P_M = \Phi$$

Este procedimento elimina a simetria do sistema de equações global, o que não é interessante. Para recuperar esta simetria deve-se impor, além disso, o seguinte:

$$P_J = P_J - K_{JM}\Phi \quad e \quad K_{JM} = 0 \quad para\ j \neq m$$

Exemplo 8.1: A Figura 8.12 mostra um corte longitudinal de um resistor de comprimento 2 metros, largura e profundidade unitárias. A condutividade do meio vale 2 S/m. Nas faces laterais é aplicada uma diferença de potencial de 100 V. Calcular, aplicando a metodologia apresentada, a distribuição de potenciais no resistor e o campo elétrico em todos os elementos da malha.

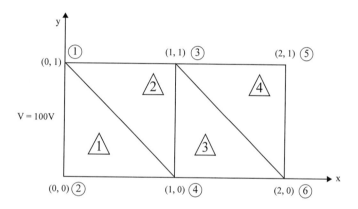

Figura 8.12: Resistor.

1. Cálculo das matrizes dos elementos
Elemento (1)
Correspondência entre numeração local e global

Local	1	2	3
Global	1	2	4

$x_1=0; x_2=0; x_3=1; y_1=1; y_2=0; y_3=1$

$b_1=y_2-y_3; b_1=0 \qquad c_1=x_3-x_2; c_1=1$
$b_2=y_3-y_1; b_2=-1 \qquad c_2=x_1-x_3; c_2=-1$
$b_3=y_1-y_2; b_3=1 \qquad c_3=x_2-x_1; c_1=0$
$\Delta=(b_1c_2-b_2c_1)/2; \Delta=0{,}5$

Matriz do elemento (1)

$$\begin{pmatrix} 1 & -1 & 0 \\ -1 & 2 & -1 \\ 0 & -1 & 1 \end{pmatrix}$$

Seguindo o mesmo procedimento para os demais elementos, obtém-se:

Elemento (2)
$$\begin{pmatrix} 1 & 0 & -1 \\ 0 & 1 & -1 \\ -1 & -1 & 2 \end{pmatrix}$$

Elemento (3)
$$\begin{pmatrix} 1 & -1 & 0 \\ -1 & 2 & -1 \\ 0 & -1 & 1 \end{pmatrix}$$

Elemento (4)
$$\begin{pmatrix} 1 & 0 & -1 \\ 0 & 1 & -1 \\ -1 & -1 & 2 \end{pmatrix}$$

Obs.: Na eletrocinética o vetor das ações é nulo.

2. Montagem da matriz global

$$\begin{pmatrix} 2 & -1 & -1 & 0 & 0 & 0 \\ -1 & 2 & 0 & -1 & 0 & 0 \\ -1 & 0 & 4 & -2 & -1 & 0 \\ 0 & -1 & -2 & 4 & -1 & -1 \\ 0 & 0 & -1 & 0 & 2 & -1 \\ 0 & 0 & 0 & -1 & -1 & 2 \end{pmatrix} \cdot \begin{pmatrix} V_1 \\ V_2 \\ V_3 \\ V_4 \\ V_5 \\ V_6 \end{pmatrix} = \begin{pmatrix} 0 \\ 0 \\ 0 \\ 0 \\ 0 \\ 0 \end{pmatrix}$$

3. Introdução das condições de contorno

Potenciais conhecidos: $V_1=100$ (V); $V_2=100$ (V); $V_5=0$ (V) e $V_6=0$ (V)

Sistema de equações modificado após a introdução das condições de contorno:

$$\begin{pmatrix} 1 & 0 & 0 & 0 & 0 & 0 \\ 0 & 1 & 0 & 0 & 0 & 0 \\ 0 & 0 & 4 & -2 & 0 & 0 \\ 0 & 0 & -2 & 4 & 0 & 0 \\ 0 & 0 & 0 & 0 & 1 & 0 \\ 0 & 0 & 0 & 0 & 0 & 1 \end{pmatrix} \cdot \begin{pmatrix} V_1 \\ V_2 \\ V_3 \\ V_4 \\ V_5 \\ V_6 \end{pmatrix} = \begin{pmatrix} 100 \\ 100 \\ 100 \\ 100 \\ 0 \\ 0 \end{pmatrix}$$

A solução deste sistema de equações fornece:

$V_1=100$(V) $V_3=50$(V) $V_5=0$(V)

$V_2=100$(V) $V_4=50$(V) $V_6=0$(V)

4. Cálculo do campo elétrico

A partir de (8.19) obtém-se, para o elemento (1):

$E_{x1}=-[(0)\times100+(-1)\times100+(1)\times50]$; $E_{x1}=50$ V/m

$E_{y1}=-[(1)\times100+(-1)\times100+(0)\times50]$; $E_{y1}=0$ V/m (como era de se esperar!!)

Para os elementos 2, 3 e 4 resultarão os mesmos valores obtidos para o elemento (1).

É importante observar que os resultados obtidos são exatos; no entanto, para situações reais de um domínio mais complexo, tal precisão jamais é atingida.

■ **Exploração dos resultados**

A difusão do uso dos métodos numéricos, em particular do MEF, se deu devido à facilidade e rapidez que o engenheiro tem em analisar os resultados obtidos. Apesar de se calcular o potencial elétrico ou magnético de cada nó da malha, os campos elétrico ou magnético de cada elemento, a ferramenta computacional não apresenta uma lista com estes resultados e sim o apresenta através de uma representação gráfica de rápida análise.

As figuras a seguir mostram algumas facilidades extraídas de uma ferramenta computacional profissional denominada FLUX cujas funcionalidades podem ser encontradas no endereço: (*www.electromagnetics.com.br*)

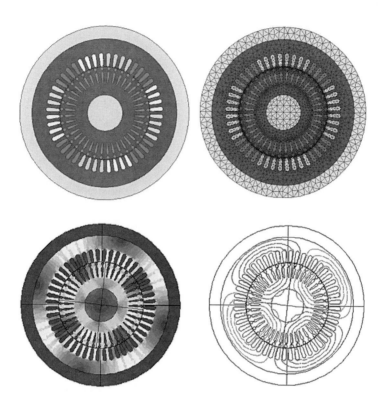

Figura 8.13: Exploração de resultados.

■ Considerações finais

A grande vantagem do MEF é o tratamento de problemas não lineares, isto é, aqueles problemas em que a propriedade física do meio depende da intensidade do campo magnético que está submetida. É o que ocorre com os materiais ferromagnéticos, cuja curva de magnetização não é uma reta.

Destaca-se também a flexibilidade do MEF na simulação de problemas com materiais anisotrópicos, encontrada nos dispositivos elétricos com ímãs permanentes e em algumas chapas de aço silício de transformadores de grande porte.

Estas formulações não serão discutidas neste texto, por serem especializadas, no entanto o leitor poderá obter mais detalhes em dissertações, teses e artigos científicos sobre o tema no endereço *www.lmag.pea.usp.br*.

Notação Complexa de Grandezas Senoidais

Anexo

1. Grandezas variáveis senoidalmente no tempo

Várias grandezas encontradas na natureza apresentam uma variação temporal que pode ser expressa através de uma função senoidal. Como exemplos de grandezas desse tipo destacam-se as vibrações, os movimentos harmônicos e também as tensões e correntes elétricas produzidas pelos geradores de corrente alternada.

Uma grandeza com variação temporal senoidal tem sua expressão geral dada por

$$y(t) = Y_M \cos(\omega t + \alpha) \tag{A1.1}$$

cuja representação gráfica é mostrada na Figura A1.1.

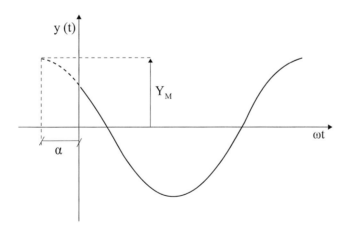

Figura A1.1: Representação da função $y(t) = Y_M \cos(\omega t + \alpha)$.

Os parâmetros característicos dessa função são:
Y_M: valor máximo da função;
ω: frequência angular (rad/s);
α: ângulo de fase (rad ou graus).

Grandezas derivadas dos parâmetros característicos:
$f = \omega / 2\pi$: frequência da função (Hz);
$Y = Y_M / \sqrt{2}$: valor eficaz da função.

Assim, outra forma de expressar a mesma função pode ser:

$$y(t) = \sqrt{2}Y\cos(2\pi f t + \alpha) \tag{A1.2}$$

2. Função $y(t)$ expandida no campo complexo

A função $y(t)$ definida no campo dos números reais pode ser expandida para o campo dos números complexos associando-se a ela a função complexa:

$$\dot{y}(t) = \sqrt{2}Y\cos(\omega t + \alpha) + j\sqrt{2}Y\text{sen}(\omega t + \alpha) \tag{A1.3}$$

na qual $j = \sqrt{-1}$ é a unidade imaginária. Note que a função complexa $\dot{y}(t)$ é tal que sua parte real é igual a $y(t)$.

3. Operador , parte real de [.]

O operador $\Re[.]$, quando aplicado a um número complexo, seleciona apenas a parte real desse número. Assim, aplicando esse operador à função $\dot{y}(t)$, obtém-se:

$$y(t) = \Re[\dot{y}(t)] \tag{A1.4}$$

Esse operador é um operador linear, pois satisfaz as seguintes propriedades:

$$\Re[\dot{z}_1 + \dot{z}_2] = \Re[\dot{z}_1] + \Re[\dot{z}_2]$$

$$\Re[a\dot{z}] = a\Re[\dot{z}] \quad a = \text{cte}$$

$$\frac{d}{ds}\Re[\dot{z}] = \Re[\frac{d}{ds}\dot{z}]$$

4. Identidade de Euler

A identidade de Euler é uma ferramenta de auxílio poderosa na representação de grandezas complexas. Ela é assim definida:

$$e^{j\theta} = \cos\theta + j\text{sen}\theta \tag{A1.5}$$

Em vista dessa propriedade, a função complexa $\dot{y}(t)$ expressa em A1.3 pode ser escrita como segue:

$$\dot{y}(t) = \sqrt{2}Ye^{j(\omega t + \alpha)}$$

ou, ainda:

$$\dot{y}(t) = \sqrt{2}\dot{Y}e^{j\omega t} \tag{A1.6}$$

na qual

$$\dot{Y} = Ye^{j\alpha} \tag{A1.7}$$

é denominado "fasor" da grandeza senoidal.

Aplicando o operador $\Re[.]$ à função A1.6, resulta:

$$y(t) = \Re[\dot{y}(t)] = \Re[\sqrt{2}\dot{Y}e^{j\omega t}] \tag{A1.8}$$

5. Equações diferenciais

A potencialidade da notação complexa se faz sentir na obtenção da solução estacionária (ou de regime permanente) de equações diferenciais cuja solução é uma função senoidal no tempo. Suponha que se queira encontrar a solução em regime permanente da equação diferencial que se segue, sabendo que a solução é do tipo expressa em A1.1, isto é, a obtenção das grandezas (Y e α) que compõem a função $y(t)$

$$a\frac{dy(t)}{dx} + b\frac{dy(t)}{dt} + cy(t) = g(t) \tag{A1.9}$$

na qual $g(t) = \sqrt{2}G\cos(\omega t + \delta)$.

Aplicando A1.8 em A1.9, resulta:

$$a\frac{d\Re[\dot{y}(t)]}{dx} + b\frac{d\Re[\dot{y}(t)]}{dt} + c\Re[\dot{y}(t)] = \Re[\dot{g}(t)]$$

na qual:

$$\dot{g}(t) = \sqrt{2}\dot{G}e^{j\omega t}$$

com

$$\dot{G} = Ge^{j\delta}$$

sendo o "fasor" de $g(t)$.

Aplicando as propriedades do operador $\Re[.]$, a expressão anterior pode ser escrita como segue:

$$\Re[a\frac{d\dot{y}(t)}{dx}] + \Re[b\frac{d\dot{y}(t)}{dt}] + \Re[c\dot{y}(t)] = \Re[\dot{g}(t)]$$

ou, ainda:

$$\Re[a\frac{d\dot{y}(t)}{dx} + b\frac{d\dot{y}(t)}{dt} + c\dot{y}(t) - \dot{g}(t)] = 0$$

Substituindo as funções por suas expressões e fazendo as simplificações resulta:

$$\Re[\sqrt{2}e^{j\omega t}(a\frac{d\dot{Y}}{dx} + j\omega b\dot{Y} + c\dot{Y} - \dot{G})] = 0 \tag{A1.10}$$

Com o produto $\sqrt{2}e^{j\omega t} \neq 0$ podemos reescrever A1.10 como segue:

$$a\frac{d\dot{Y}}{dx} + j\omega b\dot{Y} + c\dot{Y} = \dot{G} \qquad (A1.11)$$

Comparando A1.11 com a equação diferencial original (A1.9), observam-se as seguintes similaridades:

1. O primeiro termo do primeiro membro não sofre alteração, isto é, a derivada em relação a x é aplicada ao fasor da variável $y(t)$.

2. No segundo termo do primeiro membro, o operador $\frac{d}{dt}$ é substituído pelo produto $j\omega$.

3. O terceiro termo do primeiro membro apresenta a mesma forma do terceiro termo da equação original, sendo que é aplicado dessa vez ao fasor da variável $y(t)$.

Note que, nessa nova forma de apresentação da equação diferencial, a variável tempo desaparece, de modo que as operações ficam restritas ao fasor da variável, facilitando em muito a solução do problema. É possível também afirmar que, no lugar do operador $\int ...dt$, está o termo $1/j\omega$.

Exemplo: Em um circuito RLC série, a equação diferencial que descreve a relação entre a tensão e a corrente é dada por:

$$v(t) = Ri(t) + L\frac{di(t)}{dt} + \frac{1}{C}\int i(t)dt$$

Essa equação, escrita na forma complexa para obter a solução forçada devido a uma excitação senoidal do gerador do tipo $v(t) = \sqrt{2}V\cos(\omega t + \alpha)$, é, aplicando a técnica apresentada, dada por:

$$\dot{V} = R\dot{I} + j\omega L\dot{I} + \frac{1}{j\omega C}\dot{I}$$

Note que, quando a equação diferencial envolve apenas derivadas ou integrais em relação ao tempo, sua representação na forma complexa é uma equação algébrica com coeficientes complexos, na qual as grandezas $\dot{V}$ e $\dot{I}$ são os "fasores" (valor eficaz e fase) das grandezas $v(t)$ e $i(t)$, respectivamente.

Impressão e acabamento

psi7
psi7.com.br

book7
book7.com.br